煤炭高等教育"十四五"规划教材
国家级一流本科课程配套教材

矿山抢险与救援

主　编　袁军伟
副主编　李怀珍　蒋晓改　李　波

中国矿业大学出版社
·徐州·

内容提要

本书以国家级一流本科课程建设为依托，系统介绍了我国安全生产方针及安全生产法律体系、应急管理体制及运行机制、应急救援队伍建设情况、矿山灾害预防和处理计划的编制与实施，以及事故应急预案的编制与演练等；重点阐述了矿井瓦斯及煤尘爆炸、水灾、煤与瓦斯突出、火灾、冒顶等煤矿重大灾害事故发生的征兆、机理、灾难性后果；着重介绍了各种矿山灾害事故抢险与救援的基本理论与技术、救援工作准则、指挥要点，遇险人员自救、互救与现场急救的基本知识，以及矿山事故的报告及调查处理、矿山事故应急救援装备等。

本书融入思政元素，系统完整、具体实用、可操作性强，既可作为本科类院校安全工程、采矿工程、应急管理等专业的教材，也可作为政府及有关部门、社会救援机构、生产经营单位应急管理及事故抢险与救援培训的教材。

图书在版编目(CIP)数据

矿山抢险与救援 / 袁军伟主编. —徐州 ：中国矿业大学出版社，2021.12

ISBN 978-7-5646-5165-7

Ⅰ. ①矿… Ⅱ. ①袁… Ⅲ. ①矿山救护 Ⅳ. ①TD77

中国版本图书馆 CIP 数据核字(2021)第 201732 号

书　　名 矿山抢险与救援
主　　编 袁军伟
责任编辑 王美柱　满建康
出版发行 中国矿业大学出版社有限责任公司
(江苏省徐州市解放南路　邮编 221008)
营销热线 (0516)83884103　83885105
出版服务 (0516)83995789　83884920
网　　址 http://www.cumtp.com　**E-mail**:cumtpvip@cumtp.com
印　　刷 徐州中矿大印发科技有限公司
开　　本 787 mm×1092 mm　1/16　**印张** 17.75　**字数** 443 千字
版次印次 2021 年 12 月第 1 版　2021 年 12 月第 1 次印刷
定　　价 38.00 元

前　言

党中央、国务院历来高度重视安全生产工作。党的十九届五中全会明确提出：要统筹发展和安全，建设更高水平的平安中国。坚持总体国家安全观，实施国家安全战略，维护和塑造国家安全，统筹传统安全和非传统安全，把安全发展贯穿国家发展各领域和全过程，防范和化解影响我国现代化进程的各种风险，筑牢国家安全屏障。要加强国家安全体系和能力建设，确保国家经济安全，保障人民生命安全，维护社会稳定和安全。

我国是煤炭生产和消费大国。煤炭生产的特殊性，使得各类灾害事故时有发生，造成了巨大的经济损失和人员伤亡，也造成了恶劣的社会影响。面对严峻的生产安全形势，矿山抢险与救援就显得尤为重要。在党中央、国务院的正确领导下，在各有关部门、各级政府、各单位的共同努力下，我国矿山抢险与救援工作近年来取得了长足的发展。

本书是编者基于国家应急管理部成立后矿山抢险与救援工作在管理层面的变化，结合近几年我国出台的有关矿山抢险与救援、应急管理等的法律法规、相关国家标准及行业标准等，在参阅国内外关于抢险与救援、应急管理等方面文献的基础上编写而成的。本书介绍了我国安全生产方针，矿山抢险与救援的组织及管理，矿山应急救援队伍的建设及保障，矿山灾害预防和处理计划，事故应急预案，矿山主要灾害事故抢险与救援，自救、互救及现场急救，矿山事故的报告及调查处理，矿山事故应急救援装备等内容。系统阐述了矿山抢险与救援相关的管理体系、队伍建设、事故预防、应急救援、各类事故的处理要点等内容。按照重点突出、具体实用、易于操作、紧密联系实际的原则，重点介绍了各类事故发生的原因、后果、处理要点等；尤其在各种灾害事故的处理过程中，针对现场遇险人员、指挥人员、救援人员三种角色，分别详细介绍各自的处理要点，具有极强的可操作性。在介绍每类灾害事故处理要点的基础上，配套经典案例，做到知行合一，争取使本教材做到能用、好用、实用。

本书由河南理工大学袁军伟副教授担任主编，其他三位编者参加了编写、审阅工作。具体编写分工如下：第一章、第二章由蒋晓改、李波编写，第三章、第九章由李怀珍、李波编写，第四章至第七章由袁军伟编写，第八章由蒋晓改编写。全书由袁军伟统稿、定稿。夏静怡、王遥、陈建勋、陈敏等参与了书稿的排版、校对工作。

本书是国家级一流本科课程“矿山抢险与救援”的配套教材，旨在为矿山抢险与救援领域的特殊需要提供支持。本书能够顺利出版，感谢教育部的鼎力支持，感谢河南省教育厅、河南理工大学、安全工程国家级实验教学示范中心(河南理工大学)、煤矿灾害预防与抢险救灾教育部工程研究中心的支持,感谢杨运良教授、张攀副教授提供相关素材,感谢众多专家提出宝贵意见,以及相关学者提供的帮助。

由于编者水平所限,书中难免有不足之处,恳请读者提出宝贵意见。

编　者

2021 年 8 月

目　录

第一章　我国安全生产方针 …… 1
第一节　我国安全生产方针的科学内涵 …… 1
第二节　我国安全生产的法律法规体系 …… 4
第三节　安全生产方针的贯彻落实 …… 12
复习思考题 …… 14

第二章　矿山抢险与救援的组织及管理 …… 15
第一节　安全生产应急管理的重要意义与特点 …… 15
第二节　安全生产应急救援管理体制 …… 17
第三节　安全生产应急救援管理运行机制 …… 20
第四节　安全生产应急救援管理的方法 …… 26
复习思考题 …… 28

第三章　矿山应急救援队伍的建设及保障 …… 29
第一节　矿山应急救援队伍的作用与工作准则 …… 29
第二节　矿山应急救援体系组成 …… 33
第三节　矿山应急救援队伍的性质、特点及职责 …… 34
第四节　矿山应急救援保障(支持)体系 …… 38
第五节　矿山救援队军事化管理 …… 39
第六节　矿山应急救援队伍建设 …… 46
第七节　避免矿山救援队自身伤亡措施 …… 57
复习思考题 …… 61

第四章　矿山灾害预防和处理计划 …… 62
第一节　编制“预处计划”的法律依据 …… 62
第二节　编制“预处计划”的目的、原则和作用 …… 63
第三节　“预处计划”的内容要求 …… 65
第四节　“预处计划”的编制、审批与宣传贯彻 …… 71
复习思考题 …… 72

第五章　事故应急预案 …… 73
第一节　应急预案的定义、内涵及分类 …… 73

第二节　应急预案的基本结构 …………………………………………… 76
第三节　应急预案的核心要素 …………………………………………… 78
第四节　应急预案的编制 ………………………………………………… 79
第五节　基本预案与应急功能设置 ……………………………………… 88
第六节　应急预案的演练 ………………………………………………… 98
复习思考题……………………………………………………………………… 104

第六章　矿山主要灾害事故抢险与救援………………………………… 106
第一节　矿山灾害事故抢险与救援的原则、任务及特点 ……………… 106
第二节　瓦斯爆炸事故抢险与救援…………………………………………… 107
第三节　煤尘爆炸事故抢险与救援…………………………………………… 120
第四节　矿井水灾事故抢险与救援…………………………………………… 127
第五节　煤与瓦斯突出事故抢险与救援……………………………………… 139
第六节　矿井火灾事故抢险与救援…………………………………………… 149
第七节　矿井顶板事故抢险与救援…………………………………………… 163
复习思考题……………………………………………………………………… 169

第七章　自救、互救及现场急救 ……………………………………………… 170
第一节　自救与互救的定义、原则及行动准则 ………………………… 170
第二节　各种事故条件下的自救和互救措施……………………………… 172
第三节　遇险人员的自救设备设施………………………………………… 175
第四节　各种事故现场急救措施…………………………………………… 181
复习思考题……………………………………………………………………… 188

第八章　矿山事故的报告及调查处理………………………………………… 189
第一节　事故的定义、特征及原因 ……………………………………… 189
第二节　事故的分类与分级…………………………………………………… 190
第三节　矿山事故的报告……………………………………………………… 194
第四节　矿山事故的调查与处理……………………………………………… 197
第五节　矿山伤亡事故的统计与分析……………………………………… 203
第六节　伤亡事故经济损失核算…………………………………………… 206
复习思考题……………………………………………………………………… 209

第九章　矿山事故应急救援装备……………………………………………… 210
第一节　氧气呼吸器…………………………………………………………… 210
第二节　氧气呼吸器校验仪及氧气充填泵………………………………… 216
第三节　自动苏生器…………………………………………………………… 223
第四节　矿井常用灭火设备…………………………………………………… 227
第五节　常用气体检测仪器…………………………………………………… 235

第六节　矿山救援通信设备…… 247
第七节　矿山应急救援新装备…… 251
复习思考题…… 262

附录…… 263
附录一　矿山救援大队质量标准化标准及评定办法…… 263
附录二　矿山救援中队质量标准化达标标准及评定办法…… 264

参考文献…… 272

第一章　我国安全生产方针

生命重于泰山。安全生产是保障广大职工生命安全，维护社会稳定，保证企业经济效益，创造良好社会效益的基石。伴随着我国经济的快速发展，安全问题被提升至前所未有的高度。习近平总书记强调，要加强安全生产监管，分区分类加强安全监管执法，强化企业主体责任落实，牢牢守住安全生产底线，切实维护人民群众生命财产安全。安全生产必须警钟长鸣、常抓不懈，丝毫放松不得，否则就会给国家和人民带来不可挽回的损失。

我国的安全生产方针，充分反映了党和政府对安全生产规律的新认识，对于指导安全生产工作有着十分重要的意义。它是我国经历半个多世纪的时间在安全生产方面的深刻认知，涉及众多的法律法规。安全生产方针的认真落实，是确保安全生产的重要保障，各生产单位需要认真执行。

第一节　我国安全生产方针的科学内涵

一、我国安全生产方针的内容

安全生产涉及工人的身体健康，涉及企业的经济效益和社会效益，涉及社会的稳定和团结，是党中央、国务院高度关注的问题。党和国家历来高度重视安全生产工作，在总结多年各行业安全生产实践的基础上，确立了“安全第一、预防为主、综合治理”的安全生产方针，它是国家安全生产管理的基本方针。

“安全第一”是我国安全生产方针的核心理念，既体现了党和政府对安全工作的重视，也体现了以人为本的重要思想。“预防为主”是“安全第一”的前提条件，要做到“安全第一”，必须坚持“预防为主”，使工作由被动变主动。“综合治理”是落实“安全第一、预防为主”的手段和方法。因此，“安全第一”是对一切工作的要求，“预防为主、综合治理”是实现这一要求的基本保障，只有做到有效预防、综合治理，才能实现安全。

二、安全生产方针的科学内涵

（一）“安全第一”的内涵

安全第一，是指在中国共产党的领导下，在生产过程中把安全放在第一重要的位置，切实保护劳动者的生命安全和身体健康。坚持安全第一，是贯彻落实以人为本，坚持人民至上、生命至上，把保护人民生命安全摆在首位，树牢安全发展理念的必然要求。

从根本上说，保证生产安全与实现生产经营活动本身的目标是一致的。就各方面对生产经营活动本身的目标期望而言，投资者希望取得盈利，得到尽可能多的投资回报；从业人员希望获得劳动报酬，增加个人收入；政府则希望因此多提供一些就业岗位，并增加社会需要的产品或服务的供应，促进社会的稳定和繁荣。而要使生产经营活动本身所承载的这些目标能够实现，一项基本前提，就是必须保证生产安全。显然，如果不能保证生产安全，在生产经营活动中发生人身伤亡或财产损失的事故，投资者、从业人员和政府的目标都难以实现或者要大打折扣，甚至会给各方面造成巨大损失，产生严重的负面效应。

然而，生产经营活动中保证安全的目标与其他目标之间又会在一定情况下发生矛盾。比如，在企业资金一定的情况下，投到安全生产方面的资金多一些，则投到其他方面的资金就会少一些；企业用于安全生产的费用多一些，则成本就会高一些，利润就会少一些；严格按安全生产的操作规程办事，则生产效率有可能会受到一些影响等。当保证安全与生产经营活动中的其他目标发生冲突时，如何处理，这就是安全生产方针所要回答的问题，答案就是“安全第一”。当然，对于“安全第一”的方针，也要有正确的理解。不是说用于安全生产的投入越多越好，安全系数越高越好，更不能理解为为了保证安全而将一些高危行业统统关停。而是要在保证生产安全的同时，促进生产经营活动顺利进行，促进经济发展。也就是在处理生产与安全的问题上常说的“生产必须安全，安全为了生产”，这与“安全第一”的提法是一致的。

正如习近平总书记所讲：“发展决不能以牺牲人的生命为代价。这必须作为一条不可逾越的红线。”经济社会发展要实现科学发展、安全发展，要把安全放在首位，保证安全第一。

从实际情况看，当前一些地方和企业违背“安全第一”的方针的一个突出表现，就是不能在市场经济条件下正确处理发展经济、追求效益与保证生产安全的关系，安全生产管理混乱。一些企业受利益驱动，片面追求发展速度，忽视甚至放弃安全生产管理，从而致使安全生产基础工作薄弱，规章制度松弛，安全生产责任制形同虚设，不具备基本的安全生产条件；一些企业没有必要的安全管理机构和人员，企业负责人的安全责任不明确，有关事故责任追究制度不落实；一些企业安全生产投入严重不足，企业安全技术装备老化、落后，甚至带病运转，存在大量事故隐患。鉴于这种情况，在安全生产立法中重申“安全第一”的方针，更显得尤为必要。

（二）“预防为主”的内涵

预防为主，是指把安全生产工作的关口前移，超前防范，建立预教、预测、预想、预报、预警、预防的递进式、立体化事故隐患预防体系，改善安全状况，预防安全事故。

预防为主体现了现代安全管理的思想。现代安全管理的理念，其事先预防时期，预防为主的方针有了新的内涵，即通过建设安全文化、健全安全法制、提高安全科技水平、落实安全责任、加大安全投入，构筑坚固的安全防线。具体地说，就是促进安全文化建设与社会文化建设的互动，为预防安全事故打造良好的“习惯的力量”；建立健全有关的法律法规和规章制度，如《中华人民共和国安全生产法》（以下简称《安全生产法》），安全生产许可制度，“三同时”制度，隐患排查、治理和报告制度等，依靠法制的力量促进安全事故防范；大力实施“科技兴安”，把安全生产现状的根本好转建立在依靠科技进步和提高劳动者素质的基础上；强化安全生产责任制和问责制，创新安全生产监管体制，严厉打击安全生产领域的腐败行为；健全和完善中央、地方、企业共同投入机制，提升安全生产投入水平，增强基础设施的安全保障能力。

（三）“综合治理”的内涵

综合治理，是指为适应我国安全生产形势的要求，自觉遵循安全生产规律，正视安全生产工作的长期性、艰巨性和复杂性，抓住安全生产工作中的主要矛盾和关键环节，综合运用技术、经济、法律、行政等手段，人管、法治、技防多管齐下，并充分发挥社会、职工、舆论的监督作用，有效解决安全生产领域的问题。

对安全生产工作中存在的问题或者事故隐患，要从多个方面入手，解决影响制约安全生产的历史性、深层次问题，做到思想认识上警钟长鸣，制度保证上严密有效，技术支撑上坚强有力，监督检查上严格细致，事故处理上严肃认真，建立安全生产长效机制，保证生产经营活动的顺利进行。

实施综合治理，是由我国安全生产中出现的新情况和面临的新形势决定的。在社会主义市场经济条件下，利益主体多元化，不同利益主体对待安全生产的态度和行为差异很大，需要因情制宜、综合防范；安全生产涉及的领域广泛，每个领域的安全生产又各具特点，需要防治手段的多样化；实现安全生产，必须从文化、法制、科技、责任、投入入手，多管齐下，综合施治；安全生产法律政策的落实，需要各级党委和政府的领导、有关部门的合作以及全社会的参与；目前我国的安全生产既存在历史积淀的沉重包袱，又面临经济结构调整、增长方式转变带来的挑战，要从根本上解决安全生产问题，就必须实施综合治理。因此，综合治理具有鲜明的时代特征和很强的针对性，是我们党在安全生产新形势下做出的重大决策，体现了安全生产方针的新发展。

三、安全生产方针的内在联系

"安全第一、预防为主、综合治理"的安全生产方针是一个有机统一的整体。

"安全第一"是"预防为主""综合治理"的统帅和灵魂，没有"安全第一"的思想，"预防为主"就失去了思想支撑，"综合治理"就失去了整治依据。"安全第一"是安全生产方针的基础，当安全和生产发生矛盾时，必须先解决安全问题，保证劳动者在安全的条件下进行生产劳动。只有在保证安全的前提下，生产才能正常进行，才能充分发挥职工的生产积极性，提高劳动生产率，促进经济建设的发展和保持社会的稳定。

"预防为主"是实现"安全第一"的根本途径。只有把安全生产的重点放在建立事故隐患预防体系上，超前防范，才能有效减少事故损失，实现"安全第一"。"预防为主"是安全生产方针的核心和具体体现，是实施安全生产的根本途径。安全工作必须始终将"预防"作为重中之重予以统筹考虑，除了自然灾害造成的事故以外，任何建筑施工、工业生产事故都是可以预防的。必须将工作的重点纳入"预防为主"的轨道，防患于未然，把可能导致事故发生的所有机理或因素消除在事故发生之前。

"综合治理"是落实"安全第一、预防为主"的手段和方法。只有不断健全和完善综合治理工作机制，才能有效贯彻安全生产方针，真正把"安全第一、预防为主"落到实处，不断开创安全生产工作的新局面。

四、我国不同时期的安全生产方针

方针是一个国家或政党确定的引导事业前进的方向和目标，是为达到事业前进的方向和一定目标而确定的一个时期的指导原则。1949 年至今的 70 余年间，我国安全生产方针逐渐演变，这种演变伴随着我国政治和经济的发展而不断完善。

我国安全生产方针的演变，可以反映出我国安全生产工作在各时期的不同目标和工作原则。我国安全生产方针大体的演变过程可以归纳为 3 个阶段，即"生产必须安全、安全为了生产""安全第一、预防为主""安全第一、预防为主、综合治理"方针。

（一）"生产必须安全、安全为了生产"方针（1949—1983 年）

1952 年 12 月，原劳动部召开了第二次全国劳动保护工作会议。这次会议，着重传达、讨论了毛泽东主席对劳动部1952年下半年工作计划的批示。原劳动部部长李立三根据这一批示，提出了“安全与生产要同时搞好”的指导思想。在这次会议上，明确提出了安全生产方针，即“生产必须安全、安全为了生产”的安全生产方针。

（二）“安全第一、预防为主”方针（1984—2004年）

1984年，原主管安全生产的劳动人事部在呈报给国务院成立全国安全生产委员会的报告中把“安全第一、预防为主”作为安全生产方针写了进去，并得到国务院的正式认可。1987年1月26日，原劳动人事部在杭州召开会议把“安全第一、预防为主”作为劳动保护工作方针写进了我国第一部《中华人民共和国劳动法（草案）》。从此，“安全第一、预防为主”便作为安全生产的基本方针而确立下来。

2002年6月29日第九届全国人民代表大会常务委员会第二十八次会议通过《安全生产法》，“安全第一、预防为主”方针被列入《安全生产法》。

（三）“安全第一、预防为主、综合治理”方针（2005年至今）

2005年10月11日，中共十六届五中全会通过的《中共中央关于制定国民经济和社会发展第十一个五年规划的建议》指出：“保障人民群众生命财产安全。坚持安全第一、预防为主、综合治理，落实安全生产责任制，强化企业安全生产责任，健全安全生产监管体制，严格安全执法，加强安全生产设施建设。切实抓好煤矿等高危行业的安全生产，有效遏制重特大事故。”至此，我国安全生产方针上升至一个全新的高度。

第二节　我国安全生产的法律法规体系

一、安全生产法律基本体系

安全生产是一个系统工程，需要建立在各种支持基础之上，而安全生产的法律体系尤为重要。按照“安全第一、预防为主、综合治理”的安全生产方针，国家制定了一系列的安全生产、劳动保护的法规。

安全生产法律体系是一个包含多种法律形式和法律层次的综合性系统，从法律规范的形式和特点来讲，既包括作为整个安全生产法律法规基础的宪法规范，也包括行政法律规范、技术性法律规范、程序性法律规范。按法律地位及效力同等原则，安全生产法律体系分为以下6个门类。

（一）宪法

《中华人民共和国宪法》是安全生产法律体系框架的最高层级，“加强劳动保护，改善劳动条件”是有关安全生产方面最高法律效力的规定。

（二）安全生产方面的法律

（1）基础法

我国有关安全生产的法律包括《安全生产法》和与它平行的专门法律和相关法律。《安全生产法》是综合规范安全生产法律制度的法律，它适用于所有生产经营单位，是我国安全生产法律体系的核心。

（2）专门法律

专门安全生产法律是规范某一专业领域安全生产法律制度的法律。我国在专业领域的安全生产法律有《中华人民共和国矿山安全法》《中华人民共和国消防法》《中华人民共和国道路交通安全法》等。

(3) 相关法律

与安全生产有关的法律是指安全生产专门法律以外的其他涵盖安全生产内容的法律，如《中华人民共和国劳动法》《中华人民共和国建筑法》《中华人民共和国煤炭法》《中华人民共和国铁路法》《中华人民共和国工会法》《中华人民共和国矿产资源法》等。还有一些与安全生产监督执法工作有关的法律，如《中华人民共和国刑法》《中华人民共和国刑事诉讼法》《中华人民共和国行政处罚法》《中华人民共和国行政复议法》《中华人民共和国国家赔偿法》等。

(三) 安全生产行政法规

安全生产行政法规是由国务院组织制定并批准公布的，是为实施安全生产法律或规范安全生产监督管理制度而制定并颁布的一系列具体规定，是实施安全生产监督管理和监察工作的重要依据。我国已颁布多部安全生产行政法规，如《国务院关于特大安全事故行政责任追究的规定》和《煤矿安全监察条例》等。

(四) 地方性安全生产法规

地方性安全生产法规是指由有立法权的地方权力机关(人民代表大会及其常务委员会)和地方政府制定的安全生产规范性文件，是由法律授权制定的，是对国家安全生产法律、法规的补充和完善，以解决本地区某一特定的安全生产问题为目标，具有较强的针对性和可操作性。如《河南省强化煤矿安全生产暂行规定》《河南省煤矿防治煤与瓦斯突出十项措施》等。

(五) 各级地方政府及相关部门安全生产规章、安全生产标准

根据《中华人民共和国立法法》的有关规定，部门规章之间、部门规章与地方政府规章之间具有同等效力，在各自的权限范围内施行。

各级政府安全生产规章由有关部门为加强安全生产工作而颁布的规范性文件组成。部门安全生产规章作为安全生产法律法规的重要补充，在我国安全生产监督管理工作中起着十分重要的作用。

地方政府安全生产规章一方面从属法律和行政法规，另一方面又从属地方法规，并且不能与它们相抵触。

安全生产标准是安全生产法规体系中的一个重要组成部分，也是安全生产管理的基础和监督执法工作的重要技术依据。安全生产标准大致分为设计规范类，安全生产设备、工具类，生产工艺安全卫生类，防护用品类等四类。

(六) 已批准的国际劳工安全公约

国际劳工组织自1919年创立以来，一共通过了近200个国际公约和为数较多的建议书，这些公约和建议书统称国际劳工标准，其中70%的公约和建议书涉及职业安全卫生问题。当我国安全生产法律与国际公约有不同时，应优先采用国际公约的规定(除保留条件的条款外)。

二、安全技术法规

安全技术法规是指国家为搞好安全生产，防止和消除生产中的灾害事故，保障职工人身安全而制定的法律规范。国家规定的安全技术法规对一些比较突出或有普遍意义的安全技术问题的基本要求作出规定；对一些比较特殊的安全技术问题，国家有关部门也制定并颁布

了专门的安全技术法规。

（一）设计、建设工程安全方面

《安全生产法》第三十一条规定："生产经营单位新建、改建、扩建工程项目（以下统称建设项目）的安全设施，必须与主体工程同时设计、同时施工、同时投入生产和使用。安全设施投资应当纳入建设项目概算。"《中华人民共和国矿山安全法》第四十二条规定："矿山建设工程安全设施的设计未经允准擅自施工的，由管理矿山企业的主管部门责令停止施工；拒不执行的，由管理矿山企业的主管部门提请县级以上人民政府决定由有关主管部门吊销其采矿许可证和营业执照。"

（二）机器设备安全装置方面

《安全生产法》第三十六条规定："安全设备的设计、制造、安装、使用、检测、维修、改造和报废，应当符合国家标准或者行业标准。生产经营单位必须对安全设备进行经常性维护、保养，并定期检测，保证正常运转。维护、保养、检测应当作好记录，并由有关人员签字。"

（三）特种设备安全措施方面

《安全生产法》第三十七条规定："生产经营单位使用的危险物品的容器、运输工具，以及涉及人身安全、危险性较大的海洋石油开采特种设备和矿山井下特种设备，必须按照国家有关规定，由专业生产单位生产，并经具有专业资质的检测、检验机构检测、检验合格，取得安全使用证或者安全标志，方可投入使用。检测、检验机构对检测、检验结果负责。"

（四）防火防爆安全规则方面

《中华人民共和国矿山安全法实施条例》规定："煤矿和其他有瓦斯爆炸可能性的矿井，应当严格执行瓦斯检查制度，任何人不得携带烟草和点火用具下井"。《中华人民共和国消防条例》规定："生产、使用、储存、运输易燃易爆化学物品的单位，必须执行国务院有关主管部门关于易燃易爆化学物品的安全管理规定。不了解易燃易爆化学物品性能和安全操作方法的人员，不得从事操作和保管工作。"《危险化学品安全管理条例》对易燃易爆化学物品生产和使用、储存、经营以及运输等过程应采取的安全措施提出了具体要求。

（五）工作环境安全条件方面

《安全生产法》第四十二条规定："生产、经营、储存、使用危险物品的车间、商店、仓库不得与员工宿舍在同一座建筑物内，并应当与员工宿舍保持安全距离。生产经营场所和员工宿舍应当设有符合紧急疏散要求、标志明显、保持畅通的出口、疏散通道。禁止占用、锁闭、封堵生产经营场所或者员工宿舍的出口、疏散通道。"《煤矿安全规程》第五百一十四条规定："采场内有危险的火区、老空区、滑坡区等地点，应当充填或者设置栅栏，并设置警示标志；地面、采场及排土场内临时设置变压器时应当设围栏，配电柜、箱、盘应当加锁，并设置明显的防触电标志；设备停放场、炸药厂、爆炸物品库、油库、加油站和物资仓库等易燃易爆场所，必须设置防爆、防火和危险警示标志；矿山道路必须设置限速、道口等路标，特殊路段设警示标志；汽车运输为左侧通行的，在过渡区段内必须设置醒目的换向标志。"《建筑安装工程安全技术规程》规定：施工现场应该合乎安全卫生的要求；工地内的沟、坑应该填平，或者设围栏、盖板；施工现场内一般不许架设高压线。《中华人民共和国矿山安全法》也对矿井的安全出口、出口之间的直线水平距离以及矿山与外界相通的运输和通信设施等作了规定。

（六）个体安全防护方面

《安全生产法》第四十五条规定："生产经营单位必须为从业人员提供符合国家标准或者

行业标准的劳动防护用品，并监督、教育从业人员按照使用规则佩戴、使用。”《煤矿安全规程》第六百三十九条规定：“煤矿企业应当为接触职业病危害因素的从业人员提供符合要求的个体防护用品，并指导和督促其正确使用。作业人员必须正确使用防尘或者防毒等个体防护用品。”《中华人民共和国劳动法》《中华人民共和国煤炭法》《中华人民共和国矿山安全法》等国家法律法规也都对企事业单位对劳动者提供必要的防护用品提出了明确要求。个体防护用品按其制造目的和传递给人的能量来区分，有防止造成急性伤害和慢性伤害两种。

三、职业健康法规

职业健康法规是指国家为了改善劳动条件，保护职工在生产过程中的健康，预防和消除职业病和职业中毒而制定的各种法规规范，既包括职业健康保障措施的规定，也包括有关预防医疗保健措施的规定。我国现行职业健康方面的法规主要有：全国人民代表大会颁布的《中华人民共和国环境保护法》《中华人民共和国乡镇企业法》《中华人民共和国煤炭法》《中华人民共和国职业病防治法》等，国务院颁布的《工厂安全卫生规程》《放射性同位素与射线装置安全和防护条例》等，有关部门颁布的《工业企业设计卫生标准》《工业企业噪声卫生标准》《微波辐射暂行卫生标准》《防暑降温措施管理办法》《化工系统健康监护管理办法》《乡镇企业劳动卫生管理办法》《职业病范围和职业病患者处理办法的规定》等。2002 年 5 月 1 日我国正式实施《中华人民共和国职业病防治法》，这使我国的职业病防治的法规管理提高到了一个新的高度和层次。

与安全技术法规一样，国家职业健康法规也对具有共性的工业卫生问题提出具体要求。

（一）工矿企业设计、建设的职业健康方面

《中华人民共和国职业病防治法》第十八条规定：“建设项目的职业病防护设施所需费用应当纳入建设项目工程预算，并与主体工程同时设计，同时施工，同时投入生产和使用。”《煤矿安全规程》第六百六十三条规定：“煤矿企业必须按照国家有关规定，对从业人员上岗前、在岗期间和离岗时进行职业健康检查，建立职业健康档案，并将检查结果书面告知从业人员。”职业病危害严重的建设项目的防护设施设计，应当经卫生行政部门进行卫生审查，符合国家职业卫生标准和卫生要求的，方可施工。建设项目在竣工验收前，建设单位应当进行职业病危害控制效果评价。建设项目竣工验收时，其职业病防护设施经卫生行政部门验收合格后，方可投入正式生产和使用。

（二）防止粉尘危害方面

《国务院关于加强防尘防毒工作的决定》规定：“各级经济主管部门和企业、事业主管部门，对现有企业、事业单位进行技术改造时，必须同时解决尘毒危害和安全生产问题。”《中华人民共和国矿山安全法》规定，矿山企业必须对粉尘、有毒有害气体、放射性物质和其他有害物质引起的危害的事故隐患采取预防措施。

《煤矿安全规程》第一百四十六条规定：“进风井口必须布置在粉尘、有害和高温气体不能侵入的地方。已布置在粉尘、有害和高温气体能侵入的地点的，应当制定安全措施。”

（三）防止有毒物质危害方面

《中华人民共和国职业病防治法》第二十五条规定：“对可能发生急性职业损伤的有毒、有害工作场所，用人单位应当设置报警装置，配置现场急救用品、冲洗设备、应急撤离通道和必要的泄险区。”《中华人民共和国矿山安全法》第十七条规定：“矿山企业必须对作业场所中的有毒有害物质和井下空气含氧量进行检测，保证符合安全要求。”

（四）防止物理危害因素和伤害方面

《中华人民共和国职业病防治法》第二十五条规定："对放射工作场所和放射性同位素的运输、贮存，用人单位必须配置防护设备和报警装置，保证接触放射线的工作人员佩戴个人剂量计。对职业病防护设备、应急救援设施和个人使用的职业病防护用品，用人单位应当进行经常性的维护、检修，定期检测其性能和效果，确保其处于正常状态，不得擅自拆除或者停止使用。"第二十九条规定："向用人单位提供可能产生职业病危害的化学品、放射性同位素和含有放射性物质的材料的，应当提供中文说明书。说明书应当载明产品特性、主要成分、存在的有害因素、可能产生的危害后果、安全使用注意事项、职业病防护以及应急救治措施等内容。产品包装应当有醒目的警示标识和中文警示说明。贮存上述材料的场所应当在规定的部位设置危险物品标识或者放射性警示标识。"《煤矿安全规程》第七条规定："对作业场所和工作岗位存在的危险有害因素及防范措施、事故应急措施、职业病危害及其后果、职业病危害防护措施等，煤矿企业应当履行告知义务，从业人员有权了解并提出建议。"

（五）劳动卫生个体防护方面

《中华人民共和国职业病防治法》第二十二条规定："用人单位必须采用有效的职业病防护设施，并为劳动者提供个人使用的职业病防护用品。用人单位为劳动者个人提供的职业病防护用品必须符合防治职业病的要求；不符合要求的，不得使用。"第二十五条也作了有关规定。《煤矿安全规程》第六百九十九条规定："矿山救护队必须配备救援车辆及通信、灭火、侦察、气体分析、个体防护等救援装备，建有演习训练等设施。"

（六）工业卫生辅助设施方面

《中华人民共和国职业病防治法》第五条规定："用人单位应当建立、健全职业病防治责任制，加强对职业病防治的管理，提高职业病防治水平，对本单位产生的职业病危害承担责任。"第十五条要求产生职业病危害的用人单位的设立除应当符合法律、行政法规规定的设立条件外，其工作场所还应当符合下列职业卫生要求：职业病危害因素的强度或者浓度符合国家职业卫生标准；有与职业病危害防护相适应的设施；生产布局合理，符合有害与无害作业分开的原则；有配套的更衣间、洗浴间、孕妇休息间等卫生设施；设备、工具、用具等设施符合保护劳动者生理、心理健康的要求；法律、行政法规和国务院卫生行政部门关于保护劳动者健康的其他要求。

（七）女职工劳动卫生特殊保护方面

国家根据女职工的生理机能和身体特点、以妇女劳动卫生学为科学依据，先后制定了《女职工保健工作暂行规定(试行草案)》(已被《女职工保健工作规定》取代)、《女职工劳动保护规定》(已被《女职工劳动保护特别规定》取代)、《女职工禁忌劳动范围的规定》(已废止)、《中华人民共和国妇女权益保障法》等法律、法规和规章，对女职工的劳动卫生特殊保护作出了明确规定。特别地，《女职工劳动保护特别规定》是中华人民共和国成立以来女职工特殊劳动保护的重要法规，它全面而系统地规定了女职工各项劳动保护。《中华人民共和国劳动法》也设专门一章规定对女职工和未成年工的特殊劳动保护。《中华人民共和国职业病防治法》第三十八条规定：用人单位不得安排孕期、哺乳期的女职工从事对本人和胎儿、婴儿有危害的作业。第七十五条规定：安排未经职业健康检查的劳动者、有职业禁忌的劳动者、未成年工或者孕期、哺乳期女职工从事接触职业病危害的作业或者禁忌作业的，由卫生行政部门责令限期治理，并处五万元以上三十万元以下的罚款；情节严重的，责令停止产生职业病危害的作业，或者提请有关人民政府按照国务院规定的权限责令关闭。《中华人民共和国矿山安全法》第二十九条规定："矿山企业对女职工按照国家规定实行特殊劳动保护，不得分配女职工从事矿山井下劳动。"

（八）未成年工的特殊劳动保护方面

未成年工是指年满16周岁，未满18周岁的劳动者。未成年工的特殊保护是针对未成年工处于生长发育期的特点，以及接受义务教育的需要，采取的特殊劳动保护措施。为了未成年工的特殊劳动保护，我国颁布了相关的法规，如《中华人民共和国职业病防治法》第三十八条规定："用人单位不得安排未成年工从事接触职业病危害的作业"。《中华人民共和国矿山安全法》第二十九条规定："矿山企业不得录用未成年人从事矿山井下劳动。"

四、安全管理相关制度

安全管理法规，是指国家为了搞好安全生产、加强安全生产和劳动保护工作，保护职工的安全健康所制定的管理规范。从广义来讲，国家的立法、监督检查和教育等方面都属于管理范畴。安全生产管理是企业经营管理的重要内容之一，因此，管生产的必须管安全。《中华人民共和国宪法》规定，加强劳动保护，改善劳动条件，是国家和企业管理劳动保护工作的基本原则。劳动保护管理制度是各类工矿企业为了保护劳动者在生产过程中的安全、健康，根据生产实践的客观规律总结和制定的各种规章制度。概括地讲，这些规章制度一方面属于生产行政管理制度，另一方面属于生产技术管理制度。这两类规章制度经常是密切联系、互相补充的。

重视和加强安全生产的制度建设，是安全生产和劳动保护法制的重要内容。《中华人民共和国劳动法》第五十二条规定："用人单位必须建立、健全劳动安全卫生制度，严格执行国家劳动安全卫生规程和标准，对劳动者进行劳动安全卫生教育，防止劳动过程中的事故，减少职业危害。"《中华人民共和国全民所有制工业企业法》第四十条规定："企业必须贯彻安全生产制度，改善劳动条件，做好劳动保护和环境保护工作，做到安全生产和文明生产。"此外，《中华人民共和国矿山安全法》《中华人民共和国乡镇企业法》《中华人民共和国煤炭法》《中华人民共和国职业病防治法》《危险化学品安全管理条例》等多部法律法规，都对不断完善劳动保护管理制度提出了要求。具体涉及安全管理的相关制度，主要包括以下几方面。

（一）安全生产责任制

《安全生产法》第四条规定："生产经营单位必须遵守本法和其他有关安全生产的法律、法规，加强安全生产管理，建立健全全员安全生产责任制和安全生产规章制度，加大对安全生产资金、物资、技术、人员的投入保障力度，改善安全生产条件，加强安全生产标准化、信息化建设，构建安全风险分级管控和隐患排查治理双重预防机制，健全风险防范化解机制，提高安全生产水平，确保安全生产。"第五条规定："生产经营单位的主要负责人是本单位安全生产第一责任人，对本单位的安全生产工作全面负责。其他负责人对职责范围内的安全生产工作负责。"第二十二条规定："生产经营单位的全员安全生产责任制应当明确各岗位的责任人员、责任范围和考核标准等内容。生产经营单位应当建立相应的机制，加强对全员安全生产责任制落实情况的监督考核，保证全员安全生产责任制的落实。"

《中华人民共和国煤炭法》第七条规定："煤矿企业必须坚持安全第一、预防为主的安全生产方针，建立健全安全生产的责任制度和群防群治制度。"《中华人民共和国矿山安全法》第二十条规定："矿山企业必须建立、健全安全生产责任制。矿长对本企业的安全生产工作负责。”

（二）安全教育制度

《中华人民共和国劳动法》不仅规定了用人单位开展职业培训的义务和职责，同时规定了“从事技术工种的劳动者，上岗前必须经过培训”。《中华人民共和国公司法》把“公司应当采用多种形式，加强公司职工的职业教育和岗位培训，提高职工素质”作为公司必须履行的义务之一。《中华人民共和国矿山安全法》第二十六条规定：“矿山企业必须对职工进行教育、培训；未经安全教育、培训的，不得上岗作业。矿山企业安全生产的特种作业人员必须接受专门培训，经考核合格取得操作资格证书的，方可上岗作业。”《中华人民共和国煤炭法》《中华人民共和国乡镇企业法》《中华人民共和国职业病防治法》等法律法规，也都对劳动保护教育制度予以规定。

（三）安全生产检查制度

多年的安全生产工作实践，使群众性的安全生产检查逐步成为劳动保护管理的重要制度之一。《安全生产法》第九条规定：“国务院和县级以上地方各级人民政府应当加强对安全生产工作的领导，建立健全安全生产工作协调机制，支持、督促各有关部门依法履行安全生产监督管理职责，及时协调、解决安全生产监督管理中存在的重大问题。”第二十一条规定：生产经营单位的主要负责人对本单位安全生产工作，负责组织建立并落实安全风险分级管控和隐患排查治理双重预防工作机制，督促、检查本单位的安全生产工作，及时消除生产安全事故隐患。第六十二条规定：“县级以上地方各级人民政府应当根据本行政区域内的安全生产状况，组织有关部门按照职责分工，对本行政区域内容易发生重大生产安全事故的生产经营单位进行严格检查。应急管理部门应当按照分类分级监督管理的要求，制定安全生产年度监督检查计划，并按照年度监督检查计划进行监督检查，发现事故隐患，应当及时处理。”第六十五条规定：“应急管理部门和其他负有安全生产监督管理职责的部门依法开展安全生产行政执法工作，对生产经营单位执行有关安全生产的法律、法规和国家标准或者行业标准的情况进行监督检查”。《中华人民共和国煤炭法》第五十六条规定：“煤炭管理部门和有关部门的监督检查人员对煤矿企业和煤炭经营企业违反煤炭法律、法规的行为，有权要求其依法改正。”《中华人民共和国矿山安全法》第三十三条规定，县级以上各级人民政府劳动行政主管部门对矿山安全工作行使下列监督职责：检查矿山企业和管理矿山企业的主管部门贯彻执行矿山安全法律、法规的情况；参加矿山建设工程安全设施的设计审查和竣工验收；检查矿山劳动条件和安全状况；检查矿山企业职工安全教育、培训工作；监督矿山企业提取和使用安全技术措施专项费用的情况；参加并监督矿山事故的调查和处理；法律、行政法规规定的其他监督职责。

（四）伤亡事故报告处理制度

伤亡事故报告处理制度方面，《生产安全事故报告和调查处理条例》第四条规定：“事故报告应当及时、准确、完整，任何单位和个人对事故不得迟报、漏报、谎报或者瞒报。事故调查处理应当坚持实事求是、尊重科学的原则，及时、准确地查清事故经过、事故原因和事故损失，查明事故性质，认定事故责任，总结事故教训，提出整改措施，并对事故责任者依法追究责任。”《中华人民共和国劳动法》第五十七条规定：“国家建立伤亡事故和职业病统计报告和处理制度。县级以上各级人民政府劳动行政部门、有关部门和用人单位应当依法对劳动者在劳动过程中发生的伤亡事故和劳动者的职业病状况，进行统计、报告和处理。”《安全生产法》第八十三条规定："生产经营单位发生生产安全事故后，事故现场有关人员应当立即报告本单位负责人。单位负责人接到事故报告后，应当迅速采取有效措施，组织抢救，防止事故扩大，减少人员伤亡和财产损失，并按照国家有关规定立即如实报告当地负有安全生产监督管理职责的部门，不得隐瞒不报、谎报或者迟报，不得故意破坏事故现场、毁灭有关证据。"《中华人民共和国矿山安全法》第三十六条规定："发生矿山事故，矿山企业必须立即组织抢救，防止事故扩大，减少人员伤亡和财产损失，对伤亡事故必须立即如实报告劳动行政主管部门和管理矿山企业的主管部门。"

（五）劳动保护制度

《中华人民共和国劳动法》第五十四条规定："用人单位必须为劳动者提供符合国家规定的劳动安全卫生条件和必要的劳动防护用品，对从事有职业危害作业的劳动者应当定期进行健康检查。"《中华人民共和国矿山安全法》第三条规定："矿山企业必须具有保障安全生产的设施，建立、健全安全管理制度，采取有效措施改善职工劳动条件，加强矿山安全管理工作，保证安全生产。"《安全生产法》第二十三条规定："有关生产经营单位应当按照规定提取和使用安全生产费用，专门用于改善安全生产条件。安全生产费用在成本中据实列支……"。

（六）建设工程项目的环境、卫生规范

《安全生产法》第三十一条规定："生产经营单位新建、改建、扩建工程项目（以下统称建设项目）的安全设施，必须与主体工程同时设计、同时施工、同时投入生产和使用。安全设施投资应当纳入建设项目概算。"《中华人民共和国劳动法》第五十三条规定："劳动安全卫生设施必须符合国家规定的标准。新建、改建、扩建工程的劳动安全卫生设施必须与主体工程同时设计、同时施工、同时投入生产和使用。"《中华人民共和国煤炭法》第十九条规定："煤矿建设应当坚持煤炭开发与环境治理同步进行。煤矿建设项目的环境保护设施必须与主体工程同时设计、同时施工、同时验收、同时投入使用。"

（七）安全生产监督制

安全生产监督是国家授权特定行政机关设立的专门监督机构，以国家名义并利用国家行政权力，对各行业安全生产工作实行统一监督。在我国，国家授权行政主管部门（应急管理部）行使国家安全生产监督权。国家安全生产监督制度，由国家安全生产监督法规制度、监督组织机构和监督工作实践构成体系。这一体系还与企业、事业单位及其主管部门的内部监督，工会组织的群众监督相结合。

《安全生产法》第七条规定："工会依法对安全生产工作进行监督。生产经营单位的工会依法组织职工参加本单位安全生产工作的民主管理和民主监督，维护职工在安全生产方面的合法权益。生产经营单位制定或者修改有关安全生产的规章制度，应当听取工会的意见。"第十条规定："国务院应急管理部门依照本法，对全国安全生产工作实施综合监督管理；县级以上地方各级人民政府应急管理部门依照本法，对本行政区域内安全生产工作实施综合监督管理。"《中华人民共和国煤炭法》第十二条规定："国务院煤炭管理部门依法负责全国煤炭行业的监督管理。国务院有关部门在各自的职责范围内负责煤炭行业的监督管理。县级以上地方人民政府煤炭管理部门和有关部门依法负责本行政区域内煤炭行业的监督管理。"

（八）工伤保险制度

目前我国的工伤保险制度，贯彻了工伤保险与事故预防相结合的指导思想和改革思路，把过去企业自管、被动的工伤补偿制度改革成社会化管理的工伤预防、工伤补偿、职业康复三项任务有机结合的新型工伤保险制度。

《中华人民共和国劳动法》第七十条规定："国家发展社会保险事业，建立社会保险制度，设立社会保险基金，使劳动者在年老、患病、工伤、失业、生育等情况下获得帮助和补偿。"《安全生产法》第五十一条规定："生产经营单位必须依法参加工伤保险，为从业人员缴纳保险费。"第五十二条规定："生产经营单位与从业人员订立的劳动合同，应当载明有关保障从业人员劳动安全、防止职业危害的事项，以及依法为从业人员办理工伤保险的事项。"《中华人民共和国煤炭法》第三十七条规定："煤矿企业应当依法为职工参加工伤保险缴纳工伤保险费。鼓励企业为井下作业职工办理意外伤害保险，支付保险费。"

（九）注册安全工程师执业资格制度

2002 年，原国家人事部、原国家安全生产监督管理局发布了《注册安全工程师执业资格制度暂行规定》和《注册安全工程师执业资格认定办法》，从而推行了我国的注册安全工程师执业资格制度，这一制度的实施对提高我国安全专业人员的专业素质水平发挥了重要的作用。

《安全生产法》第二十七条规定："危险物品的生产、储存、装卸单位以及矿山、金属冶炼单位应当有注册安全工程师从事安全生产管理工作。鼓励其他生产经营单位聘用注册安全工程师从事安全生产管理工作。注册安全工程师按专业分类管理，具体办法由国务院人力资源和社会保障部门、国务院应急管理部门会同国务院有关部门制定。"

第三节　安全生产方针的贯彻落实

为了保证安全生产，保障工人身体健康，确保企业安全运行，生产单位必须严格执行安全生产方针。贯彻落实煤矿安全生产方针应当做到以下三点。

一、坚持管理、装备、培训并重的原则

这是我国煤矿安全生产实践经验的总结，也是贯彻落实煤矿安全生产方针的基本原则。

(1) 管理体现人的主观能动性和创造性，体现对煤矿生产经营进行的计划、组织、指挥、协调和控制。先进科学的管理是煤矿安全生产的重要保证。如遵守《煤矿安全规程》、推行 ISO9000 质量管理体系标准等。严格和科学的管理，可弥补装备上的不足，减少事故，保障安全生产。

(2) 装备是矿工实施作业、创造安全环境的工具。先进的技术装备可以提高工作效率，也可以创造良好的安全作业环境，从而避免事故的发生。

(3) 培训是提高职工素质的主要手段，许多事故的发生主要是无证上岗、无岗前和岗中培训，法规和安全意识淡薄或缺乏专业技术知识造成的。只有强化培训，才能提高职工队伍素质，才能保证职工正确操作先进的装备和应用先进的技术，才能进行科学管理。

只有坚持管理、装备、培训并重的原则，才能真正落实好煤矿安全生产方针。

二、坚持煤矿安全生产方针相关标准

1985 年，全国煤矿安全工作会议提出了全面落实安全生产方针的 10 条标准，其中多

条至今仍有重要的指导作用。如：企业管理的全部内容和生产的全过程都要把安全放在首位，任何决定、办法、措施都必须有利于安全生产；把坚持“安全第一”方针作为选拔、任用、考核干部的重要内容；把安全工作纳入党政工作的重要议事日程和承包内容，把安全技措工程、安全培训列入年度和月份生产和工作计划；建立健全安全生产责任制，层层落实；人、财、物优先保证安全生产需要；严肃认真、一丝不苟地执行《煤矿安全规程》、安全指令和文件；思想政治工作要贯穿到安全生产全过程；业务保安搞得好，安全教育广泛深入等。在当今安全生产等各项法规逐渐完善、生产技术进一步发展的形势下，这些标准还应不断充实完善。

三、坚持各项行之有效的措施

为了深入贯彻煤矿安全生产方针，必须坚持以下各项措施：

（一）强化安全法律观念

随着我国法律建设的深入，安全生产法律法规体系已经建立，在此情况下，必须树立依法行事、依法治理安全的观念。出了生产安全事故，不仅要追究有关责任人的党纪、政纪责任，而且要依法追究有关人员的法律责任。因而在工作实际中必须上紧安全法律这根弦，时刻牢记依法办事准则。

（二）建立健全安全生产责任制

安全生产涉及方方面面，是一个多环节、多层次的系统工程，某一个层次、某一个环节的失误就可能导致事故的发生，因而必须严把每一环节、每一层次、每一人的安全生产关，这就需要建立健全一套完善的安全生产责任制，包括领导干部安全生产责任制、职能机构安全生产责任制及岗位人员安全生产责任制，将安全生产责任细化到每个岗位、分解到每个人员。

（三）建立安全生产管理机构或配备专职安全生产管理人员

《安全生产法》第二十四条规定：“矿山、金属冶炼、建筑施工、运输单位和危险物品的生产、经营、储存、装卸单位，应当设置安全生产管理机构或者配备专职安全生产管理人员。”煤矿企业作为矿山企业中灾害最为严重、作业环境恶劣、危险因素多的高危企业，若没有一个专门的机构或专门的人员去管理、检查、监督生产过程中的各种危险因素和责任的落实，要想实现安全生产只能是一句空话。

（四）认真组织安全生产检查

煤矿企业要进行经常的、定期的、监督性的安全生产检查和日常安全巡回检查，这是搞好安全生产的一个重要措施。检查要在认真上做文章，要把提前打招呼，让人们准备迎接检查，变为不打招呼，随时抽查、突击检查，也可用拉网式检查，还可以复查。安全检查应以企业为主；政府、行业主管部门及相关部门根据安全生产形势的状况，也应组织进行。

（五）加大煤矿安全监察力度

煤矿安全监察机构是执法机构，要做到从严执法，公正执法。依据《安全生产法》《中华人民共和国矿山安全法》《中华人民共和国煤炭法》《煤矿安全监察条例》《煤矿安全规程》等法律、法规和行业规章，对不具备安全生产条件的矿井，要坚持依法整治，做到该取缔的取缔，该关闭的关闭，该整改的整改，绝不姑息迁就；对煤矿存在的安全管理不善、不安全生产因素及事故隐患，要责令煤矿企业限期处理和改正；要强化对持证上岗和相关业务技能培训的监察，切实加大监察执法力度。

（六）加强安全技术教育培训工作

这是搞好安全工作的基础和主要内容之一，是实现安全生产状况根本好转的重要途径。各部门要根据各自职能，积极开展安全生产方针、安全法律法规、本矿安全现状、本矿安全措施、安全知识、安全技能、生产技能教育培训工作，开展矿长、总工程师、区队长、班组长、特种作业人员的上岗资格培训，使全体职工懂法、熟知安全技术知识、掌握操作技能、自觉遵法遵章，以减少和杜绝事故发生，确保安全生产。

（七）关口前移，做好事故预防工作

预防为主是搞好安全的必要措施。做好事故预防，要求职工对矿井环境、自然灾害因素、事故隐患、生产过程中不安全问题要事先了解和熟悉，从管理角度研究，从安全措施上预防控制事故，把预防放在主要位置，预防在先、处处谨慎、措施得力、项项落实，以达到防止灾变、控制事故发生的目的。

（八）做好事故调查和处理工作

发生事故后，要按规定及时向上级报告，并立即采取应急措施，组织抢险救灾和事故调查处理。要坚持“四不放过”原则，即事故原因未查清不放过、责任人员未处理不放过、整改措施未落实不放过、有关人员未受到教育不放过。

（九）加大对事故责任人的处罚力度

应按照国家有关法规的要求，依法落实对事故责任人的处罚，以起到惩罚本人、警示他人的作用，并营造一种对安全工作不力、失职即被追究责任的氛围，使人人都重视安全，人人都从本职工作做起，搞好安全工作。

（十）依靠科学技术，加大安全投入，促进安全状况好转

我国煤矿自然灾害比较严重，特别是随着煤炭开采深度的增加和开采强度的加大，治理灾害的难度还会增加，因而必须大力研究和推广先进的煤矿灾害防治技术，开展技术交流。为加强煤炭行业防灾抗灾能力，必须加大安全投入，提高装备水平。按照企业负责、政府支持、社会参与的多元化融资原则，完善中央、地方和企业共同增加煤矿安全投入的长效机制。

（十一）推进本质安全型矿井建设

充分发挥市场机制，整合煤炭资源，积极推进中小型煤矿采煤工艺改革和技术改造，推进本质安全型矿井建设，提高煤炭企业本质安全水平。

复习思考题

1. 请阐述我国安全生产方针的内容。
2. 请阐述我国安全生产方针的内在联系。
3. 我国安全生产方针的科学内涵有哪些？
4. 请阐述在生产过程中，如何贯彻落实我国安全生产方针。
5. 请阐述党和国家在安全生产管理过程中，在哪些方面体现了对安全工作的重视。

第二章　矿山抢险与救援的组织及管理

我国是世界上最大的产煤国，且以井工矿井开采为主。受复杂煤层赋存条件及众多生产环节的影响，瓦斯爆炸、煤尘爆炸、矿井突水、矿井火灾、顶板事故等灾害事故频发。事故的发生，会严重威胁职工的生命安全，影响矿井的正常生产，造成重大的经济损失和恶劣的社会影响。矿山抢险与救援队伍，是开展各类矿井灾害事故抢险与救援工作的有生力量，为矿井的安全生产和事故的抢险救援提供保障。目前，我国已建立起完善的矿山抢险与救援队伍。面对错综复杂的各类灾害事故，对矿山抢险与救援队伍进行科学的组织和管理，采用科学、先进的管理方法和手段，理顺其运行机制，对于开展矿山抢险与救援工作极为重要，也是保证企业安全生产的重要保障。

本章在介绍安全生产应急管理重要意义及特点的基础上，阐述了安全生产应急救援管理体制、运行机制、管理方法等内容。

第一节　安全生产应急管理的重要意义与特点

安全生产应急管理是国家突发公共事件应急管理的重要组成部分。因此，国家突发公共事件应急管理的指导思想、原则和普遍规律都适合于安全生产应急管理。

一、安全生产应急管理的重要意义

（一）建立健全应急组织

（1）建立应急指挥机构，明确相关人员、部门事故处置工作职责。

（2）建立应急管理机构，实现机构、编制、职责、人员、经费“五落实”。

（3）健全相关的工作机制、程序。

（4）各级政府：在国务院安全生产委员会框架内形成有关部门之间安全生产应急救援协调机制。

（5）各级安监部门：与相关部门建立的自然灾害预警工作机制，与环保部门有效沟通与协调机制。

（6）各类企业：企业之间、企业与政府及部门之间紧密联系、协同配合机制。

（7）单位内部的工作程序。

（二）完善应急预案体系

（1）隐患、危险源排查、评估，事故分类，应急预案分类，形成各类事故应急预案框架。

（2）编制各级各类应急预案，横向覆盖各部门、各类事故，纵向覆盖各级单位直至作业岗位。

（3）修订完善应急预案，实现科学、严密、简明、有针对性、可操作。

（4）维护应急预案。

(5) 开展应急预案评审和备案管理，搞好应急预案衔接，形成体系。

(三) 落实应急资源

(1) 建立专职队伍以及兼职队伍，与相邻专业队伍签订协议。

(2) 配备装备、储备物资，按协议落实应急装备、物资。

(3) 内部建立专家组，与外部专家建立关系。

(4) 与相关部门、单位、队伍建立应急协调机制。

(5) 建立相关管理制度，保障应急预案内容、涉及资源的有效性。

(四) 建立应急平台

(1) 通信调度网络。

(2) 危险源、重要部位监控系统及数据库。

(3) 应急资源、应急预案等数据库。

(4) 单位地理信息系统。

(5) 辅助决策系统。

(五) 加强应急值守

(1) 事故接报、信息处理。

(2) 事故分析、研判、跟踪。

(3) 灾害预警信息发布。

(4) 事故救援现场指导。

(六) 开展培训演练宣传教育工作

(1) 开展应急预案培训、演练，相关人员明确自身职责、行动。

(2) 培养专业应急管理人员。

(3) 全面开展岗位应急知识教育。

(4) 面向全社会普及应急知识。

(七) 其他基础工作

(1) 掌握应急资源，包括相关的社会资源，建立应急资源数据库。

(2) 对每起重特大事故救援分析评估，定期开展应急管理工作评估，总结经验教训，改进工作，统计上报应急管理信息。

(3) 组织开展救援队伍质量标准化建设，开展资质认定，组织队伍开展预防性检查、训练，促进救援队伍业务建设。

(4) 积累救援音像、视频、文字资料，组织剖析典型事故应急救援成功经验和教训，开展救援技战术研究，不断提高救援工作的科学性和有效性。

(5) 健全应急管理制度，加大应急投入。把应急管理纳入安全生产工作，纳入发展规划，纳入年度总体工作计划。安全生产各项工作中都要纳入应急管理的相关内容，包括法规标准制定、各类督查检查、安全许可、事故调查处理等方面。

二、安全生产应急管理的特点

安全生产应急管理在具体实施过程中具有以下特点。

(一) 实行行政领导负责制和责任追究制

应急和应急管理工作实行统一领导，分级负责。在公司的统一领导下，建立健全"分级管理，分级负责"为主的应急管理体制；各级领导各司其职、各负其责，充分发挥应急响应的指挥作用。

（二）以人为本，安全第一

把保障员工的生命安全和身体健康、最大限度地减少事故造成的人员伤亡和财产损失作为首要任务，切实体现“以人为本，安全第一”的准则，切实加强应急救援人员的安全防护。

（三）预防为主，强化基础，快速反应

坚持预防与应急相结合、常态与非常态相结合，常抓不懈，在不断提高安全风险辨识、防范水平的同时，加强现场应急基础工作，做好常态下的风险评估、物资储备、队伍建设、装备完善、预案制定和演练等工作。消防等各级应急预案每年演练一次，修订一次，强化一线一员的应急处置和逃生能力，“早发现、早报告、迅捷处置”，居安思危，预防为主。

（四）科学实用

应急救援预案具有针对性、实用性和可操作性；通过危险源辨识、风险评估进行应急救援预案编制；应急对策简练实用，通过演练不断完善改进，依法规范，加强管理。

（五）分级响应

应急管理工作按照事故的危害程度、波及和影响范围，实施分级应急响应。

第二节 安全生产应急救援管理体制

一、安全生产应急救援管理制度

习近平总书记强调：“组建国家综合性消防救援队伍，是党中央适应国家治理体系和治理能力现代化作出的战略决策，是立足我国国情和灾害事故特点、构建新时代国家应急救援体系的重要举措，对提高防灾减灾救灾能力、维护社会公共安全、保护人民生命财产安全具有重大意义。”

应急管理是应对重特大事故灾害的危险问题提出的。应急管理是指政府及其他公共机构在突发事件的事前预防、事发应对、事中处置和善后恢复过程中，通过建立必要的应对机制，采取一系列必要措施，应用科学、技术、规划与管理等手段，保障公众生命、健康和财产安全，促进社会和谐健康发展的有关活动。

事故应急管理的内涵，包括应急预防、应急准备、应急响应和应急恢复四个阶段。尽管在实际情况中，这些阶段往往是重叠的，但它们中的每一部分都有自己单独的目标，并且成为下个阶段内容的一部分。

应急救援管理制度是为了预防和控制潜在的事故或紧急情况发生时，作出应急准备和响应，最大限度地减轻可能产生的事故后果而制定的制度。

二、安全生产应急救援管理体制内涵

安全生产应急救援管理体制内涵包括以下五方面：

(1) 安全生产应急救援管理体制是经过应急救援管理实践检验并证明行之有效的、较为固定的方法。任何组织的工作机制，不因组织负责人的变动而随意变动，而单纯的工作方式、方法是可以根据个人主观意识而改变的。

(2) 安全生产应急救援管理体制本身含有制度因素，并且要求所有相关人员严格遵守，而单纯的工作方式、方法往往体现为个人做事的一种偏好或经验。例如，监督机制，不仅指人人必须遵守的制度，而且应该包括各种监督的手段和方法。

(3) 安全生产应急救援管理体制是比一般制度更具有刚性的“制度”。制度虽然要求所有人都应当遵守,但它仍保留有一定的自由裁量空间,或者说,制度在执行过程中具有一定弹性。但是,安全生产应急救援管理体制则是一种带强制性的制度。

(4) 安全生产应急救援管理体制是在各种方式、方法基础上总结和提炼出来的,并经过加工使之系统化、科学化的方法。而单纯的工作方式、方法则因人而异,并不要求上升到理论高度。

(5) 安全生产应急救援管理体制一般是依靠多种方式、方法共同作用来运作的,而一般方式、方法可以是单一起作用的。例如,安全生产应急救援管理体制在建立起各种工作机制的同时,还应有相应的激励机制、动力机制、制衡机制和监督机制来保证工作的落实、推动、纠错、评价等。

三、安全生产应急救援管理体制特点

安全生产应急救援管理作为政府的社会管理和公共服务职能,又具有其自身独有的特点。

(一) 组织集权化

突发事件的不确定性、破坏性和扩散性,决定了应急救援管理的主体行使处置权力必须快速、高效,因而要求整个组织严格按照一体化集权方式管理和运行,上下关系分明,职权明确,有令必行,有禁必止,奖罚分明。强调统一领导、统一指挥、统一行动的一体化集权管理。

(二) 职责双重性

在各国现阶段的应急救援管理实践中,除了部分应急救援管理人员从事专业应急救援管理工作,大多数应急救援管理参与主体来自不同的社会领域和工作部门,在正常的情况下,他们从事其他工作,只有在应急救援管理工作需要时,才参与应急救援管理活动,担负应急救援管理方面的职责。

(三) 结构模块化

应急救援管理组织中每个单元体系都有类似的内部结构和相似的外部功能,是一个独立的功能体系,由不同单元体系组成的功能体系也具有相似的结构和功能,具有模块化的组织结构。遇有不同类型、不同级别和不同区域的突发事件时,可通过灵活快速的单元体系组合,形成相应的应急处置体系。

四、安全生产应急救援管理体制设立基本原则

安全生产应急救援管理体制的确立涉及一个国家或地区的政治、经济、自然、社会等多方面因素,而且随着人类社会进步和应对突发事件能力提高而不断变化和调整。其设立和调整要把握好以下五项基本原则。

(一) 统一领导

所谓统一领导,是指在各级党委领导下,在中央,国务院是突发事件应急管理工作的最高行政领导机关;在地方,地方各级政府是本地区应急管理工作的行政领导机关,负责本行政区域各类突发事件应急管理工作,是负责此项工作的责任主体。在突发事件应对中,领导权主要表现为以相应责任为前提的指挥权、协调权。

突发事件应对处置工作,必须成立应急指挥机构统一领导。有关各方都要在应急指挥机构的领导下,依照法律、行政法规和有关规范性文件的规定,展开各项应对处置工作。

突发事件应急救援管理体制,从纵向看包括组织自上而下的组织管理体制,实行垂直领

导，下级服从上级；从横向看同级组织有关部门，形成互相配合、协调应对、共同服务指挥中枢的关系。

（二）综合协调

所谓综合协调，有两层含义：一是政府对所属各有关部门、上级政府对下级各有关政府、政府与社会各有关组织和团体的协调；二是各级政府突发事件应急管理工作的办事机构进行的日常协调。综合协调的本质和取向是在分工负责的基础上，强化统一指挥、协同联动，以减少运行环节、降低行政成本，提高快速反应能力。

在突发事件应对过程中，参与主体是多样的，既有政府及相关政府部门，也有社会组织、企事业单位、基层自治组织、公民个人，甚至还有国际援助力量，要实现反应灵敏、协调有序、运转高效的应急机制，必须加强在统一领导下的综合协调能力建设。

综合协调人力、物力、财力、技术、信息等保障力量，形成统一的突发事件信息系统、统一的应急指挥系统、统一的救援队伍系统、统一的物资储备系统等，以整合各类应急资源，最后形成各部门协同配合、社会参与的联动工作局面。

（三）分类管理

所谓分类管理，是指按照自然灾害、事故灾难、公共卫生事件和社会安全事件四类突发事件的不同特性实施应急管理，具体包括：根据不同类型的突发事件，确定管理规则，明确分级标准，开展预防和应急准备、监测与预警、应急处置与救援、事后恢复与重建等应对活动。此外，由于一类突发事件往往由一个或者几个相关部门牵头负责，因此分类管理实际上就是分类负责，以充分发挥诸如防汛抗旱、核应急、防震减灾、反恐等指挥机构及其办公室在相关领域应对突发事件中的作用。

（四）分级负责

所谓分级负责，主要是根据突发事件的影响范围和突发事件的级别，确定突发事件应对工作由不同层级的政府负责。一般来说，一般和较大的自然灾害、事故灾难、公共卫生事件的应急处置工作分别由发生地县级和设区的市级人民政府统一领导；重大和特别重大的，由省级人民政府统一领导，其中影响全国、跨省级行政区域或者超出省级人民政府处置能力的特别重大的突发事件应对工作，由国务院统一领导。社会安全事件由于其特殊性，原则上，也是由发生地的县级人民政府组织处置，但必要时上级人民政府可以直接处置。需要指出，履行统一领导职责的地方人民政府不能消除或者有效控制突发事件引起的严重社会危害的，应当及时向上一级人民政府报告，请求支持。接到下级人民政府的报告后，上级人民政府应当根据实际情况对下级人民政府提供人力、财力支持和技术指导，必要时可以启用储备的应急救援物资、生活必需品和应急处置装备；有关突发事件升级的，应当由相应的上级人民政府统一领导应急处置工作。

对于突发事件的处置，不同级别的突发事件需要动用的人力和物力是不同的。无论是哪一种级别的突发事件，各级政府及相关部门、相关企业都有义务和责任做好预警和监测工作，地方政府平时应当做好信息的收集、分析工作，定期向上级机关报告相关信息，对可能出现的突发事件作出预测和预警，编制突发事件应急预案，组织应急预案的演练和对公务员及社会大众进行应急意识和相关知识的教育及培训工作。

分级负责明确了各级政府在应对突发事件中的责任。如果在突发事件处置中发生了重大问题，造成了严重损失，必须追究有关政府和部门主要领导和当事人的责任。对于在突发事件应对工作中不履行职责，行政不作为，或者不按照法定程序和规定采取措施应对、处置突发事件的，要对其进行批评教育，直至对其进行必要的行政或法律责任追究。

（五）属地管理为主

所谓属地管理为主，主要有两种含义：一是突发事件应急处置工作原则上由地方负责，即由突发事件发生地的县级以上地方人民政府负责；二是法律、行政法规规定由国务院有关部门对特定突发事件的应对工作负责的，就应当由国务院有关部门管理为主。比如，《中华人民共和国中国人民银行法》规定，商业银行已经或者可能发生信用危机，严重影响存款人的利益时，由中国人民银行对该银行实行接管，采取必要措施，以保护存款人利益，恢复商业银行正常经营能力。再比如，《核电厂核事故应急管理条例》规定，全国的核事故应急管理工作由国务院指定的部门负责。

强调属地管理为主，是由于突发事件的发生地政府的迅速反应和科学、高效的应对，是有效遏止突发事件发生、发展的关键。

大量的事故灾难类突发事件统计表明，80％的人员死亡发生在事发最初 2 h 内，是否在第一时间实施有效救援，决定着突发事件应对的成败。因此，必须明确地方政府是发现突发事件苗头、预防发生、先行应对、防止扩散（引发、衍生新的突发事件）的第一责任人，赋予其统一实施应急处置的权力。出现重大突发事件，地方政府必须及时、如实向上级报告，必要时可以越级报告。实行属地管理为主，让地方政府能迅速反应、及时处理，是适应反应灵敏的应急管理机制的必然要求。当然，属地管理为主并不排斥上级政府及有关部门对其应对工作的指导，也不能免除发生地其他部门和单位的协同义务。

第三节　安全生产应急救援管理运行机制

尽管事故的发生具有突发性、偶然性的特点，但重大事故的应急救援管理（简称“应急管理”）不仅仅局限于事故发生后的应急救援行动。应急管理是对重大事故全过程的管控，贯穿事故发生前、中、后期的整个过程，充分体现了“预防为主，常备不懈”的应急思想。尽管在实际情况中这些阶段往往有交叉，但每一阶段都有自己明确的目标，且每一个阶段又是在前一阶段基础上形成的，应急预防、应急准备、应急响应、应急恢复构成应急救援管理的循环过程。

一、应急预防

应急预防是为预防事故发生或扩大而做的预防性工作。预防是应急管理的首要任务，目的是把灾害事故消灭在萌芽状态。

（一）应急预防的含义

（1）通过安全管理和安全技术等手段，尽可能地防止事故的发生，实现本质安全。

（2）如果事故发生，则通过预先采取的预防性措施，降低或者减缓事故的影响、降低事故的严重程度等。从长远来看，低成本、高效率的预防措施是减少事故损失的关键。

（二）应急预防的情形

一般情况下，应急预防有以下四种情形。

（1）事先进行危险源辨识和风险分析，预测可能发生的事故，采取措施尽可能避免事故的发生。

(2) 进行现场应急专项检查、安全监察，查找问题，通过动态监测，预防事故发生。

(3) 在有事故发生征兆的情况下，及时采取防范措施，避免事故的发生。

(4) 若事故必然发生，则通过预先采取的措施，最大限度地减少事故造成的人员伤亡、财产损失和社会影响。

(三) 应急预防的工作方法

应急预防的工作方法主要有以下四种。

(1) 危险源辨识

危险源辨识是应急管理的第一步。要对本单位、本辖区所存在的危险源进行全面、认真的辨识、分析。

(2) 风险评估

在危险源辨识、分析的基础上，采用正确的评价方法，对危险源进行风险评估，确定可能存在的不可接受风险的危险源，从而确定应急管理的重点管控对象。

(3) 预测预警

根据危险源的危险特征，对应急管控对象可能发生的事故进行预测，对出现的事故征兆和紧急情况及时发布相关信息进行预警，采取相应措施，将事故消灭在萌芽状态。

(4) 预警预控

假定事故必然发生，在预警的同时必须预先采取必要的防范、管控措施，将可能出现的情形事先告知相关人员进行预警，将预防措施及相应处理程序告知相关人员，以便在事故发生时能有备而战，预防事故扩大。

二、应急准备

应急准备是应急管理过程中一个极其关键的过程，其针对可能发生的事故，为迅速、有效地开展应急行动而预先进行组织准备和应急保障工作。

(一) 应急准备的目的

应急准备的目的是通过充分的准备，满足事故征兆、事故发生状态下各种应急救援活动顺利进行的需求，从而实现预期的应急救援目标。

(二) 应急准备的内容

应急准备的内容包括：

(1) 应急组织的成立。

(2) 应急队伍的建设。

(3) 应急人员的培训。

(4) 应急预案的编制。

(5) 应急物资的准备。

(6) 应急装备的配备。

(7) 应急通信的保障。

(8) 应急技术的研发。

(9) 应急预案的演练。

(10) 应急资金的保障。

(11) 外部救援力量的衔接以及其他。

（三）应急准备的工作方法

（1）应急预案编制

应急救援不能打无准备之仗，应急准备的第一步就是编制应急预案。应急预案有利于作出及时的应急响应，减轻事故后果。

（2）应急物资保障

根据应急预案的要求，进行人力、物力、财力等资源的准备，为应急救援的具体实施提供保障。各项应急物资保障到位对应急救援行动的成功起着至关重要的作用。

（3）应急培训

应急培训工作是提高各级领导干部处置应急事件能力的需要，是增加公众公共安全意识、社会责任意识和自救、互救及现场急救能力的需要，是最大限度预防和减少突发事件发生及其造成损害的需要。

（4）应急演练

应急演练是检验应急管理系统的适应性、完备性、有效性、可操作性的最好方法。定期进行演练，不仅可以强化相关人员的应急意识，提高参与者的快速反应能力和实战水平，还能暴露应急预案和管理体系中的漏洞和不足，检验制定的应急预案是否可行。

三、应急响应

应急响应是在出现事故险情、事故发生的状态下，在对事故情况进行分析评估的基础上，有关组织和人员按照应急救援预案立即采取措施的应急救援行动。应急响应包括事故的报警与通报、人员的紧急疏散、急救与医疗、消防和工程抢险措施、信息收集与应急决策、外部求援等。

（一）应急响应的目的

应急响应的目的有两个：

（1）接到事故预警信息后，采取相应措施，将事故消灭在萌芽状态。

（2）尽可能地抢救遇险人员，保护可能受威胁人群，尽可能控制并消除事故。事故发生后，按照应急预案，采取相应措施，积极展开抢险与救援，及时控制事故，防止事故扩大，使现场局面恢复到常态，最大限度减少人员伤亡、财产损失和社会影响。

（二）应急响应的工作方法

（1）事态分析

事态分析包括现状分析和趋势分析。现状分析，即分析事故险情、事故初期事态现状；趋势分析，即预测分析和评估事故险情、事故发展趋势。

（2）启动预案

根据事态分析结果，迅速启动相应应急预案并确定相应的应急响应级别。

（3）抢险与救援行动

启动应急预案后，根据应急预案中相应响应级别的程序和要求，有组织、有计划、有步骤、有目的地调配应急资源，迅速开展抢险与救援行动。

（4）事态控制

通过一系列紧张有序的应急行动，事故得以消除或控制，事态不再扩大，特别是不会发生次生或衍生事故，具备恢复常态的条件。

（三）应急结束

当事故现场得以控制，环境符合标准，导致次生、衍生事故的隐患消除后，经事故现场应急指挥机构批准后，现场抢险与救援行动结束。

应急结束后，应明确以下事项：

(1) 事故情况及时上报事项。

(2) 需要向事故调查组移交的相关事项。

(3) 事故应急救援工作总结报告。

应急结束特指应急响应行动的结束，并不意味着整个应急救援过程的结束。在宣布应急结束后，还要经过应急恢复阶段。

四、应急恢复

应急恢复是指在事故得到有效控制之后，为使生产、生活、工作和生态环境尽快恢复到正常状态，针对事故造成的设备破坏、生产中断等后果，采取的设备更新、厂房维修、生产恢复等措施。

（一）应急恢复的情形

应急恢复工作应在事故发生后立即进行。首先应使事故影响区域恢复到相对安全的基本状态，然后逐步恢复到正常状态。要求立即进行的恢复工作包括事故损失评估、原因调查、废墟清理等。在短期恢复工作中，应注意避免出现新的紧急情况。

（二）应急恢复的目的

应急恢复的目的是在事态得到控制后，尽快让生产、生活、工作和生态环境等恢复到正常状态，从根本上消除事故隐患，避免重新演化为事故状态；另外，通过迅速恢复到常态，减少事故损失，弱化不良影响。

（三）应急恢复的工作方法

(1) 清理现场。清理废墟，化学洗消，垃圾外运等。

(2) 常态恢复。灾后重建，各方力量紧密配合，使事态恢复到事故前的状态或者比事故前更好的状态。

(3) 损失评估，保险理赔。

(4) 事故调查。

(5) 应急预案复查、评审和改进。

五、信息的报告与发布

突发事故的信息发布应当及时、准确、客观、全面。事故发生后应及时按规定向上级主管部门和当地政府报告，并根据事故处置情况做好后续报告工作。也应当向员工发布简要信息和应对防范措施等。

信息的报告与发布形式主要包括授权报告或发布、组织报道、接受采访等。

六、应急保障

各有关部门要按照职责分工和相关预案做好突发事故的应对工作，同时根据总体预案切实做好应对突发事故的人力、物力、财力、运输、医疗卫生及通信保障等工作，保证应急救援工作的需要，以及恢复工作的顺利进行。

(1) 人力资源保障

公司办公室、生产技术处、安监办等是应急救援的专（兼）职队伍和骨干力量。要加强应急救援队伍的业务培训和应急演练，建立联动协调机制，提高装备水平；动员全员有组织地参与应急救援工作。

（2）财力保障

要保证突发事故所需应急准备和救援工作资金。对受突发事故影响较大的单位和个人，要及时研究提出相应的补偿或救助政策。

（3）物资保障

要建立健全应急物资监测网络、预警体系和应急物资生产、储备、调拨及紧急配送体系，完善应急工作程序，确保应急所需物资和生活用品的及时供应，并加强对物资储备的监督管理，及时予以补充和更新。

（4）交通运输保障

要保证紧急情况下应急交通工具的优先安排、优先调度，确保运输安全畅通；要建立紧急情况交通运输工具的调用程序，确保抢险救灾物资和人员能够及时、安全送达。

（5）人员防护

要指定或建立与人员相适应的应急避险场所，完善紧急疏散管理办法，明确各级责任人，确保在紧急情况下员工安全、有序疏散。

要采取必要的防护措施，严格按照程序开展应急救援工作，确保作业人员和应急救援人员的安全。

（6）医疗保障

会同120急救中心，积极组织现场救援，及时把伤员送到医院抢救。

七、矿山救援中心运行机制

国家矿山救援指挥中心负责组织协调全国矿山应急救援工作，承担国家矿山应急救援委员会办公室的日常工作。2008年4月，经人力资源和社会保障部批准，矿山救援指挥中心为参照公务员法管理的事业单位。2018年11月经中央编办批复改名为“应急管理部矿山救援中心”。该中心包括综合处、救援处、技术处、管理处等机构，其具体任务分工如下。

（一）综合处

（1）负责中心规章制度的建设；协助中心领导组织和协调日常工作；搞好对外、对内服务。

（2）负责中心文秘、档案、信息、保密和行政后勤工作。综合汇总有关材料、发文核稿。完成中心往来文件的登记、批分、传阅、转递、催办、清退、保管、归档。

（3）负责中心的财务核算和管理。严格执行差旅费、会议费等开支标准，做好各项报销工作。管好中心财产物资，做到家底清楚，责任明确，保管完善，使用合理。

（4）负责起草中心工作计划与总结，组织筹备全国矿山应急救援工作会议，协调业务处室组织专业会议，并负责所有会议费用的审核结算。

（5）负责中心干部人事、劳动工资的管理工作。做好中心党务、纪检、工会、共青团、妇联、信访等工作。

（6）负责中心和中心领导印鉴的管理和使用。严格按程序使用中心印章、领导名章，并妥善保管，做到万无一失。

（7）负责督促、检查、催办中心会务议定事项及上级机关交办的事项。协调中心各处室的工作关系和有关事务。

(8) 负责全国矿山救援系统的新闻宣传工作,组织好对外宣传报道,定期出版矿山救援工作简报,做好中心大事、救援史志的编撰工作。

(9) 完成中心领导交办的其他工作。

(二) 救援处

(1) 组织协调全国矿山应急救援工作;根据需要调动救援队伍、救援专家、救援装备,统一指挥、协同作战。

(2) 定期组织预防性安全检查;掌握重大事故危险源,建立事故预测预警机制。

(3) 负责国家矿山应急救援预案编制起草工作,并根据情况定期组织修订;指导各省(市、区)矿山应急救援预案的编制工作。

(4) 组织制定全国矿山救援比武方案,设置竞赛项目、制定竞赛规则、组织比武活动。指导各省区开展比武活动。

(5) 负责指导矿山救援队伍的日常工作,组织战备训练。

(6) 负责全国矿山救援队伍、资源、装备的统计与管理工作;负责救援技术装备的使用、维护及管理工作。

(7) 负责矿山救援专家组的组织与管理工作,联系协调矿山医疗救援工作。

(8) 负责组织召开矿山救援技战术研讨会议,不断提高救援人员综合素质。

(9) 完成中心领导交办的其他工作。

(三) 技术处

(1) 负责组织起草有关矿山救援方面的规章、规程和安全技术标准。

(2) 负责编制国家矿山救援体系建设规划,并根据要求不断修订、完善,以指导全国矿山救援工作。

(3) 负责组织、管理矿山救援科研项目、课题的立项及计划的实施;负责指导矿山救援技术研究中心工作。

(4) 负责承办矿山应急救援新技术、新装备的推广应用工作。

(5) 负责收集整理全国矿山救援技术装备现状,编制矿山救援技术装备配备计划;负责矿山救援技术装备的使用、维护及管理工作。

(6) 负责承办有关国际矿山救援技术交流与合作项目。

(7) 联系矿山应急救援专业委员会、《矿山救护》编辑部等工作。

(8) 负责矿山应急救援网络建设、维护、管理工作。

(9) 完成中心领导交办的其他工作。

(四) 管理处

(1) 负责国家矿山应急救援体系、队伍、作风建设等管理工作。

(2) 指导、协调省级矿山救援指挥中心开展工作。

(3) 负责指导国家级救援基地的建设和管理。组织制定《国家级救援基地标准及管理办法》,对国家级救援基地进行考核验收。

(4) 负责矿山救援队伍资质认证工作。

(5) 负责组织制定《矿山救护队质量标准化考核规范》,组织、指导各级救援队伍开展质量标准化检查。

(6) 负责管理全国矿山应急救援队伍的通信调度工作。组织建立矿山救援队伍及技术支撑单位的通信网络工作。

(7) 负责全国矿山应急救援调度、统计报表的编制;负责矿山救援数据库的管理,制定重大事故报告制度,适时分析全国救援动态,定期在救援网站上发布相关信息。

(8) 完成中心领导交办的其他工作。

第四节　安全生产应急救援管理的方法

一、完善安全生产应急管理法规、政策、标准体系

推动《安全生产应急管理条例》颁布实施,制定修订与其配套的安全生产应急预案管理、资源管理、信息管理、科技管理、队伍建设与管理以及培训教育、运行保障等规章和标准。建设安全生产应急管理统计指标体系。完善应急救援队伍经费保障、装备器材征用补偿、装备购置税费减免以及表彰奖励等政策措施。形成国家、地方、企业及社会多元化的应急体系建设保障制度。

二、切实加强安全生产应急管理机构和救援体系建设

进一步提高抓好安全生产应急管理工作的认识,务必从践行社会主义核心价值观,坚持"以人为本",全面落实科学发展观和构建社会主义和谐社会的高度,将其纳入各级政府、部门、企业的重要议事日程,强化安全生产应急管理的各项措施,努力把安全生产管理工作提高到一个新的水平。在安全生产应急管理机构建设上,按照《国务院关于全面加强应急管理工作的意见》提出的要求,应做到机构、编制、职责、人员、经费"五落实"。同时赋予其组织、指挥、协调重大安全生产事故的应急救援职责。市(州)、县两级应建立专门的安全生产应急救援指挥中心办公室。企事业单位和城乡社区,应设立专人或专门机构负责应急管理工作。自上而下地形成健全的安全生产应急管理和应急救援指挥体系。完善国家、省级相关部门安全生产应急救援联动机制和联络员制度,健全各级应急管理机构之间、应急管理机构与救援队伍之间的工作机制和应急值守、信息报告制度,建立健全区域间协同应对重特大生产安全事故的应急联动机制,建立完善事故现场救援队伍协调指挥制度。

三、切实加强应急预案体系建设与管理

按照国家提出的建设"横向到边,纵向到底"应急预案体系的要求,切实抓好应急预案的编制和管理工作。建立完善政府部门、重点行业企业应急预案体系,实现政府部门与企业应急预案有效衔接。规范预案编制内容,提高预案编制质量,加强预案审查,建立健全预案数据库。编制应急演练评估标准,完善应急预案演练制度,规范应急预案演练,提高演练效果。

安全生产应急管理的重点在企业,企业处在信息报告和应急处置的前沿,只有企业建立了相应的事故应急预案,才能使事故在第一时间得到及时处置。各企业特别是高危行业的企业应根据其安全生产状况,制定切实可行的事故应急预案;要针对存在的重大危险源,制定切实可行的专项应急预案;对生产经营活动中易发生事故的生产活动和作业岗位,要制定专门的预案或岗位应急措施。并组织专家对预案进行评估论证,不断加以完善。应急预案必须明确本企业应急救援指挥机构及职责分工,重大危险源、危险物品的监控预警措施,应急救援装备的配备和事故现场的应急救援保障措施等。同时对那些发生事故可能危及企业周边区域的单位、居民生命和财产安全的,企业的应急预案还应包括及时告知周边单位、居

民以及采取防护自救、疏散撤离等必要措施。

四、切实加强应急救援队伍体系建设

按照专业救援和职工参与相结合，险时救援和平时防范相结合的思路，切实加强应急救援队伍建设，建设一支以市（州）安全生产应急救援指挥中心办公室为核心，以专业救援队伍为骨干，以兼职救援队伍为辅助，以职工队伍为基础，应急专家为支撑的应急救援队伍体系。可依托现有应急救援资源、积极争取和充分利用政策，重点扶持现有矿山等专业救援队伍，积极支持其他救援队伍的建设和发展。矿山企业、建筑施工和危险物品的生产、经营单位以及具有重大危险源的生产经营单位要建立专职安全生产应急救援队伍，并与专业救援队伍签订应急救援协议。坚持从政策上积极支持专业应急救援队伍定期到所服务企业开展隐患排查、技术咨询和服务。

五、切实加强应急救援的系列工作

安全生产是一个只有起点没有终点的长期性工作。各级政府、部门和企业在抓落实上务必做到：

（1）认识到位。牢固树立以人为本的理念，坚决克服重发展、轻安全的现象，坚持安全发展的指导原则，进一步提高企业加强应急救援工作的认识。

（2）责任落实到位。把安全生产责任细化到班组，细化到个人，细化到每个环节。

（3）经费投入到位。加大安全生产应急投入，将安全生产应急管理和应急救援指挥系统建设所需经费纳入本级财政预算。

（4）积极推动应急救援科技进步。坚持以应急救援需求为导向，自主创新和引进消化吸收相结合，形成安全生产应急救援科技原始研发、创造创新、成果转化的能力和机制。鼓励应急装备和物资生产企业、教学科研机构搞好产学研结合，加强应急救援新技术、新装备的研发。扶持和培育应急救援技术装备研发机构和制造产业。积极推广应用先进适用的应急救援技术和装备，以煤矿、金属非金属矿山、危险化学品、烟花爆竹等高危行业（领域）为重点，优先推广应用紧急避险、应急救援、逃生、报警等先进适用技术和装备。强制淘汰不适应救援需要、不符合相关标准、性能不高的救援技术装备。

（5）加强应急救援支撑保障能力建设。在矿山、危险化学品等重点行业（领域）选择优势科研机构，重点建设一批安全生产应急救援技术支持保障机构，加强应急救援技术装备科技研发、检测检验等能力建设。加快国家（区域）应急救援队伍大型救援装备储备，依托有关企业、单位储备必要的物资装备和生产能力，建立安全生产应急物资储备制度和调运机制，形成布局合理、多层次、多形式的应急救援物资储备体系。支持有关大专院校加强安全生产应急管理学科建设，培养专业人才。建立和完善各类应急专家库，为应急管理和应急救援工作提供智力支持。

企业是安全生产应急管理的责任主体，必须进一步强化主体责任，加大对应急救援装备的投入，确保资金到位，培训教育到位。

六、加快安全生产应急管理宣传教育和培训体系建设

将安全生产应急管理培训纳入安全生产教育培训总体规划，统一部署，充分利用各级政府和有关部门、大型企业现有的应急培训资源，完善培训设施，加强师资队伍建设，健全安全生产应急培训体系。制定培训规划和考核标准。加强各级安全生产应急管理人员和救援队伍指战员培训。充分利用各种新闻媒体和网络等，面向从业人员和社会公众开展安全生产应急管理宣传教育,普及防灾避险、自救互救知识,增强全民应对事故灾难的意识和能力。

七、深化应急平台体系建设和应用

加快省、市和重点县以及高危行业(领域)大中型企业应急平台建设,完善安全生产应急平台体系,强化各级平台间的互联互通,加强物联网等新技术的应用。深化应急平台在救援指挥、资源管理、重大危险源监管监控等方面的应用,注重通过应急平台体系动态掌握各类应急资源的分布情况。

八、加快建立重大危险源监管体系

落实企业主体责任,明确监控重点目标,建立健全企业重大危险源安全监控系统,提升重大危险源监控能力。开展重大危险源普查登记、分级分类、检测检验和安全评估。建立国家、省、市、县四级重大危险源动态数据库和分级监管系统,构建重大危险源监测预警机制。

复习思考题

1. 我国安全生产应急救援管理体制内涵有哪些?
2. 请简述我国安全生产应急救援管理体制特点。
3. 安全生产应急救援管理体制设立的基本原则有哪些?
4. 简述安全生产应急救援管理的方法。
5. 简述安全生产应急救援管理的重要意义。

第三章　矿山应急救援队伍的建设及保障

中华人民共和国成立后，党和国家始终高度重视应急救援队伍建设工作。在2019年11月29日中共中央政治局第十九次集体学习时，习近平总书记强调："要加强应急救援队伍建设，建设一支专常兼备、反应灵敏、作风过硬、本领高强的应急救援队伍。要采取多种措施加强国家综合性救援力量建设，采取与地方专业队伍、志愿者队伍相结合和建立共训共练、救援合作机制等方式，发挥好各方面力量作用。要强化应急救援队伍战斗力建设，抓紧补短板、强弱项，提高各类灾害事故救援能力。要坚持少而精的原则，打造尖刀和拳头力量，按照就近调配、快速行动、有序救援的原则建设区域应急救援中心。"

本章针对我国矿山应急救援队伍的作用、工作准则，矿山应急救援体系的组成，矿山应急救援队伍的性质、特点及职责，矿山应急救援的管理体系、保障体系，矿山救援队减少自身伤害的措施等进行讲解。

第一节　矿山应急救援队伍的作用与工作准则

一、矿山应急救援沿革

2005年5月经中央机构编制委员会批准，我国成立了国家安全生产应急救援指挥中心（现国家安全生产应急救援中心）。应急管理部是全国安全生产应急管理和救援工作的主管部门，国家安全生产应急救援中心履行安全生产应急救援综合监督管理行政职责，应急管理部矿山救援中心具体指导协调全国矿山应急救援工作。各省、区、市的矿山救援主管部门和机构负责本地区矿山救援的指导协调工作。

中华人民共和国成立以来，我国开始建立专业矿山救援队伍。随着经济社会的发展，全国矿山应急救援队伍经历了从无到有、从小到大、从弱到强的过程，不断发展壮大。技术装备也从少到多、从单到全、从差到好、从好到精，切实提高了技术水平和救援能力。目前，我国已建成矿山救援的纵向体系和横向网络，应急救援能力明显提升，确保关键时刻能"拉得出、靠得住、打得赢"。

为了从根本上提高矿山应急救援能力和水平，近年来国家出资数十亿元，地方和企业出资百余亿元，强化矿山应急救援体系和能力建设。根据国务院安全生产委员会关于进一步加强安全生产应急救援体系建设的实施意见，依托黑龙江鹤岗、山西大同、河北开滦、安徽淮南、河南平顶山、四川芙蓉、甘肃靖远等矿山救援队，建成28支国家矿山应急救援队。国家矿山应急救援队的装备水平达到国际先进水平，主要承担全国各大区域，以及跨区域重特大、特别复杂矿山事故的应急救援任务。

2021年12月30日国务院发布了《"十四五"国家应急体系规划》，对"十四五"时期安全生产、防灾减灾救灾等工作进行全面部署。规划指出，坚持党的领导、以人为本、预防为主、依法治理、精准治理、社会共治，到 2025 年，应急管理体系和能力现代化建设取得重大进展，形成统一指挥、专常兼备、反应灵敏、上下联动的中国特色应急管理体制，建成统一领导、权责一致、权威高效的国家应急能力体系，防范化解重大安全风险体制机制不断健全，应急救援力量建设全面加强，应急管理法治水平、科技信息化水平和综合保障能力大幅提升，安全生产、综合防灾减灾形势趋稳向好，全社会防范和应对处置灾害事故能力显著增强。到 2035 年，建立与基本实现现代化相适应的中国特色大国应急体系，全面实现依法应急、科学应急、智慧应急，形成共建共治共享的应急管理新格局。

二、矿山救援队伍的作用

我国拥有比较健全的矿山救援体系和完善的工作机制，国家、省（自治区、直辖市）建立了矿山救援管理机构，所有矿区和产煤县（区、市）建立了矿山救援队。

矿山救援队在矿山抢险救灾、恢复灾区、预防性检查、消除事故隐患、抗震救灾、地面消防和其他行业各种灾害事故的抢险救灾工作中发挥了重大作用，深受广大矿山职工、家属和社会各界人士的称赞。矿山救援的重要作用，是通过矿山救援队指战员在事故处理和其他各项工作中英勇拼搏、团结奋战表现出来的，主要表现在以下三个方面。

（一）处理矿井灾害事故的主力军

矿井发生灾害事故后，矿山救援队指战员是战斗在抢险救援第一线的主力军，他们发扬英勇顽强、吃苦耐劳、舍己为公、不怕牺牲的精神，运用灵活机动的战略战术，有效地处理了矿山灾害事故，减少了人员伤亡和国家财产的损失。例如，在 2010 年山西省王家岭“3・28”煤矿透水事故的抢险救援中，共调动各类救援队伍 30 多支，救援人员 3 000 多人，经过 8 天的连续奋战，成功救出 115 名被困矿工，创造了救援史上的奇迹。

（二）为矿山安全生产保驾护航

矿山救援队除完成处理矿井灾害事故，抢救井下遇险遇难人员任务外，还担负着为煤矿安全生产保驾护航的任务。矿山救援队主要参加排放瓦斯、远距离爆破、启封火区、反风演习和其他需要佩用氧气呼吸器的安全技术工作；参加审查《矿井灾害预防和处理计划》，有计划地派出矿山救援小队到服务矿井熟悉巷道、预防性检查，做好消除矿井事故隐患的工作；协助矿井搞好职工救援知识的教育等。

（三）为社会抢险救灾作出重大贡献

矿山救援队佩用氧气呼吸器，可以在各种缺氧条件下工作和救灾，是其他任何队伍和工种无法比拟的。他们有着过硬的处理各种灾害的技能，多次奉命走出矿井范围，走向社会，参加抗震救灾、地面消防和其他行业各种灾害的抢险救灾战斗并作出了重大贡献。

在 2008 年“5・12”汶川大地震抢险救灾中，矿山救援队开赴救灾现场，从废墟中抢救出生还者 1 113 人，转移被困人员 14 860 人。在 2010 年“4・14”玉树大地震抢险救灾中，矿山救援队救出遇险人员 46 人，搜救出遇难人员 71 人，救助和转运受伤人员 241 人。

三、矿山救援队伍工作准则

矿山救援队必须认真执行国家的安全生产方针，坚持“加强战备，严格训练，主动预防，积极抢救”的原则，时刻保持高度的警惕，并做到“招之即来，来之能战，战之能胜”。具体工作准则如下。

（1）接警后立即出动

矿山救援队接到事故召请电话时，应问清事故地点、类别、通知人姓名，立即发出警报，迅速集合队员。矿山救援队必须在接到电话 1 min 内出动，不需要乘车出动时，不得超过 2 min 出动，迅速赶到事故矿井。

(2) 负责灾害事故救援工作

矿井发生重大事故后，必须立即成立抢救指挥部，矿长任总指挥，矿山救援队长为指挥部成员。在处理事故时，矿山救援队长对救援队的行动具体负责、全面指挥。如果有外区域矿山救援队联合作战，应成立矿山救援联合作战部，由事故矿井所在区域的矿山救援队长担任指挥，协调各救援队战斗行动。

(3) 设立井下救援基地

处理事故时，应在灾区附近的新鲜风流中选择安全地点设立井下救援基地。基地指挥由指挥部选派人员担任，有矿山救援队指挥员、待机小队和急救员值班，并设有通往地面指挥部和灾区的电话，有必要的备用救援器材和装备，有明显的灯光标志。根据事故处理情况，井下救援基地可向灾区推移，也可撤离灾区。

(4) 开展灾情侦察与救援工作

矿井发生火灾、瓦斯或煤尘爆炸、水灾等重大事故后，矿山救援队必须先进行侦察工作，准确探明事故的类别、原因、范围、遇险遇难人员数量和地点，以及通风、瓦斯、有毒有害气体等情况，为指挥部制定符合实际情况的事故处理方案提供可靠依据。

(5) 抢救遇险人员

抢救遇险人员是矿山救援队的首要任务，要创造条件以最快的速度、最短的路线，先将受伤、窒息的人员运送到新鲜空气地点进行急救，同时派人员引导未受伤人员撤离灾区，然后抬出已牺牲的人员。

(6) 充足的人员与设备保障

进入灾区侦察或作业的小队人员不得少于 6 人，并根据事故性质的需要，携带必要的技术设备。救援小队在窒息区内工作时，小队长应使队员保持在彼此能看到或听到音响信号的范围以内，任何情况下都严禁指战员单独行动，严禁通过口具或摘掉口具讲话。

(7) 救援工作科学、高效

救援工作需要果断、勇敢和科学性相结合，不能有侥幸心理和蛮干行为。指挥人员应在准确掌握事故情况的基础上分析研究，根据《煤矿救护规程》中处理各类事故时救援队的行动原则制定出切实可行的作战方案，并抓住战机，组织力量，尽快地抢救人员和处理事故。事故处理结束，经抢救指挥部同意后，救援队才能整理装备带队返回。

四、矿山救援标识

我国矿山救援标识如图 3-1 所示。

(一) 矿山救援标识说明

国家安全生产专业应急救援队主标识(队徽)整体呈不规则形，中间是橄榄枝环绕着的盾牌、绳子、五星、四叶草及锤头镐头齿轮组合，下方是双手和山，最下方飘带写有“国家应急救援”和“NATIONAL EMERGENCY RESCUE”字样。主标识如图 3-1(a)所示。在该标识中，五星，象征国家，体现救援队伍履行的是国家使命；盾牌，寓意守护，体现应急救援保护人民群众安全的职责；四叶草，象征美好生活，由四颗心组成，体现救援队伍心向四方，随时准备奔赴各地抢险救援，同时也是对救援工作顺利平安的祝福；齿轮，是安全生产的象征，体现安全生产应急救援队伍属性和团结合作精神；救援工具，用锤和镐来体现安全生产应急救

(a) 主标识　　　(b) 臂章图案

图 3-1　矿山救援标识

援行业特征；绳子，在盾牌内部形成界限，体现应急救援应遵守国家法律法规；双手和山，位于盾牌下方，体现应急救援承担的责任重于山；橄榄枝，象征正义、和平和美好生活，体现安全生产应急救援队伍给人民群众带来和平美好生活。

国家安全生产专业应急救援队臂章如图 3-1(b)所示。臂章整体呈不规则形，中心图案是盾牌、绳子、四叶草及锤头镐头齿轮组合，上方用“矿山救援”标明队伍专业类别，下方是双手和山，最下方飘带写有“国家应急救援”和“NATIONAL EMERGENCY RESCUE”字样。

（二）矿山救援标识使用与管理

(1) 矿山救援标识是我国矿山救援行业的象征性标识，由国家安全生产应急救援中心确认、发布。矿山救援标识的所有权属于国家安全生产应急救援中心，受法律保护，未经授权，任何单位和个人不得擅自使用。

(2) 全国各级矿山救援管理部门和指挥机构、矿山救援队伍、国家矿山救援研究中心和培训中心以及其他经国家安全生产应急救援中心授权单位，可以使用矿山救援标识。

(3) 矿山救援标识适用于我国矿山救援相关会议、技术竞赛、技术服务、应急救援、国际交流与合作等活动，矿山救援有关证件、证书、请柬、信笺、信封等文书，矿山救援服装、车辆、装备、设施，以及其他经国家安全生产应急救援中心授权可使用场合。

(4) 国家安全生产应急救援中心矿山救援管理部门具体负责受理使用矿山救援标识的申请，进行合法性审查和办理使用授权，以及对矿山救援标识使用情况进行监督检查。

(5) 矿山救援标识的使用规定：

① 全国各级矿山救援管理部门和指挥机构、全国矿山救援队伍、国家矿山救援研究中心和培训中心及其举办的各类活动，可以直接使用矿山救援标识。

② 其他单位使用矿山救援标识的，应当向国家安全生产应急救援中心矿山救援管理部门提出申请，说明用途和使用范围，经审查同意后方可使用。

③ 矿山救援标识使用单位应当尊重、爱护并规范使用矿山救援标识，可以根据需要按等比例进行放大或缩小复制，但不得改变其形状、字形和颜色。

④ 各级安全监管监察部门和应急管理机构负责对管辖区域内矿山救援标识的使用情况进行监督检查，对未经授权擅自使用或有损于矿山救援标识的，应当责令其立即停止违规行为，必要时采取相关法律措施，坚决予以制止。

第二节　矿山应急救援体系组成

根据矿山救援队的特点和矿山行业的管理职能，应急管理部在全国矿山行业建立应急管理部矿山救援中心→省级矿山救援指挥中心（矿山救援支队）→区域救援大队（矿山救援大队）→矿山救援中队→矿山救援小队的管理体系。跨省（区）调动，由应急管理部矿山救援中心统一指挥；省（区）内调动，由支队统一指挥；区域内调动，由大队统一指挥。各省（区）的矿山救援队，打破隶属关系，不分管理体制，实行统一规划。我国的矿山救援队管理体系如图 3-2 所示。

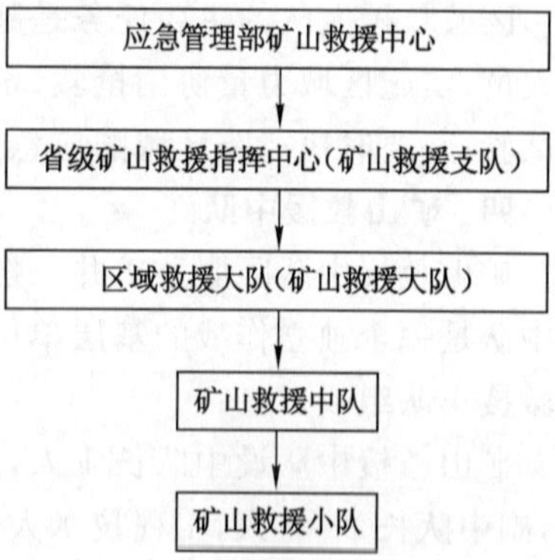

图 3-2　矿山救援队管理体系

根据《矿山救护规程》规定，矿山企业（包括生产和建设矿山的企业）均应设立矿山救援队，地方政府或矿山企业，应根据本区域矿山灾害、矿山生产规模、企业分布等情况，合理划分救援服务区域，组建矿山救援大队或矿山救援中队。生产经营规模较小、不具备单独设立矿山救援队条件的矿山企业应设立兼职救援队，并与就近的矿山救援队签订有偿服务救援协议，签订救援协议的救援队服务半径不得超过 100 km；矿井比较集中的矿区经各省（区、市）矿山行业管理部门规划、批准，可以联合建立矿山救援大（中）队。矿山救援队驻地至服务矿井的距离，以行车时间不超过 30 min 为限。年生产规模 0.60 Mt 及以上的高瓦斯矿井和距离救援队服务半径超过 100 km 的矿井必须设置独立的矿山救援队。

一、应急管理部矿山救援中心

应急管理部矿山救援中心是应急管理部所属参照公务员法管理的事业单位，内设综合处、救援处、技术处、管理处等 4 个处室，负责组织、指导和协调全国矿山救援及应急救援的日常工作；组织研究制定有关矿山救援的工作条例、技术规程、方针政策；组织开展矿山救援技术的国际交流等；组织指导矿山救援的技术培训和救援队的质量审查认证，以及对安全产品的性能检测和生产厂家的质量保证体系的检查。当矿山发生重大灾变事故，需要得到应急管理部矿山救援中心技术支持时，应急管理部矿山救援中心可协调全国救援力量，协助制定救灾方案，提出技术意见，并对复杂事故的调查分析取证提供足够的技术支持。

应急管理部矿山救援中心设主任 1 人，副主任 1～2 人，并聘请若干名矿山救援专家作为顾问。

二、省级矿山救援指挥中心

在省级矿山安全监察机构或省级矿山安全监管部门设立省级矿山救援指挥中心，负责组织、指导和协调所辖区域的矿山救援及应急救援工作。省级矿山救援指挥中心，业务上接受应急管理部矿山救援中心的领导。省级矿山救援指挥中心设主任 1 人，副主任 1～2 人。

三、区域救援大队

区域救援大队是区域内矿山抢险救灾技术支持中心，具有救援专家、救援设备和演习训练中心。为保证有较强的战斗力，区域救援大队必须拥有 2 个以上矿山救援中队。在矿山重大事故应急救援时，区域救援大队应接受应急管理部矿山救援中心的协调和指挥。

区域救援大队设大队长 1 人，副大队长 2 人，总工程师 1 人，副总工程师 1 人，工程技术人员数人；应设立相应的管理及办事机构，并配备必要的管理人员和医务人员。区域救援大队指挥员的任免，应报省级矿山救援指挥机构备案。

区域救援大队的主要任务是制定区域内的各矿救灾方案，协调使用大型救灾设备和出动人员，实施区域力量协调抢救；培训矿山救援队指战员；参与矿山救援队技术装备的开发和试验；必要时执行跨区域的应急救援任务。

四、矿山救援中队

矿山救援中队距服务矿井一般不超过 10 km 或行车时间一般不超过 30 min。矿山救援中队是一个独立作战的基层单位，由 3 个以上矿山救援小队组成，直属中队由 3 个以上矿山救援小队组成。

矿山救援中队设中队长 1 人，副中队长 2 人，工程技术人员 1 人。直属中队设中队长 1 人，副中队长 2～3 人，工程技术人员至少 1 人。矿山救援中队应配备必要的管理人员、汽车司机以及机电维修、氧气充填等人员。

五、矿山救援小队

矿山救援小队由 9 人以上组成，是执行作战任务的最小战斗集体。矿山救援小队设正、副小队长各 1 人。

六、兼职矿山救援队

兼职矿山救援队应根据矿山企业的生产规模、自然条件、灾害情况确定编制，原则上应由 2 个以上小队组成，每个小队由 9 人以上组成。

兼职矿山救援队应设专职队长及仪器装备管理人员。兼职矿山救援队直属矿长领导，业务上受总工程师和矿山救援大队指导。

兼职矿山救援队员由符合矿山救援队员条件，能够佩用氧气呼吸器的矿山生产、通风、机电、运输、安全等部门的骨干工人和管理人员兼职组成。

第三节　矿山应急救援队伍的性质、特点及职责

一、矿山救援队的性质

矿山救援队是处理矿山灾害事故的专业队伍，实行军事化管理。矿山救援队指战员是矿山一线特种工作人员。矿山救援队是一支职业性、技术性的特殊队伍。

矿山救援队的职业性反映在矿山救援队指战员要以抢险救灾和矿井预防性检查为中心任务，必须时刻保持高度警惕。矿山救援队要严格训练、严格管理，熟悉矿井巷道路线，检查消除隐患，并由不少于 6 人的小队执行昼夜值班，接到事故通知后要在 1 min 内出动。

矿山救援队的技术性反映在矿山救援队指战员为了完成抢险救灾工作，必须熟悉矿井采掘、通风、机电、运输、急救和处理矿井各种灾害事故以及安全法规等方面的技术业务知识；了解各种救援装备的性能、构造和维护保养，并能熟练操作和排除故障；掌握在处理矿井灾害事故过程中需要救援队进行的各种技术操作等。

矿山救援工作是煤矿安全工作的最后一道防线，矿山救援队执行抢险救灾任务时是以小队为单位工作的，要求每个参加抢险救灾工作的救援队员必须严格按照规定的程序动作，

服从命令，听从指挥。

二、矿山救援队的特点

（1）矿山救援队是军事化队伍

矿山救援队应严格按照军事化管理规范进行日常管理，加强技术练兵，不断提高技术业务水平和战斗力。

（2）矿山救援队是非生产单位

矿山救援队是非生产单位，参与矿山安全生产预防性检查，实施矿山事故应急救援工作，对企业、对社会的贡献不能简单地用经济效益指标来衡量。

（3）流动性大，平均年龄小

矿山救援队流动性大，平均年龄小。为保证矿山救援工作的连续性，必须加强对矿山救援队指战员的思想教育工作，充分发挥其工作积极性。

（4）工作具有危险性和急迫性

矿山救援队工作具有较大的危险性和明显的急迫性。

三、矿山救援队指战员的职责

（一）矿山救援队指战员的一般职责

（1）热爱矿山救援工作，全心全意为矿山安全生产服务。

（2）加强体质锻炼和业务技术学习，适应矿山救援工作素质需要。

（3）自觉遵守有关安全生产法律、法规、标准和规定。

（4）爱护救援仪器装备，做好仪器装备的维护保养，使其保持完好。

（5）按规定参加战备值班工作，坚守岗位，随时做好出动准备。

（6）服从命令，听从指挥，积极主动地完成各项工作任务。

（二）大队长职责

（1）对救援大队的救援准备与行动、技术培训与训练、日常管理等工作全面负责。

（2）组织制定大队长远规划，年度、季度和月度计划，并组织实施，定期进行检查、总结、评比等。

（3）负责组织全大队的矿山救援业务活动。

（4）事故救援时的具体职责包括：

① 及时带队出发到事故矿井。

② 在事故现场负责矿山救援队具体工作的组织，必要时亲自带领救援队下井进行矿山救援工作。

③ 参加抢救指挥部的工作，参与事故救援方案的制定和随灾情变化进行方案的重新修订，并组织制定矿山救援队的行动计划和安全技术措施。

④ 掌握矿山救援工作进度，合理组织和调动战斗力量，保证救援任务的完成。

⑤ 根据灾情变化与抢救指挥部总指挥研究变更事故救援方案。

（三）副大队长职责

（1）协助大队长工作，主管救援准备及行动、技术训练和后勤工作；当大队长不在时，履行大队长职责。

（2）事故救援时具体职责包括：

① 根据需要带领救援队伍进入灾区抢险救灾，确定和建立井下救援基地，准备救援器

材，建立通信联系。

② 经常了解井下事故救援的进展，及时向抢救指挥部报告井下救援工作进展情况。

③ 当大队长不在或工作需要时，代替大队长领导矿山救援工作。

（三）大队总工程师职责

（1）在大队长领导下，对大队的技术工作全面负责。

（2）组织编制大队训练计划，负责指战员的技术教育。

（3）参与审查各服务矿井的矿井灾害预防和处理计划或应急预案。

（4）组织科研、技术革新、技术咨询及新技术、新装备的推广应用等工作。

（5）负责事故救援和其他技术工作总结的审定工作。

（6）事故救援时具体职责包括：

① 参与抢救指挥部事故救援方案的制定。

② 与大队长一起制定矿山救援队的行动计划和安全技术措施，协助大队长指挥矿山救援工作。

③ 采取科学手段和可行的技术措施，加快事故救援的进程。

④ 必要时根据抢救指挥部的命令，担任矿山救援工作的领导。

（四）中队长职责

（1）负责本中队的全面领导工作。

（2）根据大队工作计划，结合本中队情况制定实施计划，开展工作，负责总结评比。

（3）事故救援时的具体职责包括：

① 接到出动命令后，立即带领救援队奔赴事故矿井，担负中队作战工作的领导责任。

② 到达事故矿井后，组织各小队做好下井准备，同时了解事故情况，向抢救指挥部领取救援任务，制定中队行动计划并向各小队下达救援任务。

③ 在抢救指挥部尚未成立、无人负责的特殊情况下，可根据矿山灾害事故应急预案或事故现场具体情况，立即开展先期救援工作。

④ 向小队布置任务时，应讲明完成任务的方法、时间，应补充的装备、工具和救援时的注意事项和安全措施等。

⑤ 在救援过程中，与工作小队保持经常联系，掌握工作进程，向工作小队及时供应装备和物资。

⑥ 必要时亲自带领救援队下井完成任务。

⑦ 必要时，及时召请其他救援队协同救援。

（五）副中队长职责

（1）协助中队长工作，主管救援准备、技术训练和后勤管理；当中队长不在时，履行中队长职责。

（2）事故救援时的具体职责包括：

① 在事故救援时，直接在井下领导一个或几个小队从事救援工作。

② 及时向抢救指挥部报告所掌握的事故救援和现场情况。

（六）中队技术人员职责

（1）在中队长领导下，全面负责中队的技术工作。

（2）事故救援时的具体职责包括：

① 协助中队长做好事故救援的技术工作。

② 协助中队长制定中队救援工作行动计划和安全措施。

③ 记录事故救援经过及为完成任务而采取的一切措施。

④ 了解事故的处理情况并提出修改补充建议。

⑤ 当正、副中队长不在时，担负起中队工作的指挥责任。

（七）小队长职责

（1）负责小队的全面工作，带领小队完成上级交给的任务。

（2）领导并组织小队的学习和训练，做好日常管理和救援准备工作。

（3）事故救援时的具体职责包括：

① 小队长是小队的直接领导，负责指挥本小队的一切救援行动，带领全小队完成救援任务。

② 接受上级布置的任务，了解事故类别、矿井概况、事故简要经过、井下人员分布、已经采取的救灾措施等。

③ 向队员布置救援任务，说明灾情类型、与其他队的分工、任务要点、行动路线、联系方式、安全措施、注意事项等。

④ 必须保持与上级指挥员或抢救指挥部经常联系。

⑤ 带领队员做好救灾前检查和下井准备工作。

⑥ 进入灾区前，确定在灾区作业时间和撤离时氧气呼吸器最低氧气压力。

⑦ 在井下工作时，必须注意队员的疲劳程度，指导正确使用救援装备，检查队员和本人氧气呼吸器的氧气消耗情况。

⑧ 出现有人自我感觉不良、氧气呼吸器发生故障或受到伤害时，应带领全小队人员立即撤出灾区。

⑨ 带领小队撤出灾区后，经过检查气体情况符合安全规定，确定摘掉氧气呼吸器面罩的地点。

⑩ 从灾区撤出后，应立即向指挥员（指挥部）报告灾区状况和小队任务完成情况。

（八）副小队长职责

协助小队长工作；当小队长不在时，履行小队长职责并指定临时副小队长。

（九）队员职责

（1）遵守纪律、听从指挥，积极主动地完成领导分配的各项任务。

（2）保养好技术装备，使之达到战斗准备标准要求。

（3）积极参加学习和技术、体质训练，不断提高思想、技术、业务、身体素质。

（4）事故救援时的具体职责包括：

① 在事故救援时，应迅速、准确地完成指挥员的命令，并与之保持经常联系。

② 了解本队的救援任务，熟练运用自己的技术装备。

③ 积极救助遇险人员和消灭事故。

④ 在行进或作业时，时刻注意周围的情况，发现异常现象立即报告小队长。

⑤ 注意自己仪器的工作情况和氧气呼吸器的氧气压力，发生故障及时报告小队长。

⑥ 在工作中帮助同志，在任何情况下都不准单独离开小队。

⑦ 撤出矿井后，应迅速整理好氧气呼吸器及个人分管的装备。

四、矿山救援队伍的任务

为适应国民经济建设和煤矿安全生产需要，矿山救援队的建设目标为，成为矿井救灾、安全监察、安全培训、地区消防、安全装备检测等多功能面向社会的职业性、技术性组织。

（一）矿山救援队的任务

（1）抢救矿山遇险遇难人员。

（2）处理矿山灾害事故。

（3）参加排放瓦斯、远距离爆破、启封火区、反风演习和其他需要佩用氧气呼吸器的安全技术工作。

（4）参加审查矿山应急预案或灾害预防处理计划，做好矿山安全生产预防性检查，参与矿山安全检查和消除事故隐患的工作。

（5）负责兼职矿山救援队的培训和业务指导工作。

（6）协助矿山企业搞好职工的自救、互救和现场急救知识的普及教育。

（二）矿山救援队进行矿井预防性工作的主要内容

（1）宣传党的安全生产方针，协助通风安全部门做好安全生产的预防性工作。

（2）经常深入服务矿井熟悉情况，了解各矿采掘布置方式、通风系统、安全设施、火区管理方式、运输系统、防排水系统、输配电系统、洒水灭尘方式、消防管路系统及其设备使用情况；各区队、班组的分布情况；机电硐室、井下爆炸材料库、安全出口的所在位置；事故隐患及安全生产动态等。

（3）协助矿井搞好探查废弃矿井，恢复旧巷等需要佩用氧气呼吸器的安全技术工作。

（4）协助矿井训练井下职工、工程技术人员使用和管理自救器。

（三）辅助救援队的任务

（1）引导和救助遇险人员脱离灾区，协助专职矿山救援队积极抢救遇险遇难人员。

（2）做好矿山安全生产预防性检查，控制和处理矿山初期事故。

（3）参加需要佩用氧气呼吸器的安全技术工作。

（4）协助矿山救援队完成矿山事故救援工作。

（5）协助做好矿山职工自救与互救知识的宣传教育工作。

第四节　矿山应急救援保障（支持）体系

一、矿山应急救援技术支持体系

矿山应急救援工作具有技术性强、难度大和情况复杂多变、处理困难等特点，一旦发生爆炸或火灾等灾害事故，往往需要动用多支矿山救援队。为了保证矿山应急救援的科学、高效进行，必须建立矿山应急救援技术支持体系。根据矿山应急救援组织结构，它将分级设立、分级运作，统一指挥、统一协调，形成强有力的技术支撑。

应急管理部矿山救援中心的技术支持职能，将由各职能处室履行，主要是对重大恶性事故、极复杂灾害事故的救援及应急救援提供技术支持。

区域救援大队是区域内矿山应急救援技术支持中心，可利用国家的重点资金支持，提高技术水平、装备水平和作战能力，对本区域的应急救援提供支持和保障。必要时，在应急管理部矿山救援中心的协调和指导下，区域救援大队可提供跨区域的应急救援技术支持和帮助。

为了促进矿山救援技术的发展和技术进步，促进矿山应急救援整体水平的提高，在组建国家矿山救援中心的同时还组建了国家矿山救援研究中心和国家矿山救援培训中心。

二、矿山应急救援信息网络体系

矿山应急救援信息网络和通信体系采取分步实施的办法进行建设。首先在应急管理部矿山救援中心、各省矿山救援指挥中心与区域救援大队、矿山救援队之间联成网络，然后与各矿山企业联成网络，逐步扩大覆盖面，提高快速反应能力。

矿山应急救援信息网络体系，既包含矿山应急救援工作的信息网络，也包含为矿山全面服务的信息系统。为满足应急救援的需要，还将逐步建立起救灾远程会商视频系统。

三、矿山救援及应急救援装备保障体系

为保证矿山应急救援的及时、有效和具备对重大、复杂灾变事故的应急处理能力，必须建立矿山救援及应急救援装备保障体系，以形成全方位应急救援装备的支持和保障。

应急管理部矿山救援中心将配备先进、具备较高技术含量的救灾技术装备，为重大、复杂事故的抢险救灾提供可靠的装备支持。

区域救援大队除按矿山救援大队进行装备外，还应根据区域内矿山灾害特点，配备较先进和关键性的救灾技术装备，一旦发生较大灾变事故，即可迅速投入使用，并对其他矿山救援队也能形成有力的装备支持。区域救援大队是我国矿山应急救援的中坚力量，要不断加强技术装备和加快技术装备更新改造的步伐，要具有与其作用和地位相称的装备水平。

矿山救援队要根据有关要求进行应急救援设施、设备、材料的储备，如建立消防系统、消防材料库等。矿山救援队应对矿山应急救援装备材料的储备、布局和状态实施有效监督。

四、矿山救援及应急救援资金保障体系

矿山救援及应急救援工作是重要的社会公益性事业，矿山救援及应急救援资金保障实行国家、地方和矿山企业共同保障的体制。

对于应急管理部矿山救援中心和区域救援大队的救灾技术装备、救灾通信和信息体系，应急管理部矿山救援中心将加大投入，以保证必要的应急救援能力。参考国外的通常做法，将设立矿山应急救援基金，以应对矿山重大灾变事故。另外，对应急救援技术及装备的研制开发也将给予足够的资金支持，以促进矿山应急救援的技术水平适应矿山生产和社会发展的需要。地方政府对矿山应急救援体系的建设和发展，也要提供必要的资金支持，以保证所辖区域矿山应急救援工作的有效进行。矿山企业则应保证所属矿山救援队的资金投入，继续实行矿山应急救援的有偿服务，并逐步完善矿山工伤保险体系。

第五节　矿山救援队军事化管理

一、工作规范管理

（一）质量标准化考核

矿山救援队各项工作应按《矿山救护队质量标准化考核规范》的要求定期进行检查、验收评比。

（1）制定矿山救援质量标准的意义

① 加强矿山救援队的管理，全面促进矿山救援队的专业化、正规化、标准化建设。

② 提高管理水平、技术水平、装备水平和整体素质，保证安全、迅速、有效地处理矿井事故。

③ 最大限度地减少人员伤亡和财产损失，保护矿工生命和国家财产的安全。

(2) 矿山救援质量标准的内容

① 矿山救援大队质量标准化

矿山救援大队质量标准化标准及评定办法见附表1。

矿山救援大队质量标准化的主要内容包括：指挥员及组织机构(10分)、救援培训(10分)、技术装备与设施(10分)、综合管理(10分)、所属救援中队的综合素质(60分)。

采用各项目扣分的方法计分，各项目标准分扣完为止。5个项目中，前4项满分为40分，后1项采用矿山救援中队质量标准化计分方法，并乘以系数，满分为60分。

总分计算方法为，总分＝前四项分数之和＋所属各救援中队综合素质项目平均分数×60%。

② 矿山救援中队质量标准化

矿山救援中队质量标准化标准及评定办法见附表2。

矿山救援中队质量标准化的主要内容包括：救援人员(5分)，救援培训(5分)，救援装备及其维护保养与救援队的设施(15分)，业务技术工作(15分)，救援准备(5分)，伤员急救包扎(10分)，一般技术操作(15分)，综合体质(10分)，军事化风纪、礼节、队容(10分)，综合管理(10分)。

对矿山救援中队进行考核时，以小队为基础单位，各单项原则上按下列分工进行操作：业务知识、仪器操作、综合体质由一个小队完成；救援装备及其维护保养、伤员急救包扎、军事化队容由一个小队完成；下井准备、一般技术操作由一个小队完成；其余各项按项目具体要求进行。即中队分数＝小队实得分数之和＋其余各项分数。

③ 矿山救援队质量标准等级

矿山救援队质量标准划分为4个等级。

a. 特级：总分90分以上(含90分)。

b. 一级：总分85分以上(含85分)。

c. 二级：总分80分以上(含80分)。

d. 省级：总分75分以上(含75分)。

矿山救援中队应每季度组织一次达标自检，矿山救援大队应每半年组织一次达标检查，省级矿山救援指挥中心应每年组织一次检查验收，应急管理部矿山救援中心适时组织抽查。被评为特级、一级、二级的矿山救援队由应急管理部矿山救援中心命名，省级矿山救援队由省级矿山救援指挥中心命名，分别颁发证书和表彰奖励；同时，企业主管部门也要给予表彰奖励。凡是在抢险救援、矿井技术服务、演习训练等工作中，因违章作业、违章指挥发生伤亡事故的矿山救援队，取消当年的达标资格。

(二) 矿山救援队必须建立健全的制度

矿山救援队必须建立健全下列制度：岗位责任制度，值班工作制度，待机工作制度，交接班工作制度，技术装备检查维护保养制度，学习和训练制度，考勤制度，战后总结讲评制度，预防性检查制度，内务卫生管理制度，材料装备库房管理制度，车辆管理使用制度，计划、财务管理制度，会议制度，评比检查制度，奖惩制度等各项规章制度。

（三）矿山救援队必须建立的牌板

矿山救援队必须建立下列牌板：队伍组织机构牌板、服务矿井交通示意图、主要技术装备管理牌板、值班工作安排牌板、事故接警电话记录牌板、救援队伍营区管理分布示意图、竞赛评比检查牌板等牌板。

（四）矿山救援队必须建立和完善的记录和报表

矿山救援队必须建立和完善下列记录和报表：救援工作日志、大中型装备维护保养记录、小队装备维护保养记录、个人装备维护保养记录、体质训练记录、一般技术训练记录、仪器设备操作训练记录、急救训练记录、理论学习记录、军训记录、预防性检查记录、事故救援记录、战后总结评比记录、安全技术工作记录、竞赛评比记录、各种会议记录、好人好事记录、违章违纪记录、考勤记录、请销假记录、交接班记录、事故电话记录等。

（五）昼夜值班制度

矿山救援队必须建立昼夜值班制度。战备值班以小队为单位，按照轮流值班表担任值班队、待机队、工作队，值班小队负责电话值班。中队以上指挥员及汽车司机须轮流上岗值班，有事故时和小队一起出动。值班和待机小队的技术装备，必须装在值班、待机汽车上，保持战斗准备状态。听到事故警报，必须保证在规定时间内出动。

（六）值班室必须装备的设备和图板

（1）普通电话机。

（2）专用录音电话机。

（3）事故电话记录。

（4）事故记录牌板。

（5）矿井位置、交通显示图板。

（6）计时钟。

（7）事故紧急出动报警装置。

（七）救援工作计划

矿山救援队应做到年有计划、季有安排、月有工作与学习日程表。计划内容包括：队伍建设，教育与训练，技术装备管理，矿井预防性安全检查，内务管理，战备管理，劳动工资及财务，设备维修等。

（八）救援大队应上报的报表

（1）年度计划、年度工作总结、人员和装备情况报表。

（2）每次救援后，应填写救援登记卡（见表 3-1）及写出救援报告，在救援工作结束 15 d 内上报省级矿山救援指挥机构。跨省（自治区、直辖市）区域救援，应立即报告省级矿山救援指挥机构，省级矿山救援指挥机构应将情况报告国家矿山救援指挥机构。

（3）矿山救援队发生自身伤亡后，应在 12 h 内报省级矿山救援指挥机构；省级矿山救援指挥机构接报后，应在 12 h 内报国家矿山救援指挥机构，15 d 内上报自身伤亡教训总结材料及有关图纸。矿山救援人员伤亡事故报告表见表 3-2。

（4）科研成果在通过技术鉴定后报出。

上述报告同时上报主管部门。

表 3-1 救援登记卡

填报单位： 报出时间：

事故单位名称					
事故发生地点		遇险人数	名	事故性质	
来电时间	月 日 时 分	遇难人数	名	召请人姓名	
出动时间	月 日 时 分	出动人数	名	抢救总指挥	
返回队部时间	月 日 时 分	出动总时间	h	救援队负责人	
事故现场情况及处理经过					
主要经验与教训					
事故现场示意图					
佩用呼吸器时间		运出尸体	具	救出受伤人数	名
未佩用呼吸器时间		恢复巷道	m	挽回经济损失	万元
其他工作内容					
填表人姓名					

注：1. 每次事故救援返队后 15 d 内填卡，一式四份，分别上报省级矿山救援指挥机构和国家矿山救援指挥机构，存档两份。

2. 此卡应打印填报，人工填写，字迹清楚。

表 3-2 矿山救援人员伤亡事故报告表

事故发生时间	事故发生地点	伤亡人数/名	重伤人数/名	队别	伤亡主要原因

姓名	年龄	队龄	职务	备注

填报单位： 报出时间： 单位负责人： 填表人：

（九）建立技术档案

矿山救援队应利用信息电子网络建立技术、人员档案，加强对技术资料和各种重要记录的管理。矿山救援队指战员登记卡见表 3-3。技术档案包括以下内容：

（1）各项工作、会议记录，收集整理的与救援有关的技术资料及经验材料。

（2）矿区交通图、矿山救援队到达各矿（井）的距离和行车时间表、矿山事故应急预案（灾害预防和处理计划）、通风系统图等服务矿井的资料。

（3）历年救援工作总结，技术状况和评比情况，事故救援报告等。

（4）上级的有关指示、通知、文件及有关规定。

（5）大型装备、设备的技术说明书、相关资料及维护使用情况等。

（十）预防性检查要求

（1）了解矿井巷道及采掘工作面、采空区的分布和管理情况。

（2）了解矿井通风、排水、运输、供电、压风、消防、监测等系统的基本情况。

（3）检查矿井有害气体情况。

表 3-3　矿山救援队指战员登记卡

单位：　　　　　　　　　　　　　　　　　　　　　　　　　　　　编号：

姓名		性别		民族		出生年月	照片
政治面貌		文化程度		籍贯			
毕业院校和专业				职称		职务	
参加工作时间		入队时间		入队前工种			
身高		血型		身份证号码			
培训时间		培训地点		证书编号			
个人工作简历							
参加事故救援经历							
复训情况				体检情况			
年度	结论	年度	结论	年度	结论	年度	结论
通信地址					联系电话		

(4) 了解矿井各硐室分布情况和防火设施。

(5) 了解矿井瓦斯、水灾、自然发火、顶板、煤与瓦斯突出等方面的重大事故隐患，以及矿井火区的分布与管理情况。

(6) 检查了解矿井应急预案或灾害预防和处理计划执行情况。

(7) 熟悉井下非常仓库的地点及材料、设备的储备情况。

在预防性检查工作中，矿山救援队员发现危及安全生产的重大事故隐患，应通知作业人员立即停止作业并撤出现场人员，同时报告有关主管部门；对查出的重大事故隐患和问题应提出排除建议，并填写三联单，交给企业负责人和上级主管部门。

二、技术装备管理

(1) 矿山救援队个人、小队、中队及大队应定期检查、准确掌握在用、库存救援装备状况及数量，并认真填写登记，保持完好状态。

(2) 根据技术装备的使用情况，做出装备报废、更新及备品备件补充的计划，并及时补充。

(3) 库房须设专人管理，保持库房清洁卫生，设备存放整齐，严格审批领用制度，做到账、物、卡“三相符”。

(4) 矿山救援小队装备必须根据小队人员进行分工保管，严格按照规定进行检查和登记，使小队和个人救援装备达到“全、亮、准、尖、利、稳”的标准。

① 全：小队和个人装备应齐全。

② 亮：装备带金属的部分要亮。

③ 准：仪器经检查达到技术标准。

④ 尖：带尖的工具要尖锐。

⑤ 利:带刃的工具要锋利。

⑥ 稳:装把柄的工具要牢靠、稳固。

(5) 矿山救援队的各种仪器仪表,必须按国家计量标准要求定期校正,使之达到规定标准。矿山救援小队和个人装备使用后,必须立即进行清洗、消毒、去垢除锈、更换药品、补充备品备件,并检查其是否达到技术标准要求,保持完好状态。

(6) 必须保证使用的氧气瓶、氧气和二氧化碳吸收剂的质量。

① 氧气符合医用氧气的标准。

② 库存二氧化碳吸收剂每季度化验一次。二氧化碳吸收剂的吸收率低于30%,二氧化碳含量大于4%,水分不能保持在15%～21%的不准使用。

③ 用过的二氧化碳吸收剂,无论其使用时间长短,严禁重复使用。

④ 氧气呼吸器内的二氧化碳吸收剂3个月及以上没有使用的,必须更换新的二氧化碳吸收剂,否则氧气呼吸器不准使用。

⑤ 使用的氧气瓶,必须按国家压力容器规定标准每3年进行除锈清洗、水压试验;达不到标准的氧气瓶不准使用。

(7) 新装备使用前必须组织技术培训,使用人员考试合格后方可上岗操作使用。

(8) 救援装备不得露天存放。对于大型设备,如高倍数泡沫灭火机、惰性气体发生装置、水泵等,每季度必须检查、保养一次,使其保持完好状态。

(9) 矿山救援车必须专人专车,并定期保养维护保持战备状态,做到发生各种事故时在1 min内出动。矿山救援车司机必须坚守岗位,认真执行交接班制度,认真填写出车记录。任何人不得随意调动矿山救援队、救援装备和救援车辆从事与矿山救援无关的工作。

三、内务管理

(1) 矿山救援队应根据营区条件,有计划地绿化和美化环境,创造舒适整洁的环境。

(2) 内务卫生要求如下。

① 集体宿舍墙壁悬挂物体一条线,床上卧具叠放整齐一条线,保持窗明壁净。

② 不随地吐痰,不乱扔纸屑、果皮、烟头等。

③ 个人应做到:常洗澡、常理发、常换衣服。

④ 人员患病应早报告、早治疗。

四、后勤管理

(一) 氧气充填泵操作

氧气充填泵必须由专人操作,充填工必须遵守有关操作规程。

(1) 氧气充填泵在20 MPa压力下检查时,应不漏油、不漏气、不漏水、无杂音。

(2) 容积为40 L的氧气瓶不得少于5个,其压力应在10 MPa以上。空瓶和实瓶应分别存放,并标明充填日期。

(3) 应做到轻拿轻放氧气瓶,氧气瓶距暖气片和高温点的距离在2 m以上。

(4) 新购进或经水压试验后的氧气瓶在充填前须稀释2～3次后,方可充氧。

(5) 充填泵房应安装防爆灯具,并严禁烟火,严禁存放易燃、易爆物品。

(6) 泵房必须保持通风良好、卫生清洁。

(二) 矿山救援大队化验室

矿山救援大队应设立化验室,配备能化验O_2、CO_2、CH_4、CO、SO_2、H_2S、C_2H_4、C_2H_2及

N_2等成分的设备。

(1) 化验员按操作规程规定准确操作，并认真填写化验单，经本人签字、负责人审核后送报样单位，存根保存期不低于两年。

(2) 化验室内温度应保持在15～23 ℃，不允许明火取暖和阳光暴晒。

(3) 应保持化验设备完好和化验室整洁，备有足够数量的备品。

(三) 矿山救援队自备矿灯

矿山救援队应自备矿灯，并按有关规定管理。

五、劳动保障

(1) 矿山救援属特殊工种，并从事高危环境工作。矿山救援队指战员应享受与井下采掘工同等待遇，并实行救援岗位津贴。

(2) 矿山救援队指战员凡佩用氧气呼吸器工作，应享受特殊津贴。在高温或浓烟恶劣环境中佩用氧气呼吸器工作津贴提高1倍。

(3) 矿山救援队着装按企业专职消防人员标准配备，劳动保护用品应按井下一线职工标准发放。

(4) 矿山救援队指战员除执行企业职工保险政策外，应享受人身意外伤害保险。

六、队容与风纪

(1) 矿山救援队指战员应严格遵守队容、风纪、礼节的规定。

(2) 矿山救援队指战员必须按照规定着队服，保持军容严整。严格按企业专职消防人员标准着装，不得擅自更改着装标准和样式。着装时应遵守以下规定：

① 严格按照规定佩戴帽徽、肩章、臂章。

② 操作、训练、劳动时通常着战斗服，其他时间和场合通常着常服。参加集会和外事活动时的着装，按照依托企业规定执行。

③ 着队服时，应当戴队帽。戴大檐帽、战斗帽时，男同志帽檐前缘与眉同高，女同志帽稍向后倾。戴棉帽时，男同志护脑下缘距眉一指，女同志为三指。大檐帽松紧带不使用时，不得露于帽外。单人在营区内活动可不戴队帽。

④ 队服应当保持整洁，配套穿着，不得混穿；不得在队服外罩便服。穿着队服应扣好领钩、衣扣，不得披衣、敞怀、挽袖、卷裤腿。着衬衣时，下摆扎于裤内；队服内着毛衣、绒衣、棉衣等内衣时，下摆不得外露。着常服时，必须内着配发的衬衣，系配发的领带。着冬装时，内衣领不得高于队服衣领，女同志内衣领外露部分颜色应当与队服颜色相近。

⑤ 操课和集体活动时按规定穿鞋。除工作需要和洗漱外，不得着拖鞋、赤脚和赤脚穿鞋。

⑥ 指战员非因公外出或外出采购时，以及女同志怀孕期间，应当着便服。

⑦ 指战员头发应当保持整洁。男同志不得留长发、大鬓角和胡须，蓄发(戴假发)不得露于帽外，帽墙下发长不得超过1.5 cm；女同志发辫不得过肩。指战员染发只准染与本人原发色一致的颜色。

⑧ 指战员必须举止端正，谈吐文明，精神振作，姿态良好。着队服时，不得化妆，不得留长指甲和染指甲，不得围围巾，不得在外露的腰带上系挂钥匙和饰物。除工作需要和眼疾外，不得戴有色眼镜。

(3) 矿山救援队指战员应将队列训练作为日常训练科目。

第六节　矿山应急救援队伍建设

一、矿山救援人员条件要求

（一）矿山救援大队指挥员条件要求

大队指挥员应由熟悉矿山救援业务及相关知识，热爱矿山救援事业，能够佩用氧气呼吸器，从事矿山井下工作不少于5年，并经国家级矿山应急救援培训机构培训取得资格证的人员担任。大队长应具有大专以上文化程度，大队总工程师应具有大专以上学历及中级以上职称。

（二）矿山救援中队指挥员条件要求

中队指挥员应由熟悉矿山救援业务及相关知识，热爱矿山救援事业，能够佩用氧气呼吸器，从事矿山救援工作不少于3年，并经培训取得资格证的人员担任。中队长应具有中专以上文化程度，中队技术员应具有中专以上学历及初级以上职称。

（三）矿山救援队员条件

新招收的矿山救援队员应具有高中以上文化程度，年龄在30周岁以下，身体条件符合矿山救援队员标准，从事井下工作1年以上，并经过培训、考核、试用、取得合格证后，方可从事矿山救援工作。

（四）不得从事矿山救援工作的规定

凡有下列疾病之一者，严禁从事矿山救援工作：

(1) 有传染性疾病者。

(2) 色盲、近视(视力1.0以下)及耳聋者。

(3) 脉搏不正常，呼吸系统、心血管系统有疾病者。

(4) 强度神经衰弱，高血压、低血压、眩晕症者。

(5) 尿内有异常成分者。

(6) 经医生检查确认或经实际考核身体不适应救援工作者。

(7) 脸形特殊不适合佩用面罩者。

（五）身体检查与年龄规定

矿山救援队指战员每年应进行一次身体检查，对身体不合格人员，必须立即调整。企业应根据其自身状况安置工作。

矿山救援队员年龄不应超过40岁，中队指挥员年龄不应超过45岁，大队指挥员年龄不应超过55岁。但根据救援工作需要，允许保留少数(指挥员和队员分别不超过1/3)身体健康、能够下井从事救援工作、有技术专长及经验丰富的超龄人员，超龄不大于5岁。超龄人员每半年应进行一次身体检查，符合条件方可留用。

二、矿山救援队装备要求

（一）矿山救援队装备类型

(1) 个人防护装备。

(2) 处理各类矿山灾害事故的专用装备与器材。

(3) 气体检测分析仪器，温度、风量检测仪表。

(4) 通信器材及信息采集与处理设备。

(5) 医疗急救器材。

(6) 交通运输工具。

(7) 训练器材等。

(二) 矿山救援队技术装备质量保障

矿山救援队应根据技术和装备水平不断更新装备,并及时对其进行维护和保养,以确保矿山救援设备和器材始终处于良好状态。

(三) 矿山救援队基本装备配备标准

(1) 矿山救援大队(独立中队)基本装备配备标准

矿山救援大队(独立中队)基本装备配备标准见表 3-4。

表 3-4　矿山救援大队(独立中队)基本装备配备标准

类别	装备名称	要求及说明	单位	大队配备数量	独立中队配备数量
车辆	指挥车	附有应急报警装置	辆	2	1
	气体化验车	安装气体分析仪器,有打印机和电源	辆	1	1
	装备车	4～5 t 卡车	辆	2	1
通信器材	移动电话	指挥员 1 部/人	部		
	视频指挥系统	双向可视、可通话	套	1	
	录音电话	值班室配用	部	2	1
	对讲机	便携式	部	6	4
灭火装备	惰气(惰泡)灭火装置	或二氧化碳发生器(1 000 m^3/h)	套	1	
	高倍数泡沫灭火机	BGP400 型	套	1	
	快速密闭	喷涂、充气、轻型组合均可	套	5	5
	高扬程水泵		台	2	1
	高压脉冲灭火装置	12 L 储水瓶 2 支,35 L 储水瓶 1 支	套	1	1
检测仪器	气体分析化验设备		套	1	1
	热像仪	矿用本质安全型或防爆型	台	1	1
	便携式爆炸三角形测定仪		台	1	1
	演习巷道设施与系统	具有灾区环境与条件	套	1	1
	多功能体育训练器械	含跑步机、臂力器、综合训练器等	套	1	
	多媒体电教设备		套	1	1
	破拆工具		套	1	1
信息处理设备	传真机		台	1	1
	复印机		台	1	1
	台式计算机	指挥员 1 台/人	台		
	笔记本电脑	配无线网卡	台	2	1
	数码摄像机	防爆	台	1	1
	数码照相机	防爆	台	1	1
	防爆射灯	防爆	台	2	1
材料	氢氧化钙		t	0.5	
	泡沫药剂		t	0.5	
	煤油	已配备惰性气体灭火装置的	t	1	

(2) 矿山救援中队基本装备配备标准

矿山救援中队基本装备配备标准见表 3-5。

表 3-5　矿山救援中队基本装备配备标准

类别	装备名称	要求及说明	单位	数量
运输通信装备	矿区救援车	每小队 1 辆	辆	
	移动电话	指挥员 1 部/人	部	
	灾区电话		套	2
	程控电话		部	1
	引路线		m	1 000
个人防护装备	便捷式自动苏生器		台	2
	4 h 氧气呼吸器		台	6
	2 h 氧气呼吸器		台	6
	压缩氧自救器		台	30
	隔热服		套	12
灭火装备	高倍数泡沫灭火机	BGP400 型	套	1
	干粉灭火器	8 kg	个	20
	风障	≥4 m×4 m	块	2
	水枪	开花、直流各 2 个	支	4
	水龙带	直径 63.5 mm 或 50.8 mm	m	400
	高压脉冲灭火装置	12 L 储水瓶 2 支,35 L 储水瓶 1 支	套	1
检测仪器	呼吸器校验仪		台	2
	氧气便携仪	数字显示,带报警功能	台	2
	红外线测距仪		台	1
	红外线测温仪		台	2
	多种气体检测仪	CH_4,CO,CO_2等 3 种以上气体	台	2
	瓦斯检定器	10%、100%各 2 台	台	4
	一氧化碳检定器		台	2
	风速表	机械式中低速各 1 台,电子式 2 台	台	4
	秒表		块	4
	干湿温度计		支	2
	温度计	0～100 ℃	套	1
装备工具	液压起重器	或起重气垫	套	1
	液压剪		把	1
	防爆工具	锤、斧、钎、锹、镐等	套	2
	氧气充填泵		台	2

表 3-5(续)

类别	装备名称	要求及说明	单位	数量
装备工具	氧气瓶	40 L	个	8
		4 h呼吸器备用,1个/台	个	
		2 h呼吸器备用	个	10
	救生索	长30 m,抗拉力30 kN	条	1
	担架	含2副负压多功能担架	副	4
	保温毯	棉织	条	3
	快速接管工具		套	2
	手表	副小队长以上指挥员1块/人	块	
	绝缘手套		副	3
	电工工具		套	1
	绘图工具		套	1
	工业冰箱		台	1
	瓦工工具		套	1
	灾区指路器	或冷光管	支	10
设施	演习巷道		套	1
	体能训练器械		套	1
药剂	泡沫药剂		t	1
	氢氧化钙		t	0.5

(3) 矿山救援小队基本装备配备标准

矿山救援小队基本装备配备标准见表3-6。

表 3-6　矿山救援小队基本装备配备标准

类别	装备名称	要求及说明	单位	数量
通信器材	灾区电话		套	1
	引路线		m	1 000
个人防护装备	矿灯	备用	盏	2
	氧气呼吸器	2 h、4 h氧气呼吸器各1台	台	2
	自动苏生器		台	1
	紧急呼救器	声压级≥80 dB	个	3
灭火装备	灭火器		台	2
	风障		块	1
	帆布水桶		个	2

表 3-6(续)

类别	装备名称	要求及说明	单位	数量
检测仪器	呼吸器校验仪		台	2
	光学瓦斯检定器	10%、100%各 1 台	台	2
	一氧化碳检定器	检定管不少于 30 支	台	1
	氧气检定器	便携式数字显示,带报警功能	台	1
	多功能气体检测仪	检测 CH_4、CO、O_2、H_2S 等	台	1
	矿用电子式风速表		套	1
	红外线测温仪		支	1
装备工具	氧气瓶	2 h、4 h 呼吸器备用,各 2 个	个	4
	灾区指路器	或冷光管,或灾区强光灯	个	10
	担架		副	1
	采气样工具	包括球胆 4 个	套	2
	保温毯		条	1
	液压起重器	或起重气垫	套	1
	刀锯		把	2
	铜钉斧		把	2
	两用锹		把	1
	小镐		把	1
	矿工斧		把	2
	起钉器		把	2
	瓦工工具		套	1
	电工工具		套	1
	皮尺	10 m	个	1
	卷尺	2 m	个	1
	钉子包	内装钉子各 1 kg	个	2
	信号喇叭	一套至少 2 个	套	1
	绝缘手套		副	2
	救生索	长 30 m,抗拉力 30 kN	条	1
	探险棍		个	1
	充气夹板		副	1
	急救箱		个	1
	记录本		本	2
	圆珠笔		支	2
	备件袋		个	1
其他	个人基本配备装备	不包括企业消防服装,见表 3-8	套/人	1

注:1. 急救箱内装止血带、夹板、碘酒、绷带、胶布、药棉、消炎药、手术刀、镊子、剪刀,以及止痛药、中暑药和止泻药等。

2. 备件袋内装保明片、防雾液、各种垫圈(每件 10 个),以及其他氧气呼吸器易损件等。

(4) 兼职矿山救援队基本装备配备标准

兼职矿山救援队基本装备配备标准见表 3-7。

表 3-7　兼职矿山救援队基本装备配备标准

类别	装备名称	要求及说明	单位	数量
通信器材	灾区电话		套	1
	引路线		m	1 000
个人防护装备	氧气呼吸器	4 h 氧气呼吸器,1 台/人	台	
		2 h 氧气呼吸器	台	2
	压缩氧自救器		台	20
	自动苏生器		台	2
灭火装备	干粉灭火器		只	20
	风障		块	2
检测仪器	呼吸器校验仪		台	2
	一氧化碳检定器	具有灾区环境与条件	台	2
	瓦斯检定器	10%、100%各 1 台	台	2
	氧气检定器		台	1
	温度计		支	2
	采气样工具	包括球胆 4 个	套	1
装备工具	防爆工具	锤、钎、锹、镐等	套	1
	两用锹		把	1
	氧气充填泵		台	1
	氧气瓶	40 L	个	5
		4 h 呼吸器备用	个	20
		2 h 呼吸器备用	个	5
	救生索	长 30 m,抗拉力 30 kN	条	1
	担架	含 1 副负压担架	副	1
	保温毯	棉织	条	2
	绝缘手套		双	1
	铜钉斧		把	2
	矿工斧		把	2
	刀锯		把	2
	起钉器		把	2
	手表	指挥员 1 块/人	块	
	电工工具		套	1
药剂	氢氧化钙		t	0.5

(5) 矿山救援队指战员(含兼职矿山救援队指战员)个人基本装备配备标准

矿山救援队指战员(含兼职矿山救援队指战员)个人基本装备配备标准见表 3-8。

表 3-8　矿山救援队指战员(含兼职矿山救援队指战员)个人基本装备配备标准

类别	装备名称	要求及说明	单位	数量
个人防护装备	氧气呼吸器	4 h 氧气呼吸器	台	1
	压缩氧自救器		台	1
	战斗服	带反光标志	套	1
	胶靴		双	1
	毛巾		条	1
	安全帽		顶	1
	矿灯	双电源、便携式	盏	1
检测仪器	温度计		支	1
装备工具	手套	布手套、线手套各 1 副	副	2
	灯带		条	2
	背包	装战斗服	部	1
	联络绳	长 2 m	根	1
	氧气呼吸器工具		套	1
	粉笔		支	2

三、矿山救援队值班车辆基本配备装备

矿山救援队值班车上基本配备装备必须符合表 3-9 的规定。

表 3-9　矿山救援队值班车上基本装备配备标准

类别	装备名称	要求及说明	单位	数量
个人防护装备	压缩氧自救器		台	10
装备工具	负压担架		副	1
	4 h 呼吸器氧气瓶		个	10
	防爆工具		套	1
检测仪器	机械式风速表	中低速各 1 台	台	2
药剂	氢氧化钙		kg	30
其他	小队基本配备装备	见表 3-6	套/小队	1

四、矿山救援队灾区侦察基本配备装备

矿山救援小队进入灾区侦察时所携带的基本配备装备，必须符合表 3-10 的规定。矿山救援小队进入灾区抢救时必须携带的技术装备，由矿山救援大队或中队根据本区情况、事故性质作出规定。

表 3-10　矿山救援小队进入灾区侦察时所携带的基本装备配备标准

类别	装备名称	要求及说明	单位	数量
通信器材	灾区电话		台	1
	引路线		m	500
个人防护装备	2 h 氧气呼吸器		台	1
	自动苏生器	放在井下基地	台	1
检测仪器	瓦斯检定器	10%、100%各1台	台	2
	一氧化碳检定器	含各种气体检测管	台	1
	温度计	0～100 ℃	支	1
	采气样工具	包括球胆4个	套	1
	氧气检定器	便携式数字显示，带报警功能	台	1
装备工具	担架		副	1
	保温毯	可放在井下基地	台	1
	4 h 氧气呼吸器		个	2
	刀锯		把	1
	铜钉斧		把	1
	两用锹		把	1
	探险棍		个	1
	灾区指路器	或冷光管	个	10
	皮尺	10 m	个	1
	急救箱		个	1
	记录本		本	2
	圆珠笔		支	2
	电工工具		套	1
其他	个人基本配备装备	见表 3-8	套/人	1

注：必要时，应携带热像仪、红外线测温仪和红外线测距仪等进入灾区。

五、矿山救援队基本设施

（一）矿山救援队基本设施

矿山救援队应有下列设施：电话接警值班室、夜间值班休息室、办公室、学习室、会议室、娱乐室、装备室、修理室、氧气充填室、化验室、战备器材库、汽车库、演习训练设施、体能训练设施、运动场地、单身宿舍、浴室、食堂及仓库等。

（二）兼职矿山救援队基本设施

兼职矿山救援队应有下列建筑设施：电话接警值班室、夜间值班休息室、办公室、学习室、装备室、修理室、氧气充填室及战备器材库等。

六、矿山救援队培训与训练要求

（一）矿山救援队培训要求

（1）矿山救援知识专业培训

矿山企业负责人和矿山救援管理人员必须经过矿山救援知识的专业培训。矿山救援队及兼职矿山救援队指战员，必须经过救援理论及技术、技能培训，并经考核取得合格证后，方可从事矿山救援工作。承担矿山救援培训的机构，应取得相应的资质。

(2) 矿山救援人员分级培训

① 国家级矿山应急救援培训机构，承担矿山救援中队长以上指挥员(含工程技术人员)、矿山救援大队战训科的管理人员和矿山企业救援管理人员的培训、复训工作。

② 省级矿山应急救援培训机构，承担本辖区内矿山救援中队副职、正副小队长的培训、复训工作。

③ 矿山救援大队培训机构，承担本区域内矿山救援队员(含兼职矿山救援队员)的培训、复训工作。

(3) 培训时间

① 矿山救援中队长以上指挥员(包括工程技术人员)岗位资格培训时间不少于 30 d(144 学时)；每两年至少复训一次，时间不少于 14 d(60 学时)。

② 矿山救援中队副职、正副小队长岗位资格培训时间不少于 45 d(180 学时)；每两年至少复训一次，时间不少于 14 d(60 学时)。

③ 矿山救援队新队员岗位资格培训时间不少于 90 d(372 学时)，再进行 90 d 的编队实习；每年至少复训一次，时间不少于 14 d(60 学时)。

④ 兼职矿山救援队员岗位资格培训时间不少于 45 d(180 学时)；每年至少复训一次，时间不少于 14 d(60 学时)。

(4) 培训内容

① 岗位资格培训内容

a. 矿山救援中队长以上指挥员(含工程技术人员)培训内容

矿山救援相关安全法律、法规和技术标准，矿井灾害发生机理、规律及防治技术与方法，矿山自救互救及创伤急救技术，矿山救援队的管理。通过培训，掌握与矿山救援工作有关的管理知识、专业理论知识、救援业务基本知识及新技术、新装备的应用知识；了解国内外有关矿山救援工作的先进技术和管理经验；具备较熟练地制定矿山灾变事故救援方案、救援队行动计划的能力。

b. 中队副职、正副小队长培训内容

矿山救援相关安全法律、法规和技术标准，矿山救援个人防护装备、矿山救援检测仪器的使用与管理，矿山救援技战术，矿井通风技术，矿山事故的预防与处理，自救互救与现场急救等。通过培训，掌握与矿山救援工作有关的管理知识、专业理论知识、救援业务基本知识及新技术、新装备的应用知识；具备根据事故救援方案带队独立作战的能力。

c. 矿山救援队新队员培训内容

矿山救援相关安全法律、法规和技术标准，矿井生产技术，矿井通风与灾害防治，爆破安全技术，机电运输安全技术，矿山救援技战术理论，矿井灾变事故的处理，矿山救援技术操作，矿山救援装备与仪器的使用和管理，自救互救与现场急救等。通过培训，了解矿山救援队的发展史，矿山救援队的组织、任务、性质和工作特点，队员及各类人员的职责等；熟练掌握矿山井下开拓系统图、井上井下对照图、通风系统图、配电系统图和井下电气设备布置图等基本图纸的知识；掌握救援仪器、装备的操作技能；了解灾变处理的基本知识；掌握一般技术的操作方法；掌握现场急救的基本常识。

d. 兼职矿山救援队员培训内容

参照矿山救援队新队员培训内容和要求执行。

② 岗位复训内容

a. 矿山救援中队长以上指挥员(包括工程技术人员)复训内容

有关矿山应急救援的新法律、法规、标准;有关矿山应急救援的新技术、新材料、新工艺、新装备及其安全技术要求;国内外矿山应急救援管理经验;典型矿山应急救援事故案例分析。

b. 矿山救援中队副职、正副小队长复训内容

有关矿山应急救援的新法律、法规、标准;有关矿山应急救援的新技术、新材料、新工艺、新装备及其安全技术要求;国内外矿山应急救援管理经验;典型矿山应急救援事故案例研讨。

c. 矿山救援队员复训内容

有关矿山应急救援的新法律、法规、标准;有关矿山应急救援的新技术、新材料、新工艺、新装备及其安全技术要求;预防和处理各类矿山事故的新方法;典型矿山应急救援事故案例讨论。

d. 兼职矿山救援队员复训内容

参照矿山救援队员复训内容执行。

(二) 矿山救援队训练要求

(1) 日常训练

① 军事化队列训练

a. 单人队列

训练内容:立正、跨立和稍息;停止间转法;行进与立定;步法变换;行进间转法;脱帽和戴帽;敬礼;坐下、蹲下和起立。

b. 整体队列

训练内容:集合、解散;整齐、报数;出列入列;行进与停止;队形变换。

c. 队列指挥

训练内容:队列指挥位置,队列指挥方法,队列指挥要求,队列口令下达。

② 体能训练

体能训练是指进行力量训练,速度训练,有氧、无氧耐力训练,柔韧和协调训练等。体能是人体引发运动的心肺功能支撑的大小(心肺系统的能力),取决于人体运动系统动力学应用的强度与范围(骨、关节、肌肉的能力)。

a. 体能训练常识

训练内容:体能训练内容及必要性,体能训练原则,体能训练要求,体能训练技术动作及实施步骤,体能训练的自我保护。

b. 力量训练

训练内容:俯卧撑,仰卧起坐,引体向上,双腿深蹲起立,立定跳远,爬绳(杆)。

c. 速度训练

训练内容:110 m×5 往返跑,2 400 m 跑。

d. 耐力训练

训练内容：12 000 m 跑，10 000 m 行军(负重 15 kg)，游泳。

e. 柔韧灵敏训练

训练内容：俯卧伸屈腿、5 m 折返跑、俯卧撑、蛙跳、蛇形跑、返回直线跑等组合练习；爬绳、水平梯、低巷，装备(背呼吸器、戴安全帽)与拉检力器(50 个)组合练习。

③ 高温浓烟训练

训练要求：在高温浓烟条件下，熟练准确检测各类气体浓度和环境温度；能够在 30 min 内完成每人拉检力器(哑铃)80 次、锯直径 16～18 cm 的圆木两段和更换备用氧气呼吸器；能够在规定时间内给伤员更换 2 h 呼吸器，并按规定将伤员搬运出灾区抢救。

④ 防护装备、检测设备、通信及破拆工具等操作训练

a. 个人防护装备训练

训练要求：熟练掌握氧气呼吸器的主要用途、技术性能、工作原理、操作方法及注意事项，并熟练掌握常见故障排除、维护和保养方法；熟练掌握自救器的主要用途、技术性能、工作原理、操作方法及注意事项，并熟练掌握常见故障排除、维护和保养方法；在 30 min 内正确进行 4 h 正压氧气呼吸器至少 6 个故障的判断并排除；在 60 s 内按程序完成 4 h 正压氧气呼吸器氧气瓶的更换；在 30 s 内将 4 h 正压氧气呼吸器更换成 2 h 正压氧气呼吸器；熟练掌握氢氧化钙药剂的适用条件、使用方法及注意事项；在 30 s 内按程序给自己或他人佩戴好自救器。

b. 救援常用工具训练

训练要求：熟练掌握救援常用工具的应用范围、技术性能、使用方法、维护及维修技能；能够熟练完成目标温度和距离测定；能够使用机械或电子式风速表熟练完成拱形或梯形断面巷道的风量测定；能够使用干湿温度计熟练完成巷道空间环境的湿度测定；按程序在 60 s 内完成苏生器准备；能够在最短时间内按程序接通灾区电话；能够熟练按程序连接好液压剪刀或起重气垫；能够在规定时间内进行止血、包扎、固定及搬运。

⑤ 设施设备安装使用技术训练

建风障、木板风墙和砖风墙，架木棚，安装局部通风机，高倍数泡沫灭火机灭火，惰性气体灭火装置安装使用等一般技术训练。

⑥ 医疗急救训练

人工呼吸、心肺复苏、止血、包扎、固定、搬运等医疗急救训练。

⑦ 新技术、新材料、新工艺、新装备的训练

便携式气相色谱分析仪、应急救援音频通信指挥系统、井下灾后探险机器人、矿山突水救援装备、生命探测仪、冒落区域遇险人员救生通道快速形成装备等训练。

(2) 模拟实战演习

① 演习训练，必须结合实战需要，制定演习训练计划；每次演习训练佩用呼吸器时间不少于 3 h。

② 矿山救援大队每年召集各中队进行一次综合性演习，内容包括闻警出动、下井准备、战前检查、灾区侦察、气体检查、搬运遇险人员、现场急救、顶板支护、直接灭火、建造风墙、安装局部通风机、铺设管道、高倍数泡沫灭火机灭火、惰性气体灭火装置安装使用及高温浓烟训练等。

③ 矿山救援中队除参加大队组织的综合性演习外，每月至少进行一次佩用呼吸器的单

项演习训练，并每季度至少进行一次高温浓烟演习训练。

④ 兼职矿山救援队每季度至少进行一次佩用呼吸器的单项演习训练。

(3) 建立救援技术竞赛制度

矿山救援队及各级矿山救援指挥机构应定期组织矿山救援技术竞赛。

① 全国矿山救援技术比武大会

设置集体项目：仪器设备操作、一般技术操作、指挥员体质及技术业务知识。

设置个人项目：佩戴呼吸器 1 000 m 跑、4 h 呼吸器拆装、佩戴呼吸器拉检力器及长跑 5 000 m。

② 国际矿山救援技术竞赛

项目：模拟救灾、现场急救和呼吸器操作。

第七节　避免矿山救援队自身伤亡措施

一、违章作业的具体表现

矿山救援队不仅在矿山抢险救灾、预防性检查、消除事故隐患、参加需要佩用氧气呼吸器的安全技术工作、协助矿山企业搞好员工救援知识教育等方面发挥了重要作用，为采矿工业的发展作出了特殊贡献，得到了全国矿山企业职工和家属的好评，还奉命走出矿井，走向社会，参加抗震救灾、地面消防和其他行业各种灾害的抢险救灾战斗，作出了重大贡献。但是在抢险救灾过程中，种种原因常导致矿山救援队指战员的自身伤亡，扩大了事故损失，不仅延误和影响灾害事故的处理，还造成极坏的社会影响。为此，总结矿山救援队自身伤亡的沉痛教训，采取积极预防措施，避免自身伤亡事故的发生极为重要。

据不完全统计，中华人民共和国成立以来，矿山救援队共发生自身伤亡事故 200 多起，矿山救援队指战员死亡数百人，教训十分惨痛。

通过对 200 多起矿山救援队自身伤亡事故的分析得出，矿山救援队违章作业是事故的主要原因。

矿山救援队违章作业主要表现在以下方面：

(1) 不携带或未使用氧气呼吸器

矿山救援队指战员与煤矿其他职工相比，其特殊性在于有氧气呼吸器。指战员不携带或未使用氧气呼吸器，根本无法实施抢险救灾工作，而是拿自己生命开玩笑。不携带或未使用氧气呼吸器，冒险进入灾区开展矿山救援工作，发生自身伤亡的事故层出不穷，教训十分深刻。

(2) 随便脱掉氧气呼吸器

矿山救援队指战员从事井下安全技术工作时，必须携带氧气呼吸器及相关仪器装备，并按规定佩用氧气呼吸器。其目的是一旦井下气体发生变化，救援队员能迅速佩戴氧气呼吸器，防止窒息或中毒事故的发生。在实际工作中，个别救援队员检查无有害气体或有害气体浓度不高时，便脱掉氧气呼吸器。当现场情况发生突变时措手不及，甚至有极少数救援队员竟在窒息区内随意脱掉氧气呼吸器，从而发生自身伤亡事故。

(3) 通过口具或摘掉口具说话

在窒息区或有中毒危险区工作时，严禁通过口具或摘掉口具讲话。可是个别救援队员不执行该规定，从而发生自身伤亡事故。这种现象的出现，与目前普遍使用的鼻夹口具式呼吸器结构有关，也与救援队员应变能力和心理素质有关。

（4）不按规定要求检查维护氧气呼吸器

矿山救援队技术装备必须专人管理，定期检查维护；矿山救援车必须专车专用，并定期保养维护，保持战备状态。

氧气呼吸器如果连续3个月没有使用，必须更换罐内的二氧化碳吸收剂。矿山救援队所使用的氢氧化钙及氧气，必须按规定进行化验。氧气纯度不得低于98%，其他要求应符合医用氧气的标准。二氧化碳吸收剂必须每季度化验一次，以确保二氧化碳吸收剂的吸收率不低于30%，二氧化碳含量不大于4%，水分保持在15%～21%。严禁使用不符合标准的氢氧化钙和氧气。氧气瓶必须符合国家压力容器规定标准，每3年必须进行除锈清洗、水压试验，达不到标准的不得使用。可是，有的矿山救援队对此不以为然，平时不检查维护，下井救灾前的检查马虎敷衍，造成救灾过程中出现漏气、氢氧化钙失效、氧气量不足不能自动补给、鼻夹弹性张力不足等仪器故障，从而造成救援人员伤亡。

（5）不设井下救援基地或基地位置选择不当

为保证重大事故井下抢救工作的顺利进行，应在靠近灾区的安全地点设立井下救援基地。井下救援基地指挥由抢救指挥部选派具有救援知识的人员担任。井下救援基地应有矿山救援队指挥员、待机小队和急救员值班，并设有通往抢救指挥部和灾区的电话，备有必要的救援装备和器材。井下救援基地电话应专人看守并作好记录，井下救援基地指挥应经常与抢救指挥部、在灾区工作的救援小队保持联系。可是，有的矿山救援队在灾害事故处理过程中，不设井下救援基地或基地位置选择不当，造成自身伤亡。

（6）少于6人进入灾区或单独行动

进入灾区的救援小队队员不得少于6人。在窒息区或有中毒危险区工作时，救援小队长应使队员保持在彼此能看到或听到信号的范围内；任何情况下严禁救援队员单独行动。这样规定是考虑遇到意外情况时，队员之间能够相互照应，予以救助而避免自身伤亡。而个别救援队员在灾害事故处理中违反规定，造成自身伤亡。

（7）不设待机小队或待机小队位置不当

矿山救援队侦察时，井下救援基地必须设待机小队，并用灾区电话与侦察小队保持不断联系。当侦察小队没有按规定时间返回或通信中断时，待机小队应立即进入救援。而有的灾害事故处理时，不设待机小队或待机小队位置不当，或一旦紧急需要待机小队出动救援时，侦察小队与待机小队联系不上，造成事故扩大。

（8）不带联络绳进入灾区

进入灾区侦察，必须携带必要的装备。视线不清时应用探险棍探测前进，队员之间要用联络绳连接。而有的矿山救援队麻痹大意，不执行相关规定，结果导致矿山救援队员自身伤亡。

（9）违章冒险进入灾区

遇有高温、冒顶、爆炸、水淹危险的灾区，指挥员只能在救人的情况下，才有权决定小队进入，但必须采取有效措施，保证小队在灾区的安全。对于这些规定，无论是受灾矿井领导，还是救援队员都有违反规定的行为，从而造成了矿山救援队员的伤亡。

（10）培训不认真，训练不严格

矿山救援队及辅助救援队的指战员必须经过强制性的救援理论及技术、技能的基础培训，必须进行严格的军事训练，演习训练必须结合实战需要。有的矿山救援队培训不认真，培训效果差；训练不严格，不从实战出发，以致个别救援指战员从专业知识到实际技能都存在一定差距，少数人甚至连常用仪器装备都不会使用，从而贻误矿山救援工作，甚至造成自身伤亡。

二、违章作业的原因

矿山抢险救灾过程中的救援工作是在极其复杂的环境下进行的，有时环境中充满爆炸性气体，有时充满窒息性或有毒性气体，有时有冒顶或水淹的危险，救援过程中稍有不慎就可能导致救援人员伤亡，扩大事故的损失。

加强对矿山救援人员伤亡原因的研究，采取有效措施避免这类事故的发生具有重要意义。

矿山救援队违章作业的产生，安全思想不牢是前提，违章作业是表现。矿山救援队违章作业造成自身伤亡的后果既有救援队的日常管理因素，又有矿山救援队指战员本身心理素质因素，还有一些客观因素。

(1) 日常管理因素

日常管理因素包括日常的“安全第一，遵纪守法，按章办事”的思想教育、事故救援基本理论和基本技能的培训以及从严、从实战出发的训练。

(2) 心理素质因素

人的心理活动决定人的行为倾向，有什么样的心理活动就会有相应的行为倾向。抢险救援时不但劳动强度大，而且与火灾、爆炸、冒顶、水灾、有毒有害气体等打交道，身体健康和生命安全时刻受到威胁，在这种危险环境下对人的心理素质要求较高。案例分析说明，救援指战员中存在的不安全心理因素是违章作业的主要原因之一，主要表现为恐惧心理、侥幸心理、麻痹心理、情感心理及依赖心理等。

① 恐惧心理

恐惧是在恶劣环境中产生的一种心态，是由于缺乏心理准备，不能处理、驾驭或摆脱某种可怕的或危险的情境时所表现的情绪体验。恐惧使人体进入紧张状态，人在非常强的刺激下，思想陷入停顿，失去用理智去解决问题的能力。

② 侥幸心理

侥幸是由于偶然原因而获得成功或免去灾害。它给人的思维认识造成错觉，有时明知是违章，还想碰碰运气。抱有侥幸心理的人主观臆断多，不相信科学，不尊重客观规律，不认真执行安全法规，冒险蛮干，结果事与愿违，导致自身伤亡。

③ 麻痹心理

麻痹心理是救援工作的大敌，它往往使人产生懒惰思想，或对危险的迹象视而不见，听而不闻。麻痹思想多发生在见多识广的老队员身上，懒惰思想在新队员中多见。

④ 情感心理

情感心理包括同情心、同志情和友谊情等。它是人对客观事物和对象所持态度的体验，是在情绪的基础上形成的。应激状态产生的情感，会使人产生全身兴奋，使注意力和知觉范围缩小，言语不规则、不连贯，行为动作混乱。应激状态的情感心理会给救援人员带来威胁，迫使救援人员违章作业，有时就会造成恶性连锁反应而导致自身伤亡。

⑤ 依赖心理

有的受灾矿井领导或现场指挥员违章指派救援小队去冒险蛮干，而矿山救援队员明知是违章指挥、违章作业，有时碍于权力等因素仍盲目服从、不坚持原则而去蛮干；或误认为领导说的都是正确的而去执行。即矿山救援队员思想上存在依赖心理，认为“有人负责，出了差错与我无关”。存有依赖心理也会造成违章作业，导致救援队员伤亡。

(3) 客观因素

客观因素包括矿山救援队指战员的身体素质、文化程度和救灾装备的性能等。

三、避免矿山救援队自身伤亡的措施

(一) 提高决策者的素质，科学地组织指挥抢险救灾

矿井发生灾害事故后，加强抢险救灾的组织领导，制定正确的救灾方案，是迅速有效处理事故的关键，也是避免人员伤亡的关键。具体必须做好以下方面的工作：

(1) 每个矿井都必须按照国家安全生产法律、法规的要求，编制矿井灾害预防和处理计划，当条件发生变化时，及时修改完善，以避免矿井一旦发生事故，各级领导管理人员在慌乱中出现违章指挥。

(2) 每个矿井都必须有矿山救援队为其服务，每个矿山救援队都应根据服务矿井主要灾害类型制定处理方案及安全技术措施，有计划地进行演习训练。一旦矿井发生灾害事故，矿山救援队接到命令后，立即启动实施预处理方案。

(3) 矿山发生重大事故后，必须立即成立以矿长为首的抢救指挥部，以保证抢险救灾工作的统一指挥、统一布置、统一行动，避免抢险救灾过程中组织和指挥混乱或无人领导。

(4) 为防止抢险救灾过程中决策失误或违章指挥，煤矿各级领导管理人员都必须通过培训熟悉矿山救援的基本知识和战术指挥原则，掌握处理矿井各类灾害事故的行动原则和安全技术措施。

(二) 矿山救援队必须搞好科学管理，严格训练和教育培训

矿山救援队是处理灾害事故的主力军，其指战员素质高低对救灾成败起着重要作用。矿山救援队指战员素质包括“安全第一”思想、遵纪守法、按章救灾的自觉性、抢险救灾知识、救灾现场操作技能、自主保安能力、互助保安能力、身体素质等方面。

(1) 严格选拔矿山救援队指战员

对矿山救援队指战员的文化程度、年龄、专业知识、身体条件等任职要求在《煤矿安全规程》《矿山救护规程》中都有明确规定。严格选拔矿山救援队指战员是搞好抢险救灾工作的基本保证，且要按照规定及时调整队员，以保证矿山救援队有足够战斗力。

(2) 严格教育培训

要做好矿山救援队新队员的基础培训和编队实习，搞好所有指战员的教育培训。学习抢险救灾基本理论和基本技能，搞好“安全第一”思想教育，增强遵纪守法自觉性，提高救援队员的整体素质。

(3) 从难、从严、从实战出发进行战备训练

平时多流汗、战时少流血，搞好矿山救援队指战员战备训练，是提高矿山救援队伍战斗力、杜绝矿山救援队自身伤亡的根本措施。战备训练要从难、从严、从实战出发，特别是要坚持高温浓烟演习训练。要通过模拟事故训练，积极改进处理各种事故的战略战术，发现、检查各种违章现象，并予以纠正。通过训练，树立“特别能吃苦、特别能忍耐、特别能战斗”的作

风和习惯；通过训练，培养坚韧不拔的意志、勇敢顽强的精神，克服心里恐惧，具备临危不惧、沉着冷静的心理状态；通过训练，培养高度的自制能力，善于控制、调节自己的情感和情绪，克服悲观失望、盲目蛮干的心态；通过训练，培养团结协作、战胜困境的精神；通过训练，保持健康的体质。

(4) 完善管理制度，搞好科学管理

加强矿山救援队日常管理是搞好矿山救援工作的基础。矿山救援队实行军事化管理，全体指战员都必须接受军事训练，严格执行《中国人民解放军内务条令(试行)》。矿山救援队要有严密的组织、严明的纪律、严格的要求，平时做到严格管理，确保高度的战斗准备状态，战时做到“招之即来，来之能战，战之能胜”，把矿山救援队建设成为一支思想革命化、行动军事化、管理科学化、装备系列化、技术现代化的特别能战斗的专业队伍。

(三) 依靠科技进步，推广使用救援新装备

矿山救援技术装备是完成抢险救灾，避免矿山救援队自身伤亡的物质基础。推广使用救援新装备、新仪器、新技术对提高矿山救援队战斗力，安全顺利完成抢险救灾任务具有重要意义，也是减少救援装备缺陷造成自身伤亡的物质保证。根据科学技术发展现状，要全面推广使用正压全面罩式氧气呼吸器、便携式爆炸三角形测定仪、冰冷抗热服、先进的灾区通信设备、远距离灭火装置等。同时，积极开展矿山救援新装备、新仪器、新技术的科研攻关。创造条件努力将计算机技术、5G(第五代移动通信技术)等应用于矿山救援模拟训练、日常管理和救灾方案的制定，提高我国矿山救援技术水平。

复习思考题

1. 矿山应急救援队伍的作用有哪些？
2. 矿山应急救援队伍的工作准则包括哪些？
3. 我国矿山应急救援队伍有何特点？
4. 矿山救援队指战员一般职责有哪些？
5. 矿山救援队伍的任务主要有哪些？
6. 矿山应急救援保障体系主要包括哪些方面？
7. 矿山救援队违章作业主要体现在哪些方面？
8. 矿山救援队违章作业的主要原因是什么？
9. 如何有效避免矿山救援队自身伤亡？
10. 通过学习，你认为矿山救援队有哪些优秀品质值得我们学习和发扬？

第四章　矿山灾害预防和处理计划

在实际生产过程中，井下生产条件复杂、情况特殊等原因，决定了煤矿各类事故多发的可能性。编制矿井灾害预防和处理计划（简称“预处计划”，下同），是要把预防和处理矿井灾害事故的工作做到有计划可依、有章法可循，使各类事故的预防与处理工作具有很强的可操作性。即要求在矿井建设和生产过程中，根据矿井自身的具体情况，对可能发生的各类灾害事故拟定出切实可行的预防措施，并付诸实施，从而预防灾害事故的发生，落实“预防为主”的方针；同时根据矿井的自然灾害因素和假定可能出现的事故，预先做好周密的灾害事故处理措施和行动计划，一旦发生各类灾害事故，“预处计划”就可以作为事故现场人员、指挥人员以及矿山救援队处理事故、救援人员的行动纲领，以便及时消除灾害或防止事故扩大，实现灾害事故的预防与治理有机结合。

第一节　编制“预处计划”的法律依据

根据《中华人民共和国立法法》相关规定，我国安全生产法律体系主要由以下 6 个层次的法律法规组成。在这些法律法规中，均不同程度地体现和规定了编制“预处计划”的要求及法律依据。

(1) 宪法

《中华人民共和国宪法》是中华人民共和国的根本大法，规定拥有最高法律效力。

《中华人民共和国宪法》第四十二条规定：“国家通过各种途径，创造劳动就业条件，加强劳动保护，改善劳动条件……”。

(2) 法律

法律是由全国人大或全国人大常委会制定，并由国家主席签署予以公布实施的，如《安全生产法》《中华人民共和国矿山安全法》《中华人民共和国劳动法》《中华人民共和国煤炭法》《中华人民共和国职业病防治法》等。

《安全生产法》第三条规定：“安全生产工作坚持中国共产党的领导。安全生产工作应当以人为本，坚持人民至上、生命至上，把保护人民生命安全摆在首位，树牢安全发展理念，坚持安全第一、预防为主、综合治理的方针，从源头上防范化解重大安全风险。”第五十八条规定：“从业人员应当接受安全生产教育和培训，掌握本职工作所需的安全生产知识，提高安全生产技能，增强事故预防和应急处理能力。”第六十二条规定：“应急管理部门应当按照分类分级监督管理的要求，制定安全生产年度监督检查计划，并按照年度监督检查计划进行监督检查，发现事故隐患，应当及时处理。”

《中华人民共和国矿山安全法》第三十条规定：“矿山企业必须制定矿山事故防范措施，并组织落实。”

《中华人民共和国矿山安全法实施条例》第四十条规定："矿山企业应当每年编制矿山灾害预防和应急计划；在每季度末，应当根据实际情况对计划及时进行修改，制定相应的措施。"

《中华人民共和国煤炭法》第七条规定："煤矿企业必须坚持安全第一、预防为主的安全生产方针，建立健全安全生产的责任制度和群防群治制度。"第三十二条规定："矿务局长、矿长及煤矿企业的其他主要负责人必须遵守有关矿山安全的法律、法规和煤炭行业安全规章、规程，加强对煤矿安全生产工作的管理，执行安全生产责任制度，采取有效措施，防止伤亡和其他安全生产事故的发生。"

(3) 行政法规

行政法规是国务院出台的规范性文件，由国务院总理签署国务院令发布实施，如《煤矿安全监察条例》《生产安全事故报告和调查处理条例》《国务院关于特大安全事故行政责任追究的规定》《国务院关于预防煤矿安全生产事故的特别规定》等。

《煤矿安全监察条例》第五条规定，"煤矿安全监察应当以预防为主，及时发现和消除事故隐患……"。第二十三条规定："煤矿安全监察机构应当监督煤矿制定事故预防和应急计划，并检查煤矿制定的发现和消除事故隐患的措施及其落实情况。"

《国务院关于预防煤矿安全生产事故的特别规定》第二条规定："煤矿企业是预防煤矿生产安全事故的责任主体。煤矿企业负责人(包括一些煤矿企业的实际控制人，下同)对预防煤矿生产安全事故负主要责任。"第八条规定："煤矿的通风、防瓦斯、防水、防火、防煤尘、防冒顶等安全设备、设施和条件应当符合国家标准、行业标准，并有防范生产安全事故发生的措施和完善的应急处理预案。"

(4) 地方性法规

地方性法规，是指法定的地方国家权力机关依照法定的权限，在不同宪法、法律和行政法规相抵触的前提下，制定和颁布的在本行政区域范围内实施的规范性文件。如《河南省强化煤矿安全生产暂行规定》等。

(5) 规章

规章包括部门规章和地方各级政府规章。其中，部门规章是国务院各部委根据法律和行政法规，在本部门权限内发布的规范性文件，由部门领导签署予以实施。如《煤矿安全规程》《防治煤与瓦斯突出细则》等。

《煤矿安全规程》第十二条规定："煤矿必须编制年度灾害预防和处理计划，并根据具体情况及时修改。灾害预防和处理计划由矿长负责组织实施。"第二百五十七条规定："井下爆炸物品库……，必须备有灭火器材，其数量、规格和存放地点，应当在灾害预防和处理计划中确定。"

(6) 国际条约

第二节　编制"预处计划"的目的、原则和作用

一、编制"预处计划"的目的

关于对事物进行前期准备、预防的论述，早在两千多年前的《礼记·中庸》中即有论述："凡事预则立，不预则废。"该论述充分体现了我国古人对于事前准备、事故预防重要性的辩

证唯物主义论述。

习近平总书记对于事故预防与处理的问题，曾明确指出："要总结经验，进一步增强忧患意识、责任意识，坚持以防为主、防抗救相结合，坚持常态减灾和非常态救灾相统一，努力实现从注重灾后救助向注重灾前预防转变，从应对单一灾种向综合减灾转变，从减少灾害损失向减轻灾害风险转变，全面提升全社会抵御自然灾害的综合防范能力。"

为了实现上述目的，企业在编制"预处计划"过程中，需要实现以下两个目的：

(1) 预防各类事故的发生

企业通过制定切实可行、行之有效的"预处计划"，可最大限度地确保矿井生产过程中的各项安全技术措施得到落实和实施，防止各类事故发生，起到未雨绸缪、防患于未然的作用，将事故扼杀在萌芽状态，有效减少事故的发生。

(2) 科学高效地处理事故

一旦矿井发生事故，根据预先制定的灾害处理的流程及措施，可以科学、高效地开展救援工作，实现快速抢救遇险遇难人员，确保各类事故的抢险与救援工作做到有章可循，能够有效防止已发生的各类事故迅速扩大和蔓延，以达到将事故消灭在初期之目的，最大限度地减少事故带来的伤亡和损失。

二、编制"预处计划"的原则

(1) 坚持预防为主的原则

坚持预防为主的原则，是对"安全第一、预防为主、综合治理"安全生产方针的继承和发展，是与我国安全生产方针一脉相承的，是实现"预处计划"有效减少事故发生的最重要的保障。坚持预防为主的原则，必须强化矿山基础建设，必须加大安全投入，必须夯实安全管理责任，从软、硬件两方面筑牢安全防线，在严格制度、落实责任的基础上，不吃后悔药，少做"亡羊补牢"之事。

(2) 坚持防治并重的原则

坚持防治并重的原则，是对坚持预防为主原则的发展，也是应急管理部对事故防治要求中的"平战结合"的具体体现。

(3) 坚持实事求是、慎重对待的原则

实事求是，是指从实际情况出发，不夸大、不缩小，正确地认知和解决矿山面临的各种安全问题。慎重对待，是对安全工作重视的具体体现，是对生命尊重的表现。坚持实事求是、慎重对待的原则，是指在正确认识矿山安全生产状况的基础上，以人为本，制定切实可行的各类措施，配足相应的安全装备，防止各类事故的发生，减少事故带来的损失和伤亡。

三、编制"预处计划"的作用

(1) 查明矿井存在的各类灾害事故威胁的具体情况。

(2) 总结矿井防灾救灾的经验教训，排查井下主要安全隐患，确定可能发生事故的重点位置，并进行有针对性的救灾演习。

(3) 确立防治灾害事故的行为准则。

(4) 明确处理重大灾害事故的行动纲领。

第三节　"预处计划"的内容要求

一、"预处计划"的基本内容

"预处计划"的基本内容涵盖以下六大部分：

(1) 矿井可能发生的各种重大灾害。

(2) 预防各种重大灾害的措施。

(3) 组织灾区人员撤离和自救的措施。

(4) 处理各种重大灾害的措施。

(5) 处理灾害所必需的技术资料。

(6) 处理重大事故时有关人员的职责。

上述六大部分内容是"预处计划"最基本的内容，是一个有机整体，在编写过程中，六大部分内容一般按照上述顺序依次编写。

(一) "预处计划"的内容要求

(1) 根据矿井的地质条件和自然因素，列举矿井在发生瓦斯爆炸、煤尘爆炸、瓦斯喷出、煤(岩)与瓦斯(CO_2)突出、矿井火灾、矿井突水、冲击地压、顶板大面积冒落等事故前的明显预兆。

(2) 根据矿井瓦斯涌出情况及规律、煤尘爆炸的倾向性、矿井水患基本情况、矿井火灾等因素，提出预防矿井发生瓦斯爆炸、煤尘爆炸、瓦斯喷出、煤(岩)与瓦斯(CO_2)突出、矿井突水、矿井火灾、冲击地压和顶板大面积冒落等各种重大灾害事故的具体措施(包括组织措施、技术措施和必要的物质准备)。

(3) 井下一旦发生事故，高效组织灾区人员积极开展自救和安全撤离灾区以及抢险救援的措施：包括遇险人员和救援人员的行动路线、避灾及救援的方法和措施，井下人员避灾路线；组织撤退的负责人；井下遇险人员自救、互救及现场急救的方法、设施和设备等。

(4) 处理各种灾害事故的指导原则和具体措施，以及为缩小事故波及范围、迅速而安全地消除事故危害所必需的工程、设备、器材、工具的数量、使用地点、使用方法和管理措施等。

(5) 处理事故过程中的组织领导和有关单位、部门及其领导人的任务、职责、通知方法和顺序。

(6) 有关处理各种灾害事故必备的技术资料，主要包括：

① 矿井采掘工程平面图，在图上标明采区分布、主要巷道布置、工作面布置、采掘进度等基本信息。

② 矿井通风系统图(或通风系统示意图)和通风网络图，需要在上述图纸中标明通风设施的位置、风向、风量等关键信息；矿井反风试验报告以及反风时保证反风设施完好可靠的检查报告。

③ 矿井供电系统图，在图上标明矿井供电系统相关设备设施的数量、安装地点等。

④ 矿井井下通信系统图，并将矿井电话等通信设备的安放位置在图上标注清楚。

⑤ 井下消防洒水、排水、注浆、充填、瓦斯抽采和压风等重要管路系统图。

⑥ 井上下对照图(或地质地形图)，图中应标明井口位置、井口标高、地面铁路及公路分布、地勘钻孔、地面水井、水管、储水池，以及其他存放可供处理事故的材料、设备设施、事故

救援所需工具的地点。

⑦ 地面和井下消防材料库的位置及所储备的材料、设备、工具的品名和数量登记表。

（二）“预处计划”需要强调的两个问题

在“预处计划”规定预防事故发生的措施中，除规定应执行各项安全措施的具体办法、对职工进行安全技术教育、定期组织安全检查、及时处理不安全因素外，还应经常检查预防措施落实情况。同时，还需要规定为预防事故发生所必须完成的安全技术措施工程，增添设备和必备的检测仪器、仪表的数量、安装地点、管理办法和负责人等。

这里要强调以下两个问题。

（1）确定矿井可能发生的重大灾害

各矿井的自然条件和生产条件不尽相同，发生灾害的种类、地点和事故征兆也有差异，因此，“预处计划”必须先依据矿井的具体条件查明可能发生的重大灾害（如煤与瓦斯突出、瓦斯爆炸及煤尘爆炸、矿井火灾、矿井突水、大面积冒顶以及冲击地压等）的种类、易发生地点、波及范围以及出现的征兆。

无论哪个煤矿都应考虑的灾害包括：矿井外因（明火）火灾、瓦斯燃烧与爆炸、冒顶、机电、提升、运输、爆破事故等。针对特定矿井具体条件的差异，还应重点考虑的内容包括：

① 高瓦斯矿井：重点考虑瓦斯爆炸等瓦斯事故。

② 煤与瓦斯突出矿井：要考虑煤与瓦斯突出、瓦斯喷出、瓦斯爆炸等事故。

③ 煤尘有爆炸性的矿井：要考虑煤尘爆炸事故。

④ 有自燃煤层的矿井：重点考虑自燃火灾等事故。

⑤ 有水灾威胁的矿井：要考虑矿井水灾事故。

（2）预防各种重大事故的措施

根据查明的具体重大事故隐患，分别有针对性地提出预防事故发生和限制事故波及范围扩大的具体措施。此外，还要提出各种措施的技术设计、措施要求的工程项目、实施措施所需的设备和材料、实施措施所需的检查仪表以及实施措施的负责人等。“预处计划”所提出的相关措施，必须限期完成，必须经常或定期检查“预处计划”规定的措施实施进度及完成情况。因此，制定“预处计划”时务必要周密、具体，可实施和可操作性要强。

在各类矿井事故预防措施中，有以下四类问题不可忽视。

① 供风不足问题

受各种因素所限，个别矿井仍存在部分工作地点供风不足的问题，由此导致工作面时常出现瓦斯超限的现象；瓦斯超限现象是瓦斯爆炸、瓦斯燃烧、瓦斯窒息等重大瓦斯事故的主要原因之一。其解决途径主要包括：要严格执行“以风定产”，进行通风系统调整和优化改造，提高矿井通风能力和抗灾能力，使矿井各地点供风量与矿井生产能力相匹配；要严格执行瓦斯抽采达标和突出煤层两个“四位一体”综合防突措施，有效减少涌入采掘空间的瓦斯，减小矿井通风的压力。要将矿井解决局部地点供风不足的措施等列入“预处计划”中，并要付诸实施。

[例子]平顶山某矿“5·21”特大瓦斯爆炸事故。平顶山某矿为煤与瓦斯突出矿井，改扩建后生产能力为1.80 Mt/a。1995年产煤2.50 Mt，通风能力不够，井下配风量严重不足，矿井通风系统复杂，通风管理混乱，工作面瓦斯频繁超限，违章指挥、违章作业严重。1995年11月，矿安全办公会竟敢决定把瓦斯传感器示值下调0.2%～0.4%，造成长期超限冒险

作业。1996年5月21日4时己二采区己15-22210准备工作面开切眼贯通后通风部门还不知道，无人下井调风，机掘队随意调风。18时11分事故当班在进行扩帮作业时，瓦斯积聚，爆破引起瓦斯爆炸，该采区有作业人员170人，事故造成84人死亡、68人受伤。

② 无计划停电问题

矿井无计划突然停电，必将造成主要通风机停止工作，进而导致矿井停风问题，是矿井重大安全隐患，往往会导致重大灾害事故的发生。

[例子]义马某矿"1·25"特大瓦斯爆炸事故。义马某矿属低瓦斯矿井，1997年1月25日该矿11101综采工作面正在进行维修电焊作业，东风井突然停电(停电8 min)导致主要通风机停止工作；来电后，送电送风时井下发生瓦斯爆炸，造成该工作面的31人全部遇难。

[例子]平顶山某矿"8·25"特大瓦斯爆炸事故。1999年8月25日平顶山某矿因欠电费，供电局所属变电站拉闸，全矿停电10 min，来电送风后(1 min左右)井下发生瓦斯爆炸，造成55人死亡。

③ 煤与瓦斯突出问题

煤与瓦斯突出是矿井主要灾害事故之一，事故本身具有强大的破坏性，且会引发瓦斯爆炸、瓦斯燃烧、瓦斯窒息、煤尘爆炸等严重的次生灾害，造成事故的扩大。

在防止煤与瓦斯突出事故的各项措施中，尤其要注意制定切实可行的措施，防止巷道开拓掘进时误穿煤层或没严格执行区域及局部"四位一体"的综合防突措施。

[例子]2001年10月26日15时43分郴州某矿21采区轨道下山－100 m水平石门掘进时误穿煤层，引起煤与瓦斯突出事故，掘进头6人全部被困，下落不明，波及21采区，1名绞车司机死亡。

[例子]2001年10月29日4时0分毕节某矿主井西＋982 m大巷掘进头，爆破引起煤与瓦斯突出事故，造成4人死亡。

④ 瓦斯爆炸、煤尘爆炸等爆炸类事故

瓦斯爆炸、煤尘爆炸等爆炸类事故具有巨大的破坏性，一旦发生，对矿井和现场人员会造成巨大的伤害，轻则矿井停产，重则矿毁人亡。因此，在制定爆炸类事故的预防措施时，需要根据煤尘爆炸性、矿井瓦斯涌出情况等，制定有针对性的措施，有效防止这类事故的发生。

[例子]六盘水某矿设计生产能力为0.90 Mt/a，为高瓦斯矿井，煤尘有爆炸性，煤层有自然发火倾向。1983年3月20日，发生特大瓦斯及煤尘爆炸事故，造成84人死亡，19人受伤；2000年9月27日又遭到重创，发生特大瓦斯及煤尘爆炸事故，造成162人死亡，37人受伤；2003年2月24日再遭重创，发生特大瓦斯爆炸事故，造成39人死亡，18人受伤。

(三)"预处计划"规定的组织灾区人员自救、互救和安全撤离的措施

(1) 迅速通知井下遇险人员及受威胁人员。采用最快速、最有效的信息传递途径和方法，通知和引导灾区遇险人员和受威胁区域的人员迅速从灾区安全撤出。

(2) 明确需要撤出人员的区域和避灾路线。明确规定发生各种事故后必须撤出人员的区域和避灾路线。其中，当发生瓦斯爆炸、煤尘爆炸、煤(岩)与瓦斯(CO_2)突出事故时，所有井下工人都必须在本班班长(班长不在时，由有经验的老工人代理)的组织与带领下，撤到安全地点直至地面；当发生矿井火灾、水灾、大面积冒顶等事故时，凡受到灾害威胁的所有区域的人员都必须在本班班长带领下撤出危险区域。

(3) 创造必需的自救和互救条件。入井人员必须随身携带自救器。如果在自救器有效

作用的时间内不能安全撤出，应根据本矿井具体条件，在适当地点设置专用硐室，用以储存足够数量的备用自救器，使所有避灾人员在换用自救器后能安全地撤到新鲜风流中。在有煤与瓦斯突出危险的掘进工作面，还应设置压风管路系统，利用压缩空气作为自救的一项措施。在人员不能由受灾区域安全撤出时，应规定利用硐室或独头巷道作为临时避难硐室的方法。

(4) 防止灾害事故扩大的措施。针对不同灾害事故的特点和发生、发展的规律，应规定防止灾害事故扩大的具体措施，有效防止事故的扩大。

(5) 其他应急措施。

(6) 事故发生后，必须严格控制入井人数和准确统计被困井下的人数。

(四)“预处计划”规定的发生各种灾害事故时的处理措施

(1) 矿井发生火灾事故时

① 迅速撤出遇险人员，并开展抢险与救援工作

迅速查明并组织撤出灾区和受威胁区域的工作人员，积极组织矿山救援队开展抢险与救援工作。同时探明火区地点、范围和发火原因，并采取针对性措施，防止火灾、瓦斯向有人员的区域蔓延。

② 切断火区电源

矿井发生火灾后，应迅速远距离切断灾区及受波及区域的电源(通信及监控电源除外)，防止诱发人员触电、煤尘爆炸等次生灾害事故。

③ 明确井下通风制度

根据已探明的火区地点和范围，立即确定井下通风制度，并满足以下要求：

a. 在进风井口、井筒内及井底车场发生火灾时，可采用反风或使风流短路的措施；如果停风后，也能使风流逆转，可停止主要通风机运行。

b. 在井下其他地点发生火灾时，需要保持事故前的风流方向，控制火区供风量。

c. 在进风的下山巷道发生火灾时，必须有防止火风压造成的主风流逆转的措施。

d. 在有瓦斯涌出的采煤工作面发生火灾时，应保持正常通风，必要时可适当增加风量或采取局部区域性反风措施。

e. 在掘进巷道发生火灾时，不得随意改变原有通风状态，需要进入巷道侦察或直接灭火时，必须有安全可靠的措施，防止事故扩大。

矿井发生火灾后，正常通风、增加或减小风量、反风、风流短路、隔绝风流及停止主要通风机运转等，无论何种通风制度，都必须符合以下规定：

a. 不致瓦斯积聚、煤尘飞扬而造成瓦斯爆炸、煤尘爆炸事故。

b. 不致危及井下人员的安全，有利于开展抢险与救援工作。

c. 不使超限的瓦斯通过火源或不使火源蔓延到瓦斯积聚的地方。

d. 有助于阻止火灾扩大，抑制火势，创造接近火源的条件。

e. 在火灾初期，当火区范围不大时，应积极组织人力、物力控制火势，采用直接灭火的方式进行灭火。当直接灭火无效时，立即采取隔绝灭火法封闭火区，并规定为隔离火区而建筑的密闭墙的位置和建筑顺序；封闭火区时，应采取措施防止瓦斯爆炸。

f. 必要时应将排水、注浆、充填、压风等管路临时改为消防管路。

(2) 矿井发生瓦斯爆炸、煤尘爆炸事故时

① 迅速组织灾区和受威胁区域的人员安全撤离；抢救遇险人员时，组织矿山救援队探明爆炸地点、波及范围和气体成分等火灾基本情况，发现火源需要立即扑灭，并切断灾区电源，防止发生二次爆炸。

② 在证实确无二次爆炸的可能时，应迅速修复被破坏的巷道和通风设施，恢复正常通风，排除烟雾，清理巷道；对处理事故所必须储备的设备、材料数量和存放地点，应有具体规定。

(3) 矿井发生煤(岩)与瓦斯(CO_2)突出事故时

① 迅速撤出灾区人员和抢救遇险遇难人员。

② 切断通向灾区的电源。

③ 对充满瓦斯(CO_2)的主要巷道应加强通风，并迅速将高浓度瓦斯(CO_2)直接引入主要回风巷中排出矿井。

④ 迅速恢复正常通风和清理突出的煤(岩)体，并规定为处理事故所必需的设备材料的储存数量和存放地点。

⑤ 排放高浓度瓦斯的井口附近，必须严格清除烟火和切断电源，严禁人员及车辆通行。

(4) 矿井发生突水、崩浆或跑砂事故时

① 撤出灾区人员，并规定受到突水威胁地点人员安全撤退的路线。

② 规定关闭水闸门的顺序和负责人。

③ 在现有排水设备能力不足时，应增设水泵和管路(包括利用其他管路做临时排水管)。

④ 针对具体情况进行阻水。

⑤ 在有流砂涌出时，应构筑滤水墙，并规定滤水墙的构筑位置和顺序。

⑥ 必须保护排水设备不被淹没，其中，当水和泥沙威胁到泵房安全时，在下部水平的人员撤出后，可将水和泥沙引入下部巷道。

⑦ 在有瓦斯从水淹区域涌出危险时，应规定排除瓦斯的措施。

⑧ 防止二次突水的措施。

(5) 矿井发生冒顶事故时

① 迅速探明冒顶区范围和被埋压、被堵截的人员数量和位置。

② 积极恢复冒顶区的正常通风；如果暂时不能恢复，可利用水管、压风管等对被埋压、堵截的人员输送新鲜空气。

③ 必须始终坚持由外向里的顺序进行救援，加强支护以防止二次冒顶；必要时，可开掘通向遇难人员的专用巷道。

④ 遇有大块岩石威胁遇险人员时，可使用千斤顶等工具移动石块，但应尽量避免破坏冒落岩石的堆积状态。

(6) 矿井提升设备发生事故时

应规定利用急救绞车、急救罐笼和其他设备以及从梯子间上下的程序和操作负责人。

二、处理各类事故时各相关人员的职责

矿山事故发生后，需要全矿上下立即动员，相关人员马上按照相关规定迅速投入事故抢险与救援工作。在事故处理过程中，相关人员的主要职责分述如下。

(1) 矿长

矿长是处理灾害事故的全权指挥者。矿长需要在矿总工程师、集团公司董事长（总经理）、集团公司总工程师和矿山救援队队长的协助下，制定营救遇险人员和处理事故的抢险与救援方案。

（2）矿总工程师

矿总工程师是矿长处理灾害事故的第一助手。矿总工程师在矿长领导下组织制定抢险与救援方案。

（3）集团公司总工程师

在不妨碍矿长有效工作的原则下，参加事故的抢险与救援指挥工作，并根据需要代表集团公司董事长（总经理）采取措施从集团公司所属各矿调度人员、设备和器材。

（4）各有关副矿长

根据事故抢险与救援方案，负责组织为处理事故所必需的人员，及时调集救援所必需的设备材料，并由指定的副矿长严格控制入井人员，签发事故抢险与救援专用的人员入井特别许可证。

（5）矿副总工程师

根据矿长命令，负责某一方面的事故抢险与救援工作。

（6）矿山救援队队长

对矿山救援队的行动具体负责，全面指挥、领导矿山救援队和辅助救援队，根据事故抢险与救援方案所规定的任务，完成对灾区遇险人员的援救和事故处理。

当与外单位矿山救援队参与联合救援时，应成立矿山救援联合作战部，由事故所在单位的救援队长担任指挥，协调各救援队的救援行动。

（7）驻矿安全监察站站长

根据批准的事故抢险与救援方案，以及按照《煤矿安全规程》等的相关规定，对事故抢险与救援人员和入井人员的控制进行有效的监督。

（8）通风科（部）科（部）长

按照矿长命令负责改变矿井通风制度，密切关注主要通风机的工作状况，组织人员完成必要的通风工程，并执行与通风有关的其他措施。

（9）生产科及技术科科长

按照矿长命令负责协调各方面的工作，协助矿长进行事故抢险与救援工作。

（10）矿值班调度员及调度室主任

负责记录事故发生的时间、地点和波及范围等基本情况，并立即将事故情况报告矿山救援队、矿长、矿总工程师、集团公司调度室以及其他领导和有关单位；及时向下传达矿长的命令；通知、召集有关人员到调度室待命；随时调度井下抢险救灾的工作，统计掌握出入井人数和被困井下各地区的人数。

（11）有关的区、队、班长

负责查对困在本区域工作面内的人数，并采取措施将他们有组织地撤到安全地点直至地面，将在现场所见到的事故性质、范围和发生原因等情况，如实详细地报告给矿井调度室，并随时接受矿长命令，完成有关抢救和灾害处理任务。

（12）材料供应科科长

及时准备好必需的抢救器材，并根据矿长的命令，迅速运送至指定地点。

(13) 机电科科长

根据矿长命令，负责改变主要通风机的工作制度并保证其正常运转；掌握矿井内的停、送电工作，及时抢修或安装机电设备；完成其他有关任务。

(14) 地测科科长

负责准备好必要的图纸和地质资料，并根据矿长命令完成测量、钻孔施工等工作。

(15) 运输区(科)区(科)长

负责将遇险及遇难人员及时运送出井；保证抢险救援人员和器材及时运到事故地点，满足救灾需要。

(16) 考勤和矿灯、自救器发放室负责人

应根据入井人员的挂牌和领取矿灯、自救器牌号码，查清在井下的人数及其姓名，并迅速报告调度室；对没持有经指定的副矿长签发的入井特别许可证的所有人员，不得发给矿灯、自救器、人员定位卡等，并在井口必须严格检查，制止入井。

(17) 医院院长

负责组织对受伤人员的紧急救治，组织护理和药物供应，记录人员伤情等。

(18) 行政科科长

对遇险及遇难人员进行妥善安置，负责安排抢险救援人员的食宿以及其他生活事宜。

(19) 保卫科科长

负责事故抢险与救援和处理过程中的治安保卫工作，维持矿区的正常秩序，不准闲杂人员入矿，并在井口附近设专人警戒，严禁闲杂人员逗留、围观。

第四节　“预处计划”的编制、审批与宣传贯彻

一、“预处计划”的编制、修改方法和审批程序

(1) “预处计划”必须由矿总工程师负责组织通风、采掘、机电、地质、技术等部门的有关人员编制，并有矿山救援队参加，还应征得驻矿安全监察站的同意。

(2) “预处计划”必须在每年开始的前一个月报集团公司总工程师批准。

(3) 在每季开始前15天，矿总工程师根据矿井自然条件和采掘工程的变动情况，组织有关部门对“预处计划”进行修改和补充。

二、“预处计划”的贯彻执行

(1) 已批准的“预处计划”由矿长负责贯彻执行。

(2) 已批准的“预处计划”应立即向全体职工(包括全体矿山救援队员)贯彻，组织学习，并熟悉避灾路线。各基层单位的领导和主要技术人员应负责组织本单位职工学习，并进行考试。没有学习或考试不合格，不熟悉“预处计划”有关内容的干部和工人，不准下井工作。

(3) 已批准的“预处计划”连同所附工程图和表册，应送交矿长、有关副矿长、矿总工程师、矿调度室、生产科、地测科、机电科、通风区(科)、运输区(科)、驻矿安全监察站、矿山救援队、集团公司总工程师、集团公司调度室、集团公司安全监察部各一份。上述单位和领导应经常或定期检查“预处计划”的贯彻执行情况。

(4) 组织职工进行矿井救灾演习，每年至少一次。要预想事故的地点，按“预处计划”的要求，逐项进行演习。为了达到演习预期的目的，必须有领导、有计划、有组织地进行，对演

习中发现的漏洞和问题，必须采取措施，立即整改。

《煤矿安全监察条例》第二十三条规定："煤矿安全监察机构应当监督煤矿制定事故预防和应急计划，并检查煤矿制定的发现和消除事故隐患的措施及其落实情况。"

为了备忘，要把"预处计划"中的有关内容抄录张贴在工人交接班室、井上下候车室、主要机电硐室等。

复习思考题

1.《煤矿安全规程》对矿井灾害预防和处理计划有何规定？
2. 简述编制矿井灾害预防和处理计划的目的和原则。
3."预处计划"的内容包括哪几大部分？
4."预处计划"规定的组织灾区人员自救和安全撤离的措施，应符合哪些要求？
5. 在处理煤矿重大事故时，矿长、矿总工程师、矿山救援队队长的职责各是什么？
6."预处计划"规定了处理灾害事故时需要哪些资料和图纸？
7."预处计划"的内容要求有哪些？
8. 我国古人关于事故预防思想方面的论述有哪些？

第五章　事故应急预案

编制事故应急预案(以下简称"应急预案"),是为规范安全生产事故灾难的应急管理和应急响应程序,及时有效地实施应急救援工作,最大限度地减少人员伤亡、财产损失,维护人民群众的生命安全和社会稳定。需要依据《安全生产法》《国家突发公共事件总体应急预案》和《国务院关于进一步加强安全生产工作的决定》等法律法规及有关规定,结合本单位的实际情况,编制有针对性、可操作性的应急预案。本章介绍了应急预案的定义、内涵及分类,应急预案的基本结构、核心要素、编制流程、功能设置,应急预案演练等内容。

第一节　应急预案的定义、内涵及分类

一、应急预案的定义

应急预案是指各级人民政府及其部门、基层组织、企事业单位、社会团体等,为最大限度地降低事故后果的严重程度及事故造成的损失,以对危险源的评价和事故预测结果为依据而预先制定的事故控制和抢险救援方案,是事故救援活动的行动指南,有时也称为事故应急响应计划。简言之,应急预案就是针对可能发生的事故,为最大限度地减少事故损失而预先制定的应急准备工作方案。

2013 年 10 月,国务院办公厅印发了《突发事件应急预案管理办法》。该办法首次从国家层面,明确了应急预案的概念。2019 年 7 月 11 日,应急管理部发布《应急管理部关于修改〈生产安全事故应急预案管理办法〉的决定》(中华人民共和国应急管理部令第 2 号令)(下面简称《决定》),已于 2019 年 6 月 24 日应急管理部第 20 次部务会议审议通过,自 2019 年 9 月 1 日起施行。《生产经营单位生产安全事故应急预案编制导则》已于 2020 年 9 月 29 日公布,2021 年 4 月 1 日起开始实施。

二、应急预案的内涵

(1) 制定应急预案是国家法律法规的要求,应急预案是相关法律法规的必要补充

《生产安全事故应急预案管理办法》第十一条规定:"地方各级人民政府应急管理部门和其他负有安全生产监督管理职责的部门应当根据法律、法规、规章和同级人民政府以及上一级安全生产监督管理人民政府应急管理部门和其他负有安全生产监督管理职责的部门的应急预案,结合工作实际,组织编制相应的部门应急预案。"第三十三条规定:"生产经营单位应当制定本单位的应急预案演练计划,根据本单位的事故风险特点,每年至少组织一次综合应急预案演练或者专项应急预案演练,每半年至少组织一次现场处置方案演练。"

《安全生产法》第八十条规定:"县级以上地方各级人民政府应当组织有关部门制定本行政区域内生产安全事故应急救援预案,建立应急救援体系。"第八十一条规定:"生产经营单位应当制定本单位生产安全事故应急救援预案,与所在地县级以上地方人民政府组织制定

的生产安全事故应急救援预案相衔接，并定期组织演练。”第九十七条规定：“生产经营单位有下列行为之一的，责令限期改正，处十万元以下的罚款；逾期未改正的，责令停产停业整顿，并处十万元以上二十万元以下的罚款，对其直接负责的主管人员和其他直接责任人员处二万元以上五万元以下的罚款……（六）未按照规定制定生产安全事故应急救援预案或者未定期组织演练的……”。

《国务院关于特大安全事故行政责任追究的规定》第七条规定：“市（地、州）、县（市、区）人民政府必须制定本地区特大安全事故应急处理预案。本地区特大安全事故应急处理预案经政府主要领导人签署后，报上一级人民政府备案。”

《危险化学品安全管理条例》第六十九条规定：“县级以上地方人民政府安全生产监督管理部门应当会同工业和信息化、环境保护、公安、卫生、交通运输、铁路、质量监督检验检疫等部门，根据本地区实际情况，制定危险化学品事故应急预案，报本级人民政府批准。”第七十条规定：“危险化学品单位应当制定本单位危险化学品事故应急预案，配备应急救援人员和必要的应急救援器材、设备，并定期组织应急救援演练。危险化学品单位应当将其危险化学品事故应急预案报所在地设区的市级人民政府安全生产监督管理部门备案。”

《中华人民共和国消防法》第十六条规定：“机关、团体、企业、事业等单位应当履行下列消防安全职责：（一）落实消防安全责任制，制定本单位的消防安全制度、消防安全操作规程，制定灭火和应急疏散预案……”。第二十条规定：“举办大型群众性活动，承办人应当依法向公安机关申请安全许可，制定灭火和应急疏散预案并组织演练……”。

（2）制定应急预案是减少人员伤亡和财产损失的需要

虽然人们对安全生产的重视程度不断提高，并且对危险场所和区域加强了安全管理和检查，但是由于危险物料、环境、设施等的不安全因素的存在，或由于人们在生产过程中对危险认识的局限性，各类事故发生的可能性仍然存在。

为了在各类事故发生后能及时进行有效的控制，防止事故蔓延和扩大，有效地组织事故抢险与救援工作，应提前制定应急预案。有统计资料表明，有效的应急救援系统可以使事故损失减少90%，按照预定方案有条不紊地实施应急救援工作，可以达到最大限度地减少人员伤亡和财产损失的目的。

（3）制定应急预案是事故预防和救援的需要

当发生事故后，有效的应急预案指导人们沉着救灾，有序疏散，避免惊慌失措、手忙脚乱。应急预案的实施，可以降低突发事故的危害程度，减少事故的经济损失和人员伤亡，主要体现在如下方面：

① 通过编制应急预案，可以发现预防系统的缺陷，更好地促进事故预防工作。

② 严密的组织机构及各类人员明确的职责，使事故发生时每一个环节都有对应的人员负责。

③ 符合实际情况的应急预案指导救援工作有序、高效地进行；详尽而完备的作业指导书规定救援人员如何进行具体的救援工作。

④ 应急预案的演练使每一个参加救援的人员都熟知自己的职责、工作内容、周围环境，在事故发生后，能够熟练地按照预定程序和方法进行救援。

（4）制定应急预案是实现本质安全型管理的需要

应急预案填补了安全管理中的一项空白，是实现本质安全型管理的需要。随着生产的发展，人类从早期的亡羊补牢、头痛医头脚痛医脚的对策方式发展到从事故防范的本质入手，要求主动、协调、综合、全面地进行系统化管理，并且依靠科技进步，采取各种管理和技术措施，使安全管理逐渐趋于完善。但是，在目前不能百分之百控制事故发生的前提下，应急预案作为各种事故预防手段的必要补充，仍然是十分重要的。因为应急预案除了在事故救援中的作用外，还可以在编制和演练的过程中发现事故预防方面的不足，可以及时、有针对性地采取相应的预防对策，从而真正达到本质安全管理和预防事故发生的目的。

(5) 应急预案重点规范事发后的应对工作

应急预案侧重点是在事故发生后的应对措施、流程、处置要点等，适当向前、向后延伸。向前延伸主要是指对事故的预防、必要的监测预警等，向后延伸主要是指必要的应急恢复，包括有效防止和应对次生灾害等。这是应急预案与“预处计划”的主要区别。

(6) 应急预案是体制机制的重要载体

应急预案要对应急组织体系与职责、人员、装备、技术、设备设施、救援行动及指挥与协调等作出详尽的安排，明确在事故发生前、发生后，谁来做、做什么、如何做、何时做等的要求，并明确相应的物资准备等。因此，应急预案是相关地区、部门为及时、高效应对事故而事先制定的任务清单、工作程序和协调机制，可确保事故抢险与救援工作科学、高效，从而最大限度地减少事故带来的伤亡和损失。

(7) 应急预案是应对方案

应急预案立足安全现状、现有资源，主要作用是使应急资源找得到、调得动、用得好，重在事发后对事故的应对，是解决方案，而不是防灾、抗灾能力建设的实施方案。

三、应急预案的分类

(一) 应急预案的分类及区别

根据不同的分类标准，应急预案可以分为以下几种：

(1) 根据事故和灾害类型可划分为：火灾事故预案、爆炸事故预案、瓦斯突出事故预案、顶板事故预案、化学品事故预案、核事故预案、地震预案、洪水灾害预案等。

(2) 按照制定主体可划分为：政府及部门应急预案、企事业单位和基层组织应急预案两大类。

(3) 根据可能发生的事故后果的影响范围、地点及应急方式，我国的事故应急救援体系将应急预案分为5个级别：企(事)业级、县/市级、地区/市级、省级和国家级。

上述第三种分类方法也可以归结为政府预案和企(事)业级预案。第一种分类可以认为是后两种预案的细分类，因此，本书在讲述编写应急预案方法时，采用第二种分类方法，即将应急预案分为政府及部门应急预案(简称“政府预案”，下同)、企事业单位和基层组织应急预案(简称“企业预案”，下同)。

(二) 政府预案与企业预案的区别

无论怎样分类，任何应急预案都是事先对突发事故所作的控制和救援方案，因此不同类型的应急预案在整体结构上是相同的，但因涉及的范围和具体的救援程序、方法不同，预案的编写也有所不同。例如：企业预案实施的指挥中心领导人要熟悉本企业事故及救援情况，能在事故发生时迅速判明情况，作出反应，积极应对。政府预案实施的指挥中心领导人只负责各个单位之间的协调工作，具体任务是将各部门调度起来，参加救援。因此，企业预案和政府预案编制时有所区别。其区别主要在于：

（1）应急预案的地位不同

政府的事故应急机构负责的是发生在其管辖范围内的所有重大事故的应急救援，主要侧重应急救援的整体实施的部署工作。政府各部门还要针对本部门的情况，具体编制相应事故应急预案。因此，政府预案侧重宏观方面，是具有指导性的预案。而企业负责的是本企业内部的事故应急救援，企业预案是针对具体事故所作的预案，即使在周围发生事故时参与其他单位的救援行动，也是在政府的协调下进行的具体行动。因此，企业预案是微观方面的具体方案。

（2）应急预案的详细程度不同

政府预案编写时只停留在应急程序阶段，不必编写具体应急作业的基层文件，但应对政府各部门编写相应预案作出要求。企业预案应从组织机构到具体应急方法都作出详细规定。

（3）应急预案的内容设置不同

政府预案针对本辖区内可能发生的突发事件，如地震、洪水、危险化学品泄漏、火灾等区域内影响公众生命安全、财产等事故的应急预案，是从宏观方面着手的；企业预案针对企业内部易发生的各类灾害事故，是从微观方面着手的。

第二节　应急预案的基本结构

应急预案是开展应急救援行动的计划和实施指南。应急预案实际上是一个标准的反应程序，使应急救援活动能按照预先周密的计划和最有效的实施步骤有条不紊地进行。这些计划和步骤是快速响应和应急救援的基本保证。

应急预案是应急体系建设中的重要组成部分，应该有完整的系统设计、标准化的文本文件、行之有效的操作程序和持续改进的运行机制。

一般的应急预案，其基本结构可采用“1＋4”的结构模式，即一个基本预案加上应急功能（职能）设置、特殊风险分预案、应急标准化操作程序和支持附件四个分预案。

一、基本预案

基本预案也称“领导预案”，是应急反应组织结构和政策方针的综述，还包括应急行动的总体思路和法律依据，指定和确认各部门在应急预案中的责任与行动内容。其主要内容包括最高行政领导承诺、发布令、基本方针政策、主要分工职责、任务与目标、基本应急程序等。基本预案一般是对公众发布的文件。

二、应急功能设置

应急功能设置应紧紧围绕应急工作中主要功能而编制，并明确执行该预案的各部门和负责人的具体任务。

应急功能设置分预案中要明确在整个抢险与救援过程中相关部门和人员的责任，即从应急准备到应急恢复整个过程每一个应急活动环节中，各相关部门应承担的责任、完成任务的目标，每个单位的应急功能要以分类条目和单位功能矩阵表来表示；此外，还要以部门之间签署的协议书来具体落实。

一般来说，依据风险的水平和可能导致的事故类型，应急功能设置应具有一些基本应急功能，其核心的功能至少包括：接警与通知、指挥与控制、警报与紧急公告、通信、事态监测与评估、警戒与治安、人群疏散与安全避难、医疗与卫生、公共关系、应急人员安全、消防与抢险、泄漏与控制、应急恢复等。这里应明确每一个应急功能所对应的职责部门和目标。

三、特殊风险分预案

特殊风险分预案是指针对地震、洪水和重大火灾、爆炸事故等突发和后果严重的特殊危险而制定的专门预案，它是前两部分的重要补充。

特殊风险分预案在重大安全隐患评价的基础上，按照自然灾害（泥石流、地震、洪水、极度恶劣天气等）、安全事故（瓦斯爆炸、煤尘爆炸、矿井突水、危险化学品事故、中毒等）、突发事件和突出的公共卫生事件等进行分类，提出其中若干类不可接受的风险。根据此类风险的显著特点，针对每一特殊风险中的应急活动，分别划分相关部门的主要负责、协助支持和有限介入三类具体的职责。不同区域、不同行业、不同企业的风险各不相同，事故类型也千差万别，应依据其不同的特殊风险水平，制定对应的特殊风险管控预案。

四、应急标准化操作程序

应急标准化操作程序是指在执行上述预案中规定相关部门及人员的责任和任务的详细指导和具体要求。此外，应急标准化操作程序还应包括一个在应急活动中逐一核对相关部门及人员职责和任务的清单。

应急标准化操作程序主要是针对每一个应急活动执行部门，在进行某一项或某几项具体应急活动时所规定的操作标准。这种操作标准包括操作指令检查表和对该检查表的说明；一旦启动应急预案，相关人员立即按照操作指令检查表逐项进行行动落实。应急标准化操作程序是企业编制应急预案中最重要、最具可操作性的文件；该文件全面回答了在应急活动中谁来做、如何做、怎么做等一系列问题。

一般情况下，事故的应急救援活动需要多个部门协同完成，应急活动由多种功能组成，因此，每一个部门或功能在应急响应中的行动、具体执行的步骤，都要有一个程序来指导。尽管灾害事故的发生是千变万化的，会出现不同的情况，但其本身是有一定规律可循的，因此，应急程序也是有一定规律的；标准化的操作程序、内容和格式，可保证事故应急救援过程有条不紊地进行。众多经典抢险与救援案例，大多是因为制定了有效的应急预案，才使事故发生后可以做到迅速报警，通信系统及时地传达有效信息，各个应急响应部门职责明确，分工清晰，做到忙而不乱，在复杂的事故抢险与救援过程中井然有序。

应急标准中应明确应急功能，明确具体负责的部门及其负责人的职责；还应明确在应急救援中具体的活动内容、操作步骤，并应按照不同的应急活动过程来描述。

应急救援活动可明确地划分为应急准备、初级响应、扩大应急和应急恢复活动四个阶段，应急预案中各类应急活动都按这四个层面分类和展开。

（1）应急准备

应急准备是指在灾害事故尚未发生之时，针对可能发生的各类灾害事故提前作出响应的各项准备工作。如组织机构、各部门的职责及负责人、应急资源储备等。

（2）初级响应

初级响应阶段是指从预警到响应的最初阶段，是企业自救的最佳时期。

初级响应是企业应急预案编制的重点，应确保大部分事故在这一阶段得以有效控制，或为事故处理争取到最宝贵的等待救援时间。如果险情不断扩大，已经超出场内救援的能力和范围，则进入扩大应急阶段，这一阶段是场内和场外联合救援阶段。

（3）扩大应急

扩大应急是指扩大救援的范围，动员社会的救援力量进行救援。当企业的应急能力不能满足应急救援活动的需求、事态进一步扩大时，必须及时提高、扩大应急响应级别。

（4）应急恢复

在应急恢复阶段，主要工作是评估灾害事故的严重后果，清理现场，恢复现场等。

五、支持附件

这部分内容最全面，是应急的支持体系。支持附件包含应急策划中的危险评估、资源分析和危险化学品的相关数据、管理内容、工艺过程及专家库系统等。

第三节　应急预案的核心要素

在应急预案编制过程中，一个重要问题是应急预案应包括哪些基本内容，才能满足应急活动的需求。应急预案是整个应急活动的具体反映，其内容不仅限于灾害事故发生过程中的应急响应、救援措施，还包括灾害事故发生前的各种应急准备、事故发生后的应急恢复，应急预案的管理与更新等。因此，一个完整的应急预案应包括以下六个一级关键要素：

（1）方针与原则。

（2）应急策划。

（3）应急准备。

（4）应急响应。

（5）应急恢复。

（6）预案管理与评审改进。

上述六个一级关键要素之间既相互独立，又紧密联系；从应急的方针、策划、准备、响应、恢复到预案的管理与评审改进，形成了一个有机整体。

根据一级要素中所包括的任务和功能，应急策划、应急准备和应急响应三个一级关键要素，可进一步划分成若干个二级要素。所有这些要素构成重大事故应急预案的核心要素，这些要素是重大事故应急预案编制应当涉及的基本方面。在实际编制时，根据企业的风险和实际情况的需要，也为便于预案内容的组织，可将各要素进行合并、增加、重新排列或适当的删减等，各要素如表 5-1 所示。这六个一级关键要素在应急过程中也可视为应急功能，各要素分述如下。

表 5-1　重大事故应急预案核心要素

1. 方针与原则	2. 应急策划	3. 应急准备	4. 应急响应	5. 应急恢复	6. 预案管理与评审改进
	2.1 危险分析 2.2 资源分析 2.3 法律法规要求	3.1 机构与职责 3.2 应急资源 3.3 教育、训练和演习 3.4 互助协议	4.1 接警与通知 4.2 指挥与控制 4.3 警报和紧急公告 4.4 通信 4.5 事态监测与评估 4.6 警戒与治安 4.7 人群疏散与安置 4.8 医疗与卫生 4.9 公共关系 4.10 应急人员安全 4.11 消防与抢险		

（1）方针与原则

无论是何种类型、何种等级的应急预案，首先必须有明确的方针与原则，作为开展应急救援工作的纲领。方针与原则反映了应急救援工作的优先方向、政策、范围和总体目标，应急的策划和准备、应急策略的制定和现场应急救援及恢复都应当围绕方针与原则开展。

（2）应急策划

应急预案最重要的特点是要有针对性和可操作性。因而，应急策划必须明确预案的对象和可用的应急资源情况，在全面认识和评价所针对的潜在灾害事故类型的基础上，识别出重要的潜在灾害事故及其性质、分布区域、后果等；同时，根据危险分析的结果，评估企业应急救援力量和资源情况，为所需要的应急资源准备提供建设性意见。在进行应急策划时，应当列出国家、地方相关的法律法规，作为制定预案和应急工作授权的依据。因此，应急策划包括危险分析、资源分析、法律法规要求等三个二级要素。

（3）应急准备

应急准备主要是指针对可能发生的应急事件，应做好的各项准备工作。能否成功地在应急救援中发挥作用，取决于应急准备是否充分。应急准备基于应急策划的结果，明确所需的应急组织及其职责和权限、应急队伍的建设、人员培训、应急物资的准备、预案的演习、公众的应急知识培训和签订必要的互助协议等。

（4）应急响应

企业应急响应能力的体现，应包括在应急救援过程中需要明确并实施的核心功能和任务。这些核心功能和任务既相互独立，又互相关系，构成应急响应的有机整体，共同完成应急救援目的。

应急响应的核心功能和任务包括：接警与通知，指挥与控制，警报和紧急公告，通信，事态监测与评估，警戒与治安，人群疏散与安置，医疗与卫生，公共关系，应急人员安全，消防和抢险等。企业风险性质不同，需要的核心应急功能和任务会有一些差异。

（5）应急恢复

应急恢复是指事故发生后期的处理。比如井下通风、运输等系统的恢复处理，伤员的救助，后期的保险索赔，生产秩序的恢复等一系列问题。

（6）预案管理与评审改进

预案管理与评审改进强调在事故后（或演练后）对预案不符合、不适宜的部分进行不断的修改和完善，使其更加适宜企业实际工作的需要，但预案的修改和更新要有一定的程序和相关评审指标。

第四节 应急预案的编制

一、应急预案编制的原则

事故应急救援应遵循在“预防为主”的前提下，贯彻“统一指挥、分级负责、区域为主、单位自救与社会救援相结合”的原则。

预防工作是事故应急救援工作的基础，落实好事故应急救援工作的各项准备措施，做到预先有准备，一旦发生事故就能及时实施救援。

灾害事故一般具有发生突然、扩展迅速、危害严重的特点。这些特点决定事故应急救援工作必须坚持统一领导、统一指挥的原则。尤其在紧急情况下，多头领导会让一线的救援人员无所适从，以致贻误战机，失去事故救援的有利时机。

事故应急救援是一项涉及面广、专业性强的工作，它涉及指挥、消防、疏散、工程抢险、急救等多方面的工作，在一个单位要依靠各个部门甚至外界力量的相互协作共同完成。对于一个地区而言，更是需要公安、消防、环保等若干系统的支援和配合。统一指挥、协同作战，将各部分救援力量迅速有效地组织起来，才能充分发挥整体的优势和力量，起到“1＋1＞2”的协同效应。

应急预案的作用之一是能够将事故控制在初期，尽量减少损失，所以单位自救非常重要。本单位熟悉自身情况，邻近事故现场，单位自救利于初期事故的救援，将事故消灭在萌芽状态。即使不能完全控制事故的蔓延，也可以为外部机构的援助赢得时间。所以应坚持单位自救与社会救援相结合的原则。

二、应急预案编制的依据

应急预案编制的依据是发生重大事故的可能性。重大事故是指工业活动中发生的重大火灾、爆炸或毒物泄漏事故，并会给现场人员或公众带来严重危害，或对财产造成重大损失、对环境造成严重污染。重大事故的发生通常有以下两种情况。

（1）存在重大危险源的场所

发生重大事故的潜在因素之一是有重大危险源存在，因为有重大危险源存在的场所就有发生重大事故的可能。重大危险源的判定依据是重大危险源辨识、评价结果。

（2）不存在重大危险源的场所

有些重大事故发生在并不存在重大危险源的场所，但仍能造成严重的人员伤亡和经济损失，达到国家规定的重大、特别重大事故标准，如宾馆、娱乐场所等公众聚集场所，这些场所也应制定应急预案。不存在重大危险源的场所，发生重大事故的可能性应根据同业情况或事故案例去搜集相应的资料来评价。

应急预案应根据以上两种情况的评价结果，按事故性质、类型、影响范围、严重程度等分级制定。

三、需要编制应急预案的单位或场所

（1）可能由危险物质或设备引发火灾和爆炸事故的场所

① 爆炸性物质、活性化学物质、可燃易燃物质的生产、经营和储存场所，如民用爆炸物品、危险化学品生产、储存单位的危险品库区、罐区。

② 有高压容器、压力管道和特种设备的场所。

（2）可能发生有毒物质泄漏的场所

有毒物质生产、储存、经营场所。

（3）容易发生重大工业事故的企业

矿山、建筑施工企业及涉及危险化学品的生产、经营、储存、运输等的企业。

（4）道路交通、水上交通、民航等单位

（5）无危险物质，但可由活动中的因素引发火灾或爆炸的场所

① 歌舞厅、影剧院等公共娱乐场所。

② 酒店、宾馆等服务场所。

③ 图书馆、商场、大型超市、火车站、机场等公共场所。

④ 举办集会、焰火晚会、灯会等大型活动场所。

(6) 国家或地方政府规定的其他场所或单位

四、应急预案编制的要求

(1) 科学性

事故应急救援是一项科学性很强的工作,制定应急预案必须以科学的态度,在全面调查的基础上,实行领导与专家相结合的方式,开展科学分析和论证,从而制定出严密、统一、完整的事故应急救援方案,使应急预案真正具有科学性。

(2) 实用性

应急预案应符合当地的客观情况,具有实用性,便于操作,起到准确、迅速控制事故的作用。

(3) 权威性

事故应急救援工作是一项紧急状态下的应急性工作,所制定的应急预案应明确救援工作的管理体系,救援行动的组织指挥权限和各级救援组织的职责、任务等一系列的行政性管理规定,以保证救援工作的统一指挥。制定的应急预案还应经上级部门批准后才能实施,并且应到相应政府部门备案,保证预案具有一定的权威性和法律保障。

(4) 针对性

各级各类应急预案的作用和功能各不相同。编制应急预案过程中应注重针对性,做到有的放矢,针对具体情况及要达到的目的和功能编制,如果照搬照抄,制定的应急预案必然缺乏针对性,起不到应有的作用。

(5) 完整性

编制的应急预案,应满足体系完整、功能完善、应急过程完整、使用范围完整、应急资源完备等完整性要求。

(6) 衔接性

重特大事故一旦发生,仅靠企业自身能力进行处置很不现实,需要社会及政府的应急救援。这就需要企业预案必须与政府预案能够有效衔接,确保抢险与救援工作的成效,要能够实现政府及相关部门与企业上下级之间、内部之间、企业之间、不同灾害事故种类之间应急预案的相互衔接。

五、应急预案的内容设置

(1) 政府预案的内容设置

政府预案分为总体应急预案、专项应急预案、部门应急预案及其他预案等内容。

① 总体应急预案

总体应急预案是应急预案体系的纲领,是政府组织应对灾害事故的总体制度安排,主要规定灾害事故应对的基本原则、组织体系、运行机制及应急保障安排等,明确相关各方的职责和任务。总体应急预案由县级以上各级政府制定。

② 专项应急预案

专项应急预案是政府为应对某一类或某几类灾害事故,或者针对重要的目标、重大活动保障、应急物资保障等重要的专项工作而预先制定的涉及多个部门的工作方案,由有关部门统筹牵头制定,报本级人民政府批准后印发实施。

③ 部门应急预案

部门应急预案是政府部门根据总体应急预案、专项应急预案和本部门的职责，为应对本部门（行业、领域）的灾害事故等而预先制定的工作方案，由各级政府部门制定。

④ 其他预案

其他预案主要包括联合应急预案和现场工作方案。

联合应急预案是指相邻、相近的地方政府及其相关部门联合制定应对区域性灾害事故的联合应急工作方案。现场工作方案，即现场处置方案，指政府部门根据应急预案，针对灾害事故现场处置工作灵活制定的方案，侧重明确现场组织指挥机制、人员分工、应对措施、装备保障、自我保障等内容。

(2) 企业预案的内容设置

企业预案分为综合应急预案、专项应急预案、现场处置方案等内容。

① 综合应急预案

综合应急预案是指企事业单位、基层组织等为应对各种灾害事故而制定的综合性工作方案，是本单位应对灾害事故的总体工作程序、措施和应急预案体系的总纲领。

② 专项应急预案

专项应急预案是指企事业单位、基层组织等为应对某一种或某几种灾害事故，或针对重要的生产设施、重大危险源、重大活动等防止发生灾害事故而制定的专项工作方案。

当专项应急预案与综合应急预案中的应急组织机构、应急响应程序相近时，可不编写专项应急预案，相应的应急处置措施并入综合应急预案中。

③ 现场处置方案

现场处置方案是指企事业单位、基层组织等根据不同灾害事故类型，针对具体场所、设备设施所制定的应急处置措施。

事故风险单一、危险性小的生产经营单位，可以只编写现场处置方案。

具体而言，对于企业预案，事故应急预案应包括以下内容：

① 基本情况

a. 地理、气候情况。

b. 危险源情况。

c. 本区域或企业灾情预测。

d. 救援力量分布等。

② 组织机构的构成及职责

a. 组织机构的组成，包括各种救援队伍的编制。

b. 各类人员的职责与分工。

③ 各种应急程序及其他文件

a. 应急程序。

b. 各种说明书。

c. 记录表格。

d. 有关图表。

④ 各种制度

a. 应急救援的各项工作制度。

b. 对预案演练，修改的一些制度规定。

六、应急预案编制的步骤

应急预案的内容涉及诸多领域，包括危害辨识、设备维护管理、风险评价、作业场所环境、应急劳动保护用品的选用、医疗救援、消防与治安等多个方面，因此，应急预案的编制是一个复杂的过程。应急预案编制程序包括成立应急预案编制工作组、资料收集、风险评估、应急资源调查、应急预案编制、桌面演练、应急预案评审和批准实施8个步骤。

（一）成立应急预案编制工作组

结合本单位职能和分工，成立以单位有关负责人为组长，单位相关部门人员（如生产、技术、设备、安全、行政、人事、财务人员）参加的应急预案编制工作组，明确工作职责和任务分工，制定工作计划，组织开展应急预案编制工作。应急预案编制工作组应邀请相关救援队伍和周边相关企业、单位或社区代表参加。成立应急预案编制工作组的原则如下。

（1）部门参与

应鼓励更多的人投入编制过程，尤其是一些相关科室和部门，因为应急预案编制过程本身是一个磨合和熟悉各自活动、明确各自责任的过程，也是最好的培训过程。

（2）时间和经费保障

时间和必要的经费保障，能使参与人员投入更多的时间和精力。应急预案编制是一个复杂的工程，从危险分析、评价，资源分析，到法律法规要求的符合性分析，从现场的生产过程到防护能力及应急演练，如果没有充足的时间保证，难以确保应急预案的编制质量。

（3）交流与沟通

各部门必须及时、充分地交流与沟通，互通信息，提高编制过程的透明度和编制水平。在编制过程中，经常会遇到一些问题，或是职责不明确，或是功能不全，若不能及时沟通，则会出现功能和职责的重复、交叉或不明确等现象。

（4）专家系统支持

应急预案涉及多个领域的内容，预案的编制不仅是一个文件化的过程，还是一个依据客观的实际情况对事故进行评价的过程。编制一个与之相适应的应急预案，预案的科学性、严谨性和可操作性都是非常强的，只有对这些领域的情况有深入了解才能编制出有针对性的内容。对于企业来讲，专家系统既可以利用外部的资源，也可充分利用企业自身的资源，如企业的设备管理操作人员、工程技术及安全管理人员、设计人员等，在预案的编制过程中可以起到至关重要的作用。有时因企业的风险水平较高，或在进行安全评价时技术难度较大，也可聘请一些专业的咨询机构和评价人员帮助开展其中的一些工作。

（5）编制小组人员要求

编制小组人员应有一定的专业知识，具备良好的团队合作精神，具有社会责任感等；另外，应具有不同部门的代表性及公正性。

一定要明确参与具体编制的小组成员和专家系统以及其他相关人员。在大多数情况下，可能该编制小组只有一两个人要承担大量的工作，负责具体的文字编写和组织工作，一般在企业常常以安全主管部门为主；其他部门参与人员是非固定的，可各自负责需要编写的部分。编制过程应安排一定时间进行集中讨论。编制小组应得到高层管理者的授权和认可，并应得到各相关功能部门的人员参与和保障。应以书面的形式或以企业文件的形式，明确指定各部门的参加人员，并得到该部门的认可。

（6）人员构成

应急预案的编制，起码应有以下部门人员参与：高层管理者，各级管理人员，财务部门人员，消防部门人员，保卫部门人员，各岗位工人，人力资源部人员，工程与维护部人员，安全健康与环境事务部人员，总调度室人员，安全主管，应急救援队伍人员，对外关系部门（如办公室等）人员，后勤与采购部人员，医疗部门人员，以及其他人员。

（二）资料收集

应急预案编制工作组应收集以下相关资料：

(1) 使用的法律法规、部门规章、地方性法规和政府规章、技术标准、规范性文件。

(2) 企业周边地质、地形、环境情况及气象、水文、交通资料。

(3) 企业现场功能划分、建筑物平面布置及安全距离资料。

(4) 企业工艺流程、工艺参数、作业条件、设备装置及风险评估资料。

(5) 本企业历史事故与隐患、国内外同行业事故资料。

(6) 属地政府及周边企业、单位的应急预案。

（三）风险评估

开展生产安全事故风险评估，撰写评估报告，其内容包括但不限于：

(1) 辨识生产经营单位存在的危险有害因素，确定可能发生的生产安全事故类别。

(2) 分析各类事故发生的可能性、危险后果和影响范围。

(3) 评估确定相应事故的风险等级。

风险评估一般进行危险分析和应急能力评估，具体步骤如下。

(1) 初始评估

企业应根据实际情况，通过实施初始评估，对企业现有的应急能力、可能发生的灾害事故和紧急情况，掌握相关的信息，对企业目前在处理紧急事件时的基本能力进行评估。初始评估工作应由应急预案编制小组中的专业人员进行，并与相关部门及重要岗位人员交流。

初始评估一般应包括如下内容：

① 识别企业现有的风险，尤其是重大危险源，对现有的或计划中的作业环境和作业组织中存在的重大危害和风险进行识别、预测和评价。

② 确定现有的应急措施或应急计划，确定采取的应急措施是否能够消除危害或管控风险，对其脆弱性进行分析，确定企业在处理紧急事件时的能力。

③ 找出现有的适用的法律和法规，明确适用于企业和地方应急管理方面的相关法规。

④ 查阅相关资料，包括灾害事故预防计划，职业安全与健康计划，环境政策，安全操作程序，资金和采购程序，员工操作手册，危险物质计划，工艺安全评价，风险管理计划，设备改进计划，与外部机构协调，企业附近的社区情况、住宅、工厂、加油站、商业区等。

初始评估的结果应形成书面报告，作为应急预案编制的决策基础。

(2) 危险分析

没有进行过危险分析的企业，首先要明确以下几个问题：

① 为什么要进行危险分析

制定应急预案主要针对可能发生的重大事故，会导致严重后果的一些事件。要了解企业可能导致重大事故的情况，首先要对这些情况进行分析，进而提出有针对性的措施。

② 怎样进行危险分析

可采用科学的分析方法，加强对重大事故和风险的分析。分析时先要界定范围，提倡简化。分析方法有火灾爆炸指数评价法、安全检查表法、预先危险分析法、故障类型及危险分析法等。

建立危险辨识与风险评价程序，使危险分析工作规范化。明确危险辨识包括的主要内容及危险物质调查包括的场所，重大危险源和重大事故等。通过评估保证应急预案能满足以下要求。

a. 最低事故发生率。

b. 最低人员和经济损失。

c. 最优化安全投资效益。

③ 如何在应急预案中应用危险分析结果

根据上述评价结果，确定应急需求和备用系统的需求。评价应急需求的范围包括：

a. 企业的产品和服务，以及生产所需的设施和设备。

b. 企业内部和外部的资源和能力。

④ 脆弱性分析

当潜在的危险成为实际时，生命、财产和环境易受伤害或破坏。应在企业危险识别的基础上进一步评价企业风险的脆弱性，即每一紧急情况发生的可能性和潜在后果。可通过量化指标，对可能性进行赋值、估算后果，并评估资源。

（四）应急资源调查

全面调查、客观分析本单位以及周边企业和政府部门可请求援助的应急资源状况，撰写应急资源调查报告，其内容起码包括：

（1）本单位可调用的应急队伍、装备、物资、场所。

（2）针对生产过程及存在的风险可采取的监测、监控、报警手段。

（3）上级单位、当地政府及周边企业可提供的应急资源。

（4）可协调使用的医疗、消防、专业抢险救援机构及其他社会化应急救援力量。

（五）应急预案编制

应急预案以应急处置为核心，体现自救互救和先期处置的特点，做到职责明确、程序规范、措施科学，应尽可能简明化、图表化、流程化。应急预案编制工作至少包括：

（1）依据事故风险评估及应急资源调查结果，结合本单位组织管理体系、生产规模及处置特点，合理确立本单位应急预案体系。

（2）结合组织管理体系及部门业务职能划分，科学设定本单位应急组织机构及职责分工。

（3）依据事故可能的危险程度和区域范围，结合应急处置权限及能力，清晰界定本单位的响应分级标准，制定相应层级的应急处置措施。

（4）按照有关规定和要求，确定事故信息报告、响应分级和启动、指挥权移交、警戒疏散方面的内容，落实与相关部门和单位应急预案的衔接。

在应急预案具体编制过程中，一般要进行授权、任务分配和进度安排。具体来说，包括以下内容：

（1）授权应急预案编制小组采取编制预案所需的措施，以形成团队合作精神。该小组应由最高管理者或者企业安全管理者直接领导。

小组成员和小组领导的权力应予以明确，但应保持充分的交流和必要的沟通。

(2) 最高管理者或企业安全管理者发布任务书，声明企业对应急管理所作出的承诺。这些声明包括：

① 明确编制应急预案的目的，确立预案涉及的范围(包括整个组织)。

② 确定应急预案编制小组的权力和结构。

(3) 时间进度和预算。要确定工作时间进度表和预案编制的最后期限。明确各任务的优先顺序，情况发生变化时可以对时间进度进行修改和调整。确定完成期限取决于：

① 企业的风险水平。

② 应急情况的复杂性。

③ 编制人员的能力水平。

④ 企业以往的工作基础。

⑤ 可利用的资料情况等。

一些已开展安全评价、职业健康安全管理体系认证等基础比较好的企业，进行应急预案编制工作时，风险评估等工作可作为参考。一般来说，一个完整的应急预案编制过程需要至少半年的时间，当然，由于企业的风险水平和规模不同也有很大区别(不包括后期的维护与应急演练)。

(六) 桌面演练

按照应急预案明确的职责分工和应急响应程序，结合有关经验教训，相关部门及其人员可采取桌面演练的形式，模拟生产安全事故应对过程，逐步分析讨论并形成记录，检验应急预案的可行性，并进一步完善应急预案。

(七) 应急预案评审

(1) 评审形式

应急预案编制完成后，应按照法律法规有关规定组织评审或论证。参加应急预案评审的人员包括有关安全生产及应急管理方面的有现场处置经验的专家。应急预案评审可通过推演的方式开展。

(2) 评审内容

应急预案评审的内容主要包括：风险评估和应急资源调查的全面性、应急预案体系设计的针对性、应急组织体系的合理性、应急响应程序和措施的科学性、应急保障措施的科学性、应急预案的衔接性。

(3) 评审程序

① 评审准备

成立应急预案评审工作组，落实参加评审的专家，应将应急预案、编制说明、风险评估、应急资源调查报告及其他资料在评审前送达参加评审的单位和人员。

② 组织评审

评审采取会议审查形式，企业主要负责人参加会议，会议由参加评审的专家共同推选出的组长主持，按照议程组织评审；表决时，应有不少于出席会议专家人数的三分之二同意方可通过；评审会议应形成评审意见，并经评审组组长签字，附参加评审的专家签字表。表决的投票情况应以书面材料记录在案，并作为评审意见的附件。

③ 修改完善

按照评审意见对应急预案进行修改和完善。评审表决不通过的，应修改完善后按照评审程序重新组织专家进行评审，写清楚修改情况说明，并经专家组组长签字确认。

（八）应急预案批准实施

通过评审的应急预案，由生产经营单位主要负责人签发实施。

七、应急预案的管理

应急预案是应急救援行动的指南性文件，为保证应急预案的有效性和与实际情况的符合性，必须对应急预案实施规范、有效的管理，包括应急预案的发放与登记、修改和修订等。

（1）应急预案的发放与登记

应急预案经评审批准后，应分发给有关部门，并建立发放登记表，记录发放日期、发放份数、文件登记号、接收部门、接收日期、签收人等有关信息，相关信息见表 5-2。向社会或媒体分发用于宣传教育的应急预案可不包括有关标准操作程序、内部通讯录等不便公开的专业、关键或敏感信息。

表 5-2　应急预案发放登记表示例

序号	发放日期	份数	编号	接收部门	接收日期	签收人	备注

（2）应急预案的修改和修订

由于企业客观情况经常发生变化，只有及时对应急预案进行修改、修订，才能更有效地应对突发的灾害事故。《中华人民共和国突发事件应对法》等法律法规规定，应急预案制定机关应根据实际情况的变化，及时修改、修订应急预案。

《突发事件应急预案管理办法》规定，有下列情形之一的，应当及时修订应急预案：

① 有关法律、行政法规、规章、标准、上位预案中的有关规定发生变化的。

② 应急指挥机构及其职责发生重大调整的。

③ 面临的风险发生重大变化的。

④ 重要应急资源发生重大变化的。

⑤ 预案中的其他重要信息发生变化的。

⑥ 在突发事件实际应对和应急演练过程中发现问题需要作出重大调整的。

⑦ 应急预案制定单位认为应当修订的其他情况。

应规定组织应急预案修改、修订的负责部门和工作程序。修改应急预案时，填写应急预案更改通知单（见表 5-3）。修改的应急预案经审核、批准后备案存档，并根据应急预案发放登记表，发放应急预案更改通知单复印件至各部门，以更新应急预案。

当应急预案更改的内容变化较大、累计修改处较多，或已达到应急预案修订期限时，应对应急预案进行重新修订。应急预案的修订应采用与应急预案编制相同的过程，包括从成立应急预案编制小组到应急预案的评审、批准和实施全过程。应急预案经修订重新发布后，应按原应急预案发放登记表收回旧版本应急预案，发放新版本应急预案并进行登记。

表 5-3　应急预案更改通知单

更改通知单编号：

更改文件名称			文件编号		
序号	更改页码	更改位置	序号	更改页码	更改位置

原内容：

更改为：

提出部门		编制人签字及日期	
审核人签字及日期		批准人签字及日期	

分发记录：

序号	接收部门	日期	签收人	序号	接收部门	日期	签收人

第五节　基本预案与应急功能设置

一、基本预案的内容与要求

基本预案是应急预案的总体描述，主要阐述应急预案所要解决的紧急情况、应急组织体系、应急方针、应急资源、应急总体思路，并明确各应急组织的职责，以及应急预案的演练和管理规定。

基本预案可以使企业高层领导从总体上把握本企业针对应急的有关情况，了解应急准备状况，同时为制定其他应急预案如应急功能设置、标准化操作程序等提供框架和指导。基本预案包括以下 12 项内容。

（一）预案发布令

应急预案应由企业第一负责人签署发布。在援引国家、地方、上级部门相应法律法规、规章、规定的基础上，宣布应急预案生效；其目的是明确实施应急预案的合法授权，保证应急预案的权威性。

在预案发布令中，企业第一负责人应表明其对应急管理和应急救援工作的支持，并督促各应急部门完善内部应急响应机制，制定标准操作程序，积极参加培训、演习和预案的编制与更新等。

（二）应急机构署名页

在应急预案中，可以包括各有关内部应急部门和外部机构及其负责人的署名页，表明各应急部门和机构对企业应急预案编制的参与和认同，以及履行承担职责的承诺。

（三）术语和定义

应急预案中应列出需要明确的术语和定义，以及其解释和说明，以便使相关应急人员准确地把握有关事项，避免产生歧义和因理解不一致而导致应急时混乱等现象。

（四）相关法律和法规

在基本预案中，应列出明确要求制定应急预案的国家、地方及上级部门的法律法规和规定，有关重大事故应急的文件、技术规范和指南性材料及国际公约，作为企业制定应急预案的根据和指南，以使企业应急预案更有权威性。

（五）方针与原则

列出应急预案所针对的灾害事故（或紧急情况）的类型、适用范围和救援任务，以及应急管理和应急救援的方针和指导原则。

方针与原则应体现应急救援的优先原则。如保护人员安全优先，防止和控制事故蔓延优先，保护环境优先。方针与原则还应体现事故损失控制、高效协调，以及持续改进的思想。

应急方针与原则不仅要符合上述要求，还要符合企业实际情况。

（六）危险分析与环境综述

列出企业所面临的潜在重大危险、事故后果预测，给出企业区域的地理、气象、人文等有关环境信息，具体包括以下 7 个方面：

（1）主要危险物质的种类、数量及特性。

（2）重大危险源的数量及分布。

（3）危险物质运输路线分布。

（4）潜在的重大事故、灾害类型、影响区域及后果。

（5）重要保护目标的划分与分布情况。

根据事故后果模型和接触危险物质浓度等，能够事先估计出事故影响的区域，在这个区域内，要确定重点保护的对象。

（6）可能影响应急救援工作的不利条件。

影响事故应急救援的不利条件包括事故发生的时间、气象条件（温度、湿度、风向、降水）、临时停水和停电、企业周围环境、厂附近举办大型活动、邻近区域同时发生事故等。

（7）季节性的风向、风速、气温、雨量，企业人员分布及周边居民情况。

（七）应急资源

该部分应对应急资源作出相应的管理规定，并列出应急资源装备的总体情况，包括应急力量的组成、应急能力、各种重要应急设备设施、应急物资的准备情况、上级救援机构或相邻可用的应急资源。

（八）机构与职责

应列出企业所有应急部门在重大事故应急救援中承担职责的负责人，包括企业总经理、副总经理、救援队队长、行政科科长、安全科科长、医院院长等。在基本预案中只要描述出主要职责即可，详细的职责及行动在标准化操作程序中会进一步描述。所有部门和人员的职责应覆盖所有的应急功能。

（九）教育、培训与演练

为全面提高应急能力，需要对应急人员及公众进行教育、培训、应急演练作出相应的规定，包括教育、培训及演练的内容、计划、组织与准备、效果评估、要求等。

应急人员的培训内容包括：如何识别危险、如何采取必要的应急措施、如何启动紧急警报系统、如何安全疏散人群等。

职工教育的基本内容包括：潜在的重大危险，事故的性质与应急特点，事故警报与通知的规定，基本防护知识，撤离的组织、方法和程序；在受影响区行动时必须遵守的规则；自救、互救、现场急救的基本常识。

应急演练的具体形式既可以是桌面演练，也可以是实战模拟演练。按演练的规模可以分为单项演练、组合演练和全面演练。

（十）与其他应急预案的关系

列出本预案可能用到的其他应急预案（包括当地政府预案及签订互助协议机构的应急预案），明确本预案与其他应急预案的关系，如本预案与其他应急预案发生冲突时应如何解决。

（十一）互助协议

列出与相邻企业或专业救援机构签署的正式互助协议，明确可提供的互助力量（抢险、营救、灭火、医疗、检测人员）、物资、设备、技术等。

（十二）应急预案管理

应急预案的管理应明确负责组织应急预案的制定、修改及更新的部门，应急预案的审查和批准程序，应急预案的发放、定期评审和更新。

二、应急功能设置

应急救援的核心功能包括：接警与通知，指挥与控制，警报和紧急公告，通信，事态监测与评估，警戒与治安，人群疏散与安全避难，医疗与卫生，公共关系，应急人员安全，消防与抢险，泄漏与控制，应急恢复，共 13 个功能。这些核心功能具有一定的独立性，但不是完全独立的，它们构成应急救援工作的有机整体。

以上 13 个应急功能都要明确“做什么”“怎么做”和“谁来做”三个问题。虽然在应急标准化操作程序中也涉及上述三个问题，但应急功能设置侧重明确每个功能要解决哪些具体问题及相应的要求。企业在编制应急功能设置和标准化操作程序时，两者一定要对应起来，切忌相互矛盾。

（一）接警与通知

准确了解事故的性质和规模等基本信息，是决定启动应急救援的关键，接警作为应急响应的第一步，必须对接警与通知要求作出如下明确规定：

（1）明确 24 h 报警电话，建立接警和事故通报程序。

（2）列出所有的通知对象及联系电话，将事故信息及时按对象及电话清单通知。

（3）接警人员必须掌握以下情况：

① 事故发生的时间与地点、种类、强度。

② 灾区的基本情况。

③ 已知的危害方向。

（4）接警人员在掌握基本事故情况后，立即通知企业领导层，报告事故情况，以及可能的应急响应级别。

（5）在进行应急救援行动时，先让企业内人员知道发生了紧急情况，此时就要启动警报系统，最常使用的是声音警报。警报目的有两个：

① 通知应急人员企业发生了事故，要进入应急状态，采取应急行动。

② 提醒其他无关人员采取防护行动。

(6) 报告上级机构。根据应急的类型和严重程度，企业应急总指挥或企业有关人员（业主或操作人员）必须按照法律、法规和标准的规定，将事故有关情况上报政府安全生产主管部门。

（二）指挥与控制

对应急行动的统一指挥和协调是有效开展应急救援的关键。建立统一的应急指挥、协调和决策程序，便于对事故进行初始评估，确认紧急状态，从而迅速有效地进行应急响应决策，建立现场工作区域（井下救援基地），指挥和协调现场各救援行动，合理高效地调配和使用应急资源等。

该应急功能应明确：

(1) 现场指挥部的设立程序。

(2) 指挥的职责和权力。

(3) 指挥系统（谁指挥谁、谁配合谁、谁向谁报告）。

(4) 启用现场外应急队伍的方法。

(5) 事态评估与应急决策的程序。

(6) 现场指挥与外部应急指挥之间的协调。

(7) 企业应急指挥与外部应急指挥之间的协调。

应急指挥可设立应急总指挥和现场指挥。应急总指挥一般由总经理担任，现场指挥一般由生产副总经理担任。企业在确定应急总指挥与现场指挥人员时，一定要考虑该人员由于某种原因（如出差等），在事故发生的时候不在场时，由谁来担任指挥的角色，以确保救援行动不出现混乱局面。应急总指挥和现场指挥的职责分别为：

① 应急总指挥的职责

a. 负责组织应急预案的实施工作。

b. 负责指挥、调度各保障小组参加集团公司的应急救援行动。

c. 负责发布启动或解除应急救援行动的信息。

d. 开设现场指挥机构。

e. 向当地政府通报应急救援行动方案，并提出要求支援的具体事宜。

② 现场指挥的职责

a. 全权负责应急救援现场的组织指挥工作。

b. 及时向应急总指挥报告现场抢险救援工作情况。保证现场抢险救援行动与总指挥部的指挥和各保障系统的工作协调。

c. 进行事故的现场评估，并提出抢险救援的相关方案报总指挥部备案；必要时，与总指挥部的专业技术人员或有关专家进行直接沟通，确定抢险救援方案。

d. 必要时，提出现场抢险增援、人员疏散、向政府求援等建议并报总指挥部。

e. 参与事故调查处理工作，负责事故现场抢险救援工作的总结。

③ 联合指挥

当企业在救援时用到当地消防、医疗救援等其他应急救援机构时，这些应急机构的指挥系统就会与企业的指挥系统构成联合指挥，并随着各部门的陆续到达，联合指挥逐步扩大。

企业应急总指挥应该成为联合指挥中的一员，联合指挥成员之间要协同工作，建立共同的目标和策略，共享信息，充分利用可用资源，提高响应效率。在联合指挥过程中，企业应急总指挥的主要任务是指挥提供救援所需的企业信息，如重要保护目标、消防设施位置等，还应当配合其他部门开展应急救援，如协助指挥人员疏散等。

当联合指挥成员在某个问题上不能达成一致意见时，则通常由负责该问题的联合指挥成员代表作出最后决策。

但如果动用其他部门较少，如发生较大地面火灾事故，没有发生人员伤亡的可能性，仅需要消防机构支援，可以考虑由支援部门指挥，企业为其提供信息、物资等支持。

（三）警报和紧急公告

当事故可能影响到企业内其他人员甚至周边企业或居民区时，应及时启动警报系统，向公众发出警报，同时通过各种途径向公众发出紧急公告，告知事故性质、对健康的影响、自我保护措施、注意事项等，以保证公众能够及时作出自我防护响应。决定实施疏散时应通过紧急公告确保公众了解疏散的有关信息，如疏散时间、路线、随身携带物、交通工具及目的地等。

该应急功能要求：

（1）在发生紧急事故时，如何向公众发出警报，包括发出警报的责任人、时间及使用的警报设备。

（2）各种警报信号的不同含义，如火灾用什么信号等。

（3）（根据危险分析）制定关于何时进行公众疏散或安全避难的指南。

（4）根据事故性质、气象条件、地形和原有逃生路线提出疏散的最佳路线。

（5）事先告知公众存在的危险事故、应采取的措施及疏散路线。

警报和紧急公告应事先规定出不同事故或危险的警报信号，在企业内部警报一般使用警笛，以便让公众听到警报后知道该采取什么行动。但用警笛向周边公众发警报效果就会较差，紧急广播系统与警笛报警结合使用效果会更好。紧急广播系统能发射无线电和电视信号，信息内容应尽可能简明，告诉公众该如何采取行动。随着互联网技术的发展，可以通过微信公众号等手段，告知民众该如何采取行动。

（四）通信

通信是应急指挥、协调和与外界联系的重要保障，在现场指挥部，各应急救援部门与机构、新闻媒体、医院、上级政府，以及外部救援机构之间，必须建立完善的应急通信网络，在应急救援过程中应始终保持通信网络畅通，并设立备用通信系统。

该应急功能要求：

（1）建立总指挥部、现场指挥、各应急部门、外部应急机构之间的通信方法，说明主要使用的通信系统，通信联络电话等。

（2）定期维护通信设备、通信系统和通信联络电话，以确保应急时所使用的通信设备完好和应急号码为最新状态。

（3）准备在必要时启动备用通信系统。

企业用到的通信设备一般分为有线和无线两类，在应急救援工作中，常将无线和有线两套通信设备配合使用，手机、固定电话、对讲机、警笛、网络、传真机等在企业应急救援中是主要的通信工具，企业要有专人对通信设备进行维护保养，使其处于完好可用状态，尤其是事故发生后。

一旦企业应急总指挥决定启动应急预案，通信协调和联络部门就要负责保持各应急组织之间及企业与外部应急机构高效的通信能力。最重要的通信联络机构是应急指挥中心，它装备有固定通信设备。任何应急指挥中心与外部的通信中断(特别是应急指挥中心与现场应急组织之间)，必须报告通信联络负责人，以动员现有资源和人力来解决问题。

要确保下述应急组织之间的通信畅通：

(1) 总指挥部与各应急救援部门之间。

(2) 各应急部门之间。

(3) 总指挥部与外部应急机构之间。

(4) 总指挥部与负责后勤服务部门之间。

(5) 总指挥部与负责技术支持部门之间。

(五) 事态监测与评估

在应急救援过程中必须对事故的发展势态及影响及时进行动态的监测，建立对事故现场及场外的监测和评估程序。

事态监测在应急救援过程中起着非常重要的决策支持作用，其结果不仅是控制事故现场，制定消防、抢险措施的重要决策依据，也是划分现场工作区域、保障现场应急人员安全、实施公众保护措施的重要依据。即使在应急恢复阶段，也应当对现场和环境进行监测。

在该应急功能中应明确：

(1) 由谁来负责监测与评估活动。

(2) 监测仪器设备及现场监测方法的准备。

(3) 实验室化验及检验支持。

(4) 监测点的设置及现场工作和报告程序。

事态监测与评估一般由事故现场指挥和技术负责人完成，应将监测与评估结果及时传递给应急总指挥，为制定下一步应急方案提供决策依据。

(六) 警戒与治安

为保障现场应急救援工作的顺利开展，在事故现场周围建立警戒区域，实施交通管制，维护现场治安秩序是十分必要的。其目的是防止与救援无关人员进入事故现场，保障救援队伍、物资运输等的交通畅通，并避免发生不必要的伤亡。

该项功能的具体职责包括：

(1) 实施交通管制，对危害区外围的交通路口实施定向、定时封锁，严格控制进出事故现场的人员，避免出现意外的人员伤亡或引起现场的混乱。

(2) 指挥危害区域内人员的撤离、保障车辆的顺利通行，指引不熟悉地形和道路情况的应急车辆进入现场，及时疏通交通堵塞。

(3) 维护撤离区和人员安置区场所的社会治安工作，保卫撤离区内和各封锁路口附近的重要目标和财产安全，打击各种犯罪分子。

(4) 除上述职责以外，警戒人员还应该协助发出警报、现场紧急疏散、清点人员、传达紧急信息，以及进行事故调查等。

(七) 人员疏散与安全避难

(1) 人员疏散

人员疏散是减少人员伤亡扩大的关键，也是最彻底的应急响应。事故的大小、强度、爆发速度、持续时间及后果严重程度，是实施人员疏散应予考虑的主要因素，它将决定撤退人员的数量、疏散的可用时间及确保安全的疏散距离。

对人员疏散所作的规定和疏散命令包括：

① 明确谁有权发布疏散命令。

② 明确需要进行人员疏散的紧急情况和通知疏散的方法。

③ 列举有可能需要疏散的位置。

④ 对疏散人员数量及疏散时间的估测。

⑤ 对疏散路线的规定。

⑥ 对需要特殊援助的群体的考虑，如学校、医院、养老院、监管所，以及老人、残疾人等。

在重大事故发生时，可能要求从事故影响区疏散企业人员到其他区域。有时甚至要求全企业人员除了负责控制事故的应急人员都必须疏散。小企业或事故迅速恶化时，可直接进行全体疏散。被影响区无关人员应该首先撤离，接着是当全面停车时的剩余工人撤离。所有人员应该熟悉疏散有关信息，在离开企业时，应该根据指示，关闭所有设施和设备。此外，岗位操作人员应该确切知道如何以安全方式进行应急停车。对于控制主要工艺设备停车的应急设备和公用工程，如果没有通知不能实施停车程序。

现场疏散的实际计划通常与企业大小、类型和位置有关。应事先确定出通知企业员工疏散的方法、主要或替换集合点、疏散路线和查点所有员工的程序，应该制定规定以警示和查找企业来访者。保卫人员应该持有这些人的名单，企业陪同人员负责来访者的安全。

煤矿井下发生事故时，井下人员要按照避灾路线撤离。

(2) 安全避难

当人员受到高温烟流及有毒有害气体的威胁，且疏散又不可行时，临时避难所可给人员提供临时保护。

临时避难所通常是具有空气供给的密闭空间，空气可由瓶装压缩空气提供。一般将控制室设计为临时避难所，使操作人员在紧急时安全使用。有些控制室如果为保证有序停车防止发生更大事故，需要设计成能够防止有毒气体渗入的。选择临时避难所的另一个原因是人员到达可永久避难场所的距离远，或因缺少替代疏散路线而不能安全疏散。

指挥者根据事故区域大小，相对距离的远近和主导风向，为员工选择临时避难所。避难所不应过远，以免人员不能及时到达。在选定某建筑作为临时避难所前，指挥者应该考虑其设计是否具有如下特点：

① 结构良好，没有明显的破洞、裂口或其他可能使危险气体进入内部的结构弱点。

② 通风系统可控制。

临时避难所不能永久驻留。如果需要永久避难设施，则在计划和设计时必须保证安全的室内空气供给和其他支持系统。

避难场所应该能提供限定人员足够呼吸的空气量和足够时长的有效保护。对大多数常见情况，临时避难所是窗户和门都关闭的任何一个封闭空间。

在许多情况下(如快速、短暂的气体泄漏等)，采取安全避难是一个有效的方法，特别是与疏散相比它具有实施所需时间短的优点。煤矿井下建有避难硐室和压风自救系统，可提供现场安全避难。

(八) 医疗与卫生

及时有效的现场急救和转送医院治疗，是减少事故现场人员伤亡的关键。在该功能中应明确企业可能发生的重大事故，为现场急救、伤员运送、治疗等所作的准备和安排，主要包括：

(1) 可用的急救资源列表，如急救医院、救援车和急救人员。

(2) 抢救药品、医疗器械、消毒药品等的企业内、外来源和供给。

(3) 建立与上级或当地医疗机构的联系与协调。

(4) 针对企业主要潜在的危险，为急救人员和医疗人员提供培训的安排和要求，保证其掌握正确的消毒和治疗的方法，以及个人安全防护措施。

(5) 指定医疗指挥，建立现场急救和医疗服务的统一指挥协调系统。

(6) 建立对受伤人员进行分类急救、运送和转送医院的标准操作程序。

(7) 记录汇总伤亡情况，及时通过公共信息机构向新闻媒体发布受伤、死亡人数等信息。

(8) 保障现场急救和医疗人员个人安全的措施。

医疗人员必须了解企业主要的危险，并经过培训掌握对受伤害人员进行正确消毒和救治的方法。医疗救援一般由企业医院承担，若企业的医疗救援力量不足，则应事先与当地医院签订救助协议。

医疗救援包括现场救治和医院救治。

(1) 现场救治

到达现场的医疗救援人员要及时将伤员转送出危险区，并按照先救命后治伤、先治重伤后治轻伤的原则对伤员进行紧急抢救。现场救治主要是保持呼吸道通畅、心肺复苏、抗休克、止血、止痛和其他对症处理。

(2) 医院救治

医院对接收的伤员进行早期处理，包括清创、止血、抗休克、抗感染，对有生命危险的伤员实施紧急处理。

(九) 公共关系

重大事故发生后，不可避免地会引起新闻媒体和公众的关注，应将有关事故的信息、影响、救援工作的进展、人员伤亡情况等及时向媒体和公众公布，以消除公众的恐慌心理，避免公众的猜疑和不满。

在该应急功能中应明确：

(1) 信息发布审核和批准程序，保证发布信息的统一性，避免出现矛盾信息。

(2) 指定新闻发言人，适时举行新闻发布会，准确发布事故信息，澄清事故传言。

在指定情况下，媒体很可能获悉事故消息。当地报社、电视台和广播电台的记者会涌到事故现场采集有关新闻消息。警戒人员应该确保若非允许不得入内。尤其是无关人员，不能进入应急指挥中心或应急人员正在控制险情的地方，避免干扰应急行动。并要防止媒体错误报道事件。因此，企业要有专门负责协调公众、媒体的部门。

此项功能的负责人应该定期举办新闻发布会，提供准确信息，避免错误报道。

当没有进一步信息时，应该让公众知道事态正在调查，并将在下次新闻发布会时通知媒体，但不能回避或掩盖事实真相。

(十) 应急人员安全

重大事故尤其是涉及危险物质的重大事故的应急救援工作危险性极大，必须对应急人员自身的安全问题进行周密的考虑,包括安全预防措施、个体防护设备、现场安全监测等,明确紧急撤离应急人员的条件和程序,保证应急人员免受事故的伤害。

应急人员自身的安全是重大事故应急预案予以考虑的一个重要因素。在该应急功能中,应明确保护应急人员安全所作的准备和规定,主要包括:

(1) 应急队伍或应急人员进入和离开现场的程序,包括指挥人员与应急人员间的通信方式,及时通知应急救援人员撤离危险区域的方法,以避免应急救援人员承受不必要的伤害。

(2) 根据事故的性质,确定个体防护等级,合理配备个人防护设备,如配备正压氧气呼吸器等。此外,在收集到事故现场更多的信息后,应重新评估所需的个人防护设备,以确保正确选配和使用个体防护设备。

(3) 应急人员有关保证自身安全的培训安排,包括紧急情况下正确辨识危险性质与合理选择防护措施的能力培训,正确使用个体防护设备等。

(十一) 消防与抢险

消防与抢险在重大事故应急救援中对控制事态的发展起着决定性的作用,承担着消灭灾害、营救遇险遇难人员等重要职责。该应急功能应明确:

(1) 企业内消防队、救援队、事故责任部门等的职责与任务。

(2) 抢险救灾的指挥与协调。

(3) 消防及抢险救援力量情况。

(4) 可能发生重大事故地点的供水及灭火系统情况。

(5) 针对事故的性质,拟采取的事故救援对策和方案。

(6) 所需的设备、器材和物质的准备。

(7) 搜寻和营救人员的行动措施。

(十二) 泄漏与控制

在危险物质泄漏事故中,泄漏物的控制对防止环境污染,保障现场安全,防止事故影响扩大都是至关重要的。泄漏物控制包括泄漏物的围堵、收容和洗消去污。

该应急功能要求:

(1) 对于数量巨大的每种危险物质准备一个清晰简洁的围堵、收容和洗消措施列表。

(2) 应明确可用的收容装备(泵、容器、吸附材料等)、洗消设备(包括喷雾洒水车辆)及洗消物资,应建立洗消物资供应企业的情况及通信名录。

(3) 在进行泄漏物控制措施策划及泄漏物控制过程中,要充分考虑应急人员的安全问题,保证应急人员所面临的危险最小。

(4) 对可能发生泄漏的特定区域,可利用该地区的地形来实施泄漏物的围堵;必要时,采取泡沫覆盖方法以减少泄漏物的蒸发,或采用喷雾方法降低有毒有害气体的浓度。

(5) 应急时开启洗消站,对受污染需要处理的人员、装备、物资器材进行消毒。

在泄漏物控制过程中,始终应坚持“救人第一”的指导思想,积极抢救事故区域受伤人员,疏散受威胁的周围人员至安全地点,将受伤人员送往医疗机构。

泄漏物控制的一般程序如下:

(1) 到达现场后进行事故区的侦察,快速查明事故的性质,人员的伤亡情况,受威胁的人员数量,爆炸品、有毒物质的性质、数量,泄漏形式和速度,爆炸危险、危害程度,救援人员的办法及进攻路线。

(2) 采取防毒、防爆、防扩散的措施,处置有利及不利的条件。

(3) 切断泄漏源,排除险情,在无法切断泄漏源的情况下,要采取防止扩散、爆炸措施,减轻对人员的危害程度。

(4) 掩护、协助抢修人员进行抢修工作。

(5) 事故处置完毕后,对有危害的物质进行洗消,彻底消除危险。

应急总指挥在处置过程中要始终掌握事故现场的情况,及时调整力量,组织轮换;在可能发生重大突变情况时,应果断作出强攻或转移撤离的决定,以避免更大的伤亡和损失。

(十三) 应急恢复

应急恢复是指将事故现场恢复到相对稳定、安全的基本状态。

根据事故类型和损害严重程度,具体问题具体解决,主要考虑如下内容:

(1) 宣布应急结束。

(2) 组织重新进入。

(3) 受影响区域的连续检测。

(4) 现场警戒和清理。

(5) 损失状况评估。

(6) 恢复损坏区的供电等。

(7) 抢救被事故损坏的物资和设备。

(8) 恢复被事故影响的设备、设施。

(9) 事故调查。

只有在灾害完全扑灭时,应急总指挥才可以宣布结束应急状态。

在应急结束后,应急总指挥应该委派恢复人员进入事故现场,清理重大破坏设施,恢复被损坏的设备和设施,根据危险的性质和事故大小,恢复人员一般应包括以下全部或部分人员:应急人员、工程人员、维修人员、生产人员、采购人员、环境人员、健康和安全人员、法律人员等。

在应急结束后,事故区域还可能存在危险。因此,还应对事故及受影响区域进行检测,以确保恢复期间的安全。检测人员应该确定受破坏区域的污染程度或危险性。如果此区域可能会给相关人员带来危险,安全人员要采取一定的安全措施,包括发放个人防护设备、通知所有进入人员有关受破坏区的安全限制等。

应急反应结束后,由于以下原因可能还需要继续隔离事故现场:

(1) 事故区域还可能造成人员伤害。

(2) 事故调查组需要查明事故原因,不能破坏和干扰现场证据。

(3) 如果伤亡情况严重,则需要政府相关部门进行官方调查。

(4) 保险公司要确定损坏程度。

(5) 工程技术人员需要检查该区域以确定损坏程度和可抢救的设备。

损失状况评估是恢复工作的另一个内容,评估工作主要集中在紧急事故后企业如何进行修复工作等问题。

完成损失状况评估后,每个需要立即修理或恢复的项目都应分派专人或专门部门负责。在进行设备处理前,要确保事故调查组对设备的查验及记录存档。

事故调查主要集中在事故如何发生及为何发生等方面。事故调查的目的是找出操作程序、工作环境或安全管理中需要改进的地方，以避免事故再次发生。

根据惯例，事故调查组应该由各种技术人员和操作人员组成（工程师、安全专家、工艺操作人员等）。事故调查组通常需要做以下工作：

（1）查看事故现场。

（2）查看事故现场的图片和录像。

（3）搜集与整理证据。

（4）核对工艺数据。

（5）确认并采访证人。

完成以上工作后，事故调查组应按企业有关章程或其他有关事故调查的规定来分析事故。分析的主要目的是评估辨识事故发生的原因（根本原因和诱发原因），确定纠正措施及任务分配。事故调查组要在报告中详细记录调查结果和建议。

一般情况下企业都应制定事故调查的程序。通常出现以下情况之一，就应进行正式广泛的事故调查。

（1）出现人员死亡、严重伤害或大量财产损失。

（2）调查显示上述事故以后发生的可能性很高。

（3）调查表明如果事故发生还可能造成严重的后果。

（4）发现以前未曾发现的危险。

（5）暴露的风险远高于以前的估计结果。

恢复工作的最终目的的是恢复到企业原有状况，甚至更好，所需时间进程、费用和劳动力与事故严重程度有关。无论怎样，从事故中吸取教训是最重要的，这也是审查应急预案、评价应急行动有效性的一个因素。通过加入新的内容，改善原应急预案，提高事故应急水平。

第六节　应急预案的演练

一、应急演练的含义与目的

（一）应急演练的含义

应急预案演练，简称应急演练，是指在事先虚拟的事件（事故）条件下，应急指挥体系中各个组成部门、单位或群体的人员针对假设的特定情况，执行实际突发事件发生时各自职责和任务的排练活动，简单来讲就是一种模拟突发事件（事故）发生的应对演习。

应急演练是各类突发事件应急准备过程中的一项重要工作，作为一种模拟应对突发事件的行动演习，可以实现教育公众、锻炼队伍、发现漏洞、提高应对水平等作用，对评估应急准备、检验相关人员操作水平、发现并及时修订应急预案中的漏洞等具有重要意义。

通过应急演练，可以解决企业内部、企业之间、企业与政府部门间的协同配合问题，增强应急预案的针对性、实用性及可操作性，可以提高应急救援反应能力和协同水平；也可以提高各级政府及其部门、企事业单位的危机意识、责任意识，提高事故的防范能力，是保证应急预案贯彻执行的重要途径和措施。

（二）应急演练的目的

（1）检验应急预案

通过应急演练，充分暴露应急预案中存在的漏洞、缺陷和不合理之处，提高应急预案的可行性、实用性和可操作性。

（2）增强风险意识

应急演练可起到科普宣传的作用，使大家认识到灾害事故造成的巨大破坏，增强参演人员和观摩人员风险防范意识和自救、互救及现场急救的能力。

（3）锻炼应急队伍

通过应急演练，应急队伍可熟悉应急预案，提高处理灾害事故的能力和水平。

（4）提升协作水平

应急演练可帮助应急管理人员、救援人员熟悉灾害事故情况，提高实战水平，提升应急管理相关部门、应急机构、人员之间协作水平，理顺工作关系，完善应急机制。

（5）完善应急准备

通过应急演练，可检查应急队伍、物资、装备等方面的准备情况，发现存在的不足并及时进行完善和补充，做好应急准备，提高其可靠性、实用性等。

二、应急演练的原则与要求

（1）遵守规定，高度重视

应急演练应遵守相关法律、法规、标准、规范等各种规定；各级领导应高度重视演练工作，给予物资、人员等支持，必要时亲自参与演练并担任部分角色。

（2）结合实际，合理定位

应急演练过程中，应紧密结合当地、本企业实际情况，以及应急管理工作实际情况，根据自身资源条件，合理定位，确定演练的方式和规模。

（3）着眼实战，力求实效

应急演练应尽可能贴近实际情况，应以提升相关部门和人员的指挥与协调能力、应急处置能力等实战能力为着眼点；演练过程中避免形式主义，以取得实效为标准。

（4）精心组织，确保安全

按照相关法律、法规、标准、规范等，围绕演练目的精心组织、策划演练内容、方案，周密组织演练活动。开展应急演练要制定科学、可行的安全措施，确保参演人员、观摩人员的安全。

（5）统筹规划，厉行节约

应急演练需要资金、物质的支持和保障。参演人员必须厉行节约精神，精简演练费用，充分利用现有的资源，努力提高应急演练效果。

三、应急演练的分类

按照应急演练的内容，可将其分为综合演练和单项演练两种；按照演练形式，可将其分为现场演练和桌面演练两种。在具体演练过程中，这几种方式可相互结合，互为补充。

（1）综合演练

综合演练又称为全面演练，是指针对应急预案中多项或者全部应急响应功能开展的演练。

（2）单项演练

单项演练又称为功能演练，是指针对应急预案中某一项应急响应功能开展的演练活动。

(3) 现场演练

现场演练又称为实战演练，是指模拟企业生产活动中的设备设施、装置、场所等，设定特定的灾害事故情景，依据应急预案要求，模拟开展的演练活动。

(4) 桌面演练

桌面演练，是指针对特定的灾害事故情景，利用图纸、流程图、计算机、沙盘等辅助手段，依据应急预案而进行交互式讨论或者模拟应急状态下应急行动的演练活动。

四、应急演练的内容

(1) 预警与报告

根据设定的事故情形，向相关部门和人员发出预警信息，并向有关部门和人员报告事故的基本情况。

(2) 指挥与协调

根据事故情形，立即成立总指挥部，召集应急救援队伍以及调动相关资源，开展应急救援行动。

(3) 应急通信

根据事故情形，采用最快捷的手段，在应急救援相关部门或人员之间进行音频、视频信号或数据信息互通。

(4) 事故监测

依据事故类型及事故情形，对事故现场进行观察、分析或测定，进而确定事故严重程度、影响范围和变化趋势等。

(5) 警戒与管制

根据事故基本情况，建立应急处置现场警戒区域，实行交通管制，维护现场秩序。

(6) 疏散与安置

依据事故情形，对事故可能波及范围内的相关人员，立即进行疏散、转移并妥善安置。

(7) 医疗卫生

根据事故情形，调集医疗卫生专家、卫生应急队伍，有序开展紧急医疗救援，并开展卫生监测和防疫工作。

(8) 现场处置

根据事故情形，按照应急预案及现场指挥部的相关要求，对事故现场进行控制和处理。

(9) 社会沟通

根据事故情形，召开新闻发布会或事故情况通报会，及时通报事故有关情况。

(10) 后期处置

根据事故情形，应急处置结束后，开展事故损失评估、事故原因调查、事故现场清理和相关善后工作。

(11) 其他

区域、相关行业安全生产所包含的其他应急功能。

五、应急演练的组织和实施

(一) 制定应急演练计划

应急演练计划是指根据应急演练规划对拟进行的应急演练活动作出的安排，一般需要设定演练目的、项目、形式、规模、时间、地点，以及演练的主要内容、参演人员、经费预算等。

（二）应急演练的准备

充分的准备工作，是应急演练顺利开展的基础。应急演练的前期准备工作包括成立应急演练组织机构、编制应急演练文件、进行应急演练的动员及培训、搞好应急演练保障等。下面重点介绍成立应急演练组织机构、编制应急演练文件以及应急演练保障的相关内容。

（1）成立应急演练组织机构

确定应急演练计划后，需要成立应急演练领导小组，小组下设策划、执行、保障、评估等专业工作组；根据演练内容及演练规模的不同，其组织机构可以进行灵活调整。各小组职责如下：

① 领导小组

领导小组负责应急演练活动的筹备、实施过程中的组织及领导工作，负责审核应急演练方案、落实应急演练经费、进行应急演练评估总结，以及其他需要决定的重要事项。应急演练领导小组设置组长和副组长，组长一般由应急演练组织单位或上级单位的主要负责人担任，副组长一般由应急演练组织单位或协办单位负责人担任。演练过程中，组长、副组长通常分别担任应急演练的总指挥、副总指挥。

② 策划组

策划组由文案、协调、宣传等部门人员组成，负责编制应急演练工作方案、应急演练脚本、应急演练保障方案或预案、宣传报道材料、工作总结、改进计划等。

③ 执行（控制）组

执行（控制）组最好由应急救援经验丰富、技术水平高的人员担任，负责应急演练活动的筹备、实施，以及演练过程中各单位的联络与协调、事故场景布置、参演人员安排、演练进程控制等。

④ 保障组

保障组一般由组织单位的后勤、财务、办公、安保部门人员组成，负责筹备应急演练活动经费、后勤保障，确保演练活动落实到位。

⑤ 评估组

评估组一般由应急管理专家、具有丰富应急演练评估经验的专业人员组成，负责审定应急演练保障方案，编制应急演练评估方案并付诸实施，进行应急演练现场点评和总结评估，撰写应急演练评估报告。

（2）编制应急演练文件

应急演练文件包括应急演练工作方案、应急演练脚本、应急演练评估方案、应急演练保障方案、应急演练观摩手册等。各文件包含内容简述如下。

① 应急演练工作方案

应急演练工作方案主要内容包括：应急演练目的与要求，应急演练事故情形设计，应急演练内容、规模及时间，相关参演单位及参演人员的主要任务及职责，应急演练筹备工作内容，应急演练主要流程，应急演练技术支撑及保障条件，应急演练评估与总结。

② 应急演练脚本

应急演练脚本是应急演练活动方案的具体操作、实施文件，以帮助参演单位和人员全面掌握应急演练的进程安排、演练内容等。应急演练脚本一般采用表格形式编制，涵盖应急演练的事故情形、处置行动及执行人员、指令与对白、活动步骤、进程安排、演练解说词、视频背景及字幕等内容。

③ 应急演练评估方案

应急演练评估方案涵盖以下基本内容。

a. 应急演练信息:应急演练的目的、事故情形,应急行动及应对措施等。

b. 评估内容:应急演练准备、组织与实施、演练效果等。

c. 评估标准:应急演练每个环节是否达到演练目标的评判标准。

d. 评估程序:应急演练评估工作的主要步骤与任务分工。

e. 附件:应急演练评估所需的相关图纸、表格等。

④ 应急演练保障方案

为确保应急演练活动安全、有序进行,需要采取切实可行的措施防止意外状况的发生,应制定应急演练保障方案,并进行演练,使参演单位和人员熟悉、掌握相关内容。

⑤ 应急演练观摩手册

根据应急演练规模、区域、观摩的需要等,可编制应急演练观摩手册。该手册通常涵盖应急演练的时间、地点、内容、环节、流程、注意事项等内容。

(3) 应急演练保障

① 人员保障

按照应急演练方案和有关要求,策划、执行、保障、评估、参演等人员参加应急演练活动,必要时考虑替补人员。

② 经费保障

根据应急演练工作需求,落实应急演练工作所需经费及承担单位。

③ 物资保障

根据应急演练工作需要,明确各参演单位所必须准备的演练物资、器材、设备设施等。

④ 场地保障

根据应急演练的规模、形式和内容,选择合适的演练场地。演练场地应满足演练活动需要,避免影响企业安全生产和公众正常生产、生活。

⑤ 安全保障

根据应急演练工作需要,采取必要的安全防护措施,确保参演单位和人员、观摩等人员以及企业的安全。

⑥ 通信保障

根据应急演练工作需要,采用多种快捷通信方式,保证演练通信信息通畅、高效。

⑦ 其他保障

根据应急演练工作需要,提供的其他保障措施。

(三) 应急演练的实施

应急演练实施是指从宣布初始事件开始,参演单位和人员按照应急演练方案开展演练活动、实施相应的应急响应,直至完成全部演练工作的整个过程,涵盖应急演练启动、应急演练执行、应急演练结束和终止等环节。

(1) 应急演练启动

应急演练启动前一般举行简短的仪式,介绍演练的目的、意义、要达到的目标、程序、要求等内容,由应急演练总指挥宣布演练启动。

(2) 应急演练执行

应急演练执行是应急演练活动的核心环节,包括应急演练指挥与行动、应急演练过程控制、应急演练解说、应急演练记录和现场评估、宣传报道等5个方面的内容。

① 应急演练指挥与行动

a. 应急演练总指挥负责演练全过程的指挥与控制。

b. 按照演练方案的要求,参演单位和人员开展演练活动,完成各项演练内容。

c. 应急演练控制人员熟练掌握演练方案和流程,按照总指挥的命令,发布控制命令,协调相关人员完成演练内容。

d. 参演单位和人员根据相关命令,有序开展演练活动,进行演练处置,完成演练活动。

② 应急演练过程控制

参演人员通过传递控制消息来控制演练过程。参演人员接收到相关信息后,按照发生真实灾害事故时的处置要点和程序,展开相应的应急演练活动。演练过程中,控制人员应随时掌控演练进程,并及时向总指挥报告演练中出现的各种问题。

③ 应急演练解说

应急演练过程中,安排专人进行解说。解说内容一般包括演练背景、进程、案例介绍等。

④ 应急演练记录和现场评估

需要安排专人采用文字、作品或录像的形式记录演练过程。应记录演练过程控制情况,演练活动中参演人员的表现、发生的状况及其处置手段等。

⑤ 宣传报道

宣传人员按照演练方案做好应急演练宣传报道工作,扩大应急演练的宣传效果。

(3) 应急演练结束和终止

完成全部演练内容后,由总指挥发出结束信号,宣布演练活动结束。此时,所有参演人员应停止活动,进行现场总结点评。保障人员负责对演练现场进行清理和恢复。

六、应急演练的评估总结与改进

应急演练的评估总结是指应急演练活动结束以后,应急演练组织单位安排人员进行评估、总结、分析演练过程中暴露出来的问题,评估演练是否达到了预定的演练目的,进而提高单位应急准备水平,提升演练人员救援技能。

(一) 应急演练评估

应急演练评估是在全面分析应急演练过程、记录、相关资料的基础上,对比参演人员的表现与演练方案、目的等相关要求间的差距,对演练活动及组织过程作出客观评价。所有的应急演练都应进行评估,评估时可引入第三方机构进行,并要形成应急演练评估报告。应急演练评估报告的内容包括:

(1) 应急演练基本情况

应急演练的组织单位、承办单位、演练形式、演练内容与科目、演练地点及时间、灾害事故的情景描述、主要应急行动等。

(2) 应急演练评估过程

应急演练评估工作的组织实施和工作安排。

(3) 应急演练情况分析

依据应急演练评估表格的内容,对应急演练的准备、组织实施、参演人员表现等方面具体分析,肯定做得好的方面,并明确存在的问题。

(4) 改进的意见和建议

对应急演练过程中暴露出的问题提出针对性的整改意见和建议。

(5) 应急演练评估结论

对应急演练组织实施、演练过程、处置方法等进行综合评价,并给出优(无差错,完成各项规定的演练内容)、良(差错很少,达到设定的演练目标)、中(有明显差错,但基本完成演练目标)、差(出现了重大错误,未完成设定的演练目标,应急演练被迫终止,造成应急行动延误等)的明确结论。

(二) 应急演练总结

应急演练结束后,由应急演练组织单位根据演练记录、应急预案、现场总结、应急演练评估报告等材料,对演练进行全面总结,并形成应急演练总结报告。报告可对应急演练准备、策划等工作进行简要总结分析。应急演练总结分为现场点评和书面总结两种。

(1) 现场点评

在应急演练现场,由应急演练应急演练总指挥或组长,对参演人员及其负责人进行口头点评,评估在演练过程中暴露出的问题、不足及取得的成绩等。

(2) 书面总结

应急演练结束后,由应急演练组织单位安排相关人员,基于演练过程中的记录、观察、收集的各种信息等,根据应急演练活动目标等的要求和设定的标准,对应急演练活动全过程进行客观、科学、全面的总结,形成书面总结报告,并将应急演练总结报告等材料归档保存。

(三) 应急演练持续改进

(1) 应急预案修订完善

根据应急演练评估报告、总结报告中对应急预案的改进建议,由编制部门按程序对应急预案进行修订完善,并按相应流程进行审批、备案等。

(2) 应急管理工作改进

① 应急演练结束后,应急演练组织部门应根据应急演练评估报告、总结报告提出的问题和建议对应急管理工作进行持续改进。

② 应急演练组织部门应督促相关部门和人员,制定应急预案的修改、修订计划,明确整改目标,落实整改资金,并应跟踪督查整改情况。

③ 监督检查应急预案持续改进情况。

复习思考题

1. 为什么要求企业编制应急预案?
2. 事故应急预案的基本结构是什么?
3. 事故应急预案的核心要素有哪些?
4. 应急预案编制时要遵循什么原则?
5. 编制应急预案的依据有哪些?
6. 应急预案的编制主要要求有哪些?

7. 应急预案的内容设置主要有哪些？
8. 应急预案的编制步骤是如何安排的？
9. 应急演练的目的是什么？
10. 应急演练的原则和要求有哪些？
11. 应急预案编制过程中，体现了哪些哲学思想？

第六章　矿山主要灾害事故抢险与救援

我国各类矿山事故多发。每次事故均会造成不同程度的人员伤亡、财产损失，也造成了恶劣的社会影响。矿山抢险与救援工作，是在各类矿山事故发生以后迅速进行处置的一个过程，是保障遇险人员生命安全、控制事故扩大、降低事故损失的重要措施。本章针对各类事故发生的机理与实质、征兆与特征进行讲述，并根据事故特征，在各类事故抢险与救援过程中，将相关人员分为现场遇险人员、指挥人员、救援人员三种角色，具体讲述各种角色在面对不同灾害事故时的处置要点，同时结合经典案例，做到理论联系实际，知行合一。

第一节　矿山灾害事故抢险与救援的原则、任务及特点

一、矿山灾害事故抢险与救援的原则

矿山灾害事故抢险与救援，是为了有效减少人员伤亡、财产损失和环境影响，有效降低恶劣的社会影响。矿山抢险与救援工作应坚持“以人为本、预防为主、科学高效”的方针，坚持“统一领导、属地为主、协同配合、共享资源”的原则。

二、矿山灾害事故抢险与救援的基本任务

(1) 立即组织营救遇险人员，组织安全撤离，或采取其他措施确保灾区人员安全。

(2) 迅速控制灾情，对灾害事故造成的危害进行检测、监测，评估灾区灾情性质及危害程度。

(3) 迅速消除灾害事故造成的后果，做好现场恢复工作。

(4) 查清事故原因，评估灾害事故造成的危害程度。

三、矿山灾害事故抢险与救援的特点

(1) 灾害事故的不确定性和突发性

灾害事故的不确定性和突发性是各类生产安全事故、自然灾害事故、公共安全事故的共同特征。大部分事故都是骤然发生的。一旦发生，灾害事故会迅速蔓延，甚至失控。因此，事故抢险与救援工作必须在第一时间作出应急反应，在事故恶化之前采取有效手段，尽力控制事故的迅速蔓延，积极开展抢险与救援工作，救援、疏散遇险人员。

(2) 抢险与救援活动的复杂性

各类灾害事故影响因素众多，其演变规律存在很多不确定性和不可预见性，从而导致各类事故发生后的情形非常复杂。众多参与经济活动的部门在协调、信息交流、指挥、授权等组织与管理过程中，存在众多不协调的因素，也极大地影响了事故抢险与救援工作的顺利开展。在应急响应及事故抢险与救援过程中，有关人员的反应、心理和行为非常复杂，加剧了抢险与救援活动的复杂性。

(3) 灾害事故后果及影响的易激化和扩大化特性

各类矿山灾害事故一旦发生，后果一般较为严重，对工人个体而言，非死即伤，对矿井来说，轻则影响生产，重则停产关井，会造成重大经济损失和恶劣的社会影响。因此，事故抢险与救援工作稍有差池，就有可能改变灾害事故的状态，导致事故的激化和扩大，引起灾害事故波及范围扩展、伤亡人数增加，从而造成更大的财产损失和更恶劣的社会影响，甚至会造成事态失控。因此，事故抢险与救援工作，必须坚决、果敢，且要以最快的速度进行应急响应，防止事故激化和扩大。

第二节　瓦斯爆炸事故抢险与救援

瓦斯爆炸事故是煤矿极为严重的灾害之一，一旦发生，极易形成群死群伤的恶性事故，并且会诱发矿井火灾等严重的次生灾害。煤层瓦斯赋存的复杂性及瓦斯涌出的不均衡性等特点，以及违章作业及违章指挥、疏忽大意等，易造成瓦斯爆炸事故。在瓦斯爆炸事故抢险与救援过程中，如何实现“安全、迅速、有效”的科学救援，是现场遇险人员、参加事故抢险与救援人员，尤其是各级指挥人员必须认真对待的问题。因此，如何采取正确措施，积极抢救遇险人员，快速控制灾情，防止发生连续爆炸等就显得尤为重要。

一、瓦斯爆炸的机理与条件

（一）瓦斯爆炸的机理

矿井瓦斯爆炸是以甲烷为主的可燃性气体与空气组成的混合气体，在甲烷浓度为5%～16%时，由热源引发的一种猛烈的氧化反应，形成的一种高温高压的破坏现象，其实质是一种剧烈的链式反应。其化学反应式为：

$$CH_4+2O_2 = CO_2+2H_2O+882.6\ kJ/mol \tag{6-1}$$

由式(6-1)可以看出，1 mol 的甲烷完全反应后，会生成 1 mol 的 CO_2 和 2 mol 的水，以及 882.6 kJ 的热量，且甲烷浓度为 9.5%时，爆炸最为剧烈。

当 O_2 不足时，甲烷也会进行剧烈的氧化反应，其化学反应式为：

$$CH_4+O_2 = CO+H_2+H_2O+83.3\ kJ/mol \tag{6-2}$$

由式(6-2)可以看出，当 O_2 不足时，反应生成物为 CO、H_2 和 H_2O 及 83.3 kJ/mol 的热量。尽管生成的热量大为减少，但生成了剧毒气体 CO，从而可能造成大量人员中毒伤亡。

（二）瓦斯爆炸的条件

瓦斯爆炸必须同时具备三个条件：甲烷浓度处于瓦斯爆炸界限之内、氧气浓度超过失爆界限、引火源的能量大于最小点燃能量且温度高于最低点燃温度，以上三个条件同时存在的时间超过瓦斯爆炸的感应期。

(1) 甲烷浓度

瓦斯爆炸必须在一定的瓦斯浓度范围内才能进行，其浓度范围界限（以甲烷体积比表示）的下限为 5%，上限为 16%，否则，瓦斯不会爆炸，只会燃烧。

当瓦斯浓度低于 5%时，遇火源不爆炸，但在反应点外围形成燃烧层；当瓦斯浓度超过 16%时，失去爆炸性，但仍会燃烧。瓦斯爆炸界限不是固定不变的，其受环境温度、压力、煤尘、其他可燃性气体以及惰性气体混入等众多因素的影响。

(2) 氧气浓度

瓦斯爆炸界限范围会随着混合气体中氧气浓度的降低而减小。当氧气浓度降低时，瓦斯爆炸下限会缓慢升高，而爆炸上限会迅速下降；当氧气浓度降低至12%时，甲烷空气混合气体失去爆炸性。

(3) 引火源(高温热源)

引燃瓦斯的最低温度，称为最低点燃温度。通常认为，引爆瓦斯的火源温度为650～750 ℃；但该温度受瓦斯浓度、火源性质、气体压力等外部条件的影响而变化。当浓度为7%～8%时，瓦斯最易被引燃。

引火源(高温热源)的存在，是引爆瓦斯的必要条件。井下高温热源众多，譬如电气火花、违章爆破、抽烟、煤炭自燃、火工作业等。但并非所有的高温热源都会诱发瓦斯爆炸。上述三个条件同时存在的时间，还要大于瓦斯爆炸的感应期。所谓感应期，是指甲烷空气混合气体从接触引火源开始到转化为快速燃烧爆炸的时间间隔。这是因为甲烷的比热容较大，需要吸收一定的热量后，才会开始分解和燃烧。

此外，点燃瓦斯的引火源还需要一定的点燃能量。在标准状况下，瓦斯的最小点燃能量为0.28 mJ；引火源的能量只有大于该值时才能引起瓦斯的燃烧或爆炸。

二、瓦斯爆炸的传播过程、特点及危害

(一) 瓦斯爆炸的传播过程

按照爆炸传播速度，可将瓦斯爆炸的传播过程分为以下三个阶段。

(1) 爆燃

受外界因素差异的影响，爆燃阶段的传播速度为每秒数十厘米至数米不等。假设甲烷与空气的混合气体中出现点火源，混合气体在点火点被点燃形成最初的火焰，在一个大气压力条件下，该火焰锋面厚度仅为0.01～0.1 mm，以燃烧波的形式在混合气体中传播。

(2) 爆炸

瓦斯爆炸阶段的传播速度为每秒数十米至数百米不等。燃烧波在传播过程中，火焰锋面与未燃混合气体、燃烧物之间进行热量交换和质量交换。燃烧波在传播到5～10倍巷道宽度距离后，开始迅速加速。

(3) 爆轰

此阶段传播速度超过声速，可达每秒数千米。爆轰波由一个以爆轰速度运动着的激波和激波后被加热、压缩的气体所组成。

(二) 瓦斯爆炸的特点

(1) 矿井通风系统遭到破坏，有的破坏非常严重，恢复通风比较困难。

(2) 短时间内可能发生风流逆转和风流紊乱现象，大量有毒有害气体四处蔓延，造成大量人员中毒。

(3) 爆炸产生的冲击波、爆炸火焰对人员的伤害、对矿井各种设备设施的破坏程度很严重。

(4) 巷道支架破坏严重，可能出现大面积冒顶区，造成巷道堵塞、埋人，给抢救遇险人员带来极大的困难。

(5) 大型瓦斯爆炸事故，极容易引起煤尘参与爆炸和瓦斯连续爆炸，又容易引起大型火灾事故，处理十分困难。

(三) 发生连续瓦斯爆炸的原因及特点

(1) 瓦斯连续爆炸的原因

① 瓦斯爆炸产生的正向冲击和反向冲击使大量未参与爆炸的瓦斯和新鲜空气混合成爆炸气体，这些气体返回爆炸点遇火源即可发生连续爆炸。

② 瓦斯爆炸后，可使灾区内的瓦斯涌出量突然增大。由于通风系统遭到破坏或巷道堵塞，灾区内的瓦斯浓度逐渐升高而达到爆炸界限，不断补给了供爆炸的瓦斯来源。

③ 瓦斯爆炸产生的高温火焰，使各种可燃物发生燃烧及热分解，为引燃引爆补充再生爆炸气体准备了连续爆炸的必要条件。

④ 爆炸后，密闭墙被摧毁，老空区瓦斯涌出，补给了供爆炸的瓦斯。

(2) 瓦斯连续爆炸的特点

① 多发生在瓦斯涌出量较大和有自然发火的煤层和矿井中。

② 瓦斯连续爆炸的次数和两次爆炸的间隔时间与灾区的通风情况有直接关系。

灾区瓦斯源充足，有大量空气供给则连续爆炸次数增多，间隔时间缩短；当灾区瓦斯源不够充足，通风情况不良时，也可产生连续爆炸，但间隔时间会延长。间隔时间一般为几分钟、几小时甚至几十小时。例如，1990 年 7 月 25 日六枝矿务局木岗煤矿在 1170 工作面机巷掘进中发生煤与瓦斯突出，因巷道高冒处煤炭自燃引爆了瓦斯，直至 8 月 14 日救灾结束，先后发生了瓦斯爆炸 28 次。每两次爆炸间隔时间短则 3～5 min，最长 42.4 h，大多为 1～2 h。

③ 瓦斯连续爆炸容易引起煤尘爆炸的连锁反应。连续爆炸对抢救事故的遇险人员，特别是救援人员威胁最大，使事故的处理更加复杂、困难。

(四) 瓦斯爆炸的致命危害

瓦斯爆炸发生后，会产生如下三方面的致命危害。

(1) 高温

瓦斯爆炸后，会瞬间释放巨大的热量，使周围气体的温度和压力迅速升高。一般情况下，火焰锋面温度可高达 2 150～2 650 ℃，火焰锋面经过之处，人被烧死或大面积烧伤，可燃物被点燃而发生火灾等次生灾害。

(2) 高压(冲击波)

瓦斯爆炸瞬间，会迅速引起周围混合气体压力突然升高，并以极快的速度向四周扩散，从而在其传播路径上形成巨大的冲击波。冲击波可分为正向冲击波和反向冲击波，两者会产生叠加，从而形成更高的压力。冲击波压力由几个大气压到几十个大气压，前向冲击波叠加和反射时压力可达上百个大气压，传播速度大于声速，所到之处造成人员伤亡，设备、设施严重损毁，通风系统破坏。

(3) 有毒有害气体

瓦斯爆炸后矿井空气成分发生了很大变化：

① 在爆炸中消耗掉大量氧气，使氧气浓度急剧下降，造成人员窒息死亡。

② 形成爆炸性气体，易造成二次爆炸。

③ 释放大量对人体有毒有害气体，尤其是 CO；井下发生瓦斯爆炸以后，会产生大量的 CO，如果有煤尘参与爆炸，CO 的生成量更大；CO 浓度按体积计算达到 0.4%时，人在短时间内就会中毒死亡；CO 中毒是瓦斯爆炸事故造成大量人员伤亡的主要原因。

三、瓦斯爆炸事故的处理

瓦斯爆炸事故处理流程为：灾区停电、撤人→向上级汇报→召请矿山救援队→成立抢救指挥部→矿山救援队到灾区侦察、救人→灭火→恢复通风系统。各相关部门及人员处理要点分述如下。

（一）现场遇险人员的行动要点

现场遇险人员行动要点是：卧倒，湿毛巾护口鼻，迎风撤离进行自救。

（1）现场遇险人员自救要点

① 靠近爆源点附近的人员，立即背向冲击波袭来方向、脸朝下扑倒在地，用湿毛巾护口鼻，以隔绝火焰和高温气体的伤害。

② 爆炸过后，迅速迎风撤离，撤离时尽量降低身姿或爬行，谨防呼入大量有毒有害气体。

③ 无法撤退时，迅速佩戴自救器就近转入独头巷道，堵住入口，防止有毒有害气体侵入，等待救援。

④ 暂时躲避至安全地点，要沉着、冷静，保持体力，减少活动，并在躲避地点附近做标记，或有规律地敲击管道等，发出求救信号。

⑤ 打开避灾地点附近的压风管路，以便输入新鲜空气，确保人员呼吸。

（2）现场遇险人员撤离要点

① 事故发生后，灾区人员要立即采取自救、互救措施，位于灾区的人员首先尽快撤离灾区，波及区的人员在接到通知后也要及时撤离。

② 采煤工作面发生瓦斯爆炸事故时，受灾人员要以事故区为中心，分别由上下巷撤退，转入安全的进风巷道。

③ 避灾时，遇险人员在班组长带领下，按通风人员、救援人员指引的避灾路线迅速地撤离危险区。在避灾过程中，要守纪律、听指挥。

④ 撤离时，应两人以上编组同行，要互相帮助，互相照顾，不准单独乱跑；撤退中要注意风流方向，要尽快寻找捷径进入新风区域。

⑤ 进入避难硐室后要发出求救信号，以便救灾人员跟踪救援。

（二）调度人员的处理要点

调度室处理瓦斯爆炸事故的关键步骤为：停电、撤人→通知领导→上报事故→查明原因。

（1）调度员接到井下事故报告后，立即通知井下遇险人员及周边人员进行紧急避险、安全撤出或参与事故抢险与救援，并下令将向灾区及附近地点供电的变电所停电。

（2）迅速向矿长、总工程师等领导报告灾情基本情况，通知本矿辅助救援队。

（3）迅速了解爆炸地点有无遗留火种，灾区波及范围，是局部爆炸还是连续爆炸，爆炸产物排出沿程是否引起二次爆炸或燃烧，遇难人员情况等。

（4）立即向安全监察机构和上级主管部门等报告事故基本情况。

（5）向集团公司调度室报告，向矿山救援队报警。

（6）按应急预案的相关规定迅速召集矿井通风区、机电科、医院等各方面有关人员。

（三）救援指挥人员的处理要点

救援指挥人员处理瓦斯爆炸事故的关键是：根据灾区情况迅速抢救遇险遇难人员，及时恢复通风系统、消除火源，避免出现连续爆炸，防止事故扩大。

（1）作出正确决定，下达相应命令

① 立即组织成立抢救指挥部，启动相应等级的应急预案，责令各单位执行应急任务。

② 立即下令切断事故地点的电源，马上恢复通风，扑灭火灾，防止发生二次爆炸。

③ 下令撤出灾区和可能受到波及的人员。

④ 了解和判断灾区的基本情况，尤其是通风系统的破坏程度、爆炸原因，灾区是否会二次爆炸，是否有煤尘参与爆炸等。

⑤ 立即召请矿山救援队，命令矿山救援队迅速进入灾区开展侦察和救人工作。

⑥ 建议并决定设立井下救援基地的地点和侦察路线。

⑦ 确定恢复通风系统和抢救遇险人员的措施。

⑧ 确定防止二次爆炸、诱发火灾的措施，以及隔爆和灭火措施。

⑨ 清点井下人员，控制入井人员。

⑩ 保证提升系统正常工作。

⑪ 立即向安全监察机构及上级主管部门报告灾情。

⑫ 命令相关单位准备救援物资，命令医院准备抢救伤员。

(2) 救援指挥人员要了解、分析判断的内容

① 了解(询问)的主要内容有：

a. 爆炸地点及波及范围。

b. 人员分布及伤亡情况。

c. 通风情况(风量大小、风流方向、风门等通风构筑物的损坏情况……)。

d. 灾区瓦斯情况(瓦斯浓度、烟雾大小、一氧化碳浓度及其他们的流向)。

e. 是否发生了火灾。

f. 主要通风机的工作情况(通风机是否正常运转？防爆门是否被吹开？通风机房水柱计读数是否有变化？……)。

② 分析判断的主要内容有：

a. 通风系统的破坏程度。

可根据灾区通风情况和通风机房水柱计读数变化情况作出判断。

若通风机房水柱计读数增大，则说明灾区巷道冒顶垮落，通风系统被堵塞。

若通风机房水柱计读数减小，则说明灾区风流短路，其产生原因可能是：

Ⅰ. 风门被摧毁。

Ⅱ. 人员撤退时未关闭风门。

Ⅲ. 回风井口防爆门被冲击波冲开。

Ⅳ. 反风进风闸门被冲击波冲击落下堵塞了风硐，风流从反风进风口进入风硐，然后由通风机排出。

Ⅴ. 爆炸后引起明火火灾，高温烟气在上行风流中产生火风压，使主要通风机风压降低。

b. 是否会产生连续爆炸。

若爆炸后发生冒顶，巷道被堵塞，风量减小，继续有瓦斯涌出，并存在高温热源，则能产生连续爆炸。

c. 能否诱发火灾。

d. 可能的影响范围。

（四）矿山救援队的处理要点

矿山救援队处理瓦斯爆炸事故的关键是：先侦察，救人为主，防止事故扩大。

(1) 矿山救援队的工作任务

① 迅速赶赴爆炸事故矿井，立即协同矿方成立事故抢救指挥部。

② 派侦察小组进入灾区进行全面侦察，探明灾区基本情况。

③ 根据探明的灾情，制定抢险救援方案。

④ 在井下靠近灾区的安全地点设立井下救援基地，设立待机小队。

⑤ 查清遇险遇难人员数量及分布地点，发现幸存者立即佩戴自救器救出灾区。

⑥ 在查清确无火源的基础上对充满爆炸烟气的巷道恢复通风，同时检查瓦斯，防止事故扩大。

⑦ 迅速扑灭井下因爆炸产生的火灾。

⑧ 抢救遇险人员，使其安全脱险，并清理堵塞物。

(2) 救援小队进入灾区遵守的规定

① 进入前切断灾区电源。

② 进入灾区的救援队员不少于 6 人。

③ 按规定佩戴氧气呼吸器，进入灾区前确保氧气压力不低于 18 MPa。

④ 注意检查灾区内各种有害气体的浓度，温度，以及通风设施的破坏情况。

⑤ 穿过支架被破坏的巷道时，要架好临时支架，以保证退路安全；通过支护不好的地点时，队员要保持一定距离按顺序通过，不要推拉支架。

⑥ 进入灾区行动要谨慎，防止碰撞产生火花而引起爆炸。

⑦ 进入灾区禁止单独行动，严禁摘掉口具讲话。

（五）处理瓦斯爆炸事故的一般方法和措施

(1) 选择最短路线以最快的速度到达遇险人员最多的地点进行侦察、救援

其方法：一是沿着回风方向进入灾区；二是沿进风方向进入灾区。选择哪条路线进入灾区，要根据实际情况判断确定。一般来说，要沿进风方向进入灾区，因为在空气新鲜的巷道中行进，对保持救援队的战斗力，减少队员体力消耗有利；如果爆炸后，进风巷道垮塌、冒顶和堵塞，一时难以清理、维修，则可以沿回风方向进入灾区，在回风巷道中行进，有烟雾和有毒气体的威胁，救援队员的行进速度较慢，但是，这一带往往是遇险人员较集中的地点。

(2) 尽快恢复通风

采取一切可能的措施，迅速恢复灾区通风，排出爆炸产生的烟雾和有毒气体，让新鲜的空气不断地供给灾区，是抢救遇险人员最有效的方法。但在恢复通风前，必须查明有无火源存在。若有火源则会再次引起爆炸。

(3) 反风

在紧急抢救遇险人员的特殊情况下，若爆炸产生的有毒有害气体严重威胁回风方向的工作人员，则在保证进风方向的人员已安全撤退的情况下，可考虑采用反风。但对此必须十分慎重。不经周密分析，盲目行动，往往会扩大事故。

(4) 清除灾区巷道的堵塞物

当瓦斯爆炸后发生冒顶，造成巷道堵塞，影响救援队员进行侦察救援时，应考虑清理堵塞物。若巷道堵塞严重救援队员在短时间内不能清除时，则应考虑其他能尽快恢复通风救

人的可行办法。同时要恢复堵塞区外的通风，让不能佩戴呼吸器的人员能够参加此项工作。在此情况下，救援队员应在旁边进行监护并要做好准备工作。一旦通路打开，立即进入灾区抢救遇险人员。

(5) 扑灭爆炸引起的火灾

为了抢救遇险人员防止事故蔓延和扩大，在灾区内发现火灾或残留火源时，应立即灭火。当火势很大，一时难以扑灭时，应制止火势向遇险人员所在地点蔓延，特别是在火源地点附近有瓦斯积聚的盲巷或硐室时，应设法防止火源蔓延到盲巷或硐室附近引起爆炸。待遇险人员全部救出后，再进行灭火工作。火区内有遇险人员时，应全力扑火。当火势特大，有引起瓦斯爆炸危险，用直接灭火法不能扑灭，并确认火区内遇险人员均已牺牲时，可考虑先对火区进行封闭，控制火势，用综合灭火法灭火。待火区熄灭后，再寻找遇难人员的尸体。

(6) 利用连续爆炸间隙进行救援

发生连续爆炸时，为了抢救遇险人员或封闭火区，矿山救援队指战员在紧急情况下可利用两次爆炸的间隔时间进行救援。但应严密监视通风和瓦斯情况并认真掌握连续爆炸时间间隔的规律，考虑在灾区往返时间，当间隔时间不允许时，不能进入灾区，否则不能保证救援人员的自身安全。在事故救援过程中，要防止扩大事故、增加伤亡，决不允许用活人换死人。

(7) 积极开展侦察和救援

最先到达事故矿井的救援小队，担负抢救遇险人员和灾区侦察的任务。在煤尘大、烟雾浓的情况下进行侦察时，救援队员应沿着巷道排成斜线波浪式前进。救援队员发现还有可能救活的遇险人员，应迅速将其救出灾区；发现确已牺牲的遇难人员，应标明位置继续向前侦察。侦察时，除抢救遇险人员外，还应特别注意火源、瓦斯以及爆炸点的情况等信息，如顶板冒落范围，支架、水管、风管、电气设备、局部通风机、通风构筑物的位置、倒向，爆炸生成物的流动方向及蔓延情况，灾区风量、风流方向，灾区气体成分等，并作好记录，供抢救指挥部研究制定更全面的救灾方案。

(8) 相互配合

第二个到达事故矿井的救援小队应配合第一个救援小队完成抢救人员和侦察灾区的任务或根据指挥部的命令担负待机任务，待机地点应选在距灾区最近、有新鲜空气的地点，待机任务主要是做好紧急救人的准备工作。

(9) 恢复通风时先易后难

恢复通风设施时，先恢复主要的、最容易恢复的通风设施。损坏严重、一时难以恢复的通风设施可用临时设施代替。恢复独头通风时，除将局部通风机安装在新鲜空气处外，还应按排放瓦斯的要求进行。

(10) 及时联系

处理瓦斯爆炸事故时，应携带通信设备，以便随时与指挥部取得联系。

四、案例分析

(一) 案例1——山西平遥峰岩煤焦集团二亩沟煤业有限公司“11·18”重大瓦斯爆炸事故

2019年11月18日13时07分左右，山西平遥峰岩煤焦集团二亩沟煤业有限公司(以下简称二亩沟煤业)发生一起瓦斯爆炸事故，造成15人死亡，9人受伤(其中1人重伤)，直接经济损失2 183.41万元。

1. 事故单位基本情况

二亩沟煤业位于平遥县段村镇文祠神村，隶属山西平遥峰岩煤焦集团有限公司（以下简称峰岩煤焦集团），井田面积为 6.190 2 km^2，可采储量为 16.53 Mt，设计生产能力为 1.20 Mt/a，属证照齐全的生产矿井。二亩沟煤业设有矿长、总工程师、生产副矿长、安全副矿长、机电副矿长、矿长助理等矿级领导，设有安全科、生产调度室、机电科、通风科、地测防治水科、技术科等 9 个职能科室和综采队（工人称之为“安徽队”）、掘进队（工人称之为“福建队”）、高档普采队（工人称之为“四川队”）3 个采掘队组。

综采队负责 4101 综采工作面和 9101 综采工作面采煤，高档普采队负责 9102 高档普采工作面和煤柱回收面采煤，掘进队负责井下巷道掘进。

2. 事故发生经过、报告及应急处置情况

(1) 事故发生经过

2019 年 11 月 18 日早 6 时至 7 时，二亩沟煤业高档普采队队长吴某某、副队长刘某某在综合大楼二楼会议室召开班前会，对当班工作进行安排。高档普采队当班共 35 人，分为机采和炮采两个小组。炮采组在煤柱回收面作业，共有李某某、张某某、吴某某、吴某某、童某某 5 人，组长是带班副队长李某某；机采组在 9102 高档普采工作面作业，共有 16 人，组长是吴某和刘某，另有辅助工 14 人。

6 时左右，煤柱回收面当班爆破工赵某某从地面火药库领取了炸药、电雷管，在副斜井口把炸药和电雷管交给了炮采组工人。炮采组工人张某某携带电雷管、李某某等 4 人携带炸药入井。赵某某因身体不适当班没有下井，也未履行请假手续。

7 时左右，当班瓦斯检查员郭某某入井，检查了中央变电所、水仓、避难硐室、9102 高档普采工作面等地点的瓦斯浓度，10 时左右到煤柱回收面检查瓦斯。中午 12 时左右，郭某某离开。

8 时左右，当班安全检查员陈某某入井，先到 9102 高档普采工作面进行安全检查，约 11 时到煤柱回收面进行安全检查，随后离开。

8 时左右，当班带班矿领导、安全副矿长王某某入井，9 时左右到达煤柱回收面巡查，12 时左右离开。

13 时 07 分，炮采组工人张某某（无爆破工特种作业人员证件）在未执行“一炮三检”和“三人连锁爆破”制度的情况下违章爆破。爆破产生的明火引爆了 9103 工作面采空区涌入煤柱回收面的瓦斯，发生瓦斯爆炸。

(2) 事故报告情况

13 时 50 分，带班矿领导、安全副矿长王某某从井下打电话向总工程师刘某某和矿调度室报告事故。

14 时 31 分，刘某某打电话汇报给矿长王某某。

14 时 40 分，刘某某打电话汇报给平遥县应急管理局。

15 时 40 分，平遥县应急管理局打电话汇报给山西煤矿安全监察局晋中监察分局（以下简称晋中煤监分局）。

平遥县应急管理局和晋中煤监分局接到报告后，按规定逐级上报事故情况。

事故发生后，二亩沟煤业未在规定时间内报告事故，属于迟报。

(3) 事故应急处置情况

① 事故单位应急处置情况

事故当班全矿共入井 105 人，其中 35 人在事故区域作业。事故发生后，81 人自行升井，24 人被困。

11 月 18 日 13 时 56 分，二亩沟煤业总工程师刘某某接到当班带班矿领导、安全副矿长王某某的事故报告后，立即通知所有矿领导、科室人员到矿调度室集中，启动应急预案，组织开展救援工作，先期救出 5 名受伤人员。

峰岩煤焦集团接到事故报告后，安排二亩沟煤业及时向有关部门报告事故情况，在条件允许的情况下迅速开展救援工作，同时集团领导立即赶赴二亩沟煤业参与救援工作。

② 政府部门应急处置情况

事故发生后，原国家煤矿安全监察局领导、山西省主要领导及原山西煤矿安全监察局、山西省应急管理厅、晋中市人民政府、平遥县委县政府相关负责人第一时间赶赴二亩沟煤业，成立了由时任山西省委常委、副省长胡玉亭任总指挥的抢救指挥部，全力展开抢险救援。经全力搜救，至 18 日 19 时 55 分，又救出 4 名受伤人员。至 19 日凌晨 2 时 30 分，15 名遇难人员全部被运送出井，抢险救援工作结束。

③ 应急救援评估结论

在本次事故救援中，企业、各级政府以及各方救援力量均以抢救矿工生命为第一要务，响应及时、分工明确、处置科学、措施得当。

3. 事故造成的人员伤亡与直接经济损失情况

本次事故共造成 15 人死亡，9 人受伤。

依据《企业职工伤亡事故经济损失统计标准》(GB 6721—1986)和有关规定统计，事故共造成直接经济损失 2 183.41 万元。

4. 事故原因

(1) 事故直接原因

事故直接原因是：二亩沟煤业违法开采保安煤柱，贯通 9103 工作面采空区，造成采空区瓦斯大量涌入煤柱回收面，违章爆破产生明火引爆瓦斯。

① 瓦斯来源

9103 工作面采空后，上下邻近煤岩层不断释放瓦斯，逐渐在采空区内形成高浓度的瓦斯流。二亩沟煤业违法开采保安煤柱，煤柱回收面与 9103 工作面采空区贯通，采空区的瓦斯向煤柱回收面运移，成为本次瓦斯爆炸的主要瓦斯来源。

② 火源

事故当班，煤柱回收面封堵炮眼未使用水炮泥，封堵炮眼材质为煤粉和炭块，且封堵长度不足。爆破作业产生明火，成为瓦斯爆炸引爆火源。

(2) 事故间接原因

① 二亩沟煤业

a. 违法开采保安煤柱

矿方违反《中华人民共和国煤炭法》规定，违法开采 9102 工作面运输巷与 9103 工作面采空区之间的保安煤柱，造成煤柱回收面与 9103 工作面采空区直接贯通。

b. 通风管理混乱

煤柱回收面未形成独立的通风系统，采用局部通风机供风，乏风串入 9102 高档普采工作面,形成违规串联通风,并且未安设甲烷等传感器。

c. 违章爆破作业

事故当班爆破作业未执行“一炮三检”和“三人连锁爆破”制度。当班爆破工没有下井,由无证人员进行爆破作业。煤柱回收面封堵炮眼未使用水炮泥,封堵炮眼材质为煤粉和炭块,且封堵长度不足。爆破时没有撤离人员,未设置警戒。

d. 对火工品管理不规范

一是二亩沟煤业对火工品的审批流于形式。煤柱回收面的民用爆炸物品领用批准单未填写领用班组名称,只标注了压底,以压底工程的名义领取火工品,实际用于煤柱回收面,但二亩沟煤业的安全检查员和值班领导均签字同意。

二是违规运送电雷管。事故当班爆破工将电雷管交给无爆破工特种作业人员证件的张某某,由张某某携带入井。

e. 人员位置监测系统形同虚设

二亩沟煤业未给高档普采队工人配备识别卡。事故当班入井 105 人,携带识别卡的仅有 68 人。

f. 9102、9103 工作面变更采煤工艺未按规定申报,煤柱回收面违规采用炮采工艺

9102 和 9103 工作面采煤工艺由设计的综采变更为高档普采,仅由峰岩煤焦集团批复,未按原山西省煤炭工业厅《关于进一步做好煤矿生产能力登记公告和生产要素信息管理工作的通知》(晋煤行发〔2016〕307 号)规定报有关部门变更登记。

煤柱回收面采用山西省明令禁止的炮采工艺,违反了原山西省煤炭工业厅《关于加强煤矿井下生产布局管理控制超强度生产的实施意见》(晋煤行发〔2014〕718 号)第十条的规定。

g. 劳动组织不规范

9102 高档普采工作面作业规程规定的作业形式为“三八”制,但高档普采面和煤柱回收面实际按“两班”组织生产。早班 6 时至 16 时,夜班 18 时至次日凌晨 4 时,工人作业严重超时。带班矿领导不与工人同时出入井,队长吴某某不跟班。

h. 隐患排查和安全检查流于形式

从 10 月 15 日煤柱回收面开始回采到 11 月 18 日事故发生,在长达一个多月的时间内,二亩沟煤业开展了 3 次隐患排查和安全大检查活动,每班还有带班矿领导和安全检查员,但他们对违法开采保安煤柱、贯通采空区、违规串联通风等诸多严重违章行为和重大事故隐患熟视无睹,不制止、不处置。

② 峰岩煤焦集团

a. 未落实主体企业安全管理职责

2019 年,峰岩煤焦集团总经理、二亩沟煤业安全生产挂牌责任人王某未到二亩沟煤业下井检查,未履行挂牌责任人职责。峰岩煤焦集团总经理、总工程师分别兼任二亩沟煤业的矿长和总工程师,造成自己监督自己的局面,使峰岩煤焦集团对所属煤矿的安全管理职能成为摆设。

b. 未严格执行安全检查制度

峰岩煤焦集团《安全监督检查制度》规定:峰岩煤焦集团每月至少对所属煤矿进行一次以上全面安全大检查。9 月 15 日至 11 月 18 日,峰岩煤焦集团对二亩沟煤业检查了 7 次,但均未对二亩沟煤业 9# 煤采掘作业地点进行检查。

5. 事故类别与性质

经调查认定，该起事故为瓦斯爆炸事故，属生产安全责任事故。

（二）案例 2——贵州省水城矿务局木冲沟煤矿“9·27”特别重大瓦斯煤尘爆炸事故

2000 年 9 月 27 日 20 时 30 分，贵州省水城矿务局木冲沟煤矿四采区 41114 工作面机巷发生一起瓦斯煤尘爆炸事故，事故波及整个四采区，造成 162 人死亡，37 人受伤，其中重伤 14 人，直接经济损失 1 227.22 万元。

1. 矿井概况

木冲沟煤矿位于贵州省六盘水市境内，井田走向长度为 8 km，倾向宽度为 0.9～1.9 km，面积约为 12.65 km^2，矿井可采储量为 9 946 万 t，1974 年投入生产。矿井设计年生产能力为 90 万 t，1999 年实际产量为 63.3 万 t。2000 年 1—8 月份的产量为 53.2 万 t。矿井采用平硐上、下山开拓，抽出式通风。

1999 年，矿井瓦斯鉴定结果为高瓦斯矿井，贵州省煤炭工业局审批意见为按煤与瓦斯突出矿井管理。矿井相对瓦斯涌出量为 16.63 m^3/t，绝对瓦斯涌出量为 29.93 m^3/min，自然发火期为 7～9 个月，煤尘爆炸指数为 27%～36%，具有爆炸性，11# 煤层的瓦斯含量为 15.78 m^3/t，最大瓦斯压力为 1.63 MPa。矿井通风状况为：矿井需风量为 4 510 m^3/min，实际风量为 5 078 m^3/min，矿井负压为 1 930 Pa，最大风量流程为 8 040 m。

井田采用走向平硐开拓，划分为一个水平，即＋1 800 m 水平，水平内分为 8 个采区，单水平上、下山开采。现开采的是第四采区下山部分(见图 6-1)。主要可采煤层为 3#、7# 和 11# 煤层。四采区采用三条集中下山，其中，胶带下山和通风行人下山进风，轨道下山回风。在四采区的西翼共布置 2 个采煤工作面(41112 综采工作面、41114 高档普采工作面)、1 个综采准备工作面和 6 个掘进工作面(41116 工作面轨道巷、41116 工作面机巷、41116 工作面开切眼、41118 工作面轨道巷、四采区通风行人下山及联络巷)。

2. 事故经过

事故当班井下共出勤 244 人，主要在 41112 综采工作面和 41114 高档普采工作面进行生产、在 41114 综采准备工作面进行安装和在 6 个掘进工作面进行掘进和维修。9 月 27 日 20 时 41116 工作面轨道巷开始排放瓦斯，20 时 38 分，井下汇报＋1740 车场有一股黑烟冲出来，烟雾很大。矿调度室接到报告后，立即通知井下作业人员撤出，通知救援队并组织人员下井探险和抢救幸存者，同时向矿领导、矿务局调度汇报。21 时 15 分大湾煤矿救援队到达木冲沟煤矿下井抢险。27 日 23 时 40 分，矿务局局长带领局有关领导到达木冲沟煤矿，立即成立了抢救指挥部。28 日凌晨水城矿务局救援大队、老鹰山煤矿救援队和六枝矿务局矿山救援队分别到达，投入抢险救灾工作。

由于这次事故波及范围广，破坏严重，为加强抢救工作，抢救指挥部先后调 6 个救援中队 160 名队员，大湾煤矿、王家寨煤矿 480 名职工和木冲沟煤矿 578 名职工参加抢险，抢救工作紧张而有序。

3. 事故原因

据现场勘查和分析，这起瓦斯煤尘爆炸事故的直接原因是：41116 工作面轨道巷掘进工作面停电造成瓦斯积聚，在排放瓦斯过程中，41114 工作面机巷的 4 台局部通风机同时运行，且 41116 工作面轨道巷因积水回风不畅，造成 41114 工作面机巷局部通风机以里部分巷道内风流不稳定和产生循环风，致使 41114 工作面机巷中第四联络巷附近巷道内的瓦斯浓

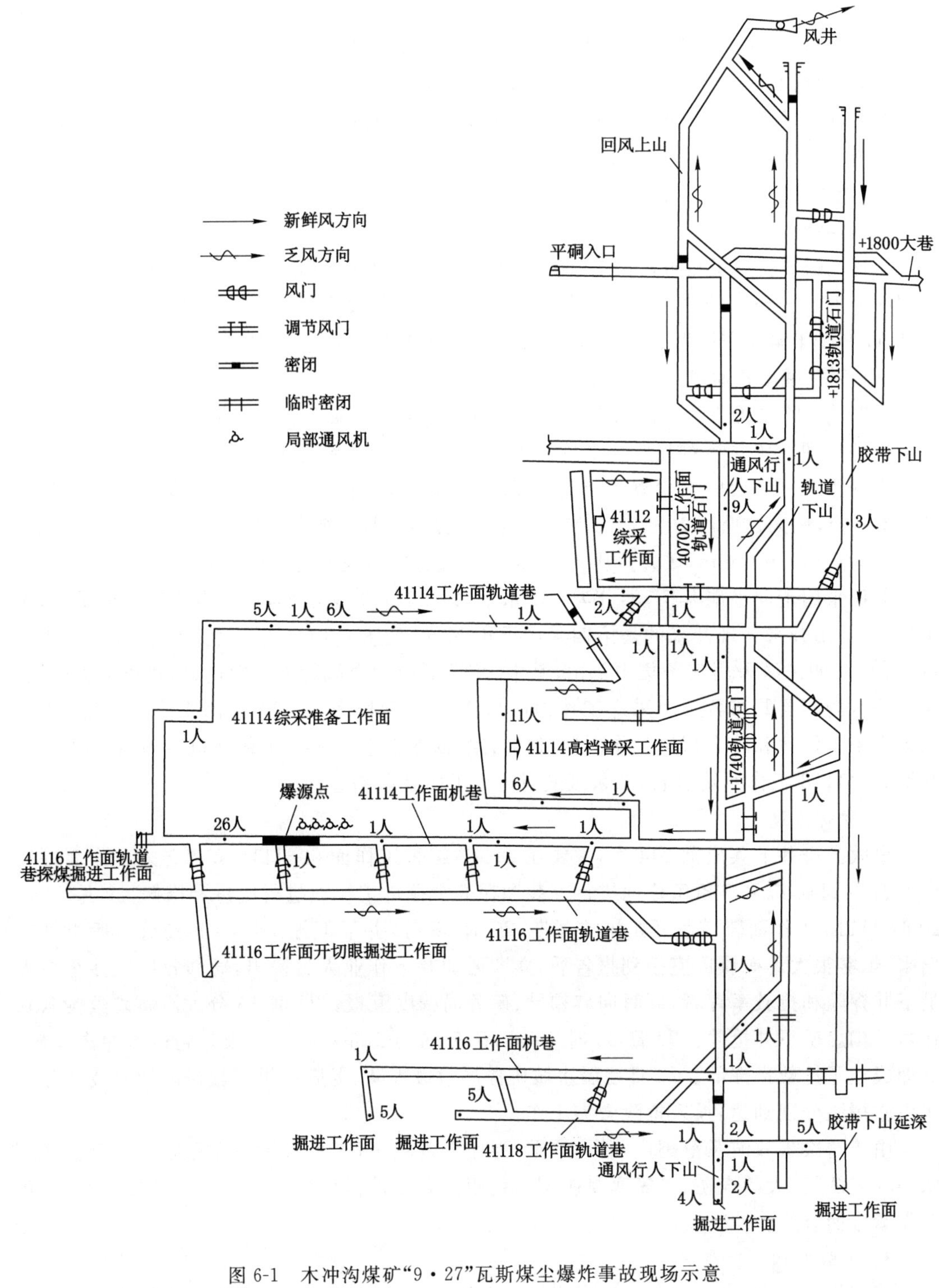

图 6-1　木冲沟煤矿"9・27"瓦斯煤尘爆炸事故现场示意

度达到爆炸界限。现场人员违章拆卸矿灯产生火花，引起瓦斯爆炸，煤尘参与爆炸。

4. 事故技术鉴定

(1) 事故发生时间

根据事故现场脱险人员和四采区地面通风机房当班值班人员提供的证言，木冲沟煤矿"9・27"特别重大瓦斯煤尘爆炸事故发生时间为2000年9月27日20时30分。

(2) 事故发生地点

经过现场勘察和调查取证，事故发生后41114工作面机巷第四联络巷附近的柱子向两侧倾倒，破碎的风筒布被吹向两侧。41114工作面机巷与41116工作面轨道巷之间的第一、二、三联络巷原有的风门全部被风吹坏倒向41116工作面轨道巷，第三、四、五联络巷的棚梁也全部倒向41116工作面轨道巷，这些均是爆炸冲击所致。据此，分析认定41114工作面机巷第四联络巷附近的巷道是"9・27"爆炸事故的发生地点。

(3) 事故的类别

这起爆炸事故是瓦斯煤尘爆炸事故，主要依据是：

① 根据1999年木冲沟煤矿瓦斯鉴定结果，矿井绝对瓦斯涌出量为29.93 m^3/min，煤尘爆炸指数为27%～36%，具有爆炸性。

② 经现场勘察，在41114工作面机巷第一至第四联络巷间的巷道中发现煤尘结焦现象。

③ 事故调查组委托煤炭科学研究总院重庆分院对木冲沟煤矿的原煤和在41114工作面机巷发现的烧焦的煤尘进行了取样分析，分析结果为41114工作面机巷结焦煤尘的灰分比原煤煤样增加230%，挥发分下降31.86%，证明煤尘参与了爆炸。

(4) 瓦斯积聚原因

经调查核实，9月27日14时45分，41116工作面轨道巷停电，15时54分，瓦斯检查员张某汇报，41116工作面轨道巷掘进工作面共停电315 min，按其绝对瓦斯涌出量为3.46 m^3/min计算，停风期间41116工作面轨道巷的瓦斯涌出量为1 089.9 m^3。

事故当班运送综采支架，+1813轨道石门的三道风门开启频繁，16时20分后，三道风门中的两道风门被运送液压支架的平板车卡住一段时间不能关闭，且第一道风门被撞变形，漏风量增加；19时24分，掘进二队在运送变速箱时，将当天中班打好的通风行人下山临时板门的右边全部撞断撞垮，造成漏风量增加，整个系统的有效风量减少，致使41114工作面机巷的进风量减少。

根据对41114工作面机巷通风状况的分析，如前面事故原因所述，在41116工作面轨道巷排放瓦斯期间，41114工作面机巷第四联络巷附近巷道内的瓦斯浓度达到爆炸界限。

(5) 引爆火源分析

通过调查、分析和现场勘察认定：

① 事故发生后，将41114工作面机巷第三至第四联络巷间的8台开关、2个电缆线盒、1台磁石式电话机和4台断电仪全部升井检查，未发现失爆现象。

② 对41114工作面机巷第三至第四联络巷间在用的4台局部通风机和1台矿用绞车进行现场检查，未发现失爆现象。

③ 41114工作面机巷第四联络巷处的回柱绞车的开关处于开启的位置，但其上一级的闭锁开关处于停电位置，矿用绞车处于停止状态，不可能产生摩擦火花。

④ 已勘察的电缆未发现短路和接地现象。

⑤ 井下已勘察区域未见到烟头和打火机等物品。

⑥ 事故发生前41116工作面轨道巷和开切眼未进行爆破作业。

⑦ 事故发生后对木冲沟煤矿使用矿灯的完好状况、检修记录、管理制度和使用情况进行了调查，发现主要存在下列问题：

a. 该矿在用矿灯数量不足，因此经常出现过放电使用情况。

b. 查阅记录，在籍矿灯有 296 盏超期服役，其中有 54 盏已报废的矿灯仍在使用。

c. 查通风调度记录，9 月 12 日至事故发生时的半个月时间内，瓦斯检查员就汇报发生 3 次矿灯不亮的问题。

d. 10 月 7 日 16 时 30 分至 17 时，抽查 50 盏下井矿工交还的矿灯，发现有 5 盏灯泡已坏，3 盏红灯。

e. 调查取证表明，存在工人在井下拆卸矿灯、更换灯池、更换灯泡、用铁丝代替灯盒内连接条等违章现象。

综上分析，这起事故的引爆火源最大可能是现场人员违章拆卸矿灯所致。

[点评]

这是一起令人震惊的重大责任事故。事故发生的主要原因是该矿在生产技术及安全管理上存在相当严重问题，主要是：

(1) 生产过于集中，布局不合理。在未经批准情况下，擅自修改采区设计方案，即在四采区一翼布置 2 个采煤工作面、1 个综采准备工作面和 6 个掘进工作面，致使通风系统复杂，风流不稳定。

(2) 生产集中、通风系统复杂，造成了通风设施，如风门、风机和风筒等增多和管理不善，风流短路和漏风现象多有发生，致使矿井有效风量仅为所需风量的 87%，风量严重不足。

(3) 机电与局部通风管理混乱，井下经常停电停风，造成瓦斯积聚和排放瓦斯习以为常。排放瓦斯时，即不撤人，也不检测回风流瓦斯浓度，这次事故直接原因就是排放瓦斯风流不畅，产生循环风，从而造成瓦斯超限，加之工人违章拆卸矿灯产生火花，引发了瓦斯及煤尘爆炸。

总之，该矿发生这起事故的根本原因是，局矿各级领导未树立安全第一思想，对高瓦斯矿井中长期存在的生产技术及管理问题不解决，听之任之，不负责任，从而造成惨痛的损失，教训是非常深刻的。

第三节　煤尘爆炸事故抢险与救援

煤矿在生产过程中，会产生大量煤尘、岩尘等各种粉尘。这些粉尘弥漫在矿井空气中，会污染工作场所，危害作业工人身体健康，引起尘肺病；会降低工作场所能见度，增加工伤事故发生率；粒径极小的粉尘进入设备内部，会加速机械磨损，缩短精密仪器使用寿命；更为危险的是，煤尘在特定条件下会发生破坏性极强的煤尘爆炸，造成群死群伤的恶性事故，给工人生命带来极大威胁，增加企业负担，并带来恶劣的社会影响。

我国历史上最严重的一次煤尘爆炸事故于 1942 年发生在日本人控制的辽宁本溪煤矿，共造成 1 549 人死亡，246 人伤残；死亡人员中大部分为 CO 中毒。

一、煤尘爆炸的机理及条件

(一) 煤尘爆炸的机理

煤尘爆炸是在高温或点火源的作用下，空气中氧气与煤尘发生剧烈氧化反应的过程，其实质是一种非常复杂的链式反应。一般认为煤尘爆炸机理及过程如下：

（1）煤尘本身是可燃烧的物质，当其以粉尘状态存在时，具有小粒径、大比表面积的特点，化学活性、吸氧能力和氧化能力大大增加，一旦遇到点火源，就会发生剧烈的氧化反应。

（2）当温度达到300～400 ℃时，煤尘干馏现象加剧，会释放出大量可燃性气体。

（3）干馏出的可燃性气体与空气混合，并聚集于煤尘颗粒周围形成气体外壳（活化中心）；当活化中心的能量达到一定程度后，链式反应开始，空气中游离基迅速增加，从而诱发煤尘闪燃。

（4）闪燃所形成的大量热量传递给周围的煤尘，使更多的煤尘参与链式反应，导致燃烧过程迅速扩展，当燃烧不断加剧、火焰传播速度达到每秒数百米后，煤尘的燃烧便在一定条件下发生煤尘爆炸。

（二）煤尘爆炸的条件

煤尘爆炸必须同时具备三个条件，即煤尘本身具有爆炸性，煤尘必须悬浮于空气中并达到一定的浓度，存在引燃煤尘爆炸的点火源（高温热源）。这三个条件缺少任何一个都不会造成煤尘爆炸，且三个条件同时存在的时间超过煤尘爆炸的感应期。

（1）煤尘爆炸性

煤尘本身具有爆炸性是煤尘爆炸的必要条件。煤尘爆炸性需要经过试验确定。目前，其试验方法，主要是在实验室测定煤尘火焰高度指标。

（2）煤尘浓度

悬浮在矿井空气中的煤尘，只有达到一定浓度时（爆炸界限），才具备发生煤尘爆炸的条件。悬浮煤尘的爆炸下限为30～50 g/m^3，上限为1 000～2 000 g/m^3；爆炸威力最强的浓度范围为300～500 g/m^3；在爆炸界限内，煤尘浓度不同，其爆炸威力也不同。据此推算，断面积为4 m^{2}的小巷道，只要0.04 mm厚的一层煤尘全部抛入空中，其浓度即可达到爆炸下限。

在实际生产过程中，达到煤尘爆炸下限的情况不常有，但在爆破落煤、瓦斯爆炸、煤与瓦斯突出等情况下，会有大量煤尘抛入空中，足以达到爆炸界限。因此，矿井落尘是一重要安全隐患。

（3）点火源（高温热源）

煤尘爆炸必须有达到煤尘最低点燃温度和能量的点火源（高温热源）。点火源的温度越高，其能量越大，越易点燃煤尘，初始爆炸的强度也就越大。点火源的温度随煤尘性质、浓度、粒径、外部条件等不同而有较大差异；我国煤尘爆炸的引燃温度在610～1 050 ℃，一般为700～800 ℃；煤尘爆炸的最小点火能量为4.5～40 mJ。这样的温度和能量条件，几乎井下的所有火源均可达到。

（4）感应期

煤尘爆炸的感应期主要取决于煤的挥发分，一般为40～250 ms；煤的挥发分越大，煤尘爆炸的感应期越短。

二、煤尘爆炸的主要影响因素及危害

（一）煤尘爆炸的主要影响因素

煤尘爆炸的影响因素众多，主要有煤尘的物化特性（煤的挥发分、水分、灰分等）、粒径以及瓦斯和岩粉的混入情况等。此外，还与矿井温度、湿度、气压等因素有关。

（1）煤的挥发分

煤的挥发分按照无烟煤、贫煤、焦煤、肥煤、气煤、长焰煤、褐煤顺序依次增大。一般来说，煤尘爆炸性也按这个顺序增加；其中，无烟煤挥发分最小，故有些无烟煤煤尘基本上不爆炸。

(2) 煤的水分与灰分

水分对煤尘起黏结作用，使煤尘粒径增大而降低其飞扬能力，同时又起着吸收热量、降温阻燃的作用，因此，水分可起到减弱和阻止煤尘爆炸的作用。灰分是不燃物，可吸收大量热量，起到降温阻燃的作用；此外，灰分的增加增大了煤尘的相对密度，有助于煤尘的沉降。

(3) 煤尘的粒径

粒径在 0.75～1.0 mm 以下的煤尘都可以参与爆炸，而粒径在 75 μm 以下特别是 30～75 μm 的煤尘爆炸性最强。粒径越小，煤尘的比表面积越大，受热干馏分解出可燃性气体的能力越强，氧化作用越强，爆炸性越强。但粒径过小，小于 10 μm 时，煤尘爆炸性反而减弱，这主要是由于过小粒径的煤尘在空气中会很快氧化，变成灰烬。

(4) 瓦斯浓度

矿井大气中的瓦斯可使煤尘爆炸下限降低，进而增大煤尘爆炸的危险性。瓦斯对煤尘爆炸的影响决定于瓦斯浓度。

(二) 煤尘爆炸的主要特征与危害

(1)“黏焦”现象

爆炸过程中当煤尘燃烧不充分时，将有一部分煤尘被局部焦化，黏结在一起，沉积于支架、巷道壁等地点，形成一种煤尘爆炸特有的产物——黏焦。黏焦现象是判断井下发生的爆炸事故是否有煤尘参与的重要标志之一。但只有气煤、肥煤、焦煤等黏结性煤的煤尘爆炸时，才会产生黏焦现象。

(2) 高温

煤尘爆炸是煤尘发生剧烈氧化反应的结果，因此，煤尘在爆炸时释放大量的热量。这些热量会将周围气体的温度加热至 2 300～2 500 ℃，如此高温是造成煤尘连续爆炸的重要条件。

(3) 高压

煤尘爆炸使爆源点温度迅速升高，必将使周围气体压力突然增加。理论计算表明，在矿井条件下煤尘爆炸的理论压力平均为 736 kPa，但爆炸压力随着离开爆源点的距离的增加而跳跃式增大；在传播过程中，如遇到障碍物、巷道断面突变及拐弯等情况，压力将猛增，尤其是连续爆炸时，第二次爆炸的理论压力是第一次压力的 5～7 倍，因此，煤尘爆炸的破坏性比瓦斯爆炸更强。

(4) 高速火焰

在煤尘爆炸产生高温、高压的同时，爆炸产生的火焰以极快的速度向外传播，其传播速度可以达到 1 120 m/s。

(5) 冲击波

煤尘爆炸时产生的冲击波，其传播速度比爆炸火焰传播的速度还要快，可达 2 340 m/s，对矿井的破坏程度极其严重。由于矿井巷道中普遍存在大量沉积的煤尘，冲击波过后会将其抛入空中，随即被随后到达的火焰点燃而发生爆炸，且不断向远处蔓延，从而形成连续爆炸。

(6) 大量的CO

煤尘爆炸产生大量的CO,其在灾区的浓度可达2%～3%,甚至达到8%左右。这是煤尘爆炸造成大量人员死亡的最主要原因。

三、煤尘爆炸事故的处理

煤尘爆炸事故的处理方法与瓦斯爆炸事故的处理方法基本相同,即灾区停电、撤人→向上级汇报→召请矿山救援队→成立抢救指挥部→矿山救援队到灾区侦察、救人→灭火→恢复通风系统。各相关部门及人员处理要点此处不再赘述。

但需要注意以下内容:

(1) 煤尘爆炸后立即切断灾区电源,甚至灾区周围区域的电源,且停电作业应在灾区外进行,以免引起二次爆炸。

(2) 在灾区侦察过程中,发现火源后立即扑灭,防止引爆煤尘和瓦斯。

(3) 若火势较大,暂时无法灭火,则应立即采取隔绝灭火的方式进行局部封闭,再研究灭火方案,防止发生二次爆炸。

(4) 救灾过程中注意搜寻与煤尘爆炸相关的痕迹及爆源点。

四、案例分析——大同矿务局老白洞煤矿"5·9"特别重大煤尘爆炸事故

1960年5月9日13时45分,大同矿务局老白洞煤矿突然发生特别重大煤尘爆炸事故,当时井下共有职工912人,经过6昼夜抢救,除228人脱险外,其余684人死亡,其中有矿领导3名,科段级干部16名,一般干部16名,整个矿井惨遭破坏,造成了严重损失。

(一) 矿井概况

老白洞煤矿是大同矿务局当时的八大矿之一。该矿1954年开始排水恢复,1955年恢复生产,矿井设计能力为90万t/a,1957年产煤50多万吨,1959年产量猛增到120万t以上,1960年的计划指标又增到152万t,特别是事故前组织高产时,日产水平竟达6 000 t以上。当时所采煤层是C、D、E三层,共10个工作面,12个掘进队,其中C、D两层煤已基本采完;一水平日产煤炭4 000多吨,二水平正在开拓。该矿有5个井筒,在工业广场内有3个斜井。其中,14号主斜井斜长为366 m,倾角为20°,内设一对5 t箕斗提升;15号主斜井斜长、倾角与装备同14号主斜井;16号副斜井斜长为191 m,倾角为30°,担负上下人员材料任务。在口泉河对岸有6号风井(立井),直径为4 m、深度为87 m,安有1台75 kW轴流式通风机。以上4个井筒均到E层煤。另外,在距工业广场1.2 km的郑家沟内有一斜风井,1955年开拓,能过C、D层煤到E层煤,倾角为45°,斜长为114 m,安有1台75 kW轴流式通风机。14、15号井井口向下130多米采用混凝土及石灰砖碹支护,其下采用木棚支护。16号井井口向下40 m采用混凝土碹支护,其下亦采用木棚支护。6号井井壁在D层煤以上40 m为片石碹,以下为荒断面。郑家沟风井全部为片石碹。井底车场在E层煤内。在交岔点及顶板不好的地方砌一部分碹,其余均采用木棚支架支护。主要运输大巷在E层煤内,采用架线式电机车运输,C、D层煤以溜煤眼放至E层装车。

矿井通风方式为中央对角混合式,矿井总风量为3 812 m^3/min,煤尘有爆炸危险性。

(二) 事故经过及救援过程

(1) 事故发生经过

1960年5月9日13时45分,正值两班交叉作业时间,早班未出井,中班已下井,一声巨响,老白洞煤矿15号井井口喷出强烈的火焰和浓烟,高高耸立在井架上的打钟房顷刻间起火燃烧，巨大的气浪把打钟工重重地摔倒在地上，地面变电所全部掉闸，井上下供电中断，16 号井井口准备乘车下井的工人大部分被喷出的气浪推倒。大巷顶板冒落，支架倒塌，多处起火，浓烟滚滚……，巷道里、矿车上、水沟旁到处是死难者的尸体，有的甚至嵌入棚子顶梁的缝隙里；14 号井井底车场翻笼附近为爆炸中心，四周 100 m 内的人员无一幸免；D 层煤二号暗斜井车场巷道顶板严重塌落，11 人被砸死；E 层煤 301 上山口至西二下山口的电车巷棚子倒塌，5 人烧死，4 人摔死；E 层煤西二下山绕道严重冒顶，绕道与电车巷交岔处的风桥塌落，爆炸的冲击波致 9 名工人摔死；E 层煤 859 采煤工作面因井底爆炸引起二次爆炸，35 名矿工全部遇难。

(2) 事故救援过程

爆炸声过后，郑家沟井和 6 号井主要通风机立即停止了运转，矿井靠自然通风，风量微乎其微。

处理事故的第一步就是立即恢复通风。该矿采用中央式和对角式混合通风系统。矿井总风量为 3 812 m^3/min。从 15、16 号井进入的新鲜风流在井底车场汇合，再分成东西两翼。东翼风流通过 14 号井翻笼硐室，进入东二上山至各工作面，然后经过东部总回风巷，由 6 号风井排出。西翼风流分成 5 个支流，进入西部各盘区及采掘工作面，然后由郑家沟风井排出。此时，抢救指挥部正在激烈争论着，焦点是通风问题，是由郑家沟风井排风还是由 6 号风井排风。

经过分析判断认为，爆炸源可能在井底车场。因为 9 日 14 时局救援人员从 14 号井下到井底车场侦察时，发现支架向四周倒塌，多处着火，浓烟向四处扩散，救援侦察人员难以深入井底车场中心地带，同时，也难以确定井下火药库是否爆炸。一些同志考虑井底车场人员多，矿主要领导殷某、杨某、王某等均在井底车场图表室一带，估计风桥、风门等设施已被摧垮，企图用最短距离把井底车场有害气体从 6 号风井直接排出地面，不使烟雾向采区蔓延，以便从 14 号、16 号井下去抢救，并进行直接灭火。

抢救指挥部决定：17 时 15 分 6 号风井主要通风机开始运转抽风，企图解救井底车场一带遇难人员的生命，保护井筒免遭破坏，这的确是一个愿望美好而又令人痛心疾首的决定。

17 时 25 分，两个救援队组织 200 人的队伍进入 16 号井井底，建立了井下救援基地，并与地面取得联系，但井下火势愈来愈凶猛，浓烟滚滚。当时虽然采取了密闭 14、15 号井井口，加大 16 号井风速风量的措施，仍阻止不住火势的迅速蔓延。23 时 15 分，全部救援队员被迫出井，23 时 50 分，浓烟裹挟着火焰从 16 号井井口喷出，火苗高达 15 m。6 号风井灾情也逐渐严重，从 17 时 13 分到 23 时 25 分，有害气体含量逐渐增大，经测定，6 号风井一氧化碳浓度由 0.01%上升到 0.03%，瓦斯浓度由 0.04%上升到 1.6%，CO_2 浓度由 1%上升到 6%，上述情况说明，井下火势仍在发展。16 号井喷出火焰后，切断了从这里抢救和井底车场人员生还的道路。在这种情况下，10 日 0 时 30 分，决定关闭 6 号风井通风机。指挥部重新研究决定，郑家沟风井主要通风机开启反风，此时事故已发生超 10.5 h。

事实上，在轰的一声巨响之后，井底车场的工作人员绝大部分或者全部已被炸、被烧、被熏而死，开启 6 号风井主要通风机对井底车场的明火起了助燃作用，大大加速了火势的发展，其造成的后果是将井底车场的浓烟和有害气体吹进各采掘工作面，尤其是 E 层煤西部，那里是全矿生产的中心点，集中了大部分采煤工作面，人员有五六百人。

事发后，某副段长说：事故后 3 h 内，西大巷的条件很好，由于没有风压，烟雾在大巷中回旋，缓缓向里扩散，当时在矿党委副书记李某周围集中了200多人，准备避难，时间约5时20分，浓烟迅速向西大巷追逼。

邱某(工程队小队长)说："那烟啊，真厉害，人走多快烟走多快，开始我们还抬着受伤的同志往里撤，后来真是各自逃生，大巷里倒下一片人，眼看倒下的弟兄在那里爬行，但你不能抢救，一停留你也完了。"

郑家沟风井反风，立即给E层煤西部的遇难者带来了新鲜空气，所有救援人员都移往郑家沟风井，开始了抢救生命和搜寻遇难矿工尸体的工作。

爆炸声响过仅半小时，即14时15分，大同矿务局两个救援小队就进入了14号井开始探查灾情。救援队员从没有见过这样严酷的场面：棚子全部倒塌，顶板大量冒落，巷内烟火猛烈燃烧，在车道上、车皮上、棚子下、硐室口到处都有死难者。

第五小队在东大巷巷口发现了两名中毒者，这是最早发现的两具尸体。

6号井启动后，两个救援小队从郑家沟风井下去，17时48分，由该风井走出13人，可以说他们是第二批脱险人员，因为爆炸声响过后不久，王某等4名工人从这里跑上地面。

10日0时，从郑家沟风井共抢救出104名矿工。这只是井下912名矿工的1/9，艰巨的工作刚刚开始。

抢救指挥部移往郑家沟井后，各地救援人员陆续赶来，10日凌晨3时26分，重新组织了以时任大同矿务局党委副书记王某和山西煤管局副局长陈某为总指挥的抢救指挥部，同时救援队员和解放军战士共同组成郑家沟井下抢救队，抢救队由时任大同矿务局救援队队长杨某统一指挥。

10日上午，C层和D层煤两个采煤工作面的干部工人已全部救出。部队的300多名指战员，250多名矿山救援队指战员，150多名医务工作者和老白洞煤矿干部、技术人员、工人同心协力，全力抢救E层煤的遇险矿工。

5月11日大同矿务局救援队员段某等探明了E层煤火药库还未爆炸，随即由贾某率阳泉救援小队进入火药库进行紧急抢救，冒着近70 ℃高温将4 800发雷管和火药全部抢救出来，消除了引起再次爆炸的隐患。

13日，抢救队救出了E层煤东部807工作面的最后一批36名幸存者。

14日，指挥部组织抢救队进行反复搜索，在可能到达的每一处，都要查3～5次。

15日，在D层煤808工作面运料巷抢出了最后一批17名死难者尸体。

16日，指挥部经再三研究，认为井下可能搜索的地方已全部搜索完毕，遇难人员已无生还可能，决定对井下火药库等地进行永久封闭。至此，井下912名职工，生还228名，死亡684人，寻到尸体574具，估计其余近百具尸体还在井底车场，这里是爆炸中心，温度高、浓烟大、巷道棚子塌落严重，无法靠近。

矿长殷某，副矿长杨某，保卫科长张某等领导的尸体也未找到。

17日8时，井下抢救队员已全部撤离到井上，通风机停止运转，开始灌浆工作。

17日15时10分，14号井、15号井、郑家沟井已密闭完，16号井、6号井开始密闭。

17日23时，16号井、6号井已密闭完，郑家沟井通风机已停。

(三) 事故原因

老白洞煤矿事故追查组经过10个多月的深入调查研究，反复查证，反复分析，在1961年3月24日写出了《关于老白洞矿煤尘爆炸事故追查工作的结案报告》。

该报告认为：老白洞煤矿事故是煤尘爆炸事故。爆炸起点在井底车场的14号井翻笼至图表室110 m的运输大巷范围以内。引起爆炸的明火，主要是电机车通过14号井翻笼时，由于运行不稳，受电弓与天线接触不良产生了强烈的火花，其次是防爆开关未盖盖子，翻笼启动时产生强烈电火花。

老白洞煤矿瓦斯含量较小，但煤尘积存非常严重，一些进风巷道和某些生产部位煤尘积存厚度达30～50 mm，14号井翻笼附近经常煤尘飞扬，连续翻煤时，3 m外几乎看不见人，100 W灯泡雾成小红点。试验证明，老白洞煤矿煤尘爆炸指数在30%以上，是有煤尘爆炸危险的矿井。另外，从矿井的破坏程度看，C、D、E三层煤的巷道均遭到不同程度的破坏，15、16号井井筒有塌落，整个矿井受到摧毁。

井下受灾较严重的地点有井底车场、859采煤工作面、西二下山绕道、301上山口至西二下山口的电车巷和D层煤二号暗斜井车场等5处。从现场破坏情况看，井底车场附近巷道棚子均以14号井翻笼和图表室一段为中心向外倒塌，并且这段巷道东西部破坏最为严重。东大巷的棚子往东倒；西大巷的棚子往西倒；东大巷的棚梁西半面有烧黑麻点，西大巷的棚子棚梁东半面有黑点。

井下的明火操作达24种之多，14号井翻笼附近高温引爆火源就有5种，根据查证和分析，电机车和防爆开关的明火温度高，发火次数频繁，引起爆炸的可能性最大。电机车改为单一受电弓后，运行不稳，接触不良，特别是在14号井翻笼附近15～40 m一段因天线较高，受电弓弹簧压力松弛，电机车经过时更容易产生强烈电火花。另外，14号井翻笼所用的1344型防爆开关，未上消弧罩，启动时产生强烈的电火花，经常烧坏，因修理频繁，有时不盖盖子，翻笼运行时向外冒出七八寸高的火苗，每班平均十多次。这两种导爆火源，以前者的可能性最大，因为电机车电火花发生在高处，而悬浮在空中的煤尘最易爆炸。5月9日全矿7部电机车全部运行，事故发生后只找到6部，6号电机车没有找到，脱险电机车司机王某证实，6号电机车当天参加了运行，而且在14号井翻笼附近。(1寸＝3.33厘米)

在煤尘隐患、明火隐患并存的情况下，事故发生绝非偶然。

老白洞煤矿“5·9”煤尘爆炸事故是中华人民共和国成立以来全国最大的一次煤矿事故，是煤炭开采史上惨痛的一页，事故的原因是多方面的，有设计问题，也有管理问题，安全措施不力，安全生产经验不足等。1961年4月发表的《老白洞矿事故的煤矿技术管理工作教训》一文中，总结出七条教训，其中一条是，老白洞煤矿的恢复设计工作存在单纯节省投资和缩短建设时间的片面观点，而作出了许多错误的决定，给安全生产造成了严重的危害。如15号箕斗提升井兼作了风井，架线式电机车不做绕道直接通过14号井翻笼……。

老白洞煤矿原设计生产能力为90万 t/a，1957年仅产煤50多万吨，到1959年猛增到120万 t以上，超过设计生产能力的33%，1960年的计划指标又增至152万 t，为了超额完成任务，就用非常手段突击，集中力量出煤，停基建、挤通风，通风区长期担负出煤任务，全区251名职工，有83名参加出煤。郑家沟风井延深工程一再拖延，应做的永久密闭不能按期完成，大量积存和飞扬煤尘得不到及时、有效处理，当时的矿党委在职工大会上公开宣布“生产是目的，安全是手段，在生产与安全发生矛盾时，首先必须服从生产”，“煤矿生产特殊，事故不可避免”，在这种只顾生产，忽视安全的思想指导下，对井下成堆的隐患和漏洞熟视无睹，从恢复生产以来就没有认真制定过预防灾害的措施。

1958年老白洞煤矿党委公开宣布，破除井下不能使用电焊、炮崩溜煤眼等14条安全规程，井下明火操作达 24 种之多。更为荒唐的是，矿上组织在井下电焊比武，电机车过翻笼当先进表扬，因为节省了人工和时间。不仅机电管理混乱，存在大量明火隐患，通风管理也是漏洞百出，存在串联通风、老采空区通风、木板做风桥等情况。从恢复矿井生产以来，一直没有很好地采取洒水、清扫、刷浆等力所能及的防尘措施。刮板输送机机头、带式输送机机头、翻笼和运输巷煤尘严重积存、飞扬，据有的老工人讲，大巷有的地方的煤尘有一脚深，一走扑扑的，棚梁上的煤尘有 1 寸多厚。

[点评]

老白洞煤矿"5・9"煤尘爆炸事故的发生绝非偶然。原因是该矿在煤尘、明火、通风等各个方面都潜伏着很多安全隐患和漏洞，这是发生事故的重要基础。一些进风巷和某些生产部位煤尘积存厚度达 30～50 mm；14 号井翻笼连续翻煤时，在 3 m 以外几乎见不到人，翻笼左右巷道尘雾弥漫；加之破除井下不能使用电焊、炮崩溜煤眼等 14 条安全规定，井下明火操作达 24 种之多。由此可看出，该矿对煤尘爆炸的危害性认识不足，没有采取防治煤尘爆炸的措施，这个教训是十分沉痛的。

从这起事故中我们应该切记，在企业安全管理和技术革新方面，必须尊重科学，重视客观规律，坚持实事求是，一切通过试验而后推广的原则。该矿党委会决定宣布废除井下禁止使用电焊、炮崩溜煤眼、炮崩采空区支柱、明火爆破、带电作业等安全规定，导致为了追求产量、完成任务，无视安全规章制度而一味冒险作业，从而造成重大生命财产损失，应当永远反省和铭记。

第四节　矿井水灾事故抢险与救援

矿井水灾是矿山建设及生产过程中危害极大的灾害事故之一。一旦发生矿井水灾事故，轻则淹井、中断生产，重则矿毁人亡，极易造成群死群伤的重特大事故，从而对企业和从业工人造成重大伤害。

形成矿井水灾事故的矿井水包括地表水体和地下水体。地表水体主要指矿区地面的水体，涵盖江河、湖泊、水库、废弃的露天坑以及塌陷坑积水、雨水等。地下水体主要涵盖含水层水(承压水)、断层裂缝水及岩溶陷落柱水、老空水等。据统计，矿井水灾事故中，约 10%～15% 的水源为地表水体，85%～90% 为地下水体。

一、矿井水灾事故的形成条件

矿井水灾事故(也称突水事故)是指在煤矿开采过程中，各种水源通过不同的方式(如涌入、突水、渗入等)和途径进入矿井并造成生产停滞、人员伤亡等的事故。矿井水灾事故的发生，主要受以下条件的影响：

(1) 必须有形成水灾事故的水源。

(2) 必须有与水源和矿井地下空间沟通的通道。

(3) 矿井充水程度。

以上三条件的不同组合会产生不同类型、不同规模的矿井水灾事故。这三个条件的具体组合如图 6-2 所示。

矿井水灾事故条件包括天然条件和人为条件，而无论何种条件，都必须具备突水水源和突水通道。若有突水水源而无突水通道，则不会造成矿井水灾事故；反之亦然。矿井水灾事

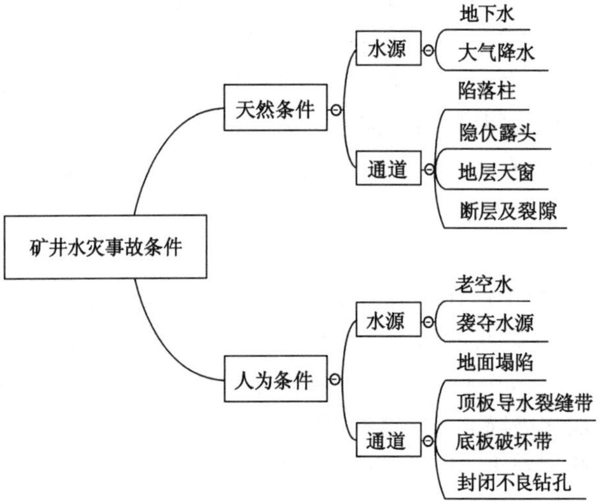

图 6-2　矿井水灾事故形成条件

故的条件又与矿井的开拓方式、生产工艺、开采方法等密切相关。

二、矿井突水的征兆

矿井发生水灾事故前，一般都会有突水的征兆。井下工作人员只要留意相关的突水征兆，大多数情况下是可以避免灾害事故的。矿井突水征兆一般有以下几种。

(1) 煤壁或顶板"挂汗"

所谓"挂汗"，是指具有一定压力的水体透过煤岩体的细微裂隙进入采掘工作面，并在煤岩壁或顶板上形成水珠的现象。突水事故中的"挂汗"多呈尖状水滴，有承压欲滴之势；而煤炭自然发火征兆中的"挂汗"为水蒸气凝结于煤岩壁所致，多为平行水珠；此外，井下空气中的水分遇冷凝结于煤岩体时，也会形成水珠。区分"挂汗"现象是否为突水征兆的方法，就是剥离一层煤岩体，仔细观察新暴露的煤岩壁是否潮湿，若潮湿，则为突水征兆。

(2) 煤层发潮、变暗、松软

原本光亮、干燥的煤体，由于水体的渗入，变得黯淡无光，发潮。如果除去表面一层煤体，内部仍发潮、变暗、松软，则说明水体距离采掘空间很近，附近有积水。

(3) 采掘空间气温变低，煤壁发凉

水的导热系数比煤岩体的大，所以当采掘空间接近水体时，空气温度会下降，环境温度降低，人进入该区域后有凉爽、阴冷的感觉。

煤岩体含水量增大时，其导热系数变大，故用手触摸煤岩壁时有发凉的感觉。

但应注意，受地热影响较大的矿井，地下水温度较高，当采掘工作面接近水体温度较高的积水区域时，煤岩壁的温度及空气温度反而会升高。

(4) 采掘空间出现雾气

当温度较低的水体通过通道进入采掘空间后，被加热蒸发形成水蒸气，水蒸气在矿井空气中凝结形成小水滴而出现雾气。

(5) 工作面煤岩壁发出水叫声

煤岩体内高压水通过孔隙、裂隙挤压进入采掘工作面时，与孔隙、裂隙孔壁摩擦发出"嘶嘶”的声音，有时还能听到“哗哗”的泄水声，这是突水的明显征兆，突水即将发生。若出现压力水流、水流浑浊现象，则说明积水很近；若出水清净，则说明积水稍远。

(6) 工作面矿压显现

当高压积水逼近采掘空间时，会发生冒顶、片帮、底鼓等矿压显现及淋水增大的现象。这主要是由于较高的积水压力，会软化、泥化塑性煤岩层而使其发生变形，造成冒顶、片帮、底鼓等现象，进而导致淋水增大。当出现这种现象时，高压水会沿冒顶、底鼓裂隙形成突水。

(7) 矿井空气中有毒有害气体浓度增加

这种现象以老空水突水最为明显。这主要是由于老空水向巷道内扩散 H_2S、N_2O、NO、CO_2等有毒有害气体。

(8) 煤岩壁“挂红”或水变味

老空水含有大量腐化的有机物等，从而导致积水呈红褐色，酸度变大，水味变涩，有腐臭味、臭鸡蛋味。断层水和流砂层水有甜味，水呈黄色，夹有泥沙；溶洞水略带臭味。

三、不同水源的突水特点

（一）老空水的突水特点

(1) 老空水一般以静储量为主，属于“死水”，当揭露时积水会倾泻而出，瞬时涌水量很大，来势凶猛，具有极大的破坏性。当老空水与其他水源有水力联系时，会形成破坏性更强的稳定突水；若老空水与其他水源无联系，则突水量相对较小，短期内突水易于疏干，有利于事故救援。

(2) 老空水在老空区内长时间积聚，会溶解、携带出大量 CO_2、CH_4、H_2S 等有毒有害气体，从而造成矿井空气成分发生很大变化，进而会造成中毒、窒息事故。

(3) 老空水长期处于静水状态，水体内含有大量腐败物，从而导致水体一般呈黄褐色，具有铁锈味、臭鸡蛋味，呈酸性，具有较强的腐蚀性。

（二）冲积层水的突水特点

冲积层水突水一般出现在煤层顶板，具有以下特点：

(1) 突水位置发潮、滴水，且滴水逐渐增强，仔细观察可发现突水中有少量细砂。

(2) 局部发生冒顶，水量突然增大，甚至出现流砂；流砂多呈间歇性，水体时清时浊，但含砂量逐渐增加，直至大量流砂涌出。

(3) 发生大量溃水、溃砂，这种现象说明采掘作业已经影响到地表，可能会导致地面塌陷。

（三）承压水的突水特点

承压水突水一般出现在煤层底板，具有以下特点：

(1) 工作面底鼓频发，底鼓量甚至达 500 mm 以上。

(2) 工作面底板产生大量裂隙，并逐渐张开。

(3) 沿裂隙或煤岩壁向外渗水；随裂隙的张开，突水通道愈加通畅，突水量明显增加。

(4) 底板破裂，沿张开的裂隙有水体喷出，并伴有水叫声。

(5) 底板发生“底爆”现象，并伴有巨响，积水大量涌出，水呈乳白色或黄色。

（四）断层水的突水特点

(1) 断层带附近煤岩体较为破碎，突水前工作面会出现冒顶等来压显现，淋水增大、底鼓量增加、产生裂隙并出现渗水现象。

(2) 流出水体呈带压状态，甚至喷射而出；若水体浑浊，则说明水体很近，反之较远。

(3) 水质较好，水味道发甜。这主要是由于断层水一般为“活水”。

(4) 煤岩缝隙中可见到“淤泥”，底板出现射流，水呈黄色。

(五) 岩溶陷落柱突水特点

(1) 突水来势凶猛，水量较大，常突然冲破煤岩壁溃入巷道，淹没矿井。

(2) 随突水而出的突出物量大，常淤积堵塞巷道。

(3) 突出物岩性混杂，块度大小不一，特征明显。

(4) 突水常引起周围的奥灰含水层水位大幅下降，甚至延伸至地表，发生地面沉陷。

(5) 突水时常引起周围的奥灰水水温增高现象，一般比正常奥灰水水温高 2～3 ℃。

四、矿井突水的危害

由于矿井出口有限，一旦发生水灾事故，通常会造成严重的危害。其危害主要表现为：

(1) 突水涌入巷道，阻断通风系统，造成通风系统瘫痪，切断人员生命线。

(2) 大量水体突然溃入采掘空间，淹没井下巷道，冲毁井下设备、设施。

(3) 突水会诱发中毒、窒息事故，造成重大人员伤亡和财产损失。

(4) 突水可能会通过通道涌入相邻矿井或巷道，造成灾害扩大。

五、矿井水灾事故的处理原则

(一) 发现突水征兆时的处理原则

现场人员发现突水征兆时的处理原则为：停→断→撤→报→查。即现场人员一旦发现突水征兆，采掘工作面的人员应立即停止生产作业，切断电源，快速撤离至安全地点，然后汇报至矿调度室并通知附近工友，矿井立即组织相关人员分析灾情，查明原因，展开救援。

(二) 突水事故发生后的处理原则

(1) 突水点现场或附近人员通过对突水征兆的判断，准确判断矿井突水的基本情况。

(2) 现场人员通过打电话等方式立即将矿井突水基本情况向矿调度室进行汇报，并及时通知附近工友安全撤离。

(3) 突水点现场及附近人员立即采取正确的方法进行积极的自救、互救和现场急救。

(4) 矿调度室调度人员立即通知矿井主要相关负责人及值班矿领导，并立即召集矿山救援队。

(5) 矿领导根据井下报告的基本灾情，按照“预处计划”和应急预案，决定启动相应级别的事故救援预案。

(6) 矿山救援队及相关领导立即成立抢救指挥部，根据井下报告的灾情及对灾情的判断、分析，制定对应的应急救援措施。

六、矿井水灾事故的处理要点

(一) 现场遇险人员的处理要点

(1) 判断与报告

结合突水征兆等的相关知识和常识，迅速判断突水地点、水源、水量、原因等，并告知调度室以及附近的工友，尤其是突水点以下的工友。

(2) 向上部撤离

迅速撤退到上部水平，而不能进入透水点附近及下方的独头巷道。

(3) 讲究逃生技巧

靠近巷道一侧，抓牢支架或其他固定物体，避开压力水头和泄水流，防止被矸石木料撞伤；水头来了躲不及，抓牢棚子暂躲避；冲不走来打不倒，水头过去再转移。

(4) 迎风撤退

如突水破坏了巷道中的照明和路标，迷失行进方向时，遇险人员应朝有风流通过的上山巷道方向撤退。当老空区积水突水时，会有大量有毒有害气体涌出，现场人员需要立即佩戴好自救器。在未确定矿井空气成分是否会危及人员安全时，禁止随意摘掉自救器的口具和鼻夹，避免中毒或窒息事故的发生。

(5) 留下标记

若撤退过程中时间允许，要在撤退沿途和巷道交岔口留下行进路标，提示救援人员及时进行救援。

(6) 升井时避免争抢

撤退到立井井底，遇险人员需要依次从梯子间升井时，现场职务最高的人员要负责维持秩序，避免争抢，抓稳蹬牢，有序升井。

(7) 被困时坚定信心

若唯一的出口被堵，现场职务最高的人员要组织遇险人员进行躲避，等待救援，坚定信心，相互安抚情绪，严禁潜水逃生。在避灾等待救援过程中，需要注意以下事项：

① 矿井突水后无法安全撤离时，应迅速进入避难硐室或构筑临时避难硐室，防止涌水、有毒有害气体侵入。

② 进入避难硐室时，在硐室外留下文字、衣物等明显标志，以便救援人员及时发现被困人员。

③ 在避难硐室内等待救援过程中，应保持情绪稳定，保持安静，尽量避免不必要的体力消耗及氧气消耗；听从指挥，轮流担任岗哨，注意观察外部情形，其余人员应静卧休息以保存体力，减少消耗；留一盏矿灯照明，其余关闭备用。

④ 在硐室内避难时，可有规律地敲击压风管路或岩壁等，以发出求救信号，使救援人员能及时发现遇险人员被困位置。

⑤ 尽量少饮用或不饮用不洁净的水体，尤其是老空水；饥渴难耐必须饮用井下水体时，应用纱布或衣服过滤。

⑥ 遇险人员面对灾情，要坚定必胜的信心，应相互鼓励，保持镇定。

⑦ 长时间被困，被营救后，遇险人员不可过于激动或兴奋。获救后应避免照射强光，以免损伤视网膜；不可食用过硬食物，以利于尽快恢复。

(8) 合理分配有限物资

有计划地使用矿灯、食物、饮用水等有限的资源，为抢险救灾赢取时间，提供物资和体力保障。

(二) 遇险人员生存条件分析

矿井发生水灾事故后，遇险人员来不及撤离，被困在井下特定地点。即使当外部水位高于遇险人员避灾地点标高时，遇险人员也有可能具备生存条件。因此，救援指挥人员和技术人员应对遇险人员生存条件（生存空间、空气质量等）进行分析，以便采取有针对性的救援措施。

(1) 生存空间分析

当外部水灾水位低于被困人员地点标高时，遇险人员具备生存空间；反之，情况就会比较复杂，可分为以下两种情况。

① 有生存空间

当突水水流淹没倾斜巷道时，其内部独头巷道具备一定的生存空间。由于水体起到密封作用，独头巷道中的空气无法排出，形成一个独立的生存空间。按照理想气体状态方程，可对独头巷道的空间体积 V 和气压 P 进行计算：

$$V_2=\frac{P_1V_1}{P_2} \tag{6-3}$$

$$P_2\approx P_1+10\ 000h \tag{6-4}$$

式中 V_1——被水密封的巷道空间初始体积，m^3；

P_1——被水密封的巷道空间初始气压，Pa；

V_2——被水密封后的巷道空间体积，m^3；

P_2——被水密封后的巷道空间气压，Pa；

h——避难地点水位至矿井水位的高差，m。

例如，如图 6-3 所示，设发生水灾后，当水位稳定时，下部巷道 3 至矿井水位的高差为 h_1(m)，下部巷道 3 距避难地点 5 的高差为 h_2(m)，下部巷道 3 距井口地面的高差为 H(m)。

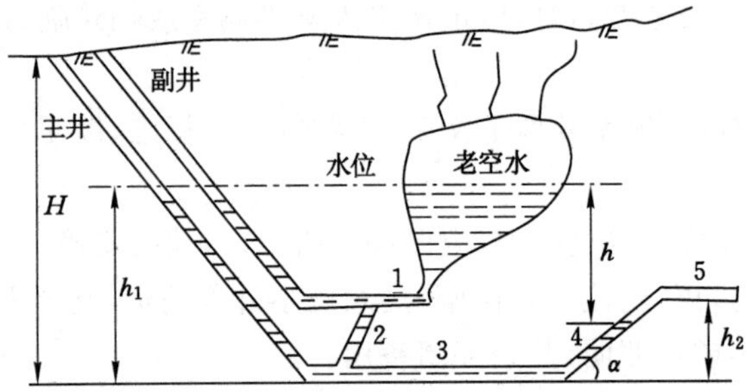

图 6-3　矿井突水示意

取地面大气压力 $P_0=101\ 325$ Pa，空气密度 $\rho=1.29\ kg/m^3$，水的密度 $\rho_w=1\ 000\ kg/m^3$。设避难处斜巷 4 倾角为 α[(°)]，原有长度为 l_4(m)，断面积为 S_4(m^2)；掘进头 5 长度为 l_5(m)，断面积为 S_5(m^2)。

则发生水灾前，巷道 4 和 5 的空间体积 V_0 为：

$$V_0=l_4S_4+l_5S_5\ (m^3)$$

发生水灾后当水位稳定时，避难地点水位至矿井水位的高差 h 为：

$$h=\frac{1}{2}\left[h_1-\frac{V_0}{S_4}\sin\alpha-10+\sqrt{\left(10+\frac{V_0}{S_4}\sin\alpha-h_1\right)^2+40h_1}\right]\ (m)$$

则避难地点的空气体积 V 为：

$$\begin{aligned}V&=V_0-\left(\frac{h_1}{\sin\alpha}-\frac{h}{\sin\alpha}\right)S_4\\&=\frac{S_4}{2\sin\alpha}\left[\frac{V_0}{S_4}\sin\alpha-h_1-10+\sqrt{\left(10+\frac{V_0}{S_4}\sin\alpha-h_1\right)^2+40h_1}\right]\ (m^3)\end{aligned}$$

这种计算是比较精确的。对于不同矿井，情况是多种多样的，但可用等效的办法进行计算分析。

当有生存空间时,还应对避难地点遇险人员的生存时间进行估算。估算方法为:

a. 按氧气(O_2)计算

$$T_{O_2}=\frac{V\times(20\%-10\%)\times1\ 000}{n\times0.237\times60}=7.0\frac{V}{n}\ (\mathrm{h})$$

式中　n——遇险人数。

b. 按二氧化碳(CO_2)计算

$$T_{CO_2}=\frac{V\times(10\%-1\%)\times1\ 000}{n\times0.197\times60}=7.6\frac{V}{n}\ (\mathrm{h})$$

在这两种计算结果中取小值,即按氧气计算。

[例子]某矿发生水灾事故时,预计井下遇险人员 6 人在一独头上山掘进头等待救援,已知$h_1=40$ m,上山倾角为 20°,掘进长度为 100 m,断面积为 6 m²。试分析避难等待救援人员的生存时间。

计算如下:

$$V_0=l_4S_4=100\times6=600(\mathrm{m^3})$$

$$V=\frac{6}{2\times\sin20^\circ}\left[\frac{600}{6}\times\sin20^\circ-40-10+\sqrt{\left(10+\frac{600}{6}\times\sin20^\circ-40\right)^2+40\times40}\right]=214.2\ (\mathrm{m^3})$$

则:

$$T_{O_2}=7.0\times\frac{214.2}{6}=250\ (\mathrm{h})$$

$$T_{CO_2}=7.6\times\frac{214.2}{6}=271\ (\mathrm{h})$$

取小值,则等待救援人员的生存时间为 250 h(10.4 d)。

② 无生存空间

当水流淹没下部巷道的同时,将巷道中的空气挤出,将无生存条件。这种情况的出现,主要是由于无上山巷道,或者上山巷道水流淹没速度较慢,把上山巷道内的空气挤出。

(2) 空气质量分析

突水事故发生后,即使遇险人员存在生存空间,若空气质量无法满足生存需要,也会造成人员伤亡。对遇险人员生存空间的空气质量进行分析,有助于采取针对性措施,改善遇险人员生存空间空气质量。

① O_2 浓度分析

刚发生突水事故时,遇险人员被困空间中 O_2 浓度与正常情况下一样,但随着时间的延长,O_2 浓度会逐渐下降。人体生存的 O_2 浓度临界值为 10%,当 O_2 浓度降低到 10%~12%时,人会感到呼吸急促、困难。被困区域 O_2 浓度下降的原因主要有以下三个。

a. 遇险人员呼吸耗氧。一个人呼吸的耗氧量与其体质、精神状态、劳动强度等因素有关。处于休息状态时,一个人呼吸的耗氧量为 0.25 L/min;从事一般强度工作时,耗氧量为 1~3 L/min。遇险人员在突水事故发生后,会进行积极的自救活动,当被困后精神极为紧张,因此,耗氧速度较快,需氧量较大。

b. 煤岩体中释放的有毒有害气体会加剧矿井空气中 O_2 浓度下降。突水后会有瓦斯、CO_2、H_2S 等有毒有害气体涌入人员被困区域,从而造成 O_2 浓度下降。

c. 遇险人员被困区域有机物氧化耗氧。被困区域周围的煤体、坑木等有机物会氧化，也会消耗一部分 O_2。若被困时间不长，有机物耗氧量可忽略不计。

② CO_2浓度分析

CO_2会刺激呼吸中枢，导致人体呼吸加快。当 CO_2浓度为 1%时，人会呼吸急促，达 3%时人体呼吸量增加 1 倍，达 5%时人就会出现呼吸困难，达 10%时人会出现头痛、昏迷等现象。

突水事故发生后，被困空间内 CO_2浓度会逐渐增加。准确确定 CO_2 浓度从 0.5%升到 10%所需的时长极为关键。计算该时长时，需要考虑以下因素：一是遇险人员呼吸产生的 CO_2（人在静卧时 CO_2呼出量为 0.197 L/min）；二是采空区涌出的 CO_2；三是周围有机物氧化释放的 CO_2。

(3) 维系生命的能量分析

人的生存除需要空气外，还需要食物。突水后遇险人员的食物缺乏，靠喝水，啃坑木、棉衣、煤块……维持生命。事实上坑木、棉衣、煤块等毫无营养价值，不能被人体吸收，也根本消化不了，吃下去只能把胃撑起来，减少饥饿痛苦而已。这些东西吃多了，只会破坏消化系统，有害无益。在井下吃腐烂的动物肉（老鼠、蛇等），有可能造成食物中毒，也不应食用。

水是人体的重要组成部分，人体 78%是由水组成的。水虽无营养价值，但人在断食情况下喝水可以促进人体内新陈代谢的进行，消耗体内自身储存的糖、蛋白质，以维持人体能源的供给。一旦缺食物，又缺水，人体内的酸碱平衡就不能维持，体内废物就无法排出，从而导致人体中毒，甚至死亡。被困人员只要有空气、喝水，就可以生存一段时间。不吃不喝，生命只能维持 7～8 d。医学界分析，一个体重 65 kg 的男子，体内储存的可供利用的热量为 287 166 kJ。人在空腹静卧情况下每 24 h 消耗 6 000～7 500 kJ 能量，即其储存的能量（热量）理论上可供 38 d 的消耗。当然，即使在长期饥饿情况下体内储存的能量也不可能完全耗竭后人才死去。即被困人员依靠体内储存的能量维持生命要比 38 d 短。根据目前掌握的实际资料，在井下避难（绝食）32 d 的遇险人员，经医治后仍能重返采掘第一线。如 1956 年 10 月 24 日阳泉汉河沟煤矿 2 名遇险人员，在井下被困 27 d 后被安全救出，它们的避难地点在外部水位下 4.9 m 处。1981 年 12 月 19 日晋城北西煤矿 2 名人员，在井下被困 16 d 后被救出，其避难地点标高比外部水位低 8.32 m。又如 1971 年 6 月 19 日平顶山某矿 13 人在井下避难 100 h 后被安全救出，他们的避难地点标高比外部水位低 54 m，其内空气压力达 0.64 MPa(6.4 个大气压，系事后估算的)。1948 年湖南辰溪煤矿发生水灾，3 人在井下避难 32 d 后生还。

实践证明，抢救长期被困在井下的人员时，如不采取相应的措施，幸存的人员也会死亡。因为他们长时间生活在有限空间，呼吸的空气污浊，呼吸系统遭到损伤。他们长期饥饿，消化机能衰退、血压下降、脉搏变慢、神志不清。他们长期生活在黑暗中，瞳孔放大，靠人的意识去识别物体，视觉系统遭损。因此在抢救被长期围困的人员时，禁止用灯光直接照射他们的眼睛（可使光束避开他们的眼睛；或用纱布、衣片罩住灯头，使光线减弱；或用布蒙住他们的眼睛）；应保持体温、进行体检并给予必要的治疗（包扎、输液等）；不能立即抬出井口，应分段搬运到安全地点，让其逐渐适应环境；不能让其吃硬食和过量食物，以免损坏消化系统；短期内不要让其亲友探视，以免过度兴奋造成血管破裂。

（三）救援指挥人员的处理要点

（1）判断灾情

根据井下遇险人员报告的灾情基本情况及监控信息等，迅速判断水灾事故的性质，了解突水地点、影响范围、静止水位，估计突出水量、补给水源等基本灾情。

（2）掌握人员情况

迅速明确当班入井人数、升井人数、被困人员，掌握灾区波及范围、人员分布、可能躲避的地点等基本情况，分析遇险人员生存条件；当遇险人员被困位置低于突水点标高时，不能盲目从地面施工钻孔向被困地点供风。

（3）关闭防水闸门

在人员全部撤离后，安排人员关闭受灾害波及区域的防水闸门，待人员撤至井底车场后再关闭井底车场的防水闸门，以保护水泵房；切断灾区电源，防止事故扩大。

（4）立即排水

立即采取排、堵、截等措施，启动排水设备排水。当人员全部撤出后，可向下山方向或下部水平放水；若人员未全部撤离，应用沙子、黏土等构筑防水墙，阻断漏水通道和通往下水平或采区的巷道，保证水泵正常运转，以利于遇险人员撤离；当判断有人被困独头上山时，必要时可从地面施工钻孔向下输送食物等，但必须采取措施密封钻孔，实施加压输送。

（5）恢复通风

迅速恢复灾区通风，防止瓦斯和其他有害气体对人体造成伤害；不经指挥部同意，不得擅自改变通风系统，不得擅自向电气设备送电。

（6）谨防次生灾害

突水事故发生后，往往会诱发冒顶、片帮、掉底等次生灾害。救援人员在侦察救人、排水清淤、维护巷道时，应派专人观察水情、顶板并测定气体组分，防止发生冒顶、掉底、二次突水、气体伤人等次生灾害。

（7）做好防护

救援过程中，坚持以人为本原则，坚持救人优先；抢救井下长期被困的人员，防止突然改变已经适应的环境，造成不适应新环境的伤亡事故。

（四）矿山救援队的处理要点

（1）矿山救援队接警后，迅速到达事故矿井，了解矿井突水基本信息，如突水地点、补给水源、波及范围、矿井空气中的气体组分及变化、人员分布及躲避地点、生存条件等，与矿方相关领导迅速成立抢救指挥部，制定有针对性的营救方案。

（2）迅速展开侦察工作，确定遇险人员的位置、突水地点、涌水量、波及范围、水泵运转情况、巷道破坏情况、通风系统破坏情况、气体变化情况等。

（3）根据突水的特征，判定突水水源类型，并根据人员被困区域及突水水量情况等，迅速引导遇险人员撤离。

（4）当被困人员处于突水点上方时，可利用水管、压风管路等向被困人员供氧及食物；若被困人员处于突水点下方，则禁止施工钻孔，防止被困地点空气泄漏扩大灾情。

（5）若条件允许，则可在巷道上、下部同时展开救援。

（6）禁止由下向上进入突水点或被水、泥沙堵塞的斜巷、溜煤眼、上山等，防止二次突水或淤泥突然冲出造成人员伤亡。

(7) 救援小队逆水流方向往上部独头巷道救援时，要随时与观察水情的人员保持联系，如发现异常，立即退出。

(8) 救援小队通过局部积水区域时，应十分慎重，应考虑水位上升速度、往返距离、有害气体涌出情况等。

(9) 寻找被困人员时，应仔细观察、注意倾听，尤其是巷道内的敲击声、呼喊声等。

(10) 组织排水时，注意通风系统稳定，防止有毒有害气体涌出和积聚；进行独头巷道排水时，局部通风机不得停止运转。

(11) 排水过程中，应经常检查瓦斯浓度。当瓦斯浓度达到 1%时，立即向指挥部汇报，并加强通风，稀释有毒有害气体。

七、案例分析——河南陕县支建煤矿“7·29”矿井突水事故救援

2007 年 7 月 29 日 8 时 30 分左右，河南省三门峡市陕县支建矿业有限公司支建煤矿东风井发生透水事故，69 人被困，生死不明。

(一) 事故单位基本情况

支建矿业有限公司支建煤矿属国有地方煤矿，1958 年建矿，为生产矿井，设计生产能力为 21 万 t/a，实际生产能力为 30 万 t/a，属低瓦斯矿井。这次事故是河床水通过采空区涌入井下造成的，透水量为 3 000 m^3。

(二) 事故发生经过

2007 年 7 月 28 日，三门峡突降暴雨，矿区内的铁炉沟河内形成大洪水。该矿既开采煤炭，又开采铝土矿，而且先开采煤层上方的铝土矿。铝土矿塌陷区的洪水通过支建煤矿象征性的水闸墙进入矿井，将 69 名矿工困在 600 m 深井下，生死未卜、危在旦夕！

69 名矿工被困在如图 6-4 所示的一段 35 m 长的小巷道中，两个出口完全被水封死，想潜水逃生是没有可能的。

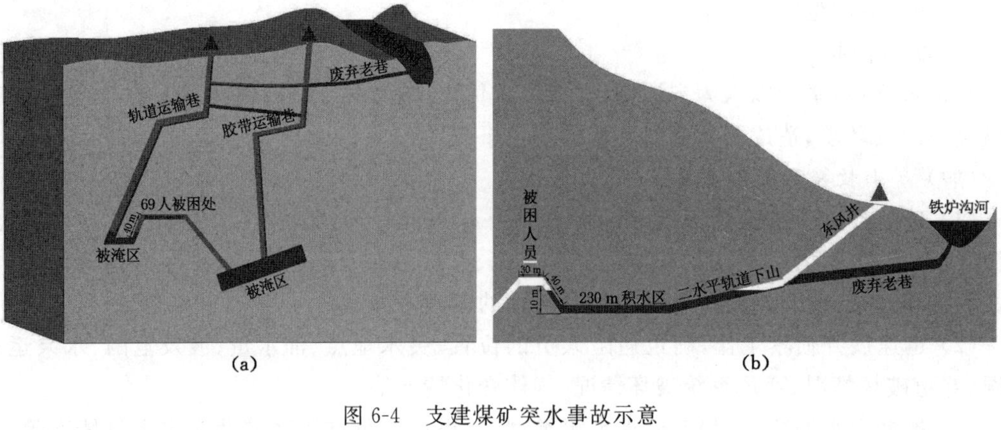

(a) (b)

图 6-4 支建煤矿突水事故示意

(三) 事故救援过程

事故发生以后，迅速启动应急预案，成立抢救指挥部，针对矿井突水的实际情况，制定了“一堵二排三送四救”的科学救援方案。

(1) 一堵

① 堵河

300 余名武警官兵们冒着大雨奋战了 20 h，堵实了河床泄漏通道，为井下及时开展抢救工作创造了安全条件。

② 堵天

气象部门发射 1 000 余枚驱雨弹。经 2 h 人工减雨作业，矿区 20 km 左右范围内仅下了短时小雨，为事故救援创造了条件。

③ 堵地

在井下救援过程中发现仍有通道向灾区漏水，井下仍有漏水通道，立即进行封堵工作。被截水量为当时排水量的 1/2 左右，从而使成功抢险救援工作提前了 1/3 的时间。

(2) 二排

① 排水清淤

经过救灾人员 76 h 艰辛的劳动，形成 210 m^3/h 排水能力，改造井下供电系统，新铺设电缆 2 250 m。经过排水清淤，水位累计下降 1.5 m，为人员的成功救援奠定了基础。

② 排除故障

突水后，井下的三条生命线各种故障层出不穷，大家齐心协力排除万险，为救援提供了保障。排水系统故障，频繁爆管等，延缓救援；压风管路故障，生命线被堵，万分紧急，后采取措施终于疏通；通信线路故障，通信人员临危受命排除万难打通通信线路。

(3) 三送

① 送风送氧

69 名工人呼吸一刻不能停!

突水后工人被困区域氧气量有限，CO_2浓度不断上升，形势紧迫。副队长曹百成关键时刻找到一根压风管路，并拖至人员被困区域，为送风送氧创造了条件。就是这根压风管路，为 69 人的生存提供了第一条生命线，这是本次事故救援的第一大创举。

指挥部根据情况，加大对被困矿工的送风送氧力度。2 台压风机轮流送风，由专业技术人员监管保证压风机 24 h 时连续运转；同时，在压风过程中连续不断地输送医用氧气，使井下矿工能够呼吸到正常空气。就在即将见到胜利的曙光时，8 月 1 日上午 8 点半，井下矿工突然报告觉得风力比较弱，呼吸有些困难。经立即勘察检测，发现由于掘进工作面和被困矿工所在位置即将连通，空气压力发生变化，CO_2 和瓦斯浓度开始升高。指挥部立即指示调整通风压力，半小时后险情解除。

② 送营养

人是铁饭是钢，肚子是个大问题!

69 人被困 76 h，不吃东西是不行的。如何将食物送到 600 m 深井下是个大难题。送固态食物是行不通的。抢救指挥部创新性地将牛奶和面汤通过压风管路送到井下，这是本次事故救援的第二大创举。但是这会带来一个问题：送牛奶和面汤的过程中，就没有了压风，如果压风管路堵死，没有了新鲜风流，这 69 人必死无疑！怎么解决这个问题？技术人员经过计算，对送牛奶和面汤的时间和流程进行了严格的规定，完美解决了这一问题。

③ 送温暖和希望

希望还是要有的，万一实现了呢！所以就有了第三送：送温暖和希望。救援过程中有了第三大创举：开通情感热线，也就是井下有一部电话机直通地面，给井下的工人送来了温暖和希望。事故发生后，党中央国务院高度重视，时任国务院总理温家宝亲自打电话安排事故救援工作；遇险人员家属，通过热线电话，安抚了职工情绪，保证了救援工作的稳步推进；遇险人员与指挥人员通过电话及时沟通了救援进展及相关安排。

(4) 四救

所谓“四救”,是指救援过程中被困人员的自救、互救等工作。

① 寻压风

能通风就有存活的希望!

副队长曹百成在撤退的过程中发现了一条压风管路,并将管路拖至被困地点,使得呼吸问题解决了。

② 报灾情

有沟通就有救援的措施!

朱年群等用内线电话与外界联系,多次尝试终成功。

③ 找组织

关键时刻找组织!

危难时刻,600 m 深井下成立“临时队委会”。大家各司其职,各负其责,共同面对,确保被困人员情绪稳定。

④ 分物资

长期被困,物资是个大问题。现场领导将矿灯、食物等物资统一管理,实施按需分配,对有限的物资进行合理规划,为成功救援奠定了物质基础。

(四) 事故救援的成功经验

由于抢险方案科学、组织得力,成功将被困的 69 名遇险人员安全救出,这是我国煤矿井下发生透水事故被困人员之多,且全部成功营救的典范。

事故救援之所以能成功,一是事故抢险方案制定科学,组织严密,措施得力;二是事故救援过程有条不紊,有序展开;三是被困遇险人员采取积极的自救与互救措施。

(1) 有一个“人命大于天”的处理理念

事故发生后,党中央、国务院高度重视,多次批示要求全力施救、科学施救,确保被困矿工生命安全。原国家安全生产监督管理总局、河南省委省政府主要领导事发当天冒雨赶到现场组织指挥救援。“不惜一切代价,全力营救被困矿工”成为救援的最强音,也是“以人为本”的具体体现!

(2) 有一套科学缜密的救援方案

抢救指挥部的领导和专家在科学分析后果断决策,制定了“一堵二排三送四救”的救援方案。

及时堵住肆虐的山洪,也就堵住了渗向矿井的洪水;两地同时施工、尽快清淤排水,打通了矿工生还通道;不断地送风送氧,创造性地通过压风管路输送牛奶、面汤,为矿工生存、等候救援奠定了基础;畅通的井下与地面电话联络,稳定了矿工情绪,坚定了他们获救的信心。

(3) 有一支顽强拼搏的救援队伍

这次救援,人民子弟兵冲锋在前,再次诠释了谁是最可爱的人。他们冒着大雨和山洪激流,堵住了泄漏的河水,为井下被困的矿工们保住了宝贵的生存空间;救援队员昼夜作业,加快清淤排水进度;气象部门驱走方圆 20 km 的暴雨乌云;通信车、发电车、救援车现场随时待命;通信技术人员及时恢复井下电话;社会主义国家“一方有难、八方支援”的优越性在这次大救援中充分体现。

（4）有一批训练有素的煤矿工人

最后一名升井矿工是掘进队副队长、共产党员曹百成，也正是他在山洪袭入巷道时拼死抓着压风管路往高处跑，为随后通风、送奶送水等创造了条件。

69名矿工在灭顶之灾面前没有惊慌失措，而是团结起来，组织起来，集中保管食物，集中使用矿灯，分组做思想工作，互相鼓励，坚定信心，有效地配合了地面抢险救援工作。

第五节　煤与瓦斯突出事故抢险与救援

煤与瓦斯突出是矿井主要灾害事故之一，一旦发生，会给矿井正常生产和工人的人身安全带来严重威胁，并可能会诱发瓦斯窒息、瓦斯爆炸、煤尘爆炸等严重的次生灾害，后果非常严重。我国是世界上煤与瓦斯突出最为严重的国家，截至目前，共发生近2万次煤与瓦斯突出事故，造成了重大的人员伤亡和财产损失，也带来了恶劣的社会影响。

一、瓦斯突出的定义、机理与危害

（一）瓦斯突出的定义及危害

煤与瓦斯突出是指在地应力和瓦斯的共同作用下，在极短的时间内，破碎的煤岩体和瓦斯由煤体内向采掘空间突然喷出的一种动力现象，简称瓦斯突出。其性质是一种伴有声响和猛烈动力效应的动力现象，是煤矿生产过程中一种严重灾害，并会引起次生灾害。

瓦斯突出发生后，会涌出几百立方米至几百万立方米不等的瓦斯，突出数吨至上万吨的煤岩体。瓦斯突出会摧毁井巷设备设施，破坏通风系统，使井巷空间充满高浓度的瓦斯及煤尘，可造成人员窒息死亡，导致煤流埋人，如果有火源存在，还可诱发瓦斯爆炸、煤尘爆炸、矿井火灾等事故。

（二）瓦斯突出的机理

截至目前，尚未完全搞清楚瓦斯突出的机理，但众多学者提出了很多的瓦斯突出假说。这些假说包括瓦斯作用假说、地应力作用假说、综合作用假说、流变假说、球壳失稳假说等。下面重点介绍瓦斯作用假说、地应力作用假说、综合作用假说。

瓦斯作用假说认为煤层中储存的高压瓦斯是突出的主要作用因素，这类假说又分为瓦斯包假说和瓦斯水合物假说。瓦斯包假说认为煤层中存在瓦斯压力与瓦斯含量比邻近区域高得多的煤窝，叫瓦斯包，包内煤体松软、孔隙与裂隙发育，具有较大的存贮瓦斯能力，它被透气性差的煤（岩）所包围，储存着高压瓦斯。当巷道揭穿瓦斯包时，在瓦斯压力作用下将松软的煤窝破碎并抛出形成突出。瓦斯水合物假说认为瓦斯在煤中以不稳定的化合物形式存在，如以甲烷水合物 $CH_4 \cdot H_2O$ 或者聚甲烷 $(CH_4)_n$ 存在。当巷道揭开饱含不稳定化合物煤区时，温度上升或瓦斯压力下降，促使它们急剧地分解，放出大量的瓦斯并夹带着煤岩体而喷出；但截至目前并未在煤体中发现类似物质。

地应力作用假说认为瓦斯突出主要是高地应力作用的结果。这类假说认为除自重应力外，还存在地质构造应力，当巷道接近储存构造应变能很高、硬而厚的岩层时，后者将像弹簧一样地伸张，将煤破坏和粉碎，引起瓦斯剧烈涌出而形成突出。也有学者认为采掘工作面前方存在应力集中，当弹性厚顶板悬顶过长或者突然垮落时，可能产生附加应力，在集中应力作用下，煤发生破坏和破碎时会伴随大量瓦斯涌出而构成突出。

综合作用假说是目前最为学者认可的假说。该假说认为瓦斯突出是地应力、瓦斯压力、煤的物理力学性质等因素综合作用的结果。这一假说较全面地考虑了突出的动力与阻力两个方面的主要因素，得到了国内外学者的普遍认可。该假说认为地应力是发动瓦斯突出的主要因素，是使煤体破坏的主要动力。随着地应力的增加，能量不断积聚，为瓦斯突出的发生奠定基础，并出现突出预兆，煤体处于亚平衡状态，其过程时间变化范围很大，有时几秒钟即可完成；受采掘作业、爆破、震动等因素的激发，煤体所受的应力状态突然改变，煤体破坏形成大量的裂隙，吸附瓦斯大量解吸，形成瓦斯风暴，大量破碎的煤岩体会随瓦斯风暴突入采掘空间；在地应力与瓦斯压力作用下，连续剥离并破碎煤体；破碎的煤岩体在瓦斯内能作用下，边运送边粉碎，瓦斯突出过程不断发展；遇到较硬的煤岩体等，地应力与瓦斯压力降低不足以破坏煤体，或突出孔道被堵塞等，即瓦斯突出的阻力大于其动力时，突出过程就会终止。

二、瓦斯突出的规律与征兆

（一）瓦斯突出的规律

通过对大量瓦斯突出事故的分析，认为瓦斯突出具有以下规律：

（1）瓦斯突出发生在一定埋藏深度上，突出危险性随埋藏深度的增加而增大。

（2）绝大多数瓦斯突出发生在煤巷掘进工作面。

（3）瓦斯突出危险性随煤厚增加而增大。

（4）瓦斯突出大多数发生在地质构造带。

（5）大多数瓦斯突出前有作业方式诱导。

（6）瓦斯突出前大多有明显的预兆。

（7）煤体破坏程度越高，瓦斯突出危险性越大。

（8）石门揭煤工作面瓦斯突出危险性最大。

（9）煤层突出危险区常呈条带状分布。

（二）瓦斯突出的主要征兆

（1）声响征兆

受地应力的影响，瓦斯突出准备阶段要发生煤体的断裂、破碎，此时煤体会发出闷雷声、爆竹声、机枪声、嗡嗡声等，通称为响煤炮。

（2）瓦斯征兆

煤体破坏、破碎后，其内部裂隙极为发育，煤体内的瓦斯快速解吸并涌入采掘空间，导致瓦斯异常、瓦斯忽大忽小、瓦斯喷孔、风流逆转等现象，并可能会出现哨声和蜂鸣声等。

（3）煤结构征兆

瓦斯突出地点一般处于地质构造带内，受构造揉搓的影响，煤结构层理紊乱、煤体发暗、煤厚急剧变化、煤体松软干燥、煤层波状隆起以及层理逆转等。

（4）矿压显现征兆

受地应力的影响，瓦斯突出发生前，一般会有顶板来压，煤壁开裂、掉渣、片帮、外鼓，底鼓，顶（夹）钻，钻孔严重变形、塌孔以及炮眼装不进炸药等征兆。

（5）温度征兆

随着瓦斯的大量解吸、排放，会出现采掘空间温度降低、煤壁发凉等征兆。

（6）其他征兆

在瓦斯大量释放过程中，可能会同时释放 H_2S、其他烷烃类气体等，这些气体会有特殊气味。

三、瓦斯突出事故的特点

（1）短时间内涌出大量高浓度瓦斯和大量煤岩体

瓦斯突出地点前方具有大量煤体，其瓦斯来源充足；瞬间突出大量的瓦斯，且瓦斯浓度高，瓦斯顺风、逆风蔓延，甚至逆流到进风井，会造成作业地点氧气浓度急剧下降，导致人员窒息；突出的大量煤岩体会掩埋附近的作业人员。

（2）具有巨大的破坏性

突出瓦斯的冲击气浪会破坏通风系统，改变风流方向，造成瓦斯逆流，导致更大范围的人员窒息；瓦斯突出具有明显的动力效应，可造成供风、供电、压风、供水等设备设施的破坏；突出的煤岩体堵塞巷道，造成通风混乱，不利于人员撤退和救援。

（3）会导致燃烧、爆炸事故

突出的大量高浓度瓦斯，开始并不爆炸，但遇火源会燃烧，导致矿井火灾事故；在一定的供氧条件下，瓦斯浓度降低至5%～16%之内，遇火会发生瓦斯爆炸事故；瓦斯突出产生的大量煤尘，遇火源会发生煤尘爆炸事故。

（4）会发生二次瓦斯突出事故

瓦斯突出后，前方煤体仍处于亚平衡状态，在救援过程中存在扰动作业等，可能再次发生延期突出；连续发生第2、3次瓦斯突出，极不利于开展救援工作。

四、瓦斯突出事故的处理

瓦斯突出事故处理流程为：灾区停电、撤人→向上级汇报→召请矿山救援队→成立抢救指挥部→矿山救援队到灾区侦察、救人→灭火→恢复通风系统。各相关部门及人员处理要点分述如下。

（一）现场遇险人员的处理要点

（1）发现有瓦斯突出征兆时，现场人员立即报告调度室，并正确佩戴自救器，按照规定的避灾路线迅速撤离灾区。

（2）对于小型瓦斯突出，现场人员应在保证自身安全的前提下，迅速开展互救工作，尤其是被煤流掩埋的人员。

（3）若无法安全撤离，应采取可行的自救及互救措施，主要包括：

① 应迅速选择进入距离最近的避难硐室，或构筑临时避难硐室，安静地等待救援。

② 若无法进入避难硐室，应选择安设有压风自救装置的地点躲避，等待救援。

③ 迅速撤退至有压风管路或硬质风筒的巷道、硐室躲避，打开管路上的阀门形成正压通风，确保正常呼吸。

（4）被困后设法联络救援人员和调度室，但不可用钢铁质工具或石块等敲击金属管路，防止产生火花诱发瓦斯或煤尘爆炸事故。

（5）等待救援过程中，现场领导应进行人员分工，积极开展自救与互救工作。

（6）被困后要减少体能消耗，节约矿灯、饮水等物资，保持镇定，相互鼓励，积极配合救援工作。

（7）不得摔打或拆卸矿灯等电气设备，防止产生电火花诱发瓦斯爆炸事故。

（二）救援指挥人员的处理要点

（1）救援指挥人员必须了解的内容

① 地点与范围

根据井下现场人员报告的情况、瓦斯监控系统数据等，了解瓦斯突出发生的地点及事故波及范围。

② 人员情况

通过人员定位、作业地点分布、突出地点及波及范围等，了解人员分布及伤亡情况。

③ 通风情况

结合主要通风机运行参数等，分析矿井风量大小、风门等损坏情况。

④ 气体情况

通过监控系统数据，了解灾区瓦斯及CO等气体浓度、突出瓦斯量等。

⑤ 火灾情况

了解瓦斯突出后井下是否发生火灾；若已发生火灾，应了解火灾可能波及的范围。

⑥ 主要通风机情况

通过主要通风机运行情况及相关参数，了解主要通风机是否正常运转，防爆门是否打开，通风机房水柱计读数变化情况等主要通风机基本信息。

(2) 救援指挥人员必须作出的决定并下达的命令

① 撤出灾区和可能受影响区域的人员。

② 报告上级主管部门，召请矿山救援队。

③ 成立抢救指挥部，启动应急预案，制定救援方案。

④ 派人到进风、回风井口及其50 m范围内检查瓦斯，设置警戒，熄灭警戒区内一切火源，严禁无关车辆进入。

⑤ 保证主要通风机和空压机正常运转，保证升降人员的井筒正常提升。

⑥ 保持通风系统正常运转，不得随意停风或反风，防止风流紊乱扩大灾情；如果通风系统或通风设施已被破坏，应设置临时风障、风门等。

⑦ 慎重切断灾区电源；切断灾区和受影响区域的电源要采取远距离断电，防止产生电火花引起瓦斯或煤尘爆炸；若停电造成灾区或矿井被水淹，则应加强通风；做到“停电的设备不送电，送电的设备不停电”，防止产生电火花引发瓦斯或煤尘爆炸。

⑧ 清点井下人员，控制入井人员。

⑨ 矿山救援队抢救遇险人员，侦察火情，扑灭火灾，恢复通风；若发生火灾或爆炸事故，则按照火灾或爆炸事故处理。

⑩ 有关单位准备救灾物资，医院准备抢救伤员。

(三) 矿山救援队的处理要点

(1) 当采煤工作面发生瓦斯突出时，可从进、回风侧同时进入，以加快救援速度；进入灾区前，应携带足够数量的自救器或氧气呼吸器，以供遇险人员佩戴。

(2) 进入灾区后，应认真检查气体浓度和环境温度等的变化情况；发现空气中CO浓度或温度异常升高时，应迅速查明原因。

(3) 对灾区和灾区附近区域巷道进行全面侦察，引导被困人员和遇险人员迅速撤离。

(4) 当灾区被困人员众多时，应先采用压风管路、供水管路等各种措施向被困人员提供新鲜空气；若短时间内无法提供新鲜空气，则应给遇险人员佩戴自救器或氧气呼吸器。

(5) 组织力量抢救人员，按先明后暗，先活后死的原则救人。

(6) 为防止瓦斯向火区及有人员工作区域蔓延，应调整风流方向和通风构筑物，迅速排放瓦斯。

(7) 若瓦斯突出范围很大，巷道恢复困难，救人后可先封闭灾区。

(8) 清理瓦斯突出煤岩体时，应洒水降尘；救援过程中应密切监视瓦斯突出征兆，应设置防护板，打密集柱，防止发生二次突出。

五、案例分析

(一) 案例1——大平煤矿"10·20"特大型瓦斯突出事故及特别重大瓦斯爆炸事故

2004年10月20日22时09分，郑州煤炭工业(集团)有限责任公司(以下简称郑煤集团)大平煤矿发生一起特大型瓦斯突出事故，突出煤岩1 894 t，其中突出岩石532 t，突出瓦斯 $5.2\times10^4\ m^3$。22时40分，由架线式电机车电火花引发西大巷瓦斯爆炸，造成148人遇难，32人受伤(其中5人重伤)，直接经济损失4 700余万元。事故发生后，郑煤集团调集10个救援中队，22个救援小队，共计261名指战员参与事故救援。全体救援人员历经22天14小时，成功救出6名遇险人员，搜寻出148名遇难人员。

1. 矿井概况

大平煤矿隶属郑煤集团，属国有企业。矿井位于郑州市西南60 km新密市平陌镇。井田东西走向长度为5 km，南北倾向宽度为2 km，面积为10 km^2。该矿始建于1982年，1986年建成投产，矿井原设计生产能力为0.60 Mt/a。2003年矿井核定生产能力为1.30 Mt/a，2004年1—9月份累计生产原煤0.96 Mt。

矿井开采煤层为二$_1$煤，煤层厚度变化较大，为1.1～30 m，多为5～7 m，煤层倾角浅部大、深部小，一般为7°～19°。煤层直接顶为砂质泥岩，基本顶为砂质泥岩或泥岩。

矿井采用立井单水平上下山开拓方式，有11、13、14、16等4个生产采区，15、21等2个准备采区，井下共有2个采煤工作面，5个煤巷掘进工作面，3个岩巷掘进工作面。

2003年瓦斯等级鉴定结果：绝对瓦斯涌出量为26.16 m^3/min，相对瓦斯涌出量为11.47 m^3/t，矿井瓦斯等级为高瓦斯矿井。煤尘具有爆炸性，爆炸指数为16.2%。煤的自然发火期为2～6个月。矿井采用抽出式混合通风方式；井下建有临时抽采瓦斯系统，对13、16两个采区进行瓦斯抽采；矿井安装有KJ90型安全监控系统。

该矿21采区岩石下山设计为采区专用回风巷，自11采区上部车场±0 m标高开口，总长度为1 700余米，位于煤层底板灰岩内，距煤层12～15 m。

2. 事故发生简要经过

2004年10月20日22时09分12秒，21采区岩石下山回风瓦斯传感器记录的瓦斯浓度突然增加，22时30分矿调度室接到13121采煤工作面瓦斯检查员汇报，13121工作面进风巷瓦斯超限，浓度达6%，矿调度员向值班矿领导和调度室主任做了汇报，并按调度室主任的安排，通知通风科、安监大队及安监科查清瓦斯情况；22时45分接西风井主要通风机司机汇报，西风井主要通风机掉闸停风；22时47分接到井下中央变电所机电工汇报，听到一声响，西大巷有烟。随后调度室主任向郑煤集团公司调度室汇报发生事故，并通知大平煤矿救援队进行抢险救灾。

事故发生后，大平煤矿和郑煤集团立即启动了重大事故应急预案，成立了以矿长、董事长为组长的两级抢救指挥部。10月20日22时48分，大平煤矿救援队接到矿调度室通知后，值班、待机小队迅速出动，入井搜救遇险人员。郑煤集团救援队23时接到通知后迅速出动，于 23 时 35 分赶到事故现场，12 个救援小队 123 名队员全力投入井下抢险救灾，救援队员共抢救受伤遇险人员 6 人。截至 11 月 11 日，找到全部遇难人员 148 名。11 月 10 日开始进行 21 采区岩石下山排水，11 月 15 日完成全部排水工作，共排出积水约 1 010 m^3。11 月 15 日开始清理 21 采区岩石下山突出物，11 月 28 日完成了突出煤（岩）清理工作，共 清出煤（岩）1 894 t，其中煤 1 362 t，岩石 532 t。

3. 事故直接原因

21 采区岩石下山掘进工作面在 10 月 20 日爆破过程中，揭露了一个落差为 10 m 的逆断层（见图 6-5）。该逆断层附近地应力极为集中，且有利于瓦斯保存，加之断层带煤岩体较为破碎，在爆破后发生了特大型的延期瓦斯突出。

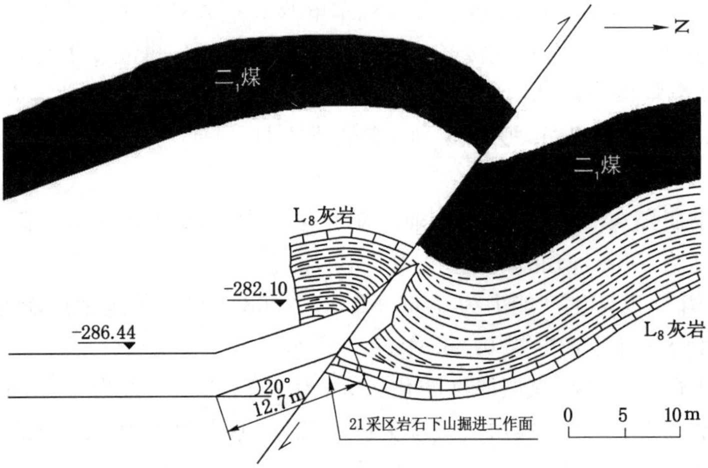

图 6-5　大平煤矿瓦斯突出地点地质构造示意

突出的大量瓦斯造成瓦斯逆流，并进入西大巷新鲜风流中，造成西大巷与 11 采区轨道石门交汇处的瓦斯浓度达到瓦斯爆炸界限；架线式电机车行车过程中产生的电火花引爆瓦斯（见图 6-6），造成瓦斯爆炸事故。

4. 事故救援经过

事故发生后，矿调度室向郑煤集团公司调度室进行了汇报，并安排大平煤矿救援队入井展开抢险救援工作。郑煤集团接到事故报告后，启动重大事故应急预案，成立了以公司董事长为组长的抢救指挥部。

河南省政府紧急启动事故应急预案，成立了事故抢救指挥中心，相关省领导亲赴现场指挥事故救援工作。党中央、国务院相关领导高度重视，要求相关部门采取一切措施，全力抢救被困人员。

该事故具体救援经过如下：

(1) 开展侦察，抢救遇险人员

先期到达现场救援队员，立即组成联合侦察小队进入矿井进行侦察。由于副井井底通风正常，指挥部将井下救援基地设在井底中央变电所内，命令救援队伍先对矿井西翼进行侦察，查明灾情，抢救人员，作好记录，并制定了以下安全措施：

① 远距离切断矿井西翼电源。

② 入井前检查个人所携带仪器仪表及小队装备。

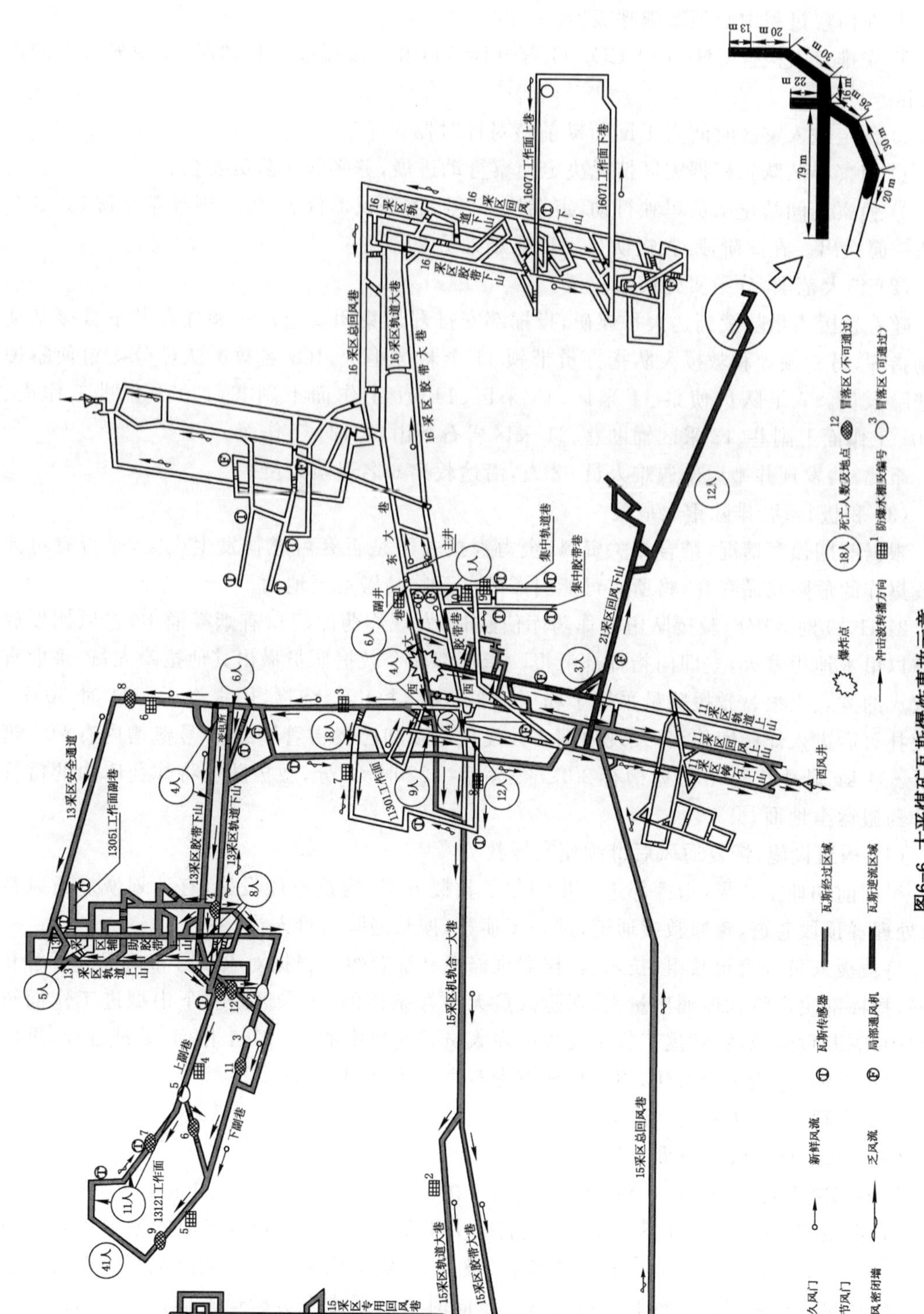

图6-6　大平煤矿瓦斯爆炸事故示意

③ 在侦察过程中必须佩戴呼吸器。

④ 安排专人检查 CH_4、CO、CO_2、O_2 等气体浓度和环境温度变化情况，发现异常立即撤出灾区。

⑤ 预定进入灾区时间为 1 h，行动前核对计时器。

⑥ 侦察小队队长根据灾区情况决定侦察行动进展，务必确保队员安全。

⑦ 侦察期间禁止队员单独行动，定期检查呼吸器等仪器仪表，若出现异常情况，务必全小队一起撤出。在此阶段，救援队员发现遇难人员 27 人。

(2) 扩大范围，分组实施侦察救援

随着救援力量陆续到达大平煤矿，指挥部安排郑煤集团安监局一领导在井下救援基地现场指挥，另一领导和救援大队指挥员带领 11 个救援小队、108 名救援队员分 7 组侦察搜救遇险人员。7 组队员侦察 11 采区、15 采区、11301 工作面下副巷、13051 掘进工作面、11301 工作面上副巷、13 采区辅助巷、21 采区岩石下山、13121 工作面。

至此，共发现并搬运出遇难人员 62 人，沿途救出 6 名遇险人员。

(3) 积极行动，排除重大危险

根据前期侦察情况，结合相关资料，全力查找井下是否有可燃物发生火灾，是否有可能引发爆炸的危险物品存在，将所有可能引爆的危险物品搬运至地面。

21 日 19 时 30 分，救援队伍对炸药库侦察时，发现炸药库门口有烟雾涌出，进风侧发放硐室以里木地板着火，立即向指挥部汇报。指挥部命令救援队员撤出其他抢险人员，采取直接灭火的方式灭火。救援队员采用干粉灭火器灭火，挖出燃烧物，用水浇灭。21 时 50 分，将火扑灭后进入炸药库侦察，发现内部多处发生漏顶和已爆雷管脚线，1 号壁槽内有 208 箱共计 634 kg 乳化炸药，8 号壁槽有 2 027 发雷管。22 时 45 分，救援队员将炸药库内的雷管和炸药搬运至地面。

(4) 构筑设施，恢复通风后继续侦察搜救

根据前期侦察结果，指挥部进一步细化了救援方案：构筑通风设施，有计划恢复通风系统；处理冒顶段巷道，疏通救援通道；进一步侦察，搜救遇险遇难人员。

将救援人员分为抢救组、技术组、仪器维修组和综合组。根据对人员分布情况的了解和判断，指挥部决定将瓦斯涌出量大，遇险人员无生存条件的 21 采区岩石下山掘进工作面暂时封闭，隔断危险源，将救援工作主要集中在人员较为集中的 13121 工作面，处理冒顶，重新构筑通风设施，采用锁风方法，逐段排放有毒有害气体，恢复通风。

至此阶段，遇难人数达 128 人。

(5) 全力以赴，搬运遇难人员

指挥部决定对 13 采区气体进行监测，将救援重心放在 21 采区岩石下山。从 27 日八点班开始，由救援队拆除 21 采区岩石下山密闭，并开展对 21 采区岩石下山的侦察工作。21 采区岩石下山灾区长度 1 700 余米，距离长、坡度大，灾区内积聚了高浓度瓦斯等有毒有害气体，给侦察人员带来极大威胁。指挥部决定同时开展遇难人员搬运工作。至 29 日，发现并运出遇难人员 140 人。

(6) 配合现场勘查，完成最后搜救任务

救援队配合事故调查组进行现场勘查，排除事故隐患，疏通冒顶区域，排除积水，排放有毒有害气体。

(7) 清除突出物,确定突出位置

11 月 15 日四点班开始安排工人和救援队员对 21 采区岩石下山突出物进行清理,救援队现场监护。11 月 29 日清理完毕,确定了具体的突出地点。

至此,抢险救援工作结束。

此次救援工作,共调度 10 个救援中队(7 个整编中队,3 个辅助中队)22 个小队 261 名指战员参加救援,共投入 4 614 人次、历时 22 天 14 小时,成功救出 6 名遇险人员,搜寻出 148 名遇难人员;构筑通风构筑物、风障等 27 处,处理冒顶 18 处;排放瓦斯 14 086.3 m^3,恢复巷道 5 062.5 m。

(二) 案例 2——焦作某矿"4·4"瓦斯突出事故

1975 年 8 月 4 日 4 时 30 分,焦作某矿二水平东胶带运输大巷掘进工作面揭煤时,发生了瓦斯突出事故,突出煤炭 1 500 t、瓦斯 4.4×10^5 m^3,并在一水平引起 4 次瓦斯爆炸,造成了严重后果。

1. 矿井概况

该矿井 1961 年 4 月投产,原设计生产能力为 0.45 Mt/a,实际年产量为 0.70 Mt,矿井通风系统西部为中央边界式、东部为对角式,矿井相对瓦斯涌出量为 20 m^3/t,绝对瓦斯涌出量达 94 m^3/min,属煤与瓦斯突出矿井;矿井总进风量为 9 500 m^3/min,主副井进风,东、西两风井出风,全矿实行分区通风,使用架线式电机车运输。事故示意如图 6-7 所示。

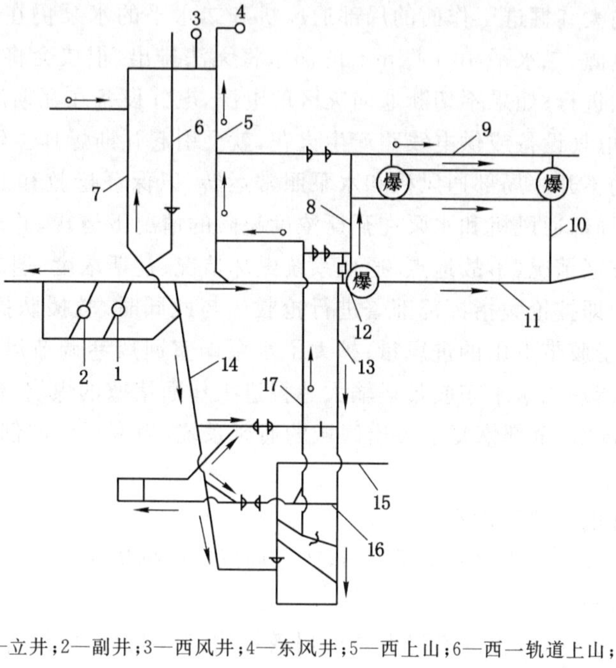

1—立井;2—副井;3—西风井;4—东风井;5—西上山;6—西一轨道上山;
7—西一胶带上山;8—东一轨道上山;9—总回风巷;10—东二轨道上山;11—一水平运输大巷;
12—东一变电所;13—轨道下山;14—胶带下山;15—二水平东大巷;16—二水平东胶带运输大巷;17—回风下山。

图 6-7　某矿瓦斯突出事故示意

2. 事故处理经过

事故发生在二水平东胶带运输大巷的掘进工作面。7 月 31 日该工作面在顶板一侧用震动性爆破揭煤时，二水平总进风量为 1 440 m^3/min，其中胶带下山进风量为 970 m^3/min，轨道下山进风量为 470 m^3/min，在回风下山与二水平东胶带运输大巷相连的回风斜巷口检查瓦斯浓度为 0.8%，1 h 后检查瓦斯浓度为 0.5%，便开始装岩掘进；8 月 1 日瓦斯浓度无变化；8 月 2 日、3 日瓦斯浓度较高(最高达 3.8%)，掘进爆破工作继续进行；8 月 4 日零点班开始工作前，该工作面上帮露出煤层 0.8 m，下帮露出煤层 0.3 m，2 点 30 分工人开始工作，装岩 20 车，支棚子两架，打上帮岩石眼 12 个，4 时 30 分爆破，炮响后，工作面出现了连珠炮式的响声，发生了瓦斯突出。突出的煤炭冲垮了二水平东胶带运输大巷内的两道反向风门，填满该大巷 65 m 和回风斜巷 180 m，破坏了二水平的通风系统。突出的瓦斯由胶带下山和轨道下山逆风流 750 m 冲到一水平运输大巷，延续时间约 1 h；冲到井底车场的瓦斯沿一水平运输大巷向东西两翼扩散，波及东大巷的长度约为4 km，瓦斯浓度达 6%，波及西大巷约 1.5 km，瓦斯浓度为 1.3%，在一水平多处发生瓦斯燃烧和爆炸，有明显爆炸痕迹的有东一轨道下山下口、东一变电所、1141 工作面开切眼和东二轨道上山上口等四处，燃烧和 CO 中毒使事故后果更加严重。

矿务局救援队到达事故矿井后，在了解事故情况的过程中，得知井下尚有多人还未撤出矿井，认为事故严重，即召请附近矿井的 10 个救援小队和辅助救援队，为抢救人员和处理事故做好充分准备。

按规定，在处理瓦斯突出事故时，要迅速切断通向灾区的电源。但在侦察灾区时发现，二水平东胶带运输大巷掘进工作面的局部通风机和二水平的水泵仍在运转，如果按照规定切断通向灾区的电源，二水平 40 m^3/min 的涌水将无法排出，很快会将下山淹没，抢救人员和处理事故将无法进行；如果不切断通向灾区的电源，电气设备在瓦斯浓度超过爆炸下限的情况下运转，一旦电气设备或供电线路产生火花，就会引起瓦斯爆炸。经抢救指挥部研究决定：开的不停，停的不开。局部通风机和水泵照常运转，以保证抢救和处理事故的工作顺利进行。实践证明，局部通风机和水泵在瓦斯浓度超限的情况下运转，并未产生火花。

当救援队将灾区情况(事故地点、通风系统毁坏情况、瓦斯浓度、遇难人员的位置和数量等)侦察清楚以后，即按抢救指挥部部署进行抢救。与此同时，救援队拆除了原设于胶带下山中的风帘，增大了胶带下山的进风量；扩大了水泵硐室回风巷调节风窗的断面，加速排除水泵硐室的瓦斯；清理二水平东胶带运输大巷掘进工作面堵塞的煤岩，修复了该大巷的反向风门。经过 30 h 抢修，全部恢复了突出区域的通风系统，为恢复生产创造了条件。

3. 事故原因分析

这次突出事故的主要原因有：

(1) 这次突出事故属特大型瓦斯突出，矿务局以往根据历次突出制定的措施不适用，所以难以防止这次事故发生。

(2) 在该巷道掘进时，通过煤门由顶板揭露煤层进入底板，揭煤时未发生突出，而且瓦斯变化不大，因而没有采取更有效的防范措施，以致在爆破时发生了突出。

(3) 采取的防范措施执行不够彻底，在揭煤之前，虽然也打了超前排放钻孔，但深度不够，在 3 个超前排放钻孔中，只有 1 个达到了超前 5 m 的规定，其余 2 个仅有 3 m，也没有及时补钻，致使瓦斯没有充分排放和降压。

(4) 矿井许多重要电气设备不符合有关要求，该矿属煤与瓦斯突出矿井，而一水平运输大巷使用架线式电机车运输，东一变电所也安装了一台非矿用变压器，当突出瓦斯到一水平运输大巷后，受电弓滑动产生火花，东一变电所的非矿用变压器接线柱线松动，均先后引起瓦斯爆炸，增加了事故的严重程度。

（5）个体防护设备缺乏，也是这次事故伤亡严重的原因之一。

第六节　矿井火灾事故抢险与救援

矿井火灾是煤矿主要灾害之一。矿井火灾与煤尘爆炸、瓦斯爆炸的发生常互为因果关系，相互扩大灾害的程度和波及范围，造成更为严重的灾害事故。

一、矿井火灾的定义及基本要素

（一）矿井火灾的定义

矿井火灾是指发生在煤矿井下及地面井口附近，威胁到矿井安全生产和井下人员安全、造成损失的非控制燃烧。

（二）矿井火灾的基本要素

矿井火灾发生的原因多种多样，但引起火灾的基本要素归纳起来主要有 3 个。

（1）热源

具有一定温度和足够热量的热源才能引起火灾。

在矿井中煤的自燃、瓦斯及煤尘爆炸、爆破作业、机械摩擦、电器短路、吸烟、动火作业等都可能是引火的热源。

（2）可燃物

在煤矿井下，煤炭本身就是巨量的可燃物；坑木、棉纱、各种油料、炸药等都具有可燃性。可燃物的存在是发生矿井火灾的物质基础。

（3）氧气

燃烧本身就是剧烈的氧化反应，任何可燃物的燃烧均不可缺少足量氧气（助燃剂）的支持。所以矿井火灾中，空气的供给是维持燃烧不可或缺的条件。

以上火灾发生的三要素必须同时存在，相互配合，缺一不可。

二、矿井火灾的分类与特点

（一）矿井火灾的分类

根据引火热源的不同，可将矿井火灾分为内因火灾和外因火灾两大类。

（1）内因火灾

内因火灾又叫自燃火灾，是煤炭自身吸氧、缓慢氧化、积聚生热，热量逐渐积聚达到着火温度而形成的火灾。内因火灾具有以下征兆：

① 煤因自燃出现明火、火炭或烟雾等现象，巷道壁“挂汗”。

② 煤炭自热使煤体、围岩或空气温度升高至 70 ℃以上。

③ 巷道中出现特殊气味，这是由于煤炭自热而分解出 CO、C_2H_4 或其他气体，且在空气中的浓度超过预报指标，并呈逐渐上升趋势。

（2）外因火灾

外来热源，如瓦斯爆炸、煤尘爆炸、爆破、机电故障、机械摩擦、电器短路、火工作业等造成的火灾，称为外因火灾。

（二）矿井火灾的特点

（1）内因火灾

内因火灾多发生在风流不畅的地方（如高冒区、采空区、密闭不严的区域等），这些地方供氧不足，发火缓慢，预兆不明显，燃烧过程较为缓慢，伴生有害气体，早期不易发现，且火源隐蔽，有些发火地点很难接近，灭火难度大，持续时间长。

（2）外因火灾

外因火灾多发生在井口附近、井下机电硐室、采掘工作面、有电缆的木支架巷道等处，具有发火区域明显、突发性强、火势凶猛、可防性差的特点。因突发性和意外性，外因火灾常会造成较为严重的事故。

三、矿井火灾的危害

（1）影响矿井正常生产秩序。矿井一旦发生火灾，会影响矿井正常生产作业。火灾发生后，可能造成全矿或局部停产，从而导致矿井采掘失调，加剧生产接续紧张局面等。

（2）烧毁大量设备，消耗灭火材料等大量的人力、物力，造成巨大的经济损失。

（3）可能会封闭火区，造成大量煤炭资源被烧毁，缩短服务年限；外因火灾来势凶猛，处理不及时或不得力会造成“火烧连营”的局面，危及整个矿井，造成极大的损失。

（4）可能会引起瓦斯爆炸、煤尘爆炸等次生灾害，造成事故扩大，导致更多人员伤亡和财产损失。

（5）产生大量有毒有害气体，尤其以 CO 危害最大，会造成大量人员伤亡；在矿井火灾事故中，95%的人员伤亡，都是吸入大量有毒有害气体所致。

（6）产生火风压，使火灾范围扩大。火风压是指火灾原因产生的高温空气流经有高差的井巷产生的附加的风压。火风压会使风流紊乱，产生风流逆转，导致灾情扩大，容易使灭火人员陷入火区。

（7）矿井发生火灾后，井下风流逆转，导致灾情扩大。高温气体会使流经的巷道空气质量变差，温度升高；会使矿井通风网络的风流发生变化，导致风流紊乱，进一步扩大灾情，同时，给井下遇险人员的撤离带来巨大的困难。

四、矿井火灾事故的处理要点

（一）现场遇险人员的行动要点

（1）发现火灾及现场救援人员的行动要点

① 发现火情后，立即向现场领导汇报并迅速通知附近的工作人员。

② 弄清火情，火势不大时应抓住战机，根据现场条件积极灭火。

③ 熟悉通风系统的人员（如通风区技术人员）可采取调风措施救灾，并向矿调度室汇报。

④ 立即向矿调度室报告，请求矿山救援队援救。

⑤ 如果火灾范围大或火势猛，现场人员无力抢救且人身安全受到威胁时，应迅速撤退到有新鲜风流的安全区。

（2）受火灾威胁人员撤离灾区的避灾措施

① 服从命令，听从指挥，迅速果断、快而不乱、有组织地撤离火区。

② 从有烟巷道撤退时，不要直立奔跑，应尽量躬身弯腰低头快速前进，减少烟气中毒。

③ 位于火源进风侧的人员，应迎着新鲜风流撤退。

④ 位于火源回风侧的人员，应迅速佩戴自救器通过捷径撤到新鲜风流中，如距火源较近而且越过火源没有危险时，可迅速穿过火区撤到火源的进风侧。

⑤ 如在自救器有效作用时间内不能安全撤出，或无法躲避火灾烟气的危害，应迅速进入避难硐室或快速构筑临时避难所，进行避灾自救。

⑥ 在烟雾大、视线不清的情况下，应摸着巷道壁前进，以免错过通往新鲜风流的连通口。

(3) 在避难硐室的避灾措施

① 进入前应在避难硐室外遗留衣物、矿灯等明显标志，以便矿山救援队营救时易于发现。

② 进入后要将避难硐室出入口严密封堵，以防有害烟气侵入，要充分利用避难场所的水管、压气及各种仪器材料等条件，维持生存。

③ 采用敲击钢轨、管道和岩石等办法，发出有规律的呼救信号，力争与外部救援人员取得联系并耐心等待。

④ 经常检查避难场所及其附近的烟气、温度、风流，发现危及人员安全的情况时，要及时排除。

(二) 调度人员的处理要点

矿调度室处理矿井火灾事故的关键步骤为：停电、撤人→通知领导→上报事故→查明原因。

(1) 立即详细询问火源位置、火势大小、烟侵区范围、温度、可见度等情况。

(2) 若是发火初期，火势不大，必须抓住战机，组织人力物力灭火。

(3) 立即通知井下遇险人员及周边人员进行紧急避险、安全撤出或参与事故抢险与救援，并向给灾区及附近地点供电的变电所下令停掉灾区不必要的供电。

(4) 迅速向矿长、总工程师等领导报告基本灾情，通知本矿(辅助)救援队。

(5) 组织成立由矿长为总指挥的抢救指挥部，向集团公司调度室报告，向矿山救援队报警。

(6) 立即向安全监察机构和上级主管部门等报告事故基本情况。

(7) 采取反风、短路、增阻、降阻等措施控制井下火灾的蔓延。

(8) 按应急预案的相关规定迅速召集矿井通风区、机电科、医院等各方面有关人员。

(三) 救援指挥人员的处理要点

(1) 立即通知发生火灾区域及受威胁区域远距离停电，通知遇险人员立即按照避灾路线撤离。

(2) 了解火灾的类型和波及范围、巷道完好情况、通风系统情况，以便制定针对性的灭火措施。

(3) 根据了解的火灾基本情况，启动相应等级的应急预案，立即成立抢救指挥部。

(4) 召集救援队，并根据火情，决定是否召集更多的救援队参与救援。

(5) 根据火灾地点，决定矿井是否进行全矿井或局部反风。

(6) 清点井下人员，控制入井人员，统计安全撤离人员。

(7) 建立井下救援基地，确定侦察路线，迅速开展火灾侦察和救援工作。

(8) 保证主要通风机正常工作，保证提升系统、压风系统、供水系统等正常工作。

(9) 立即向安全监察机构和上级主管部门等报告灾情。

(10) 命令有关单位准备救灾物资,命令医院做好救死扶伤准备。

(四) 矿山救援队的处理要点

(1) 矿山救援队工作总体要点

① 矿山救援队接到任务后,应派遣至少两个小队分别执行灭火和侦察、救人的任务。

② 为保证处理事故工作的顺利进行,必须设立井下救援基地。

③ 小队在执行火灾侦察任务时应有待机小队在井下救援基地接应。

④ 在行动小队通信中断或于规定时间内未能返回的情况下,待机小队应立即进入救援。

⑤ 不得进行冒险作业(如在知道火区有爆炸危险,并且不需要救人的情况下不得进入灭火或探险)。

(2) 井下救援基地设置要求

井下救援基地应设置在尽量靠近灾区、通风良好、运输方便、不易受爆炸波直接冲击的安全地点。井下救援基地应设有:

① 待机小队。

② 通信设备。

③ 必要的救援装备、配件、工具和材料。

④ 值班医生。

⑤ 有害气体监测仪器。

⑥ 临时充饥的食物和饮料。

(3) 火灾现场侦察要点

① 侦察任务的主要内容为查明火灾发生地点、波及范围、发展趋势,火区瓦斯浓度、烟雾、温度、冒顶情况、通风设施破坏情况以及发生第二次灾害的可能性等。

② 侦察小队不得少于6人;进入灾区前必须携带必要的装备,如呼吸器、备用氧气瓶、苏生器、通信电话、灭火器、探险绳等,入井前要检查呼吸器,保证其正常。

③ 进入灾区侦察前,井下救援基地要有待机小队,并用灾区电话与侦察小队保持联系。

④ 侦察小队在进入灾区时,要规定返回时间,并用电话与井下救援基地保持联系,如没有按时间返回或通信中断,待机小队应立即进入救援。

⑤ 进入灾区前要考虑退路被堵时应采取的措施(找出合适的退路或避灾场所),侦察小队在返回时应该按原路返回,如不按原路返回则应征得指挥部同意。

⑥ 侦察行进中,在巷道交岔口要设明显标志,防止返回时走错路线。

⑦ 进入灾区时,小队长在前,副小队长在后,返回时相反。

⑧ 侦察小队要分工明确,分别检查通风、气体含量、温度、顶板等情况,交接作好记录,当CH_4浓度达到2%并有继续上升趋势时,要立即撤出。

⑨ 侦察小队如有1人身体不适或呼吸器发生故障,全小队应立即撤出,由待机小队进入。

五、矿井常用灭火方法

(一) 矿井常用灭火方法及机理

(1) 矿井常用灭火方法

矿井常用的灭火方法有直接灭火方法、隔绝灭火方法和综合灭火方法。

① 直接灭火方法：用水、沙子、灭火器、惰气、高倍数泡沫灭火等手段直接灭火。

② 隔绝灭火方法：先用密闭墙隔绝火源和发火区，然后采用均压技术或灌浆等加速火区熄灭。

③ 综合灭火方法：先用隔绝方法灭火，控制火势后，再打开密闭墙用直接灭火方法灭火。

(2) 矿井常用灭火方法的灭火机理

① 冷却：把燃烧物质的温度降低到燃点以下。

② 隔离和窒息：使燃烧反应体系与环境隔离，抑制参加反应的物质。

③ 降低(稀释)氧浓度：降低参加反应物(氧气或氧化物)的浓度。

④ 中断链式反应：现代燃烧理论认为，燃烧反应是由于可燃物分解成游离状态的自由基与氧原子相结合，发生链式反应后才能形成的。因此，阻止链式反应发生或不使自由基与氧原子结合，就可以抑制燃烧，达到灭火目的。

(二) 直接灭火方法注意事项

(1) 水灭火

① 灭火原理

a. 强力水流把火焰压灭，燃烧物被充分湿润而阻止燃烧。

b. 水的吸热能力强，使燃烧物冷却。

c. 大量的水蒸气冲淡氧气，降低氧气的浓度，并使燃烧物与空气隔绝。

② 注意事项

a. 供水要充足，不足时高温会使水分解成 H_2 和 CO(水煤气)而爆炸。

b. 确保正常通风，能顺利排出烟气和水蒸气。

c. 灭火人员必须在火源的进风侧，从火源外围逐渐向火源中心喷射水流；若火势旺盛，应从外围逐渐向火源中心喷射水流灭火。

d. 电气火灾，应首先切断电源再灭火。

e. 油类火灾及活泼金属火灾，不能用水灭火。

f. 高温岩石遇冷水极易炸裂，应防止岩石炸裂造成冒顶事故。

g. 用水灭火时，必须经常检查井下火区附近的可燃可爆气体。

③ 适用条件

a. 井下火源明确，能够接近。

b. 火势不大，范围较小。

c. 井下有充足的水源和灭火器材。

d. 火源地点瓦斯浓度低于 2%，风流畅通，能将水蒸气顺利排出。

e. 灭火地点顶板坚固，有支架掩护。

f. 有充足的人力，可以连续扑灭火灾。

(2) 沙子灭火

① 灭火原理

沙子能阻断燃烧物与空气的接触，并且沙子比热容很大，可吸收大量热量，使物体表面降温。

② 注意事项

可用来扑灭初期的电气火灾和油类及其他类型火灾(比如金属钠、镁着火等),但不能扑灭直立壁面和顶上的火灾。

(3) 干粉灭火器灭火

干粉灭火器利用 CO_2 或 N_2 作动力,将干粉从喷嘴内喷出,形成一股雾状粉流,射向燃烧物质灭火。干粉灭火器内充装的是磷酸铵盐干粉灭火剂。干粉灭火剂是用于灭火的干燥且易于流动的微细粉末,由具有灭火效能的无机盐和少量的添加剂粉碎、混合而成的微细固体粉末组成。

① 灭火原理

一是靠干粉中的无机盐的挥发性分解物,与燃烧过程中燃料所产生的自由基或活性基团发生化学抑制和负催化作用,使燃烧的链式反应中断而灭火。

二是靠干粉的粉末落在可燃物表面外发生化学反应,并在高温作用下形成一层玻璃状覆盖层,从而隔绝氧气,进而窒息灭火。

三是靠部分稀释氧和冷却作用灭火。

② 使用范围

干粉灭火器除了可扑灭一般火灾外,还可扑灭油、气体等燃烧引起的火灾;主要用于扑救石油、有机溶剂等易燃液体、可燃气体和电气设备的初起火灾。

③ 使用方法

使用前先将瓶体颠倒几次,使筒内干粉松动;然后除掉铅封,拔掉保险销,左手握着喷管,右手提着压把,远处灭火。

(4) 泡沫灭火器灭火

① 灭火原理

使用泡沫灭火器灭火时,通过筒体内酸性溶液与碱性溶液混合发生化学反应,喷射出大量二氧化碳和泡沫,它们能黏附在可燃物上,使可燃物与空气隔绝,破坏燃烧条件,达到灭火的目的。

② 使用范围

可用来扑灭 A 类火灾,如木材、棉布等固体物质燃烧引起的火灾;最适宜扑救 B 类火灾,如汽油、柴油等液体火灾;不能扑救水溶性可燃、易燃液体(如醇、酯、醚、酮等物质)的火灾和 E 类(带电)火灾。

(5) 二氧化碳灭火器灭火

① 灭火原理

二氧化碳灭火器加压时将液态 CO_2 压缩在小钢瓶中,灭火时再将其喷出,有降温和隔绝空气的作用。

② 使用范围

二氧化碳灭火器灭火性能高、毒性低、腐蚀性小、灭火后不留痕迹,使用比较方便。

适用于扑救各种易燃、可燃液体和可燃气体火灾,还可扑救仪器仪表、图书档案和低压电气设备以及 600 V 以下的电器初起火灾。

(6) 高倍数泡沫灭火

作用原理:泡沫与火焰接触时,水分迅速蒸发吸热,使得火焰温度下降,大量水蒸气稀释空气中的氧含量，当氧气含量小于16%、水蒸气含量大于35%时，火被扑灭。可实现远距离灭火。

(7) 灌浆灭火

作用原理：浆液充填煤岩裂隙及孔隙的表面，增大氧气扩散的阻力，减小煤与氧气的接触面和反应面；浆水浸润煤体，增加煤的外在水分，吸热冷却煤岩；加速采空区冒落煤岩的胶结，增加采空区的气密性。

灌浆防火的实质是，抑制煤体在低温时的氧化速度，延长煤体自然发火期。

(8) 惰性气体灭火(惰化火区)

一般在不能接近火源，以及用其他方法直接灭火具有很大危险时采用惰性气体灭火。常用燃油除氧制取惰气。我国煤矿使用的惰气发生装置有DQ-150型、DQ-500型、DQ-1000型惰气发生装置。其中，DQ-500型惰气发生装置产气量为500 m^3/min，气体组分：O_2为2.25%，CO为0.002 4%，CO_2为5.2%，N_2为42%，H_2O为50%。

(三) 隔绝灭火方法注意事项

(1) 尽量缩小火区范围。

(2) 首先建造临时密闭墙，然后建造永久密闭墙。

(3) 在有瓦斯、煤尘爆炸危险时，应设置防爆墙(沙袋防爆墙厚度大于5 m)。

(4) 进风巷道和回风巷道的密闭墙应同时建造。

(5) 当同时封闭进、回风巷道有困难时，先封闭进风巷道，后封闭回风巷道。

(6) 若火区同采空区等瓦斯聚集区相连通，应采用先回风巷后进风巷的封闭顺序。

(7) 当多条巷道需要封闭时，先封闭支巷，后封闭主巷。

(8) 密闭墙建造地点宜断面小、前后5 m范围内围岩完整稳定，距巷道交岔口不小于10 m，运料方便。

(9) 构筑密闭墙时要安装一金属风筒作通风孔，孔径大小以保证火区瓦斯浓度达不到爆炸下限来定。

(10) 封闭火区时最好在进、回风侧同时进行，同时封孔后迅速撤离。

(11) 经常检查瓦斯，在火区瓦斯浓度迅速增加时可进行远距离、大面积的封闭，当火区稳定后，再缩小火区。

(12) 在低瓦斯矿井封闭火区时，为迅速减少向火区的供风，一般应先筑风障切断风流，然后在外侧施工半永久性密闭墙(木段密闭墙、黄土密闭墙)或永久性密闭墙(砖密闭墙、料石密闭墙、混凝土密闭墙)。

(13) 如果爆炸破坏了密闭墙，禁止派救援队员修复或探险；若必须另筑密闭墙，应采取措施排放瓦斯，使之远离爆炸上、下界限。

六、矿井不同地点火灾事故的灭火要点

(一) 进风井口建筑物火灾

(1) 关闭进风井口防火铁门，或盖住井口，井下设临时密闭。

(2) 主要通风机反风。

(3) 按“预处计划”引导井下人员安全撤离，如果进风井口被火包围或进风井筒已有烟气，应从回风井或其他进风井撤出。

（二）进风井筒火灾

（1）全矿井反风。

（2）在不能进行反风、不宜停止主要通风机运转的情况下，要关闭防火闸门，减少供风。

（3）引导井下人员沿安全路线从其他进风井或回风井撤离。

（4）斜井着火时，在发火初期，火势不大，可由上而下进入井筒侦察、灭火；火势增大后，不能由上而下进入井筒，应在反风成功后由下而上侦察、直接灭火。

（5）竖井井筒发生火灾，不能让人员进入灭火，可从地面用高倍数泡沫灭火机发高倍数泡沫充满井筒。

（三）井底车场火灾

（1）全矿井反风。

（2）派救援队员引导井下人员从安全路线升井。

（3）采用中央并列式通风方式的矿井，可使进、回风短路，将烟流直接排出地面。

（4）利用通往火源的一切道路，集中人力和物力直接灭火，防止火灾蔓延。

（5）采用施工临时密闭或挂风障的方法，减小向井底车场火源处的供风量。

（四）进风大巷火灾

（1）利用现场条件积极进行直接灭火。

（2）实行全矿井或区域反风。

（3）实行短路通风，将火灾烟流引入回风巷道。

（4）采用中央并列式通风方式的矿井，可使进、回风短路，将烟流直接排出地面。

（5）在火源前增阻，或使风流短路，减少向火源的供风；在火源下风侧清除可燃物，并打开喷雾。

（五）采区主要进风巷火灾

（1）利用现场条件积极进行直接灭火；为防止火势扩大，在火源的上风侧常用悬挂风障和安设风门等方法减小风量。

（2）如果巷道顶板岩石完整，可拆除可燃物，从而阻断燃烧，防止火灾蔓延。

（3）倾斜巷道上行风流中发生火灾时，采取减少风量、直接灭火、畅通排烟道路等措施防止旁侧支路风流逆转，采取减少风量措施时要防止造成灾区贫氧和瓦斯积聚。

（4）火灾发生在采区的上行风路中，在排烟道路上，在不威胁集中工作地点或人员已经撤出的情况下，担负火区通风任务的主要通风机不能降压或停止运转。

（5）倾斜巷道下行风流中发生火灾时，要积极灭火，最好能将风流反向或尽早引向回风巷道，防止主干支路风流逆退。

（6）将火源点回风侧的水幕打开，喷雾，洒水降温。

（7）命令救援队拆除火焰前方的木支护、输送机胶带等可燃物。

（8）命令通风部门在所有能进入火区的路口设置栅栏，悬挂警标或派专人守护。

（9）迅速救出人员和阻止火势蔓延，使遇险人员自救退出，有条件的采取局部反风或短路通风措施。

（10）扑灭倾斜巷道下行风流火灾必须采取措施，增加进入的风量，减小回风的风阻，防止风流逆转，但决不能停止主要通风机运转；如果倾斜巷道的风流逆转不可避免，最好能在火源上风侧寻找一条短路，使逆退的烟流尽快排往回风系统。

(11) 在倾斜巷道中灭火时，应利用中间巷道、联络巷等接近火源。不能接近火源时，可利用矿车、箕斗等；可将喷水器下到巷道中灭火，或发射高倍数泡沫、惰气进行远距离灭火。

(12) 对于有爆炸危险的瓦斯涌出源，要及早进行封闭。

(六) 采场火灾

(1) 采场(工作面及其上下巷)发生火灾，一般不减风，应采取措施积极灭火，在回风侧设专人测风流和瓦斯浓度的变化情况。

(2) 能够接近火源时，一般在通风的情况下从进风侧用压力水、灭火器直接灭火，要有效地利用灭火器和防尘水管。

(3) 在进风侧灭火难以取得效果时，可采取局部反风措施，从回风侧灭火，但进风侧要设置水幕，并将人员撤出。

(4) 无法接近火源时，用高倍数泡沫灭火机、惰气发生器等远距离灭火。

(5) 采煤工作面瓦斯燃烧时，可利用干粉灭火器、沙子、岩粉等灭火，全小队人员分布开，对整个燃烧线进行喷射灭火。

(6) 当着火范围较大，直接灭火无效时，采取隔绝方法和综合方法灭火。

(7) 工作面进风巷发生火灾，进风侧密闭墙尽量靠近火源，回风侧密闭墙视烟雾和温度情况距火源要有一定距离。

(8) 工作面回风巷着火时应采取有效措施防止采空区瓦斯涌出和积聚。

(9) 对有瓦斯爆炸危险的工作面，在封闭过程中应从进风侧注入惰气，惰化火区。

(10) 火源点上风侧有瓦斯涌出的掘进工作面，应保证局部通风机正常运转，因故停风要立即封闭。

(七) 主要硐室火灾

(1) 切断硐室内电源。

(2) 使用硐室内存放的消火器材(如灭火器、沙子等)进行直接灭火。

(3) 硐室火灾难以直接扑灭时，应立即关闭防火门进行隔绝，然后采用水、灭火器、高倍数泡沫灭火等措施扑灭硐室火灾。

(4) 要重点保护硐室的防火门免遭破坏。

(5) 硐室无防火门时，应挂风障控制进风，积极灭火。

(6) 火药库着火时，应首先将雷管运出，然后将其他爆炸材料运出，如因高温运不出时，则关闭防火门，退往安全地点。

(7) 绞车房着火时，应将火源下方的矿车固定，防止烧断钢丝绳而造成跑车伤人。

(8) 蓄电池机车库着火时，为防止氢气爆炸，应立即停止充电，加强通风并及时将蓄电池运出硐室。

(9) 硐室火灾产生大量烟雾时，敞开硐室专用回风巷调节风窗或排烟道路上通往总回风巷的风门，使烟流短路。

(10) 若敞开硐室专用回风巷的调节风窗后仍有烟雾外溢，或着火硐室位于矿井总进风巷，应反风或风流短路；若着火硐室位于矿井一翼或采区总进风流所经两巷道的连接处，在条件具备时，短路通风或局部反风。

(八) 独头巷道火灾

(1) 独头巷道发生火灾，在维持局部通风机正常运转的情况下，进行积极灭火。

(2) 若局部通风机已经停转,应保持通风原状,不要随便开启。

(3) 直接灭火无效的情况下,应采取先封闭,待瓦斯浓度超过爆炸上限后再进行灭火的方法。

(4) 若发火巷道有爆炸危险或瓦斯浓度仍然迅速升高,在不需要救人的情况下不得入内侦察和灭火,而要在远离火区的安全地点建筑密闭墙。

(九) 回风巷道火灾

(1) 回风巷道发生火灾时,一般不能改变风流方向,可减少风量控制火势的发展。

(2) 采取直接灭火或隔绝灭火的方法灭火。

(十) 回风井筒火灾

(1) 回风井筒发生火灾时,保持风流方向不变。

(2) 为控制火势,应减少风量,其方法主要有控制进风防火门,打开通风机风道的闸门和停止主要通风机。

(3) 多风井通风时,发生火灾区域回风井的主要通风机不能停止。

七、矿井火灾时期主要控风方法

矿井发生火灾时必须根据火灾发生的地点和性质、火风压的大小、瓦斯涌出情况、井下遇险人员的分布情况等,采取正确的风流控制方法,否则就会使事故扩大。

火灾时风流控制的基本要求:

(1) 保证灾区和受威胁区人员安全撤退,有利于救人。

(2) 防止火灾扩大,创造接近火源直接灭火的条件,有利于灭火。

(3) 避免火灾气体达到爆炸浓度,避免瓦斯通过火区,防止瓦斯煤尘爆炸。

(4) 防止出现再生火源和火烟逆退。

(5) 防止火风压造成风流逆转。

矿井火灾时期常用的控风方法主要有以下五种。

(一) 保持正常通风

适用于:① 火源位于矿井用风段及回风段,火势发展较大,烟雾弥漫范围较大,不能肯定采取其他控风措施有效时;② 对通风系统复杂的矿井,当采用全矿性反风措施有造成风流紊乱或瓦斯爆炸危险时。

(二) 增风或减风

适用于:① 当正常通风会使火灾(火势)扩大,不利于灭火,而隔断风流又会使火区瓦斯浓度上升,有爆炸危险时,可采取减风方法;② 在处理火灾过程中,如火区内及回风侧瓦斯浓度升高,应采取增风方法,使瓦斯浓度降至1%以下;③ 若火区出现火风压,显现风流可能发生逆转现象时,应增加火区风量,增加主要通风机作用在该支路上的机械风压,避免风流逆转。

(三) 风流短路

进风流中发生火灾时,火源之后原进风流与回风流之间如有能使风流短路的分支风路,可利用这一支路,直接将火烟排至总回风巷。但必须将受影响区域的人员全部撤出。

(四) 反风

(1) 全矿性反风

一般来说,矿井进风井口、井筒、井底车场及其内的硐室、中央石门、主进风大巷发生火灾时，一定要采取全矿性反风措施，以免全矿或一翼直接受到烟侵而造成重大伤亡事故。

(2) 局部反风(区域反风)

采区内部(工作面进风流)发生火灾，若有条件利用风门的启闭能实现局部反风，则应进行局部反风。

应注意：由于矿井通风网络的复杂性、火势发展的不均衡性，采用什么方式反风，应视具体情况决定。最好平时做好反风演习工作，通过演习观测瓦斯涌出、煤尘飞扬情况，以判断在火灾时反风后是否有发生爆炸危险。通过演习摸清在什么地点发生火灾时应采用何种反风方式。多台通风机联合通风的矿井反风时，要保证非事故区域的主要通风机先反风，事故区域的主要通风机后反风。

矿井反风是一种技术性很强的措施，应慎重考虑反风的结果。如果决定反风，应先撤出原进风系统人员，并让全体救灾人员知晓；同时设法通知井下人员，并控制入井人员。

(五) 停止主要通风机运转(零点通风)

(1) 适用条件：① 回风井筒或车场发生火灾时，可停止主要通风机运转，同时打开井口防爆盖(门)，依靠火风压或自然风压排烟；② 火灾发生在进风井筒或井底，不具备反风条件或不能反风，也无法进行烟气短路使之进入回风时，可尽快停止主要通风机运转，打开回风井防爆盖(门)，使风流在火风压作用下反向。

(2) 注意事项：停止主要通风机运转的方法不能轻易采用，只有在有绝对把握时才可用，否则会扩大事故。

八、案例分析——江苏某矿“2·12”矿井火灾事故

1994 年 2 月 12 日，江苏某矿 −280 m 水平转载用的带式输送机发生摩擦着火，造成重大伤亡事故。共烧毁两部带式输送机的输送带 480 m、电缆 287 m，烟流蔓延到矿井东翼，致使 14 人中毒死亡，直接经济损失 87.6 万元。

(一) 事故处理经过

1994 年 2 月 12 日，早班安排全矿检修。矿调度室由矿长李某、总工程师祁某、值班调度室副主任杨某及调度员张某值班。

东二采区 2024 工作面运输巷，由掘进二区队施工，当班出勤 19 人。8 时 20 分，输送带工区维修班班长徐某带 3 人到 −280 m 转载机巷对一部、二部带式输送机进行例行维修。9 时 50 分，维修结束，徐某到变电所等强力带式输送机司机王某，其余 3 人开机将余煤运完。10 时 30 分，徐某、王某及其余 3 人先后离岗升井。

11 时 30 分之前，−500 m 车场的运输工人高某发现有烟雾从强力输送带主下山下端横贯中流入车场，便去 −500 m 变电所找电话汇报。11 时 30 分，配电工叶某向矿调度室报告：“−500 m 强力输送带横贯、车场、变电所有烟”(第一次报警)。矿调度室副主任杨某在电话中指示：“到外面看看烟是增大还是减小?”杨某即安排矿救援队去 −500 m 查看烟情，让调度员张某去找总工程师祁某。

11 时 32 分，矿调度室杨某用电话询问斜井口处的输送带工区值班室：“强力输送带下山向外冒烟，你们在下面烧什么东西没有?”班长罗某即去询问已升井洗完澡的维修班徐某。徐某答：“我什么东西也没烧。”罗某即向矿调度室作了汇报。矿调度室再打电话到 −500 m 变电所时，已无人接电话。

在此之前，副下山 −280 m 车场安装小绞车的回收队工人，发现巷道中有薄烟(是通过

风门 M3 漏过的），之后又嗅到胶皮味。过了一会，发现副下山的回风流中烟雾愈来愈浓，胶皮味更大，班长陈某立即将人撤出，通过风门 M3 沿两部带式输送机巷经变电所去斜井，打开变电所调节风门后见硐室内烟很浓，什么也看不清，退出后摸着巷壁奔向第二部带式输送机机头，在距机头 2～3 m 处发现有明火燃烧，再远就看不清了。陈某让工人韦某去第一部带式输送机机头处用选号电话向输送带工区报告，陈某组织其他人用第二部带式输送机机头处操控硐室内灭火器、黄沙进行灭火。当有人去打开防尘闸阀准备洒水灭火时，发现无水（因第二部带式输送机巷道转弯处，防尘管是用橡胶管连接的，已被火烧断）。

11 时 35 分，斜井口带式输送机司机贾某接到井下韦某电话：强力带式输送机（韦某误把第二部带式输送机当作强力带式输送机）着火了！贾某当即到门外告诉了班长罗某，罗某立即用电话向矿调度室报警（第二次报警）。

维修班长徐某听到贾某报警后立即换衣入井，越过风门 M7 在－280 m 回风巷中，见变电所向外冒烟，联想到升井前在变电所休息时，曾见回收队两人在变电所“搭火”接线，以为变电所出了问题，急忙越过风门 M5，赶到带式输送机巷道第二部带式输送机机尾用专线电话给斜井输送带工区值班室罗某说，快给调度室打电话，可能是－280 m 变电所着火，赶快要救援队下来抢救。罗某立即于 11 时 40 分向矿调度室电话汇报（第三次报警）。

11 时 42 分，祁某到矿调度室了解情况后指示：通知矿救援队去－280 m 灭火；停－280 m 变电所的电；向矿长、党委书记及其他矿领导汇报；保卫科打开消防库，送灭火器材到斜井口；令掘进三区，通风、输送带工区组织人员向井下运送灭火器。

此前，在 2024 工作面运输巷掘进工作面任专职瓦斯检查员的苏某，在爆破前检查巷道中的瓦斯浓度及空气温度都不高。因工作面遇到断层，工人们准备爆破完即升井，故在爆破撤人时就收拾工具，做收工准备。苏某先到外部电话处向通风值班室汇报检查结果，之后坐在电话对面工具棚上休息，在场的还有掘进二区队绞车司机吴某、维护工阎某。掘进工作面爆破完后，从里面出来了四五名工人，掘进班长从外面向里去，在电话附近拦住他们，询问了情况后又一同进入掘进头。苏某等 3 人又过了 10 余分钟，发现小眼向上冒薄烟，无味。吴某说：“可能是采煤四区爆破。”又过了几分钟，发现烟愈来愈浓，且嗅到胶皮味。12 时，吴某打电话向矿调度室汇报了此情况（第四次报警）。矿调度员张某回话：“可能是哪里电缆爆了。”3 人仍在原处观察。此时，烟更浓，味更大。

12 时 10 分，苏某打电话问矿调度室：“2024 的烟为什么越来越大？”（第五次报警）矿调度室副主任杨某答：“你给班长讲，赶快把迎头的人全部撤到－500 m 二站。”苏某和吴某立即去迎头撤人。此时，迎头人员发现风筒出口向外送烟，便自动外撤，途中和苏某相遇。他们七八人都由小眼下至－390 m 区段平巷（虽然都随身携带有自救器，但都未佩用），穿过风门 M12 后，烟比风门内稍大，便沿东二轨道上山向下跑了一段。苏某在最前面，发现浓烟上来了（风门 M12 有人通过），苏某和在后面的班长喊“都戴自救器！”大家都蹲在人行侧打开自救器，有人戴好后继续向下跑，苏某戴好起身，听班长喊“小苏，我的自救器怎么开不开？”绞车司机和送饭工也不会佩用，苏某转身帮其佩戴好后，都向下跑去。苏某走在最后，走的稍慢些，到下车场处见送饭工在躲避硐内把自救器取下来说：“喘不过气来。”苏某叫他戴上，约十几秒他又摘了下来，苏某将口具往他嘴里放，刚放入又吐出来，一连放了 3 次都吐了出来，用灯一照，见其面部表情呆滞，连自救器都咬不住了。苏某很紧张，走出躲避硐见工人左帮一个、右帮一个，均倒在巷道底板上呻吟，在烟雾中看不清是谁，苏某也无法施救，只想快找电话汇报。苏某越过风门 M12 后，在烟雾中朦朦胧胧地又见到四五个人倒在巷道底板上，已无声息。苏某也感到如同喝醉了酒一样，心里难受、头疼，但神志尚清醒。东大巷内风速低、烟更浓，能见度极差，苏某摔倒了又爬起来，摸着巷壁，艰难地向外移动着……

输送带工区区长闻警后，立即率工人送灭火器入井，刚升井的维修班 3 人及强力带式输送机司机王某也随同入井。

12 时 20 分，强力带式输送机司机王某打电话给斜井口输送带工区罗班长说："是－280 m 带式输送机巷道第一部带式输送机着火。"罗某立即打电话汇报给矿调度室（第六次报警）。

驻矿安全监察站站长孟某闻讯后，即去更衣室，路遇矿通风科科长余某，得知"－280 m 带式输送机着火"。孟某、余某赶到斜井口，见祁某正督运灭火器材，孟某、余某会同副矿长黄某、调度室主任赵某，率领救援队及部分工人携带灭火器材入井灭火。

安装小绞车的工人，将现场的灭火器、黄沙用完后，火仍未被扑灭。之后派人去斜井找水源，陈某等转入火源上风口，见第一部带式输送机下输送带已烧断了，上输送带变松弛，已部分滑入煤仓中，火焰仍沿输送带迎风蔓延，陈某和韦某两人用电工刀将上输送带割断。找水的人在外面喷嘴处将棉袄浸湿，回来扑打火焰。此时孟某、黄某等领导率矿救援队赶到，用灭火器灭火，火势刚压下去又复燃。孟某发现近处无水，用选号电话与祁某说："火势不小，赶快撤人。送 500 m 软管下井灭火。"

分管生产的副矿长彭某，闻警后赶到矿调度室，询问井下火灾及撤人情况，并打电话到餐厅找矿长李某。不久矿党委书记赶到矿调度室，彭某即汇报："这事要由祁总任总指挥，防止出乱子。"书记表示同意，彭某即去斜井口替换回祁总。

中午矿长陪同春节期间到矿拜年的团省委的同志就餐，闻警后于 12 时 25 分赶到矿调度室，与矿党委书记商讨，书记建议"由祁总任总指挥"，矿长同意。

12 时 49 分，祁总电话令矿调度室通知："井下全部撤人，赶快向矿务局汇报，令机电科准备反风。"不久彭某赶到斜井，接替祁总督运灭火器材。

12 时 50 分，孟某从井下与矿调度室通话，问："井下人都撤了吗？"张某答："没有。"孟某说："赶快把受火灾影响范围内的人撤完，再通知有关人员，做好反风准备，送 500 m 防尘软管、两通接头及铁丝到井下。向矿务局汇报，请救援大队支援。"

12 时 51 分，矿长向矿务局调度室汇报说："我矿－280 m 带式输送机着火，请立即汇报值班领导，请救援大队支援。"之后又亲自向分管生产的副局长（兼安监局局长）杨某家中打电话汇报，并请他马上来矿。

12 时 52 分，矿调度室杨某通知全矿撤人，但东二采区及－500 m 车场无人接电话。后仍继续呼叫。

祁某回到矿调度室任总指挥，首先请矿长负责调运井下需用的灭火器材；派一名机电科副科长到主要通风机房保证主要通风机正常运行及做反风准备；又派人去灯房清查掘进二区队及采煤四区未交灯人数。

13 时 20 分，在－500 m 车场观察烟雾的配电工叶某，见烟雾未减小，听到运输工人喊"撤人"，便一起撤出。在弹簧道处碰到疲惫不堪从灾区逃出的瓦斯检查员苏某。苏某虽感到说话困难，但仍说清了"东二轨道风门外，倒下七八个人，快汇报"。后由另一名瓦斯检查员和一名运输工搀扶着升井，送医院抢救。叶某随即在－500 m 配电所向矿调度室将苏某所说的情况进行了汇报。

此时由矿务局救援大队工程师率领的5名救援队员赶至矿调度室，由掘进二区队支部书记做向导，从－500 m东大巷进入救人。

13时25分，矿务局各位领导及救援大队卧牛中队的两个小队，相继赶到矿调度室后，立即听灾情汇报。此时，－500 m井底车场工人向矿调度室杨某打电话说："听东二采区出来的人说，有人倒在东二变电所外面。"矿务局副局长杨某指示："当前主要的任务是救人。"接着由局、矿领导组成抢救指挥部，相继采取了以下措施：

(1) 由安监局副局长张某现场指挥，矿务局救援大队副大队长率卧牛中队执行抢救遇险人员的任务。

(2) 派督运完灭火器材后回调度室的副矿长彭某，协同副局长张某指挥抢救遇险人员。

(3) 矿医院派两名医师入井参加抢救。

(4) 由矿务局安全副总工程师负责指挥庞庄救援中队执行灭火任务。

(5) 令通风科派人测量火区进风量。

13时50分，由夏某率领的矿务局救援大队5人抵达东大巷口，因只有4台氧气呼吸器，而掘进二区队支部书记救人心切也进入，故夏某与支部书记各佩用一台AYG-30型压缩氧自救器，共6人携带12台压缩氧自救器进入井下救人。因能见度差，故行进较慢，约15 min后，夏某见自救器氧气压力已由18 MPa降至8 MPa，即打信号退出，返至－500 m东大巷基地时，氧气已耗尽。

14时，矿方查明，还有联采队6人及掘进二区队9人，共15人未升井。副局长张某、副矿长彭某等抵达－500 m基地，向夏某询问情况后，立即组织由局大队、卧牛中队及事故矿中队共12人组成的混合小队，于15时40分再次进行侦察、抢救。在－500 m东大巷中距基地约700 m处发现一人，俯卧于轨道中，口吐白沫，立即派4人抬出；继而又发现两名遇难者，又派4人抬出一人；之后在风门M12前后及东二变电所附近又陆续发现10名遇难人员后，侦察小队退出灾区，返回基地。

15时50分，井下基地指挥向指挥部报告："共发现13人，已抬出两人，其中一人经抢救情况有好转。"指挥部告知："共有15人未升井，已增派救援中队入井抢救。"

17时至18时18分，由夏某率1小队，再次进入侦察搜寻人员，直至－470 m区段平巷，返回时在水沟中先后发现了其余的两名遇难者。20时13分全部运出井外。

在转载机巷火源处，救援队用灭火器灭火，控制不住火势，孟某见火势迎风蔓延，燃烧加剧，烟雾愈浓，便让通风科长去斜井下口打开风门M9，看能否使烟流短路。风门M9打开后烟流突然逆转，所以，又将风门M9关闭，风流方向逐渐恢复正常。

由矿救援中队长率领的两个小队抵达火源处，用刚运到的软管接到防尘水管上，用水直接灭火，并逐渐控制了火势。

指挥部与孟某通话，了解火势，准备反风；孟某见火势已得到控制，但还有部分灭火人员未带自救器，为防止意外，故没有反风。

由于第一部带式输送机巷道断面较小，且温度高，故救援队只得轮番进入用水灭火，扑灭第一部带式输送机明火后，又进入第二部带式输送机巷道。至16时，大火被扑灭。之后又对锚喷层内的残火进行破帮、插管、注水，全部灭火工作于14日6时结束。

(二) 事故分析

(1) 事故初期调度失职，值班领导抢救指挥不力事故初期未及时撤出灾区人员，从 11 时 30 分到 12 时，井下连续 4 次火警报告，均未引起调度人员重视，闻警 40 min(发火已 1 h)后方才撤出东二采区人员，但为时已晚。

发生火灾后未及时组成抢救指挥部进行有效的指挥。最先闻警的矿值班领导未坐镇调度室指挥撤人，错过了安全撤人的最好时机。矿长去向不明，闻警 55 min 后方才赶到调度室。在此之前对火灾的处理缺乏总指挥，且矿长到矿任职仅 3 个月，情况不够熟悉，也未经过安全技术培训，缺乏抢险救灾知识，对抢救工作指挥不力。向矿务局汇报太迟，闻警后 80 min 才向矿务局汇报，召请救援大队，延误了抢救时间。处理火灾事故时，应有通风科(区)长或技术人员参加，以便及时提供风流调控措施，供总指挥决策。但在此次处理火灾事故过程中，指挥部无通风专业人员参加。

(2) 灭火措施被动，未能有效地调控风流为抢救创造有利条件

① 发火后，曾敞开风门 M9 试图使烟流短路，但火源所在风路中有调节风门 M10，烟流阻力大，敞开风门 M9 后发生风流逆转，随即关闭风门 M9，此后未再进行烟流短路。

② 假如在火灾初期采取如下风流调控措施，则对灭火是有利的。

a. 在火源进风侧平巷中，迅速设木板闭(因风速高，挂风障无效)，留出灭火人员进出通道，控制火区进风，可减弱火势。

b. 派救援队员敞开风门 M5，使烟流直接排入回风巷，以减少向有人地区的蔓延。

c. 敞开调节风门 M10，降低回风侧烟流通风阻力，则 −500 m 东大巷口新鲜空气大量进入东二采区，以降低 CO 浓度，可减少人员伤亡，也有利于救援队进入抢救。

③ 第一部带式输送机巷道倾角为 20°，其中的上行风流风量为 1 222 m^3/min，风速高达 4.07 m/s，用手提式灭火器灭火，由于灭火器射程短，供应不及时等因素，不能接近火源进行有效的灭火。假如初始发现火警的人员，将带式输送机上、下输送带都割断，并向下拉开一段距离，则可隔断可燃物，有可能中断燃烧，易于扑灭。

(3) 对职工安全技术培训不够，部分工人安全知识掌握不到位，缺乏应变能力

① 发现烟雾、闻到胶皮味后，东二采区的工人因对火灾危害性认识不足，未立即判断出已发生火灾，也未主动撤出灾区。

② 班长率人撤退时，未组织工人佩戴自救器，而是逆烟流行进约 400 m 后，发现烟雾更浓时方才佩戴，且许多工人尚不会开启自救器。工人对佩戴自救器后的注意事项也不了解，佩戴后狂奔，由于精神紧张，下山行进速度又快，故发生呼吸急促；当感到自救器呼吸阻力大时，不是放慢脚步或稍事休息，以调整呼吸频率，而是用嘴角呼吸灾区气体，有的甚至未到安全地点即取下自救器，这是造成伤亡的主要原因之一。

第七节　矿井顶板事故抢险与救援

我国 90%以上的煤矿为井工开采矿井。地下作业、大采深作业的特殊环境，导致顶板事故频发，位居各类矿山事故之首。近年来，尽管采取了众多新方法、新技术、新装备，但顶板事故的发生频率仍居高不下，导致大量人员伤亡和财产损失。

一、顶板事故的定义与分类

(一) 顶板事故的定义

顶板事故是指在地下开采过程中，顶板意外冒落造成人员伤亡、设备破坏、生产停滞的

事故，一般统称为冒顶事故。

（二）顶板事故的分类

顶板事故按力源分为压垮型、漏冒型、推垮型三类；此外，还会出现综合型的冒顶事故。

(1) 压垮型冒顶

压垮型冒顶分为基本顶来压时的压垮型冒顶（即垮落带基本顶岩块压坏或冲击压坏采场支架，或裂缝带基本顶岩块下沉压垮采场支架，造成压垮型冒顶）、难冒顶板的压垮型冒顶、直接顶的压垮型冒顶三类。

这类事故主要是垂直于顶板方向的作用力压弯、压断阻力不足的支架或将支架破坏造成的。

(2) 漏冒型冒顶

漏冒型冒顶分为靠煤壁附近的局部冒顶、单体支柱工作面两帮的局部冒顶（机头、机尾等处）、放顶线附近的局部冒顶、大面积漏垮型冒顶四类。

这类事故是已破碎顶板没有得到及时、有效支护，受重力作用冒落导致的。

(3) 推垮型冒顶

推垮型冒顶分为金属网下的推垮型冒顶、采空区冒矸冲入采场的推垮型冒顶。

这类事故是平行于煤层层面方向产生较大的推力，使支架失稳造成的。

(4) 其他冒顶

除了上述三种冒顶事故外，还有厚层难冒顶板导致的冒顶、地质破坏带附近的局部冒顶、大块游离顶板导致的冒顶等。

煤矿习惯上把冒顶事故分为局部冒顶和大型冒顶两大类。局部冒顶通常指范围不大、伤亡人数不多（每次1～2人伤亡）的冒顶，通常发生在煤壁附近、采场两端以及放顶线附近。生产过程中以该类冒顶事故最为常见。大型冒顶通常指范围较大、伤亡人数较多（每次死亡3人及以上）的冒顶，包括基本顶来压时的压垮型冒顶、厚层难冒顶板大面积冒顶、直接顶导致的压垮型冒顶、大面积漏垮型冒顶、复合顶板推垮型冒顶、金属网下推垮型冒顶、大块游离顶板冒顶、采空区冒矸冲入采场的推垮型冒顶及冲垮型冒顶等。

二、顶板事故的特点与危害

（一）顶板事故的特点

顶板事故多发生在地质条件异常的地带，如断层、褶曲、岩层离层区等。

对于局部冒顶而言，事故发生地点缺乏规律性，一般是在人员作业区域。这类事故主要是已破坏的顶板失去依托造成的，也有在回柱操作过程中发生的。局部冒顶大部分发生在邻近断层、褶曲等部位；在正常情况下则多发生在基本顶来压前后，特别是在直接顶强度较低、分层厚度较小的岩层组合情况下。

大型冒顶的特点是冒顶面积大、来势凶猛、后果严重，不仅严重影响生产，也会导致重大人身伤亡事故。

（二）顶板事故的危害

顶板事故的危害主要表现在以下五方面：

(1) 事故发生后，一般会推倒支架、埋压设备，破坏巷道内的设备设施，造成停电、停风，对安全生产极为不利。

(2) 现场人员极易被砸、压、堵、困，从而造成人员伤亡。

(3) 堵塞巷道,阻断风流,影响通风,灾害区域有毒有害气体增加。

(4) 如果在地质构造带附近发生冒顶事故,有可能诱发矿井突水事故。

(5) 采场附近冒顶可能诱发瓦斯突出事故,造成事故扩大。

三、顶板事故的征兆与发生原因

(一) 顶板事故的征兆

(1) 发出响声

岩层下沉断裂,顶板压力急剧加大时,会出现折梁断柱现象,金属支柱活柱急速下缩,从而发出很大声响。

(2) 掉渣

顶板严重破裂时,会出现顶板掉渣现象。掉渣越多,说明顶板压力越大。

(3) 片帮煤增多

因煤壁所受压力增加,煤体变得松软,片帮煤比平时要多。

(4) 顶板裂缝张开并增多

顶板有裂缝并张开,且裂缝增多。

(5) 顶板出现离层

检查顶板要用"问顶"的方法,俗称"敲帮问顶"。如果声音清脆,则说明顶板完好;若顶板发出"空空"的响声,则说明上下岩层之间已经离层。

(6) 漏顶

大面积冒顶前,破碎的伪顶或直接顶有时会因背顶不严和支架不牢固产生漏顶现象,形成棚顶托空、支架松动而造成冒顶。

(7) 淋水增大

由于顶板破裂、裂隙增加,冒顶前顶板的淋水量有明显增加。

(二) 顶板事故的发生原因

顶板事故多发的原因主要包括以下几方面:

(1) 管理制度不完善、执行不到位,检查不周,尤以"敲帮问顶"制度执行不严格,查找浮矸危石不及时、不彻底等,造成危石突然垮落。

(2) 支架安装不合理,工作阻力低,支撑及支护密度不够,支护不牢固等,造成顶板来压时压垮或推倒支架而冒顶。

(3) 采矿方法选择不合理,顶板管理方法不当,处理浮石操作方法不当。

(4) 地质情况变化,自然条件不好。

(5) 地压活动导致地应力异常变化等的影响。

四、顶板事故的处理

(一) 现场遇险人员的处理要点

(1) 迅速撤退至安全地点,并立即向矿调度室报告。

(2) 在小型冒顶、坍塌、压埋人员时,现场人员在保证自身安全的前提下,立即开展互救和现场急救工作。

(3) 在撤离受阻时,应紧急避险,可采取以下自救措施:

① 选择最近的避难硐室或临时避难设施等待救援。

② 选择最近的设有压风自救装置、供水装置的安全地点,进行积极自救、互救和现场急

救,并等待救援。

③ 如有压风管路,则打开阀门以输送新鲜空气。

④ 可利用现场材料加固附近顶板、设置临时避难硐室,等待救援。

⑤ 尽量靠近煤壁站立,防止发生二次冒顶,减少伤害。

(4) 可有规律地敲击管路等,向外界发出求救信号;在瓦斯和煤尘较大的情况下,不可用钢铁质工具、石块等敲击,避免产生火花导致瓦斯或煤尘爆炸。

(5) 被困期间遇险人员要保持镇定,减少体能消耗,保存体力,节约使用矿灯,合理分配食物等物资,并应相互鼓励,安抚情绪。

(6) 带班领导和现场领导应组织人员进行有组织的撤退,进行积极的自救和互救。

(二) 救援指挥人员的处理要点

(1) 接到现场报告电话后,了解冒顶范围、被压埋人员位置等基本情况,判断波及范围及人员伤害情况。

(2) 迅速启动应急预案,及时撤离井下受威胁区域的人员。

(3) 严格执行抢险救灾期间入井、升井制度,安排专人清点升井人数。

(4) 立即通知矿井主要负责人、值班领导、技术负责人等,相关领导到场后立即成立抢救指挥部。

(5) 马上召集矿山救援队,制定救援方案,开展事故救援工作。

(6) 按照规定和流程,将事故情况及时报告上级有关部门和领导。

(7) 保证矿井主要通风机正常运转,保证压风系统、供水系统、提升系统等正常工作。

(8) 通知医疗机构,准备进行医疗救援工作。

(三) 矿山救援队的处理要点

(1) 了解现场情况,制定救援方案

接警后立即赶赴事故现场,先要了解掌握冒顶、坍塌的地点、范围,遇险人员数量、被困位置、生存环境等,压风、通风、供水等系统是否被破坏,瓦斯等气体的涌出情况等基本状况,结合指挥部掌握的情况,制定有针对性的救援方案。

(2) 多措并举,快速构建救援通道

应快速清理、恢复冒顶、坍塌区域的巷道,形成救援通道。根据冒顶事故的范围大小、地压情况等,可采取不同抢救方法:

① 顶板冒落范围不大时,如果遇险人员被大块矸石压住,可采用千斤顶等工具把大块岩石顶起将人迅速救出。

② 顶板沿煤壁冒落,矸石比较破碎,遇险人员又靠近煤壁位置时,可沿煤壁由冒顶区从外向里掏小洞,架设梯形棚子维护顶板,边支护边掏洞,直到把遇险人员救出。

③ 如果遇险者位置靠近放顶区,可沿放顶区由外向里掏小洞,架设梯形棚子,用木板背帮背顶,或用前棚边支护边掏洞,将遇险人员救出。

④ 若工作面冒落范围较小,矸石块度小,比较破碎,并且继续下落,救援人员可采用撞楔法处理,以控制顶板。

⑤ 分层开采的工作面发生冒顶事故,底板是煤层,遇险人员位置在金属网或荆条假顶下面时,可沿底板煤层掏小洞,边支护边掏洞,接近遇险者时将其救出。

⑥ 如果底板是岩石,施工困难,遇险人员位置在金属网或荆条假顶下面时,可沿煤壁掏

小洞，寻找遇险人员。

⑦ 工作面冒落范围很大，遇险者的位置在冒落工作面的中间时，采用掏小洞和撞楔法处理；若处理所需时间长，不安全，可采用沿煤层重开开切眼的方法处理。新开切眼与原工作面距离一般为 3～5 m，边支护边掘进。也可以沿煤壁用掏洞法处理，但靠冒落区的一帮必须用木板背好，防止漏矸石。

⑧ 如果工作面两头冒落，把人堵在中间，采用掏小洞和撞楔法穿不过去，可采用另掘巷道的方法，绕过冒落区或危险区将遇险人员救出。

（3）想方设法恢复通风

如果遇险人员所在地点通风不好，必须设法加强通风；若因冒顶遇险人员被堵在里面，应利用压风管、水管及开掘巷道、打钻孔等方法，向遇险人员输送新鲜空气、饮料和食物，为被困人员创造条件，为救援争取时间。

（4）做好防护，谨防次生灾害

救援人员进入灾区前，应加固破坏的巷道，防止二次冒顶等次生灾害而造成伤亡扩大。侦察、救援和巷道清理工作应由外向里进行，行进中要检查冒顶巷道支护、顶板等情况，及时清理退路，确保安全。

（5）采用新技术，加快救援速度

可采用向被困人员位置施工大直径钻孔等救援新技术，快速形成救援通道，加快救援速度。

五、案例分析——贵州省普安县安利来煤矿“7·25”顶板事故

2012 年 7 月 25 日 18 时 26 分，贵州省黔西南州普安县安利来煤矿 11806 工作面运输巷发生冒顶事故，造成综掘工作面 5 名工人被困。事故发生后，该矿及其上级公司贵州新宜矿业（集团）有限公司（以下简称新宜公司）均未按规定向当地政府和相关部门报告。次日 14 时 15 分，在其自行组织施救的过程中再次发生冒顶，造成参与施救的 53 人被困，后经全力救援，58 名被困人员全部升井，事故共造成直接经济损失 106 万元。

接事故情况报告后，国务院、贵州省委省政府高度重视，时任国务院总理温家宝、国务委员马凯、国家安全生产监督管理总局相关领导、贵州省委书记、省长赵克志等领导分别作出重要批示；省政府迅速成立了由省长、常务副省长、分管副省长组成的事故处置和救援指挥部。时任贵州省副省长孙国强率省直有关部门赶赴事故现场，成立了事故抢险救援现场指挥部，组织省有关部门、黔西南州、普安县政府和有关单位全力开展抢险救援工作。时任国家煤矿安全监察局副局长彭建勋率有关人员及专家也赶赴事故现场，指导抢险救援工作。经全力救援，至 7 月 29 日 19 时 28 分，被困的 58 人全部安全出井。

（一）矿井概况

安利来煤矿隶属新宜公司，位于普安县楼下镇，距县城 60 km。该矿为地方国有煤矿，设计生产能力为 0.21 Mt/a，建有高低负压抽采系统。矿井采用斜井开拓，中央并列式通风。

事故发生在 11068 工作面运输巷，设巷道设计长度为 772 m，采用综掘方式掘进，已掘进 516 m。巷道采用矩形断面，断面积为 7.7 m^2；支护方式为锚网加钢带；顶板为泥质粉砂岩，裂隙发育，较为破碎。

（二）事故发生经过

7 月 25 日中班(16 时至 24 时)，当班入井 142 人，带班领导为机电副矿长罗某某。其中，11806 工作面运输巷综掘工作面 7 人，18 时 26 分，距 11806 工作面运输巷综掘工作面迎头 49 m 处发生冒顶。巷道被垮落矸石堵死，造成在工作面作业的索某某、耿某某、匡某某、周某某和曾某某被困。

矿调度室接到事故报告后，立即向矿领导报告了事故相关情况，矿长陈某某等到矿调度室询问事故情况，安排相关人员入井查勘，同时将相关情况向新宜公司报告；接报后，新宜公司董事长陈某某等先后到矿，组织相关人员盲目入井施救，由于未对整个巷道进行观测和加固而确保退路畅通，7 月 26 日 14 时 15 分，在距工作面迎头 111 m 处再次发生冒顶，造成参与井下救援的 53 人被困。

（三）事故救援经过

7 月 25 日 18 时 26 分，第一次冒顶事故发生后，矿长陈某某组织有关人员制定了“沿冒顶巷道右下帮施工小断面巷道，进入被困矿工区域”的救援方案，并由矿级领导和管理人员带领工人入井组织施救。新宜公司接报后，董事长陈某某等于 19 时起陆续到矿，决定按照之前矿方确定的方案施工绕道尽快进入被困人员区域施救，由矿长陈某某下井现场指挥抢险救援，新宜公司生产副总经理陈某某在调度室值守；并先后调集了新宜公司矿山救援队(未取得救援资质)和公司下属的恒泰、补者、郭家地、鲁兴和宏兴等煤矿的管理人员和工人 150 余人参与抢险救援。7 月 26 日 14 时 15 分，在施工绕道 13 m 时，发生二次冒顶，造成参加施救的 53 人被困。

接到事故报告后，黔西南州委、州政府及有关部门、盘江监察分局领导先后抵达事故现场，立即成立了以时任州委书记陈鸣明任指挥长的抢救指挥部，迅速展开救援，在施救人员迅速往里掘小巷施救的同时，被困人员在恒泰煤矿矿长常某某、安利来煤矿机电副矿长罗某某的组织下也由里往外掘小巷自救。20 时 05 分，施救人员掘进小巷 3.6 m 后，陆续发现被困人员；20 时 35 分，因二次冒顶被困的 53 名矿工全部获救、安全升井。

经过救援人员 3 个昼夜的不懈努力，于 7 月 29 日 19 时 28 分，贯穿第一次冒顶区，被困井下 97 h 的 5 名矿工全部获救、安全升井。至此，安利来煤矿“7・25”冒顶事故抢险救援工作结束。

（四）事故原因分析

(1) 直接原因

11806 工作面运输巷掘进工作面布置在上覆 C17 煤层留设煤柱的应力集中区，未采取针对性的支护措施；C18 煤层顶板受放水钻孔(放 C17 煤层老空水)导水及构造影响强度降低；片帮造成空顶面积增大后未采取有效控制措施，应力集中显现造成巷道顶板推垮型冒落，从而导致事故发生。

(2) 间接原因

① 采掘布置不合理。11806 工作面运输巷布置时未充分考虑 C17 煤层留设煤柱应力集中区。

② 对顶板岩性未认真进行分析，支护设计存在严重失误。一是基本支护参数设计的锚杆长度不够、支护强度不够；二是在应力集中区布置巷道未加强支护。

③ 对上覆煤层采空区积水管理不到位。未及时将采空区积水放干，在 11806 工作面运

输巷多处打放水钻孔放水，造成巷道顶板遇水泥化后强度降低，稳定性差。

④ 技术审批制度不落实。对 11806 工作面运输巷采掘作业规程和安全技术措施未按有关规定进行审查。

复习思考题

1. 矿山灾害事故抢险与救援的原则有哪些？

2. 矿山灾害事故抢险与救援的基本任务主要有哪些？

3. 瓦斯爆炸的实质与机理是什么？

4. 大型瓦斯爆炸的特点有哪些？

5. 煤矿大气环境中，为什么会发生瓦斯连续爆炸？

6. 瓦斯爆炸事故的处理要点有哪些(分别从现场遇险人员、调度人员、救援指挥人员、矿山救援队角度进行描述，下同)？

7. 煤尘爆炸的机理与条件有哪些？

8. 煤尘爆炸的影响因素有哪些？

9. 煤尘爆炸的特征有哪些？

10. 煤尘爆炸事故的处理要点有哪些？

11. 矿井水灾的危害主要有哪些？

12. 矿井水灾事故的处理要点有哪些？

13. 承压水/老空水/断层水/冲积层水的突水征兆都有哪些？

14. 简述处理突水事故的一般原则。

15. 如何分析矿井突水时遇险人员的生存条件？

16. 瓦斯突出事故和其他瓦斯事故相比，有哪些不同之处？

17. 发生瓦斯突出事故后，为什么不得停风和反风？

18. 瓦斯突出事故处理过程中应注意哪些问题？

19. 常用的直接灭火方法原理是什么？

20. 矿井发生火灾时在什么情况下应进行全矿性反风？

21. 矿井发生火灾时在什么情况下可采用增风或减风方法？

22. 为什么矿井发生火灾时不能轻易采用停止主要通风机运转的措施？

23. 对发生火灾时风流控制的基本要求有哪些？

24. 掘进煤巷内发生火灾或爆炸时，为什么应严格控制局部通风机的启闭？

25. 用水灭火时应注意哪些问题？

26. 顶板事故一般有哪些征兆？

27. 顶板事故发生的原因主要有哪些？

28. 顶板事故的处理要点有哪些？

29. 试阐述支建煤矿突水事故救援过程中，现场遇险人员、指挥人员、救援人员体现了什么样值得学习的思想和情怀。

第七章 自救、互救及现场急救

大多数矿井灾害事故在发生的初期，波及范围、伤害范围都比较小；此阶段是消灭事故、减少人员伤亡、降低财产损失的最佳时机；而且此时救援队员很难快速到达事故现场。因此，事故现场及波及区域人员要尽快利用周围的设备、材料、工具等迅速开展积极的自救、互救及现场急救工作，尽最大可能减少伤亡和损失。《煤矿安全规程》第六百七十九条规定："煤矿作业人员必须熟悉应急救援预案和避灾路线，具有自救互救和安全避险知识。井下作业人员必须熟练掌握自救器和紧急避险设施的使用方法。"

本章主要讲述了自救与互救的定义、原则及行动准则，遇险人员的自救设备设施、自救互救措施以及现场急救措施，具有立足生产、贴近生活的特点，具有广泛的实用性。

第一节 自救与互救的定义、原则及行动准则

一、自救与互救的定义及目的

自救，是指矿井发生意外灾变事故时，在灾区或灾变影响区域的每个工作人员进行避灾和保护自己的方法。

互救，是指在有效自救的前提下，妥善地救援他人。

井下自救的目的是在矿井各类灾害事故发生的初期，即事故波及范围、伤害范围较小时，现场遇险人员立即抓住有利时机，采取正确措施及时消灭事故，以有效减少事故造成的人员伤亡、财产损失；在无法消灭事故时，应积极组织有效的自救，快速撤离灾区，以减少人员伤亡。

自救、互救的成效，直接决定遇险人员的生死存亡。自救与互救的成效如何，主要取决于以下四方面：

(1) 熟悉所在矿井的"预处计划"和事故应急预案。

(2) 熟悉矿井的避灾路线和安全出口。

(3) 掌握避灾方法，会使用自救器等设备设施。

(4) 掌握抢救伤员的基本方法及现场急救的操作技术。

二、自救与互救的原则

(一) 自救应遵循的原则

遇险人员积极的自救，应遵循"报、灭、护、撤、躲"的原则，具体为：

(1) 报

报即及时报告灾情。灾害事故发生后，事发地点的遇险人员应立即了解灾害事故的性质、事发地点、灾害程度等，然后迅速地利用电话等如实向矿调度室汇报，并立即向事故可能波及范围的人员发出警报，使其他人也知悉灾情，及时避灾。

（2）灭

灭即将事故消灭在初期。大多数事故发生的初期或有征兆的时候，波及范围及伤害范围均较小，是消灭事故的最佳时期。此时，事故现场的人员应采取正确的措施，积极行动，将事故消灭在初期，减少事故带来的伤亡和损失。在处理事故时，应统一指挥，杜绝蛮干、惊慌失措，严禁单独行动，防止发生次生灾害。

（3）护

护即保护人身安全。当灾害事故无法消灭时，遇险人员应沉着冷静，根据灾害事故的特点和现场条件，在保证自身安全的前提下，采取正确的措施进行积极的自救与互救，保护生命，减少伤亡。

（4）撤

撤即安全撤离。当灾害事故现场不具备将事故消灭的条件，或者可能危及现场遇险人员生命时，应在现场最高领导或者经验丰富的老工人带领下，根据灾情和避灾路线，选择最短路径、最快速度撤离。撤离过程中，要听从指挥，正确佩戴自救器，或用湿毛巾捂住口鼻等。

（5）躲

躲即躲避等待救援。当无法进行安全撤离时（道路被堵或者自救器有效工作时间不足），应迅速进入避难硐室或临时搭建避难空间，等待矿山救援队的救援，不可盲动。

（二）互救应遵循的原则

在事故现场，遇险人员应积极地开展互救。互救必须遵循“三先三后”的原则：

（1）对于窒息（呼吸道堵塞）、昏厥的伤员，要先复苏后搬运。

（2）对出血伤员，要先止血后搬运。

（3）对骨折人员，要先固定后搬运。

三、事故现场遇险人员的行动准则

（1）当井下掘进工作面发生瓦斯爆炸、煤尘爆炸事故时，在场人员要立即打开并按规定佩戴好随身携带的自救器，同时帮助受伤的人员戴好自救器，迅速撤至新鲜风流中。如因井巷破坏严重，退路被阻时，应千方百计疏通巷道。如巷道难以疏通，应坐在较完好支架的下方，等待救援。采煤工作面发生爆炸事故时，现场人员应立即佩戴好自救器，在进风侧的人员要逆风撤出，在回风侧的人员要设法经最短路线撤退到新鲜风流中。如果由于冒顶严重无法撤出，应集中在安全地点等待救援。

（2）当井下发生火灾时，在火灾初期要竭力扑救。当扑救无效时，应选择合理的避灾路线撤离灾区。烟雾中行走时迅速戴好自救器。最好利用平行巷道，迎着新鲜风流背离火区行走。

如果巷道已充满烟雾，也不要惊慌、乱跑，要冷静而迅速辨认出发生火灾的地点和风流方向，然后有秩序地外撤。如无法撤出，要尽快在附近找一个硐室（避难硐室）等地点暂时躲避，并把硐室出入口的门关闭以隔断风流，防止有害气体侵入。

（3）当井下发生透水事故时，应避开水头冲击（可手扶支架或多人手挽手），然后撤退至上部水平。不要进入透水地点附近的平巷或下山独头巷道中。当独头上山下部唯一出口被淹没无法撤退时，可在独头上山迎头暂避等待救援（需保证有新鲜空气供给）。独头上山水位上升到一定位置后，上山上部能因空气压缩增压而保持一定的空间。若是采空区或老窑涌水，要防止有害气体中毒或窒息。

(4) 当井下发生冒顶事故时，应查明事故地点顶帮情况及人员埋压位置、人数和埋压状况；采取措施，加固支护，防止再次冒落，同时小心地搬运开遇险人员身上的煤、岩块，把人救出。搬挖的时候，不可用镐刨、锤砸的方法扒人或破岩(煤)，如岩(煤)块较大，可多人搬运或用撬棍、千斤顶等工具抬起，救出被埋压人员。对救出来的伤员，要立即运送至安全地点，根据伤情妥善处置。

第二节　各种事故条件下的自救和互救措施

一、各类事故条件下遇险人员的自救和互救措施

(一) 爆炸类事故的自救和互救措施

(1) 爆炸类事故自救和互救的基本措施

瓦斯爆炸、煤尘爆炸时使人感觉附近空气有颤抖的现象发生，并伴有耳鸣等现象。井下人员遇到此种情况，要沉着冷静，采取正确的自救和互救措施，减少事故造成的伤害。具体做法为：

① 背向空气颤抖传播过来的方向，俯卧倒地，面部贴地，降低身体高度，避免爆炸产生的冲击波对人体造成伤害。

② 尽量闭气暂停呼吸，用湿毛巾捂住口鼻，防止吸入高温烟气和有毒有害气体。

③ 用衣物盖住身体，尽量减少皮肤的暴露面积，以免烧伤。

④ 爆炸发生后，迅速正确佩戴自救器，沿避灾路线快速撤离至安全地带。

⑤ 若巷道破坏严重，无法安全撤离时，可在避难硐室或支护完好的地点等待救援。

(2) 掘进工作面爆炸类事故的自救和互救措施

掘进工作面发生小型爆炸事故时，一般局限于掘进工作面等局部地点，而不波及其他采掘工作面或作业地点；其危害程度一般相对较小，通风系统破坏不严重，冲击波波及范围为200～300 m，爆点附近冲击波和火焰伤害严重，同时产生大量有毒有害气体、破坏风筒等设施。此时的自救和互救措施为：

① 立即正确佩戴自救器，迅速撤离至安全地带。

② 对于附近的伤员，协助其佩戴好自救器，帮助其撤离至安全地带。

③ 对于不能行走的伤员，若处在靠近新鲜风流 50 m 左右范围内，要设法将其搬运至新鲜风流中；若距离太远，则帮其佩戴自救器即可。

掘进工作面发生大型爆炸事故时，一般发生在瓦斯涌出量大、粉尘大的掘进工作面等地点，可波及其他采掘工作面，爆炸危害程度较大；通常会造成通风系统破坏严重、冲击波波及范围数千米、爆点附近冲击波和火焰伤害严重，产生大量有毒有害气体、破坏风筒等设施。此时的自救和互救措施为：

① 掘进巷道遭到破坏，退路被阻，在遇险人员受伤不严重时，立即正确佩戴好自救器，迅速疏通巷道，尽快撤离至新鲜风流中。

② 如巷道难以疏通，应躲避在支护良好的区域，或搭建临时避难硐室，静坐等待救援。

③ 等待救援过程中应相互安慰，稳定情绪，并积极发出求救信号。

④ 对于受伤严重的人员，帮其佩戴自救器后，使其静卧等待救援。

⑤ 可利用压风管路、水管等改善避难地点的生存条件。

(3) 采煤工作面爆炸类事故的自救和互救措施

采煤工作面发生爆炸类事故后，若没有发生顶板冒落而堵死道路，则通风系统破坏不大，爆炸产生的有毒有害气体很快会被排除，此时，进风侧人员快速逆风撤出灾区，回风侧人员迅速佩戴自救器并经最短的路线进入进风侧。

若爆炸剧烈，巷道发生严重冒顶，通风系统被破坏，则爆源点的进风侧、回风侧均会积聚大量CO等有毒有害气体，可能会造成大量人员中毒、窒息等事故。此时，没有受伤的人员，应立即正确佩戴自救器后快速撤离至安全地点；若巷道被堵无法撤离，先佩戴好自救器，积极开展互救，协助将受伤人员搬运至安全地点，等待救援；若附近有独头巷道，条件允许时也可进入暂时躲避，尽可能利用周围材料、物料构建临时避难硐室，并在巷道口留设标记，等待救援人员前来救援。

(二) 矿井水灾事故的自救和互救措施

矿井发生水灾事故后的自救和互救措施，总体上按照第六章第四节相关内容要求执行，同时，积极开展如下自救和互救措施。

(1) 保证遇险人员的安全

在突水迅猛、水流湍急的情况下，现场遇险人员应立即避开出水口和宣泄水流，按规定的避灾路线迎风撤退至安全地点。若情况紧急来不及撤离、躲避，遇险人员可抓住棚梁、支柱等固定物，防止被涌水打倒、冲走；禁止冒险进入灾区，防止事故扩大。

(2) 灾区躲避待援

来不及撤退的遇险人员迅速进入附近避难硐室；必要时，可设置挡板、防护板等，阻止涌水、矸石、有毒有害气体等的侵入；同时应相互安抚情绪，合理利用有限物资，等待救援。

(三) 瓦斯突出事故的自救和互救措施

(1) 及时发现瓦斯突出征兆并立即上报

当作业地点出现瓦斯突出征兆时，就可能发生瓦斯突出事故。在观察到有瓦斯突出征兆时，现场人员应立即停止作业，以最快的速度向矿调度室和可能波及区域人员发出警报。

(2) 佩戴自救器迅速撤离

发生瓦斯突出事故后，现场遇险人员要迅速正确佩戴自救器，按照规定的避灾路线快速撤离现场，进入反向风门以外巷道，也可根据条件尽快向分岔或者转弯的巷道内撤离、躲避，防止煤流埋人。撤离时要保持镇定，沉着应对，不可惊慌失措，四处乱跑。

(3) 积极营救被困人员

现场人员在保证自身安全的前提下，采取积极有效的方法和措施，立即开展互救工作，营救被瓦斯窒息和煤流掩埋的人员。

(4) 妥善避灾

在突出点附近的遇险人员，若未能快速佩戴自救器，或自救器将要失效时，可尽快进入压风自救系统的防护袋或避难硐室，也可打开附近的压风管路暂时躲避，等待救援。

(四) 矿井火灾事故的自救和互救措施

(1) 现场遇险人员，根据现场火灾情形，先判明火灾事故的性质(内因火灾、外因火灾)、发生地点、波及范围、通风情况、风流及自己所处位置，立即正确佩戴自救器，按照确定的避灾路线迅速撤离。

(2) 撤退过程中，忙而不乱，有组织撤退。

(3) 进风侧人员，迎着风流撤退。

(4) 回风侧人员佩戴自救器，尽快通过捷径进入新鲜风流中。

(5) 自救器有效时间不足时，到避难硐室换用自救器后继续撤离。

(6) 撤退过程中，靠近巷道有连通出口的一侧行进，谨防火风压风流逆转伤害。

(7) 进、回风侧均无法安全撤离时，快速进入避难硐室，或者构建临时避难硐室。

(8) 逆烟行动要慎重，除非附近有脱险通道出口；在烟雾大、视线不清的情况下，要摸着巷道壁前进，以免错过连通出口。

(9) 如果不能安全撤出，应尽量寻找有压风管路系统的地点，以压风供呼吸之用。

(10) 撤退时，应尽量躬身弯腰，低着头快速前进；如烟雾大、视线不清或温度高，则应尽量贴着巷道底板和巷壁，摸着铁道或管道等爬行撤退。

(11) 用水浸湿毛巾降温，遮挡面部退出。

(12) 有爆炸危险时，卧倒，面部贴地，或进入水坑。

(13) 在保证自身安全的前提下，为伤员佩戴自救器，并将伤员妥善搬运至安全地点。

(五) 矿井顶板事故的自救和互救措施

(1) 发现冒顶征兆后立即撤离。当发现作业地点有冒顶征兆，靠个人或现场人员的力量无法阻止冒顶事故发生时，遇险人员应迅速撤离危险区，快速撤退至安全地点，并及时通知矿调度室和周围人员。

(2) 遇险时紧靠煤壁或支架躲避。从冒顶事故实际情况来看，顶板沿煤层冒落较为少见，因此，当冒顶事故发生后无法安全撤离时，遇险人员应紧靠煤壁或支架躲避。

(3) 被困后立即发出求救信号。冒顶基本稳定后，被困人员应立即发出求救信号，如有规律地敲击管路、呼喊等，以便救援人员发现被困人员，从而积极开展营救工作。

(4) 被困后要坚定信心，听从指挥，减少体力、氧气消耗，有计划地用水、食物和矿灯等物资。

(5) 维护加固冒落地点的支架，经常派人排查，防止冒顶扩大，保障被困人员的安全。

(6) 如人员被困地点附近有压风管路，可打开压风管输入新鲜空气，保障呼吸，稀释被困区域的瓦斯等；同时，应注意保暖。

二、矿山救援队员的自救与互救措施

在抢险救援过程中，矿山救援队员会面临各种险情及次生灾害，他们的伤亡时有发生；若救援队员的自救与互救措施得当，就可最大限度地避免或减轻伤害的程度，反之，则有可能造成救援队员的重大伤亡。在侦察、处理各类事故过程中，救援队员除采取前文相关的自救和互救措施外，当在侦察、作业过程中遇到身体不适或仪器故障时，应补充采取以下自救、互救措施。

(一) 矿山救援队员的自救措施

(1) 身体不适时

救援队员在灾区侦察、救援过程中发生头晕、恶心、呕吐等身体不适状况时，不可惊慌失措，更不能四处乱跑。这些现象的出现，可能是轻微中毒或者呼吸器药包吸收 CO_2 不充分等原因造成的。此时正确的处理措施是，立即更换呼吸器或手动补气，向小队长发出求救信号，采用打手势等方式告诉小队长自身的不适状况；小队长可根据实际情况，协助更换呼吸器或下令全小队立即撤出，护送身体不适人员至安全地点。

(2) 呼吸器发生故障时

救援队员在灾区侦察、救援过程中，可能会遇到呼吸器发生故障的现象。此时应沉着冷静，根据情况采取不同措施，如果是定量孔被堵或流量变小，则可采取手动补气的措施；若压力表或高压系统漏气，则应关闭气瓶阀门，然后间断开关气瓶阀门。出现上述故障时，须立即报告小队长，全队成员撤出灾区。

(二) 矿山救援队员的互救措施

(1) 口具、鼻夹脱落时

这种现象是使用负压氧气呼吸器最容易出现的问题。主要是因为遇险人员发生中毒、呼吸器药品失效、行走时不慎摔倒、不小心撤掉连接管等情况时，想要再给伤员放入口具就会很困难，尤其是处于昏迷状态的伤员；此时，应该给遇险人员立即佩戴全面罩呼吸器，然后将其搬运出灾区；切不可惊慌失措，不能摘掉自身的口具，造成自己中毒，并引发其他人的紧张情绪，进而扩大灾害事故。如果有多名遇险人员中毒昏厥，在无法佩戴口具、备用呼吸器不足时，其他救援队员可将该队员的口具放在昏厥队员的口鼻前，同时按手动补气装置供气，使其尽量少吸入有毒有害气体，减少人员伤亡。

(2) 正压呼吸器压力下降报警时

如果是高压系统漏气，此时应立即给该救援队员更换备用呼吸器，然后全队撤出灾区。

上述有关救援队员的自救、互救措施中，无论是何种原因造成的险情，都离不开备用呼吸器，以备急用。

第三节　遇险人员的自救设备设施

现场遇险人员的自救设备设施包括避难硐室、压风自救装置、自救器、救生舱等。下面重点介绍避难硐室、压风自救装置、自救器。

一、避难硐室

(一) 避难硐室的作用及类型

避难硐室是供遇险人员在灾害事故发生后无法撤退而躲避等待救援的一种设施。

避难硐室有两种：

(1) 永久避难硐室，是指预先设在采区工作地点安全出口路线上的避难硐室。

(2) 临时避难硐室，是指事故发生后因地制宜构筑的避难硐室。

《煤矿安全规程》第六百八十九条规定："突出矿井必须建设采区避难硐室，采区避难硐室必须接入矿井压风管路和供水管路，满足避险人员的避险需要，额定防护时间不低于 96 h。突出煤层的掘进巷道长度及采煤工作面推进长度超过 500 m 时，应当在距离工作面 500 m 范围内建设临时避难硐室或者其他临时避险设施。临时避难硐室必须设置向外开启的密闭门，接入矿井压风管路，设置与矿调度室直通的电话，配备足量的饮用水及自救器。"

(二) 利用避难硐室的注意事项

利用避难硐室时，有以下注意事项：

(1) 进入避难硐室前，应在硐室外留下衣服、矿灯等明显标志，以便救援队发现。

(2) 等待救援时应保持安静不急躁，尽量平卧于巷道底部，以保持精力、减少氧气消耗，并避免吸入有毒气体。

(3) 硐室内只留一盏矿灯照明，其余备用。

(4) 间断敲打铁器或岩石发出求救信号。

(5) 全体避灾人员要团结互助，坚定信心。

(6) 被水堵在上山时，不要跑出探望，也不要急于撤出上山，以防 SO_2、H_2S 等气体中毒。

(7) 遇救后，不要过多饮食，避免见强光。

二、压风自救装置

压风自救装置利用矿井已装备的压风系统，由管路、自救装置、防护罩（急救袋）三部分组成。该装置已在煤矿普遍使用。常见的压风自救装置示意如图 7-1 所示，实物如图 7-2 所示。它安装在硐室、有人工作场所附近、人员流动的井巷等地点。当井下出现煤与瓦斯突出预兆或瓦斯突出等事故时，避险人员立即到自救装置处，解开防护袋，打开通气开关，迅速钻进防护袋。压风管路中的压缩空气经减压阀节流减压后充满防护袋，对袋外空气形成正压力，使其不能进入袋内，从而保护避难人员不受有害气体的侵害。防护袋是用特制塑料经热合而成的，具有阻燃和抗静电性能。每组压风自救装置上安多少套（开关、减压阀和防护袋），应视工作场所的人数而定。

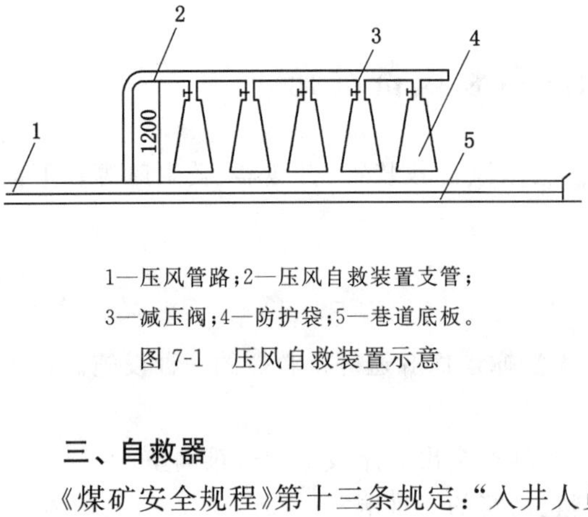

1—压风管路；2—压风自救装置支管；
3—减压阀；4—防护袋；5—巷道底板。

图 7-1　压风自救装置示意

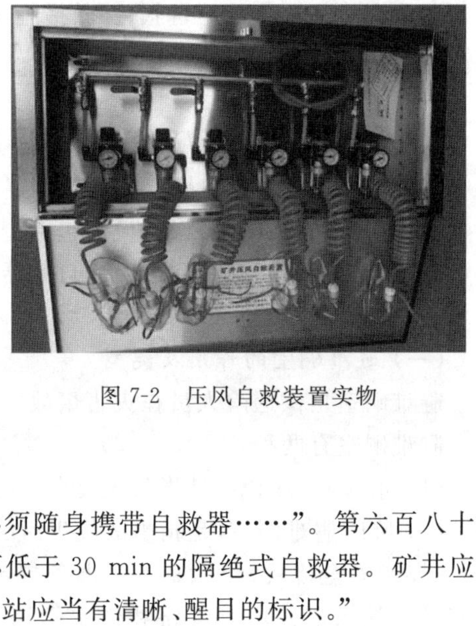

图 7-2　压风自救装置实物

三、自救器

《煤矿安全规程》第十三条规定："入井人员必须随身携带自救器……"。第六百八十六条规定："入井人员必须随身携带额定防护时间不低于 30 min 的隔绝式自救器。矿井应当根据需要在避灾路线上设置自救器补给站。补给站应当有清晰、醒目的标识。"

自救器是一种体积小、携带轻便，但作用时间较短的供遇险人员个人使用的呼吸保护仪器。其主要用途是当煤矿井下发生事故时，防止遇险人员中毒或窒息，佩戴它可以通过充满有害气体的井巷，迅速离开灾区。

按照工作原理，可将自救器分为过滤式自救器和隔离式自救器两种；隔离式自救器又分为压缩氧自救器和化学氧自救器两种，其工作参数如表 7-1 所示。

表 7-1　自救器种类及工作参数

种　类	名　称	防护气体类型	防护性能特点
过滤式	过滤式自救器	CO	人员呼吸所需的氧气仍是外界空气中的氧气，对空气进行过滤、分离
隔离式	压缩氧自救器	不限	人员呼吸所需的氧气由自救器自身提供，与外界空气无关，与外界隔离
	化学氧自救器	不限	

（一）过滤式自救器

（1）过滤式自救器的结构

过滤式自救器是适用于矿井发生火灾或瓦斯爆炸、煤尘爆炸时，有效防止 CO 中毒的呼吸保护装置，其外形如图 7-3(a)所示；它适用于周围空气中 O_2 浓度不低于 18% 的条件下。当 CO 浓度小于 1.5%、环境温度在 50 ℃以下时，使用时间可达 60 min。该自救器过滤药罐的结构如图 7-3(b)所示。自救器的过滤药罐密封在外壳内，外壳由上下壳体、密封圈、封口带、开启扳手、腰带挂环、封印条和号码牌等组成，密封后可以长期携带(3 a)或存放(5 a)。

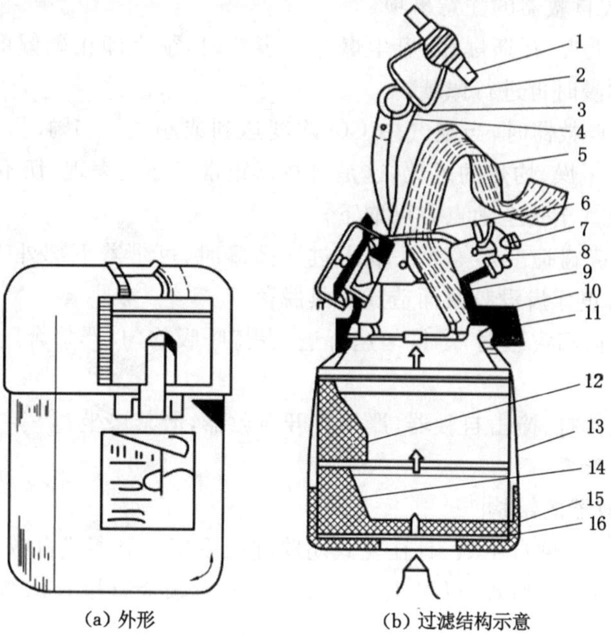

(a) 外形　　(b) 过滤结构示意

1—鼻夹；2—鼻夹弹簧；3—鼻夹提醒片；4—鼻夹绳；5—头带；6—呼气阀；7—牙垫；8—口具；9—降温网；10—下颚托；11—吸气阀；12—触媒层；13—过滤纱布袋；14—干燥剂；15—滤尘层；16—底盖。

图 7-3　过滤式自救器外形及过滤结构示意

（2）过滤式自救器的工作原理

使用过滤式自救器时，过滤药罐由口具与人体肺部相通。含有 CO 的空气，先经过滤尘层滤尘后，进入干燥剂药层除湿，以防止触媒剂中毒。经干燥的气体进入触媒层，与罐内的 MnO_2 和 CuO 进行氧化反应，将其中的 CO 转化为无毒的 CO_2，从而完成对 CO 有毒气体的过滤。过滤后的气体经吸气阀及降温网由口具进入人的肺部，人体呼出的气体由呼气阀直接排出。

(3) 过滤式自救器的佩戴方法与步骤

过滤式自救器平时悬挂于腰间，当井下发生瓦斯爆炸、煤尘爆炸或火灾等灾害事故时，应立即取下、正确佩戴，迅速撤离灾区或开展救援工作。过滤式自救器佩戴方法和步骤如下。

① 扳断封印条：从腰间迅速取下自救器，扳起开启扳手，用力将封印条拉断。

② 拉开封口带：握住开启扳手，拉开封口带。

③ 扔掉上部外壳：握住下部外壳，把上部外壳掰开、取下，扔掉上部外壳。

④ 取出过滤药罐：抓住口具从下部外壳取出过滤药罐，扔掉下部外壳。

⑤ 咬住口具：从口具上拉开鼻夹和鼻夹提醒片，将口具放入口中，口具片置于唇齿之间，牙齿咬紧口具牙垫，闭紧嘴巴。

⑥ 夹住鼻夹：拉开鼻夹弹簧，将鼻夹垫准确地夹在鼻翼上，立即用嘴呼吸。

⑦ 摘下矿帽：立即摘下矿帽，将头带准确地套在头顶。

⑧ 戴好撤离：完成上述步骤后，立即戴牢矿帽，迅速撤离灾区。

(4) 佩戴过滤式自救器的注意事项

① 当井下发生火灾、瓦斯爆炸、煤尘爆炸等事故时，须立即正确佩戴自救器，快速撤离现场；不可等烟雾弥漫时再进行佩戴。

② 使用过滤式自救器时，当空气中 CO 浓度达到或超过 0.5%时，自救器外壳逐渐升温，吸入空气时会有干燥、灼热的感觉，这是自救器正常工作的表现，切不可因为烫嘴而取下自救器，必须坚持佩戴至安全地点方可取下。

③ 自救器因外壳碰撞变形等无法取出过滤药罐时，可带着下部外壳佩戴使用，可用手托着自救器撤离，防止牙齿没咬紧而造成口具脱落。

④ 佩戴自救器撤离灾区时，尽量匀速行进，保持呼吸均匀，严禁奔跑和取下鼻夹、口具，禁止摘下口具讲话。

⑤ 平时要避免摔打、撞击自救器，严禁打开自救器，严禁垫坐。

(二) 化学氧自救器

(1) 化学氧自救器的结构

化学氧自救器是一种自生氧、具往复式闭路呼吸系统的隔离式自救器，使用者的呼吸气路与外界隔离。按自生氧原理，可将化学氧自救器分为碱金属超氧化物型和氯酸盐氧烛型两种。

该自救器可用于矿井发生各种灾害情况下遇险人员的自救。其有效作用时间为：步行速度 5.5 km/h 或从事中等强度劳动[196 000 (N・m)/h]时，不少于 40 min；静坐条件下大于 2 h。

AZH-40 型化学氧自救器的结构原理如图 7-4 所示。遇险人员的呼气从口具经呼吸软管、带降温网的阀盒、呼气阀、呼气管、药罐中心管，从生氧药罐的底部返上来，经过生氧药罐中的生氧剂(药片状或粒状超氧化钾)，将呼气中的水汽及 CO_2 吸收掉并放出 O_2，富氧空气再进入气囊以供吸气时使用。吸气时，富氧空气轻吸气阀、阀盒、呼吸软管、口具而吸入人的肺部。当生氧量超过人的呼吸需要时，气囊因积聚过多气体而膨胀，设在气囊上的拉绳遂将排气阀拉开，气囊中过剩的气体即从排气阀排泄到外界大气中。

启动装置(见图 7-4 中 12)是为了自救器在一开始使用时即能产生氧气而设置的。当打开自救器后，拉动拉环，启动针被拉出，滚珠在弹簧作用下向中心滚动，冲击座失去卡紧力在弹簧的作用下向下冲击，使硫酸瓶直接与撞针孔板相撞，在尖凸部分作用下被击破，其中酸液流出，经孔板上的小孔、引导漏斗流入药剂筒内，与其中的 NaO_2 启动生氧剂相互作用产生氧气(在 30 s 内可生氧 2 L 以上)，并溢出到生氧药罐中，继而进入气囊。使用时，当甩掉自救器外壳后，气囊应逐渐自动充气鼓起，药剂筒壁变热，这表明自救器已正常启动。如气囊未鼓起，则应立即用嘴从口具向气囊内吹气，吹鼓后再戴好口具、鼻夹，先缓步撤退，待生氧剂放氧充足后再加快行走步伐。

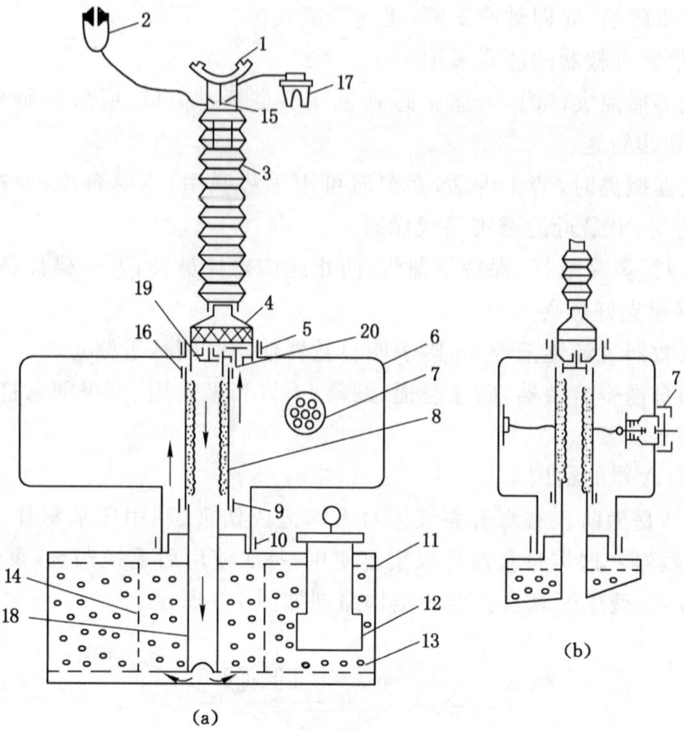

1—口具；2—鼻夹；3—呼吸软管；4—带降温网的阀盒；5—上箍圈；6—气囊；7—排气阀；8—呼气管；9—下小箍圈；10—下大箍圈；11—生氧药罐；12—启动装置；13—生氧剂；14—散热片；15—口具衬管；16—中箍圈；17—口具塞；18—药罐中心管；19—呼气阀；20—吸气阀。

图 7-4　AZH-40 型化学氧自救器的结构原理

(2) 化学氧自救器的工作原理

使用该类型自救器时，佩戴者呼出的气体经过口具、降温网等进入装有生氧剂(一般为 NaO_2 或 KO_2)的药罐内；呼出气体中的 CO_2 及水蒸气与生氧剂发生化学反应：

$$4NaO_2 + 2CO_2 \longrightarrow 2Na_2CO_3 + 3O_2 + \text{热量}$$

$$4NaO_2 + 2H_2O \longrightarrow 4NaOH + 3O_2 + \text{热量}$$

呼出的 CO_2 和水蒸气参与化学反应被消耗掉，生成 O_2 进入气囊；吸气时气囊内的气体被吸入人体，完成一次呼吸循环，如此反复循环进行。

(3) 化学氧自救器的佩戴方法与步骤

化学氧自救器平时悬挂于腰间，当井下发生灾害事故时，应立即取下、正确佩戴，迅速撤离灾区或开展救援工作。化学氧自救器佩戴方法和步骤如下。

① 拆掉外面的橡胶保护套。

② 扳起红色扳手，拉断封印条和封口带，揭开上部外壳、扔掉。

③ 取出头带，扯出呼吸保护器，扔掉下外壳。

④ 握住自救器呼吸保护器，拔出口具塞，夹上鼻夹。

⑤ 拔下口具内的塞子，将口具放入唇齿之间，咬紧牙垫，大口向气囊呼气。

⑥ 取下矿帽，戴好头套。

⑦ 完成上述步骤后，立即戴牢矿帽，迅速撤离灾区。

（4）佩戴化学氧自救器的注意事项

① 佩戴自救器撤离灾区时，若途中感到吸气不足不要惊慌，应放慢脚步，做深长呼吸，待气量充足时再快步行走。

② 佩戴自救器撤离时，禁止讲话，必要时可用手势联系；不要奔跑，要冷静、沉着，匀速行走，保持呼吸均匀，沿最近的避灾路线撤离。

③ 注意把口具、鼻夹戴好，保持不漏气，防止途中碰掉鼻夹；万一碰掉鼻夹，要控制住不用鼻孔呼吸，并迅速夹好鼻夹。

④ 若发现自救器气囊逐渐缩小，则表明自救器使用时间接近终点。

⑤ 平时要随身携带自救器，防止碰撞、跌落，不许当坐垫用，不得随意打开外壳。

（三）压缩氧自救器

（1）压缩氧自救器的结构

压缩氧自救器是为防止有毒有害气体对人体造成伤害、利用压缩氧作为气源供人呼吸的一种隔离式自救器。这类自救器可以反复使用，每次使用后更换药剂、重新充入氧气即可重复使用。AYG-45 型压缩氧自救器的结构原理如图 7-5 所示。

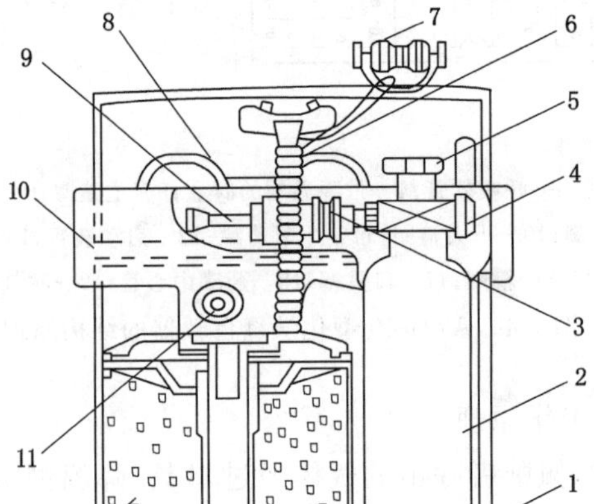

1—外壳；2—氧气瓶；3—减压器；4—压力计；5—氧气瓶开关；6—口具及呼吸软管；7—鼻夹；8—眼镜；9—自动补给端杆；10—氧气袋；11—排气阀；12—二氧化碳吸收剂。

图 7-5　AYG-45 型压缩氧自救器的结构原理

(2) 压缩氧自救器的工作原理

当佩戴使用压缩氧自救器时，人体呼出的气体经口具及呼吸软管进入二氧化碳吸收剂盒中，呼气中的 CO_2 被盒中的吸收剂 $Ca(OH)_2$ 吸收掉，经净化的气体再进入氧气袋中与由减压器送来的 O_2 混合，供再次呼吸使用。吸气时氧气袋中的富氧空气经呼吸软管、口具进入人体肺部，完成呼吸循环。当氧气袋中空气不足时，自动补给端杆会自动工作，由氧气瓶经减压器向氧气袋迅速补充氧气。当氧气袋中空气储量超过人体需要时，袋中压力上升使排气阀开启，将多余空气排到外界大气中，以使呼吸压力维持在规定范围内。

(3) 压缩氧自救器的佩戴方法与步骤

① 压缩氧自救器一般挎在肩膀上携带。

② 使用时，先揭开外壳上的封口带扳手。

③ 打开上盖，一手抓住氧气瓶，一手用力向上提上盖，此时氧气瓶开关自动打开，并将主机从下壳中拖出。

④ 摘下矿帽，跨上脖带。

⑤ 拔出口具塞，立即将口具放入唇齿之间，用牙齿咬紧牙垫。

⑥ 夹好鼻夹，即可进行呼吸，按动补给按钮 1～2 s，气囊充满后立即停止。

⑦ 挂好腰钩，迅速撤离灾区。

(4) 佩戴压缩氧自救器的注意事项

① 压缩氧自救器的高压气瓶内的氧气压力有 20 MPa，携带过程中禁止碰撞、禁止当坐垫使用，严禁开启封口带扳手。

② 撤离过程中，禁止摘掉口具或鼻夹，禁止讲话，需联络时可以打手势。

第四节　各种事故现场急救措施

一、现场急救的定义与任务

现场急救，是指在劳动生产过程中和工作场所发生的各种意外伤害事故、急性中毒、外伤和突发危重病员等现场，没有医务人员时，为了防止伤情恶化，减少病人痛苦和预防休克等所应采取的一种初步紧急救援措施，又称院前急救。

现场急救的主要任务，是维持伤员的生命，稳定伤情，防止继发性损伤并迅速送医治疗；对于重症伤员应进行必要的抢救。因此，救援队员和现场作业人员应具备一定的现场急救知识，主要包括恢复呼吸道畅通、心肺复苏、止血、包扎、固定、搬运等现场急救方法。

二、现场急救的程序

(1) 脱离险区

先要使伤员脱离险区，移至安全地带。如对冒顶砸伤等的伤员，立即将其搬运至安全地带；对急性中毒的遇险人员，应尽快使其离开中毒现场，搬至空气流通区；对触电的患者，要立即解脱电源等。

(2) 检查伤情

现场救援人员要沉着冷静，切忌惊慌失措；应尽快对受伤或中毒的伤员进行认真、仔细的检查，确定伤情。检查内容包括：受伤的部位及状况、有无大出血、有无脉搏、有无呼吸、气道是否畅通、伤员是否昏厥等。

（3）及时呼救

判断伤员意识丧失后，应求助他人帮助，可原地高声呼救，并立即拨打矿调度室电话报告伤员伤情；报告内容包括发生的意外伤害事故，伤者的姓名、年龄等个人信息，伤亡人数和事发地点、事故基本情况等，伤员的详细地点等。

（4）对症救治

依据伤情检查的结果，立即进行初步的对症救治。对于外伤出血者，立即进行止血和包扎；对于骨折或疑似骨折者，及时进行固定和包扎，如果手头没有救援包扎用品，可以棉纱、干净的矿衣等材料作为替代品；对于心跳、呼吸骤停者，马上实施人工呼吸及胸外心脏按压；对于急性中毒者，立即采取有针对性的除毒措施。

（5）安全转移

要根据不同的伤情，对现场伤员采用合适的担架和正确的搬运方法。在运送伤员的途中，要密切注视伤情变化，并且不能中止救治措施，将伤员迅速而平安地运送到医院作后续抢救。

三、现场急救的原则及措施

（一）伤情分类

在事故现场进行伤情分类时，一般根据伤害程度将伤员伤情分为轻伤、重伤、危重伤三类。

（1）轻伤，指仅有局部组织的擦伤、挫伤或皮下血肿等轻微损伤和肢体末端单一骨折。

（2）重伤，指有多发性骨折、内脏损伤、大面积或特殊部位的烧伤、严重挤压伤等。

（3）危重伤，包括大出血、内出血、重度脑外伤及由此引发的深度昏迷、昏厥休克、呼吸和心脏骤停等。

（二）现场急救的原则

（1）先抢后救的原则

该原则指使处于危险境地的伤员尽快脱离险地，移至安全地带后再救治，防止伤亡人数的扩大。

（2）先重后轻的原则

对大出血、呼吸异常、脉搏细弱或心跳停止、神志不清的伤员，应立即采取急救措施，挽救生命。对昏迷伤员，应注意维持呼吸道通畅。对伤口进行处理，一般应先止血，后包扎，再固定。

（3）先急后缓的原则

在抢救多处受伤的伤员时，应先处置紧急伤害，后处置缓慢伤，不可不分轻重缓急，不可慌乱。

（4）先救后送的原则

以前遇到伤员，多数是先送后救，这样常贻误抢救时机，致使不应死亡者丧失了性命。现在应颠倒过来，先救后送：在送伤员至地表、到医院途中，不要停止抢救措施，继续观察伤情变化，少颠簸，注意保暖，平安到达目的地。

（5）急救与呼救并重的原则

在遇到成批伤员时，又有多人在现场的情况下，应立即开展现场急救，并应以较快的速度进行呼救，争取急救外援。

（三）现场急救的要点

(1) 先止血后包扎，处理烧伤，固定折骨。

(2) 预防和处理伤员休克。

(3) 安置休克伤员于复原卧位(即复苏姿势)。

(4) 将伤员置于正确、舒适的姿势，防止加重伤情。

(5) 注意保暖，防止体温快速下降，夏季注意防止中暑。

(6) 如条件允许，可给伤员补给生理盐水，以补充体液。

(7) 对伤员进行安慰、鼓励，消除其焦躁不安的情绪。

(8) 如非必要不可脱掉伤员的衣服，以免翻动伤员造成伤情加重，增加伤员痛苦；必要时，可将衣服剪开。

(9) 遣散围观人员，保持伤员周围环境安静，风流通畅。

(10) 寻求支援，迅速送医，以获得更妥善治疗。

（四）安置伤员的姿势

(1) 平躺

该姿势是检查伤情时的最佳姿势，适用于做心外按压、严重的头部外伤及颅骨骨折情况下。

(2) 平躺，头肩部垫高

该姿势适用于中风但未完全丧失知觉，且无嘴角歪斜等情况的伤员，以及中暑、头部外伤但未丧失意识者。

(3) 平躺，头肩部垫高，屈膝

该姿势适用于腹部疼痛、腹部严重创伤者。

(4) 平躺，脚抬高

该姿势适用于中热衰竭、晕厥休克、下肢骨折或创伤者。

(5) 坐卧

该姿势适用于呼吸困难的伤员。

(6) 侧卧

该姿势适用于脊椎骨折且意识不清者、下颌骨骨折者、意识清醒但口鼻腔内有分泌物流出者。

(7) 复苏姿势

该姿势适用于脊椎未受损伤但意识不清或昏迷者、严重中风已失去意识者。

四、各种伤害的现场急救措施

（一）中毒或窒息人员的现场急救措施

(1) 将人员搬运到新鲜风流中，安置在顶板良好、无淋水、地面平坦处。

(2) 清除伤员口鼻内的黏液、血块、泥土、煤渣等，解开上衣，脱去胶靴。

(3) 用衣服覆盖身体保暖。

(4) 根据心跳、呼吸、瞳孔、神志等情况，判断伤情的轻重。

正常人心跳 60～80 次/min，呼吸 16～18 次/min，两眼瞳孔是等大等圆的，遇光线后能迅速收缩变小，神志清醒。而休克伤员的两瞳孔不一样大，对光线反应迟钝。

(5) 判断中毒的气体性质。

若出现眼睛红肿、流泪、畏光以及咳嗽、胸闷等状况，则为 SO_2 中毒；若眼睛红肿流泪、喉痛、手指头发呈黄褐色，则为 NO_2 中毒，应仰卧压胸或人工呼吸抢救。

(6) 人工呼吸持续的时间以伤员恢复自主性呼吸或真正死亡时为止。

当救援队员到达现场后，应转由救援队员用苏生器苏生。对重度 CO 中毒和 SO_2、NO_2 中毒者，只能进行口对口的人工呼吸或用苏生器苏生，不能采用压胸或压背法的人工呼吸，以免加重伤情。

现场急救常用的人工呼吸和恢复心跳的方法：

(1) 口对口吹气法

此法效果好、操作简单、适用性广。操作前使伤员仰卧，救援者跪在伤员头部一侧，一手托起伤员下颌，并尽量使其头部后仰，另一手将其鼻孔捏紧，以免吹气时从鼻孔漏气；救援者深吸一口气，然后紧对伤员的口将气吹入(见图 7-6)，每次吹气时间为 1～1.5 s，吹气量为 1 000 mL 左右，并观察伤员的胸部是否扩张，确定吹气是否有效和适当；吹气完毕，松开捏鼻的手，并用一手压其胸部以帮助呼气。如此有节律地均匀地反复进行，每分钟吹气 12 次左右。

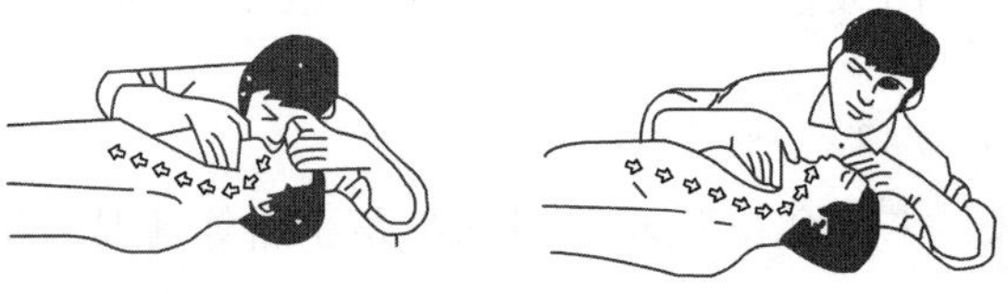

(a) 紧贴吹气　　(b) 放松呼气

图 7-6　口对口吹气人工呼吸法

(2) 仰卧压胸法

采用此法操作时，让伤员仰卧，救援者跨跪在伤员大腿两侧或体侧，两手拇指向内，其余四指向外伸开平放在伤员胸部两侧乳头之下，借上身重力压伤员的胸部，挤出肺内空气；然后，救援者身体后仰除去压力，伤员胸部依其弹性自然扩张，使空气吸入肺内。如此有节律地进行，每分钟 16～20 次(见图 7-7)。

(3) 俯卧压背法

采用此法操作时，让伤员俯卧，救援者跨跪在伤员大腿两侧，操作方法与仰卧压胸法大致相同(见图 7-8)。

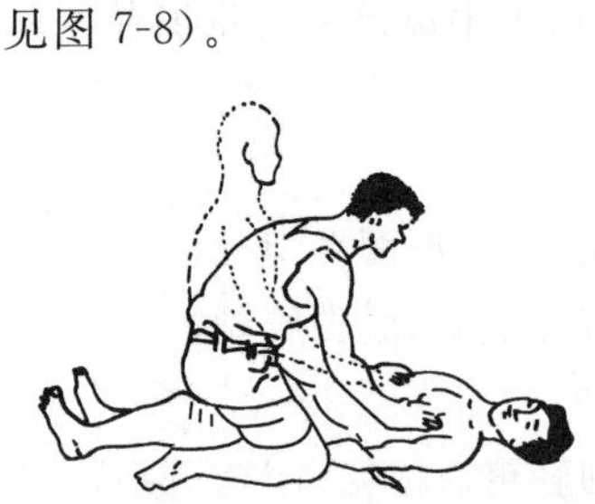

图 7-7　仰卧压胸法

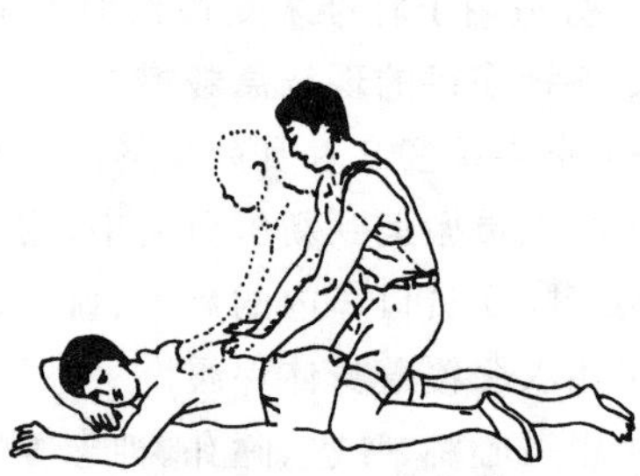

图 7-8　俯卧压背法

(4) 心脏按压法

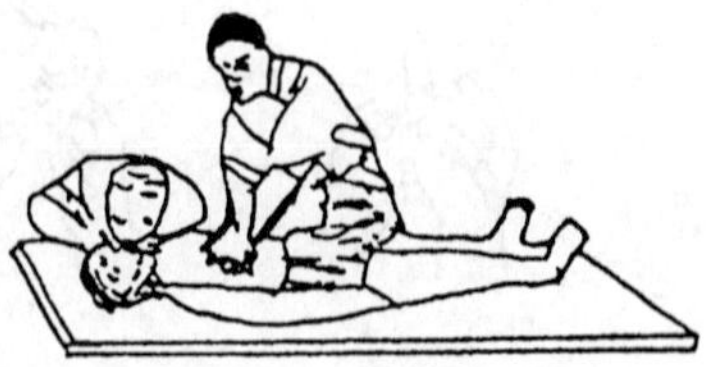
图 7-9　心脏按压法

体外心脏按压适用于对各种原因造成心搏骤停的伤员进行抢救。操作时，将伤员仰卧平放在硬板或地面上，救援者站着或跪在伤员一侧，两手相叠，掌根放在伤员胸骨下三分之一部位，中指放在颈部凹陷的下边缘，借自己的体重用力向下按压(见图 7-9)，使胸骨压下约 3～4 cm，每次下压后应迅速抬手，使胸骨复位，以利于心脏的舒张。每分钟按压 60～80 次。

体外心脏按压与口对口人工呼吸应同时进行，密切配合，心脏按压 5 次，吹气 1 次。按压时，加压不宜太大，以防肋骨骨折及内脏损伤。按压显效时，可摸到伤员颈总动脉、股动脉开始搏动，散大的瞳孔开始缩小，口唇、面色转红润，血压复升。急救者应有耐心，除非确定伤员已确实死亡，否则不可中途停止。

(二) 外伤人员的现场急救措施

(1) 烧伤人员的现场急救措施

对烧伤人员的现场急救措施包括：灭、查、防、包、送。具体为：

① 尽快扑灭伤员身上的火，缩短烧伤时间。

② 检查伤员呼吸和心跳情况，检查是否还有其他外伤、有害气体中毒、内脏损伤和呼吸道烧伤等。

③ 要防止休克、窒息和创面污染。伤员发生休克或窒息时，可进行人工呼吸等急救。

④ 用较干净的衣服把伤面包裹起来，防止感染。在现场除化学烧伤可用大量流动的清水冲洗外，对创面一般不作处理，尽量不弄破水泡以保护表皮。

⑤ 把重伤员迅速送往医院。搬运伤员时，动作要轻柔，行进要平稳。

(2) 出血人员的现场急救措施

对出血伤员抢救不及时或不恰当，就可能使伤员流血过多而危及生命。出血的种类有：

① 动脉出血，血液鲜红，随心跳频率从伤口向外喷射。

② 静脉出血，血液暗红，血流缓慢均匀。

③ 毛细血管出血，表现为创面渗血，像水珠似的从伤口流出。

出血较多者，一般表现为脸色苍白、出冷汗、手脚发凉、呼吸急促。对这类伤员要尽快有效地止血，然后进行其他急救处理。

止血的方法随出血种类的不同而不同。对毛细血管和静脉出血，用纱布、绷带(无条件时，可用干净布条等)包扎伤口即可，大的静脉出血可用加压包扎法止血；对于动脉出血，应采用指压止血、加压包扎止血或止血带止血法。下面介绍常用的暂时性动脉止血方法。

① 指压止血法。在伤口附近(近心脏一端)，用拇指压住出血的血管以阻断血流。根据出血位置，采用不同的压迫部位，如图 7-10 所示。采用此法，不宜过久。在指压止血的同时，应寻找材料，准备换用其他止血方法。

② 加压包扎止血法。如图 7-11 所示，先用消毒纱布(或干净毛巾)敷在伤口上，再用绷带(或布带、三角巾)紧紧包扎起来。对小臂和小腿的止血，可先在肘窝或膝窝内加垫，然后使关节弯曲到最大限度，再用绷带(或布带)将其固定，以利用肘关节或膝关节的弯曲压迫血管达到止血的目的。

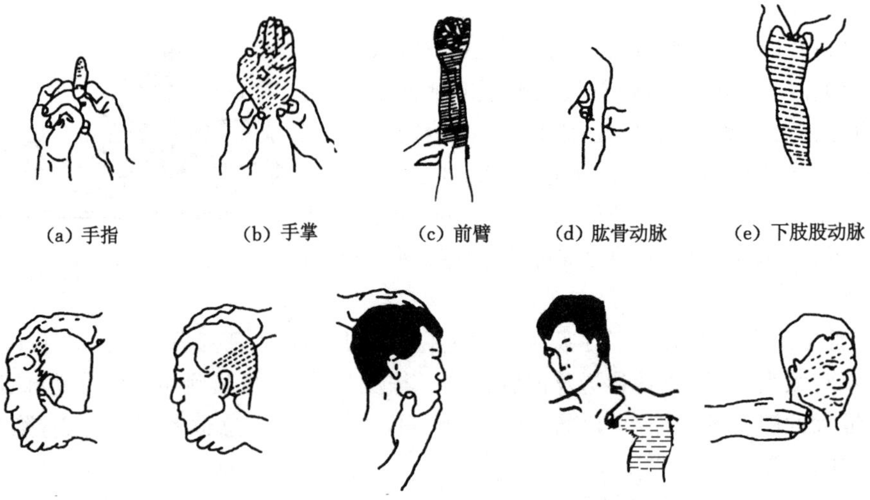

(a) 手指　(b) 手掌　(c) 前臂　(d) 肱骨动脉　(e) 下肢股动脉

(f) 前头部　(g) 后头部　(h) 面部　(i) 锁骨下动脉　(j) 颈动脉

图 7-10　指压止血法的止血压点及止血区

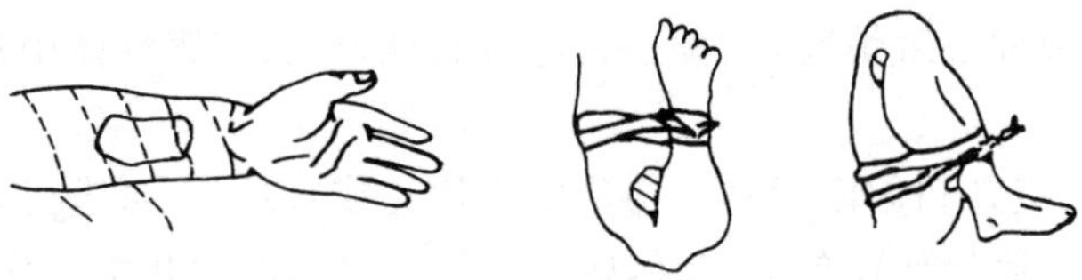

图 7-11　加压包扎止血法

③ 止血带止血法。用橡皮止血带(或三角巾、绷带、布胶带等)把血管压住，达到止血目的，如图 7-12 所示。扎止血带的部位距出血点不宜过远，松紧要适宜。止血时间不宜过长，每 30～60 min 放松一次；若仍然出血，可压迫伤口，过 3～5 min 再缚好。

图 7-12　止血带止血法

(3) 骨折人员的现场急救措施

对骨折人员的现场急救措施，可归纳为：查、固、两、内、运。具体为：

① 根据受伤的原因、部位、症状体征判断检查，疑似骨折按骨折处理。

② 就地取材，用木板、木棍、树枝等做夹板固定骨折部位，若骨折断端错位，穿透皮肤，保持原状固定。

③ 骨折固定上下两个关节，肩、肘、腕、膝、踝等处加垫固定不活动。

④ 注意有无内脏损伤，血、气、胸等并发症，若有先行处理。

⑤ 搬运时轻、快、稳。

骨折后注意事项：

① 使伤员平卧，不要盲目搬动伤员，颈椎受伤的伤员更不能随意搬动及对受伤部位进行拉拽、按摩。

② 检查受伤部位，对受伤的上肢可以用手帕、布条等悬吊并固定在其胸前，下肢可以与未受伤的另一下肢捆绑固定在一起。

③ 开放性骨折，要注意保持伤处清洁，防止感染。

④ 做完应急处理后，立即送往医院救治，要注意运送途中不可碰撞受伤部位，避免人为加重伤情。

(4) 溺水者的现场急救措施

发生矿井突水事故后，应先抢救溺水人员。人员溺水时，水体大量地灌入人的肺部，可造成呼吸困难而窒息死亡。所以，对溺水人员应迅速采取“转、检、控、呼”的急救措施：

① 把溺水者从水中救出后，要立即转运到比较温暖和空气流通的地方，脱掉湿衣服，盖上干衣服，不使受凉。

② 立即检查溺水者的口鼻，如果有泥沙等污物堵塞，应迅速清除，擦洗干净，以保持呼吸道通畅。

③ 控出溺水者肺部积水，即可使溺水者取俯卧位，用木料、衣服等垫在溺水者肚子下面；或将左腿跪下，把溺水者的腹部放在救援者的右侧大腿上，使头朝下，并压其背部，迫使其体内的水由气管、口腔流出。

④ 当采用上述方法控水效果不理想时，应立即做俯卧压背式人工呼吸或口对口吹气式人工呼吸，或体外心脏按压。

(5) 触电者的现场急救措施

对触电者应立即采取“断、查、呼、救、运”的现场急救措施，具体为：

① 立即切断电源。

② 迅速观察伤员的呼吸和心跳情况，可在鼻子前部探测呼吸，耳贴胸部听心跳，手指摸大动脉观察心跳等。

③ 如发现已停止呼吸或心音微弱，应立即进行人工呼吸或体外心脏按压。

④ 若呼吸和心跳都已停止，应同时进行人工呼吸和体外心脏按压。

⑤ 及时搬运、升井，搬运时轻、快、稳。

对触电者，如发现有其他损伤(如跌伤、出血等)，应作相应的急救处理。

(三) 伤员的搬运

搬运伤员过程中，需要按照以下基本措施执行：

(1) 对呼吸、心搏骤停及休克昏迷的伤员，应及时搬运。

(2) 对昏迷和窒息的伤员，把其肩部垫高，头部后仰，面部偏向一侧侧卧或偏卧。

(3) 对一般伤员，可用担架、木板等运送；对脊柱损伤和骨盆受伤者，用硬担架运送。

(4) 对一般伤员，先止血、固定、包扎后再运送。

(5) 对脊柱损伤的伤员，严禁起卧。

(6) 移动伤员之前，先检查头、颈、胸、腹和四肢是否有损伤；如果有，应先作急救处理，如止血、固定后再搬运。

(7) 搬运胸、腰损伤的人员，在保持脊柱伸直的情况下，轻轻将伤员推滚到担架上。

(8) 一般外伤者,可平卧在担架上;胸部外伤者取半坐位,开放性气胸者,封闭包扎后再转运;腹部内脏损伤者,平卧,腹腔捆在担架上,再转运。

(9) 搬运脊柱骨折的伤员,要保持伤员身体的固定;对颈椎骨折的伤员,除了固定身体外,还要有专人牵引固定头部,避免移动。

(10) 用担架搬运伤员,一般头略高于脚,但休克者脚略高于头,行进时,伤员的脚在前、头在后,以便于观察其情况;有脑脊液耳漏、鼻漏者,头部抬高30°,昏迷者头偏于一侧。

(11) 转运时,随行人员及时观察伤情。

(12) 用矿车、胶轮车运送时,担架要固定,防止颠簸,避免刹车时使伤员再度受伤、疼痛。

(13) 升井后,向接管医生详细描述伤员受伤情况及检查和急救经过。

复习思考题

1. 自救与互救的定义和原则是什么?
2. 事故现场遇险人员的行动准则有哪些?
3. 描述压缩氧自救器/化学氧自救器的用法。
4. 爆炸类事故的自救和互救措施有哪些?
5. 瓦斯突出事故的自救和互救措施有哪些?
6. 矿井水灾事故的自救和互救措施有哪些?
7. 矿井顶板事故的自救和互救措施有哪些?
8. 现场急救的原则和措施分别有哪些?
9. 在遇险人员的自救、互救过程中,体现了哪些哲学思想?

第八章　矿山事故的报告及调查处理

为了适应我国经济发展和安全工作的需要,有效预防和减少各类事故的发生,保障人民生命和财产的安全,落实国家“安全第一、预防为主、综合治理”的安全生产方针,促进社会和谐健康发展,需要对已发生的事故进行调查、处理,从中分析事故发生的原因,汲取经验教训,防止类似事故的发生。《生产安全事故报告和调查处理条例》的制定,正是为了规范生产安全事故的报告和调查处理,落实生产安全事故责任追究制度,防止和减少生产安全事故。

第一节　事故的定义、特征及原因

一、事故的定义与特征

(一) 事故的定义

所谓事故,一般是指人们(个人或集体)在进行有目的的活动过程中,突然发生的、违背人们意愿的、迫使活动暂时或永久停止、或迫使之前存续的状态发生暂时或永久性改变的事件。

(二) 事故的特征

事故主要有下列四个方面特征:

(1) 事故具有因果性、条件性和规律性

任何事故发生的原因和结果之间必然有内在的联系和逻辑关系。如教育不充分,管理上的缺陷和物质环境的不安全因素,其结合的结果将导致事故的发生。

(2) 事故具有偶然性、必然性和可防性

事故发生的必然性决定了事故发生的必然结果,但事故在何时、何地、何种情况下发生往往是偶然的,事故引起的伤亡和损失的方式、严重性也往往是难以预料的。从本质上讲,事故属于在一定条件下,可能发生,也可能不发生,随时间进行产生的某些意外情况而显现的随机事件。当不安全因素事件充分集合时,事故必然发生;若做到防患于未然,可防止事故发生。

(3) 事故具有潜在性、再现性和可预测性

事故潜在于安全隐患之中,安全工作就是发现事故的潜在性,根除其隐患,不使之再现。把人作为主体,可以在自然的客体中进行事故预测,并不断提高预测的可靠性,这就是人们要进行事故调查分析,按“三不放过”原则处理事故的道理。

(4) 事故具有前兆性、爆发性和可扑灭性

发现预兆,及时防治或撤离,可延缓突然性,消灭初期事故。快速抢救,及时扑灭,积极防治,这是我们安全工作的一项重要任务。

二、事故的成因

事故的发生，主要是“人的不安全行为”“物的不安全状态”“环境的不安全条件”“管理失误（设计缺陷）”四因素造成的。

人的不安全行为是指人们在生产活动中，曾引起或可能引起事故的行为。不安全行为是人表现出来的，与人的心理特征相违背，是非正常行为。

物的不安全状态是指曾引起或可能引起事故的物的状态，是物的能量可能释放引起事故的状态。人-机-环系统把生产过程中发挥一定作用的机械、物料、生产对象及其他生产要素统称为“物”。

环境的不安全条件涵盖范围很广，比如，过于杂乱的工作环境，生产现场未设置安全标识，安全通道被堵塞，防尘设备缺失，安全通道设置不合理，现场无安全保障措施，照明不良，生产场地狭小，缺少通风设备等，都属于环境的不安全条件。

管理是要靠人来完成的，人受各种因素的影响，无法永远保持正确，可能由此产生失误。管理失误就是人为失误，也就是人的错误。人在规定的时间、地点条件下，没能完成任务而导致的事故，就是责任事故。设计缺陷是指在设计过程中没有参考必须参考的重要设计依据或者其他原因考虑不周，致使设计中存在的缺陷，设计缺陷会导致生产安全事故的发生。

第二节　事故的分类与分级

一、按事故形成的因素划分

按事故形成的因素划分，可将事故分为责任事故和非责任事故两大类。

责任事故是指人们在生产、建设工作中不执行有关安全法规，违反规章制度（包括领导人员违章指挥和职工违章作业）而发生的事故。

非责任事故，可分为三种：

（1）自然事故（也称自然灾害、天灾）

在目前的科技条件下，地震、海啸、暴风等都是不可防止发生的天灾。但要尽可能地进行早期预测预报，把“灾害”限制在最低限度内。

这类灾害，目前在矿山井下并不多见，煤矿常发多见的事故并不是自然事故。

（2）技术事故

这类事故是受科学技术水平的限制，人们认识不足，技术条件尚不能达到而造成的。

（3）意外事故

意外事故是指突然发生、出乎意料，来不及处理而造成的事故。

二、按事故伤害的对象划分

按事故伤害的对象划分，可将事故分为伤亡事故和非伤亡事故两类。

伤亡事故是指企业职工在生产劳动过程中，发生人身伤害、急性中毒等突然使人体组织受到损伤或某些器官失去正常机能，致使负伤机体立即中断工作，甚至终止生命的事故。

非伤亡事故是指企业在生产过程中，生产技术管理不善、个别职工违章、设备缺陷及自然因素等造成的生产中断、设备损坏等事故。

三、伤亡事故的分类

煤矿伤亡事故依据伤亡事故的伤害程度、伤亡人数和性质进行分类。

（一）按伤害程度分类

按照职工因企业发生事故所受的伤害程度，将伤亡事故分为以下 3 种：

（1）轻伤事故

轻伤事故指事故负伤后，需要休工 3 个工作日及以上，损失工作日低于 105 d 的伤害，是未达到重伤程度、超过轻微伤的伤害。

（2）重伤事故

指事故负伤后，按国务院有关部门颁发的《关于重伤事故范围的意见》，经医师诊断为重伤的伤害。根据《关于重伤事故范围的意见》，凡有下列情形之一者，均作为重伤处理。

① 经医师诊断成为残废或可能成为残废的。

② 伤势严重，需要进行较大的手术才能挽救的。

③ 人体要害部位严重灼伤、烫伤或非要害部位灼伤、烫伤占全身面积三分之一以上的。

④ 严重骨折（胸骨、肋骨、脊椎骨、锁骨、肩胛骨、腿骨和脚骨等因受伤引起骨折），严重脑震荡等。

⑤ 眼部受伤较剧，有失明可能的。

⑥ 手部伤害：

a. 大拇指轧断一节的。

b. 食指、中指、无名指、小指任何一指轧断两节或任何两指各轧断一节的。

c. 局部肌腱受伤甚剧，引起机能障碍，有不能自由伸屈的残废可能的。

⑦ 脚部伤害：

a. 脚趾轧断三只以上的。

b. 局部肌腱受伤甚剧，引起机能障碍，有不能行走自如的残疾可能的。

⑧ 内部伤害：内脏损伤、内出血或伤及腹膜的。

⑨ 凡不在上述范围以内的伤害，经医院诊察后，认为受伤较重，可根据实际情况参考上述各点，由企业行政会同工会作个别研究提出初步意见，由当地有关部门审查确定。

（3）死亡事故

生产安全死亡事故是指事故发生后造成人员当场死亡或负伤后在 30 d 内非医疗事故造成死亡的事故。

前文所述的“轻伤事故”“重伤事故”“死亡事故”与轻伤、重伤和死亡不一个概念。前者指的是事故，而后者指的是职工个体。职工个体受伤害程度分为轻伤、重伤、死亡三种：

① 轻伤，指负伤后，需要休息 1 个工作日及以上，但未达到重伤程度。

② 重伤，指负伤后，根据国家规定经医生诊断为重伤的。

③ 死亡，指职工个体的死亡。

（二）按伤害程度和伤亡人数分类

按伤害程度和伤亡人数，将伤亡事故分为以下 6 类：

（1）轻伤事故，指负伤职工中只有轻伤的事故。

（2）重伤事故，指负伤职工中只有重伤（多人事故时包括轻伤）的事故。

（3）死亡事故，指一次死亡 1～2 人（多人事故时包括轻伤、重伤）的事故。

（4）重大伤亡事故，指一次死亡 3～9 人的事故。

（5）特大伤亡事故，指一次死亡 10～29 人的事故。

(6) 特别重大伤亡事故,指一次死亡 30 人及以上的事故。

(三) 按伤亡事故的性质分类

煤炭行业按伤亡事故的性质,将伤亡事故分为以下 8 类:

(1) 顶板事故

指矿井冒顶、片帮、顶板掉渣、顶板支护垮倒、冲击地压、露天矿滑坡、坑槽垮塌等事故,底板事故也视为顶板事故。

(2) 瓦斯事故

指瓦斯(煤尘)爆炸(燃烧),煤(岩)与瓦斯突出,瓦斯中毒、窒息。

(3) 机电事故

指机电设备(设施)导致的事故。包括运输设备在安装、检修、调试过程中发生的事故。

(4) 运输事故

指运输设备(设施)在运行过程中发生的事故。

(5) 爆破事故

指爆破崩人、触响瞎炮造成的事故。

(6) 水灾事故

指地表水、采空区水、地质水、工业用水造成的事故及透黄泥、流砂导致的事故。

(7) 火灾事故

指煤与矸石自然发火和外因火灾造成的事故(煤层自燃未见明火,逸出有害气体中毒应算作瓦斯事故)。

(8) 其他事故

指以上七类事故以外的事故。

四、非伤亡事故的分类

(一) 非伤亡事故的分类

根据有关规定,按照专业性质,煤矿非伤亡事故可分为以下 3 类:

(1) 生产事故

① 采掘事故

包括:a. 工作面塌落;b. 其他井巷塌落;c. 采掘方面的其他事故,如瓦斯超限、瓦斯煤尘爆炸、瓦斯突出、火灾、水灾、爆破事故等;d. 露天矿采掘事故,如滑坡、自然发火、水害、爆破事故等。

② 机电事故

包括:a. 井下——提升、排水、通风和压风设备事故,采掘机械(其中包括回柱绞车等)事故,运输事故,电气设备事故。b. 地面——动力设备事故;其他机电事故,如矿灯房、取暖锅炉等;工厂事故;露天坑内机械事故,如采掘机械、穿孔机械、提升机械、运输机械等机械事故。

③ 地面铁路运输事故

包括:露天剥离标准轨运输、地面标准轨和非标准轨的运输事故等。

(2) 基本建设事故

包括井建事故(井建工程范围内所有事故)、土建事故(土建工程范围内所有事故)和安装事故。

(3) 地质勘探事故

① 孔内事故。包括埋钻、卡钻、钻具脱落、钻具折断、孔内掉物、涌水、漏水、钻孔报废等。

② 机械事故。包括钻机、水泵、柴油机、电动机、钻塔、输电设备、供水设备、泥浆供应设备、修配厂机械设备事故等。

③ 山地工作事故。包括:槽探、坑井探、测量等事故;采样事故;电测事故;运输事故,包括汽车、马车、搬运、修路、平地基事故等。

④ 灾害事故。包括火灾、水灾、雷电、风灾等。

(二) 非伤亡事故的分级

根据有关规定,可将非伤亡事故分为以下 3 个等级:

(1) 一级非伤亡事故

凡符合下列情况之一者,为一级非伤亡事故。

① 发生的事故使全矿井停工 8 h 以上或采区停工 3 昼夜以上。

② 瓦斯煤尘燃烧、爆炸。

③ 煤与瓦斯突出,其突出煤量超过 50 t(含 50 t)。

④ 井下发火封闭采区或影响安全生产。

⑤ 水灾使矿井全部或一翼停止生产。

⑥ 采区通风不良,风流瓦斯超限或瓦斯积聚,造成停产。

⑦ 采煤工作面冒顶长度在 10 m(含 10 m)以上。

⑧ 掘进工作面冒顶长度在 5 m(含 5 m)以上。

⑨ 巷道冒顶长度在 10 m(含 10 m)以上。

(2) 二级非伤亡事故

凡符合下列情况之一者,为二级非伤亡事故。

① 发生的事故使全矿井停工 2 h 以上,但不足 8 h,或采区停工 8 h 以上,但不足 3 昼夜。

② 井下发火封闭采掘工作面。

③ 煤与瓦斯突出,其突出煤量超 10 t(含 10 t)。

④ 水灾使采区停产。

⑤ 采掘工作面通风不良,风流中瓦斯超限或瓦斯积聚,造成停产。

⑥ 采煤工作面冒顶长度超过 5 m(含 5 m)。

⑦ 掘进工作面冒顶长度超过 3 m(含 3 m)。

⑧ 巷道冒顶长度超过 5 m(含 5 m)。

(3) 三级非伤亡事故

凡符合下列情况之一者,为三级非伤亡事故。

① 发生的事故使全矿井停工 30 min 至 2 h 或使采区停工 2~8 h。

② 通风不良或局部通风机无计划停电,使风流中局部瓦斯聚集,瓦斯浓度超过 3%。

③ 煤与瓦斯突出,其突出煤量在 10 t 以下。

④ 范围不大的井下发火。

⑤ 水灾使 1 个采掘工作面停止生产。

⑥ 采煤工作面冒顶长度超过 3 m(含 3 m)。

⑦ 掘进工作面冒顶长度 3 m 以下。

⑧ 巷道冒顶长度 5 m 以下。

五、生产安全事故的分级

按照《生产安全事故报告和调查处理条例》第三条的规定,根据生产安全事故(以下简称事故)造成的人员伤亡或者直接经济损失,事故一般分为以下等级:

(1) 特别重大事故

是指造成 30 人以上死亡,或者 100 人以上重伤(包括急性工业中毒,下同),或者 1 亿元以上直接经济损失的事故。

(2) 重大事故

是指造成 10 人以上 30 人以下死亡,或者 50 人以上 100 人以下重伤,或者 5 000 万元以上 1 亿元以下直接经济损失的事故。

(3) 较大事故

是指造成 3 人以上 10 人以下死亡,或者 10 人以上 50 人以下重伤,或者 1 000 万元以上 5 000 万元以下直接经济损失的事故。

(4) 一般事故

是指造成 3 人以下死亡,或者 10 人以下重伤,或者 1 000 万元以下直接经济损失的事故。

上述所称的"以上"包括本数,所称的"以下"不包括本数。

第三节　矿山事故的报告

一、安全事故报告的时限

《生产安全事故报告和调查处理条例》第四条规定:"事故报告应当及时、准确、完整,任何单位和个人对事故不得迟报、漏报、谎报或者瞒报。"

(一) 事故发生单位报告的时限

《生产安全事故报告和调查处理条例》第九条规定:"事故发生后,事故现场有关人员应当立即向本单位负责人报告;单位负责人接到报告后,应当于 1 小时内向事故发生地县级以上人民政府安全生产监督管理部门和负有安全生产监督管理职责的有关部门报告。情况紧急时,事故现场有关人员可以直接向事故发生地县级以上人民政府安全生产监督管理部门和负有安全生产监督管理职责的有关部门报告。"

为了提升可操作性,事故报告的 1 小时规定,是非常明确的时间限制。通常情况下,单位负责人接到事故报告后,需要立即赶赴事故现场,核实事故情况,组织事故抢险与救援工作,这些工作都需要消耗一些时间。

为了既能保证事故单位采取事故抢险与救援措施,又能保证政府及其相关部门较快地掌握事故的有关情况,在现代非常迅捷的通信技术条件下,将 1 小时作为限制性的规定,是比较切合实际的。

(二) 安全监管部门报告的时限

《生产安全事故报告和调查处理条例》第十一条规定:"安全生产监督管理部门和负有安

全生产监督管理职责的有关部门逐级上报事故情况，每级上报的时间不得超过 2 小时。”

即当县级以上各级安全生产监督管理部门等相关机构接到事故报告后，必须在 2 小时以内报告给上一级部门和机构，同时报告给县级以上人民政府。

二、安全事故报告的主体和责任人

（一）事故报告的主体

《生产安全事故报告和调查处理条例》第九条规定事故报告的主体是事故发生单位。

煤矿属于生产经营单位，是事故报告的主体。煤矿不论井型大小，只要是领取《安全生产许可证》的单位都是事故报告的主体。

（二）事故报告的责任人

事故报告的责任人包括单位负责人、实际控制人或其他负有报告职责的人员。单位负责人包括主要负责人和其他负责人。

（1）事故报告人的报告责任顺序

① 国有重点煤矿

值班矿长（矿长）→受委托人员→调度室主任→值班科长→当班调度员→通风监测当班值班员→安监科值班员。

以上人员中任何一人，在事故发生后 1 小时内向上级监管部门报告，同时向集团公司报告，向负有煤矿安全监管职责的部门报告。

② 煤业集团公司

当班集团公司领导或集团公司主要领导（董事长、总经理）→受委托人员→值班集团公司调度室主任→值班集团公司处室领导→值班集团公司调度员。

以上人员中任何一人，在事故发生后 2 小时内向省级煤矿安全监管部门及其分局报告，同时向省级应急管理厅报告。

③ 地方国有煤矿和乡镇煤矿

值班矿长（矿长）→煤矿实际控制人（董事长）→值班调度室主任→值班调度员→监测监控人员→安全负责人。

以上人员中任何一人，在事故发生后 1 小时内向上级监管部门报告，同时向县级煤矿安全监管部门和应急管理部门报告。

（2）事故报告的有关规定

《安全生产法》第八十三条规定：“生产经营单位发生生产安全事故后，事故现场有关人员应当立即报告本单位负责人。单位负责人接到事故报告后，应当迅速采取有效措施，组织抢救，防止事故扩大，减少人员伤亡和财产损失，并按照国家有关规定立即如实报告当地负有安全生产监督管理职责的部门，不得隐瞒不报、谎报或者迟报，不得故意破坏事故现场、毁灭有关证据。”第八十四条规定：“负有安全生产监督管理职责的部门接到事故报告后，应当立即按照国家有关规定上报事故情况。负有安全生产监督管理职责的部门和有关地方人民政府对事故情况不得隐瞒不报、谎报或者迟报。”第八十五条规定：“有关地方人民政府和负有安全生产监督管理职责的部门的负责人接到生产安全事故报告后，应当按照生产安全事故应急救援预案的要求立即赶到事故现场，组织事故抢救。”

《生产安全事故报告和调查处理条例》第十条规定：安全生产监督管理部门和负有安全生产监督管理职责的有关部门接到事故报告后，应当依照下列规定上报事故情况，并通知公安机关、劳动保障行政部门、工会和人民检察院：

① 特别重大事故、重大事故逐级上报至国务院安全生产监督管理部门和负有安全生产监督管理职责的有关部门；

② 较大事故逐级上报至省、自治区、直辖市人民政府安全生产监督管理部门和负有安全生产监督管理职责的有关部门；

③ 一般事故上报至设区的市级人民政府安全生产监督管理部门和负有安全生产监督管理职责的有关部门。

安全生产监督管理部门和负有安全生产监督管理职责的有关部门依照前款规定上报事故情况，应当同时报告本级人民政府。国务院安全生产监督管理部门和负有安全生产监督管理职责的有关部门以及省级人民政府接到发生特别重大事故、重大事故的报告后，应当立即报告国务院。

必要时，安全生产监督管理部门和负有安全生产监督管理职责的有关部门可以越级上报事故情况。

《生产安全事故报告和调查处理条例》第十一条规定："安全生产监督管理部门和负有安全生产监督管理职责的有关部门逐级上报事故情况，每级上报的时间不得超过2小时。"第三十五条规定：迟报或者漏报事故的，事故发生单位主要负责人，处上一年年收入40%至80%的罚款；属于国家工作人员的，并依法给予处分；构成犯罪的，依法追究刑事责任。第三十六条规定：事故发生单位及其有关人员谎报或者瞒报事故的，对事故发生单位处100万元以上500万元以下的罚款；对主要负责人、直接负责的主管人员和其他直接责任人员处上一年年收入60%至100%的罚款；属于国家工作人员的，并依法给予处分；构成违反治安管理行为的，由公安机关依法给予治安管理处罚；构成犯罪的，依法追究刑事责任。

三、安全事故报告的内容

煤矿发生事故后，煤矿负责人除向有关部门和机构报告事故外，还应当指定专人用文字材料的形式报告事故。报告的内容主要包括：

(1) 事故发生单位概况

包括单位的全称、所处地理位置、所有制形式、隶属关系、生产经营范围、证照情况、单位负责人的基本情况、近期生产经营状况等。

(2) 事故发生的时间、地点及事故现场情况

报告事故发生的时间应具体，尽量具体到分钟。报告事故发生地点要准确，除事故发生地点外，还应报告事故所波及的范围和区域。报告事故现场的情况应当全面，不仅要报告事故发生后的现场情况，还应当尽量报告事故发生前的情况，以便于前后对比，分析事故原因。

(3) 事故的简要经过

事故的简要经过是对事故全过程的简要描述，既要描述全过程，又要简明扼要。但要注重描述事故发生前作业现场所有人员和设备的细节，因为这些细节可能是引起事故的主要因素。

(4) 事故已经造成或可能造成的伤亡情况和初步估计的直接经济损失

应遵循实事求是的原则，对人员伤亡进行报告。由于煤矿事故往往会造成人员被困，因此应预估可能造成的伤亡情况。在抢险与救援过程中，发现有死亡或者轻重伤员的，要及时报告。对直接经济损失的初步估算，主要是指事故所导致的巷道摧毁、生产设备和仪器仪表

的损坏等。

(5) 已经采取的措施

主要指事故现场有关人员、事故单位负责人、已经接到事故报告的安全生产管理部门为了减少损失、防止事故扩大和利于事故调查所采取的应急救援和现场保护等措施。

(6) 其他应当报告的情况

对于其他应当报告的情况,可根据实际情况具体确定。

第四节　矿山事故的调查与处理

一、矿山事故调查的目的

矿山事故调查的目的是有效防范和减少矿山灾害事故的发生,为事故的预防和安全隐患的消除查明技术层面和管理层面存在的漏洞,并从中吸取经验教训,查漏补缺,以便补充完善相应的措施。事故调查过程中,通过事故现场勘察、对事故有关责任者的取证、专家论证分析或模拟试验的方法,找到事故的原因,以制定防止类似事故发生的措施。并通过调查,分清责任,实事求是、客观地追究事故责任者的责任。

《生产安全事故报告和调查处理条例》第四条规定:"事故调查处理应当坚持实事求是、尊重科学的原则,及时、准确地查清事故经过、事故原因和事故损失,查明事故性质,认定事故责任,总结事故教训,提出整改措施,并对事故责任者依法追究责任。"

为实现上述目的,煤矿发生事故后,必须进行事故调查,必须查清楚事故发生的原因和性质,分清事故责任者的责任,落实安全生产事故责任追究制度。事故调查的目的主要有以下7方面:

(1) 满足法律法规的相关要求,收集相关责任人违法的实证材料。

(2) 厘清事故发生的经过。

(3) 查明事故发明的原因(直接原因和间接原因)。

(4) 提出安全生产法规、规程等的修订、完善等的意见和建议。

(5) 积累事故研究资料,研究事故发生规律,提出有针对性的防止事故发生的措施。

(6) 总结经验,教育广大干部职工,提高安全意识,促进安全生产。

(7) 明确事故的性质和相关人员的责任。

二、矿山事故调查的原则

事故调查是一项烦琐、涉及面广的工作,具有很强的科学性和技术性,因此,事故调查必须遵循以下原则。

(一) 实事求是的原则

(1) 必须全面、彻底地查清事故发生的原因、性质等,不能夸大或缩小事故事实,更不能弄虚作假;不能片面地强调客观原因而忽视主观原因,也不能片面强调主观原因而忽视客观原因。

(2) 必须从实际出发,在查清事故原因和性质的基础上查明事故责任者的责任;要厘清事故责任者与事故的发生之间的直接和间接关系。

(3) 必须按照法律法规和相关规定对事故责任人提出处理意见,不能带个人观点主观臆断;事故调查处理必须"以事实为依据,以法律为准绳",不能因为事故发生在某个"紧急阶段”而对责任者加重处理，也不能因为某些外界原因的干扰而不依法办理。

(4) 必须有针对性地总结事故经验教训，提出切实可行的防范措施。防范措施要针对事故发生的原因而提出，不能不切实际。

(二) 尊重科学的原则

事故调查必须尊重科学，不能凭空想象或臆断。在厘清事故发生原因时，必须在现场勘查的基础上，必须有科学的理论、数据作为支撑，找出真正的事发原因，为今后预防类似事故的发生提供科学依据。

对事故原因和性质的调查具有很强的科学性和技术性，需要具有一定专业技术和实践经验的工程技术人员、专家通过大量的技术分析和研究，具有很强的专业性。

三、事故调查组

当前，我国事故调查工作实行“政府领导，分级负责”的管理模式，这样有利于进一步落实各级政府安全生产行政首长负责制，有利于事故责任追究，有利于防止事故的再次发生。

事故调查工作是通过事故调查组完成的。按照《生产安全事故报告和调查处理条例》关于组织事故调查组的规定，可以采取政府直接组织事故调查、委托有关部门组织事故调查的模式进行。未按照《生产安全事故报告和调查处理条例》组织的事故调查，属于程序或者行政行为不当，其调查结果没有法律效力。

事故调查组按照“科学严谨、依法依规、实事求是、注重实效”的原则，通过现场勘察、调查取证、专家论证、技术认定及综合分析，查清事故发生的经过、原因、人员伤亡情况和直接经济损失，认定事故性质和责任，提出对事故责任人和责任单位的处理建议及事故防范措施，形成事故调查报告。

(一) 煤矿事故分级调查原则

根据《生产安全事故报告和调查处理条例》和《煤矿生产安全事故报告和调查处理规定》等的规定，煤矿生产安全事故的调查实行分级负责的原则。

(1) 特别重大事故由国务院组织事故调查组进行调查，或者根据国务院授权，由应急管理部组织事故调查组进行调查。

(2) 重大事故由省级煤矿安全监察机构组织事故调查组进行调查。

(3) 较大事故由煤矿安全监察分局组织事故调查组进行调查。

(4) 一般事故中造成人员死亡的，由煤矿安全监察分局组织事故调查组进行调查；没有造成人员死亡的，煤矿安全监察分局可以委托地方人民政府负责煤矿安全生产监督管理的部门或者事故发生单位组织事故调查组进行调查。

未造成人员伤亡的一般事故，县级人民政府也可以委托事故发生单位组织事故调查组进行调查。

(二) 煤矿事故调查的属地原则

属地原则，指不论煤矿隶属关系如何，煤矿重大及以下等级事故的调查工作，由国家垂直管理的煤矿安全监察机构牵头组织煤矿事故发生地人民政府有关部门，组成事故调查组进行调查的原则。

上级煤矿安全监察机构认为有必要时，可以组织调查由下级煤矿安全监察机构组织调查的事故。一般情况下不应进行提级调查。但有下列情形时，可以提级调查：

(1) 事故性质恶劣，社会影响较大的。

(2) 同一煤矿或同一集团公司或某一区域频繁发生同类事故的。

(3) 事故发生地或发生的企业不重视安全生产工作,不能真正吸取事故教训的。

(4) 社会和公众对下级机构调查的事故反响十分强烈的。

(5) 事故调查不够客观、公正的。

在事故调查期间,自事故发生之日起 30 d 内,因事故伤亡人数发生变化导致事故等级升级的,按规定应当由上级煤矿安全监察机构负责调查的,上级机构可以另行组织事故调查,也可以委托原调查组进行调查。

(三) 煤矿事故调查报告

(1) 煤矿事故调查报告的上报

事故调查组在事故调查结束时,需要提供事故调查报告。

一般事故的调查报告可由煤矿安全监察分局直接根据事故调查报告进行批复;较大以上事故的调查报告需要经过上级批复,需要组织事故调查的安全监察机构向上一级机构或国务院(特别重大事故)提交请示批复的报告。

(2) 煤矿事故调查报告的批复

煤矿事故调查报告,由煤矿安全监察机构负责批复。

地方国有煤矿和乡镇煤矿的事故调查报告,由煤矿安全监察机构批复到相应的地级市或县级人民政府,由当地人民政府负责落实批复中的处理决定。

国有重点煤矿的事故调查报告,由煤矿安全监察机构批复到煤矿上级集团公司,由上级集团公司负责落实批复中的处理决定。

(3) 煤矿事故调查报告批复的落实

煤矿事故调查报告批复到有关地方人民政府或集团公司的,由其负责按照批复中的决定对事故责任人进行处理。落实处理过程中,不得擅自改变批复的决定。

事故调查报告报送负责事故调查的人民政府后,事故调查工作即告结束。事故调查的有关资料应当归档保存。

(四) 事故调查组的组成原则及人员构成

(1) 事故调查组组成原则

事故调查组的组成应当遵循精简、效能的原则。这样做主要是为了提高事故调查的效率,缩短事故调查的时限,降低事故调查的成本。

(2) 事故调查组人员构成

根据事故的具体情况,事故调查组由有关人民政府、安全生产监督管理部门、负有安全生产监督管理职责的有关部门、监察机关、公安机关以及工会派人组成,并应当邀请人民检察院派人参加。煤矿事故调查组的组成,一般由煤矿安全监察机构牵头。

事故调查组可以聘请有关专家参与调查。这些专家必须在某一方面既有较高的理论水平,又有很丰富的实践经验。聘请专家时,一般至少 3 人以上,有来自煤矿企业经验丰富的高级工程师,来自院校的高水平教授,来自科研院所的资深技术专家。

事故调查组成员应当具有事故调查所需要的知识和专长,并与所调查的事故没有直接利害关系。

(3) 事故调查组的分工及职责

根据事故的具体情况,事故调查组一般设技术组(含专家组)、管理组、综合组三个机构。

各组的人员组成和职责分别如下。

① 技术组

技术组一般由行业主管、安监、公安等部门人员和专家组成。

其主要工作职责是：勘察事故现场，进行调查取证；组织专家组对事故直接原因从专业技术方面进行分析论证，拿出专家组意见；收集事故调查专业资料，建立技术调查档案；查明事故直接原因，写出事故技术调查报告。

② 管理组

管理组一般由监察、安监、工会等部门人员组成。

其主要工作职责是：组织对事故有关的企业、行业主管部门、专项安全监督管理部门及当地政府的安全监管责任落实情况进行调查取证，收集事故相关管理资料，建立管理原因调查档案，从安全监管方面查找事故发生的间接原因，写出事故管理原因调查报告。

③ 综合组

综合组一般由安监、行业主管、公安、工会及当地政府等部门人员组成。

其主要工作职责是：传达落实上级领导的指示；做好协调保障工作，保持调查工作信息畅通；负责宣传资料的搜集整理，建立并管理调查工作组档案；根据技术组和管理组的报告及相关调查资料，草拟事故调查报告，由调查组组长组织调查组相关成员讨论通过并签名。

（五）事故调查组组长的任命与职责

(1) 煤矿事故调查组组长的任命

煤矿事故调查组必须任命组长，否则事故调查工作不具有法律效力，调查结果无效。

事故调查组组长由负责事故调查的人民政府指定。事故调查组组长主持事故调查组的工作。

任命事故调查组组长是为了协调事故调查工作中的重大问题，对分歧意见等作出决策，体现事故调查的科学性、权威性、时效性等，提高事故调查的效率。

根据事故的具体情况和等级，可任命1～3名副组长。副组长一般情况下由地方政府或相关部门的负责人担任。副组长在事故调查组成员中产生，协助组长开展事故调查工作。一般等级的事故，可不任命副组长。

(2) 煤矿事故调查组组长的职责

(1) 主持事故调查组开展工作。

(2) 明确事故调查组各小组的职责，确定事故调查组成员的分工。

(3) 协调决定事故调查工作中的重要问题。

(4) 批准发布事故有关信息。

(5) 审核事故涉嫌犯罪事实证据材料，批准将有关材料或者复印件移交司法机关处理。

四、事故调查组的职责和权力

（一）事故调查组的职责

煤矿事故调查组履行下列职责：

(1) 查明事故单位的基本情况。

(2) 查明事故发生的经过、原因、类别、人员伤亡情况及直接经济损失；隐瞒事故的，应当查明隐瞒过程和事故真相。

(3) 认定事故的性质和事故责任。

(4) 提出对事故责任人员和责任单位的处理建议。

(5) 总结事故教训，提出防范和整改措施。

(6) 在规定时限内提交事故调查报告。

（二）事故调查组应开展的工作

为了完成上述职责，事故调查组必须了解煤矿事故以及与该事故有关的大量情况，这对分析事故发生原因，提出防范措施等关系密切。因此，为完成上述职责，事故调查组应做好以下工作。

(1) 查明矿井基本情况

事故调查组需要查明矿井设计生产能力、核定生产能力、改造情况、隶属关系、企业性质、证照情况、机构组织、安全管理情况、采掘情况、瓦斯及通风情况、以往事故情况及隐患排查整改情况等。

(2) 查明事故发生的经过

事故调查组需要查明事故发生前事故发生单位生产作业情况，事故发生的时间、地点，事故现场状况及现场保护情况，事故发生后的处置措施、事故报告经过，事故救援情况及善后处理情况，其他与事故发生经过有关的情况。

(3) 查明事故发生的原因

事故调查组需要查明事故发生的直接原因、间接原因和其他原因。

事故的直接原因，是指直接导致事故发生的原因；间接原因，是指使事故直接原因得以产生和存在的原因。直接原因和间接原因之间有一定的因果关系。有时事故的发生可能与外界的因素有关，如大电网停电导致停风，从而诱导瓦斯事故等。

(4) 查清人员伤亡情况

事故调查组需要调查清楚事故发生前事故发生单位作业人员分布情况、事故发生时人员遇险情况、事故造成的当场死亡及失踪情况、抢救过程中人员伤亡情况、最终伤亡情况等。

(5) 查明事故的直接经济损失

包括人员伤亡后所支出的医疗费、丧葬费、抚恤金、补助及救济费用等，事故善后处理费用，事故造成的财产损失费用等。

(6) 认定事故的性质和事故责任分析

事故调查组通过事故调查，对事故的性质给出明确的结论。在认定事故性质后，对认定为自然事故的(非责任事故或不可抗拒的事故)，可不追究事故责任人；对认定为责任事故的，要按照责任大小和承担的责任的不同分别认定下列事故责任者：

① 直接责任人

直接责任人指事故的发生与其行为有直接的因果关系的人员，如违章作业人员等。

② 主要责任人

主要责任人指对事故的发生负有主要责任的人员，如违章指挥者。

③ 领导责任人

领导责任人指对事故的发生负有领导责任的人员，主要指政府及其有关部门的人员。

(7) 对事故责任者的处理建议

在认定事故的性质和责任人的基础上，事故调查组对相关的事故责任人提出合法、合规、合理的处理建议。这些建议包括：

① 对事故责任人的行政、纪律处分建议。

② 对责任人的行政处罚建议。

③ 对责任人追究刑事责任的建议。

④ 对责任人追究民事责任的建议。

(8) 总结事故教训

通过事故调查,事故调查组要认真总结经验教训,找出煤矿在生产过程中,在安全管理、生产投入等方面存在的薄弱环节和漏洞,要认真对照查找问题的根源。

(9) 提出事故防范和整改措施

在事故调查的基础上,事故调查组提出有针对性的防范措施和整改措施,防止类似事故再次发生。提出的防范和整改措施要有针对性、可操作性、普适性和时效性,不能是套话、官话、空话。

(10) 提交事故调查报告

事故调查组在全面履行职责、完成上述工作的基础上提交事故调查报告。事故调查报告是事故调查的核心任务。

事故调查报告是在事故调查组组长主持下完成的。一般情况下,事故调查报告应该在事故发生后 60 d 内提交。特殊情况下,经负责事故调查的人民政府批准,提交事故调查报告的期限可以适当延长,但延长的期限最长不超过 60 d。

(三) 事故调查组的权力

事故调查组要想顺利、高效地完成各项工作,必须赋予其一定的权力。相关法规对事故调查组赋予了以下权力。

(1) 了解事故相关情况的权力

调查组有权向有关单位和个人了解事故的有关情况。

"有关单位和个人"不仅仅指事故发生单位,也包括与事故发生单位有关联的单位和个人,如设备制造商、施工单位等,还包括与事故发生有关的政府及其有关部门和人员。

(2) 获取相关资料的权力

文件资料获取权,即事故调查组有权要求有关单位和个人提供相关的文件、资料,且有关单位和个人不得拒绝。

(3) 事故发生单位的负责人和有关人员有配合事故调查的义务

在事故调查期间,配合事故调查的负责人和有关人员不得擅自离岗,不得拒绝,且应当随时接受事故调查组的询问,如实提供有关情况,不得隐瞒,否则事故调查组有权追究其相应的法律责任。

事故调查中发现涉嫌犯罪的,事故调查组应当及时将有关材料或者其复印件移交司法机关处理。

(4) 任何单位和个人不得阻碍、干涉事故调查组的正常工作

五、事故调查的程序

事故调查一般按照下列程序执行:

(1) 成立事故调查组

(2) 事故现场勘验取证

① 现场摄影、音像资料收集;② 绘制事故图;③ 有关物证搜集。

(3) 事故有关文字、音像、图片等事实材料搜集

(4) 证人材料搜集

(5) 事故原因分析

(6) 编写事故调查报告

(7) 事故调查报告报送归档

六、事故处理

《生产安全事故报告和调查处理条例》对事故的处理进行了严格规定。事故的处理主要包括以下几方面：

(1) 重大事故、较大事故、一般事故，负责事故调查的人民政府应当自收到事故调查报告之日起 15 d 内作出批复；特别重大事故，30 d 内作出批复，特殊情况下，批复时间可以适当延长，但延长的时间最长不超过 30 d。

有关机关应当按照人民政府的批复，依照法律、行政法规规定的权限和程序，对事故发生单位和有关人员进行行政处罚，对负有事故责任的国家工作人员进行处分。

事故发生单位应当按照负责事故调查的人民政府的批复，对本单位负有事故责任的人员进行处理。

负有事故责任的人员涉嫌犯罪的，依法追究刑事责任。

(2) 事故发生单位应当认真吸取事故教训，落实防范和整改措施，防止事故再次发生。防范和整改措施的落实情况应当接受工会和职工的监督。

安全生产监督管理部门和负有安全生产监督管理职责的有关部门应当对事故发生单位落实防范和整改措施的情况进行监督检查。

(3) 事故处理的情况由负责事故调查的人民政府或者其授权的有关部门、机构向社会公布，依法应当保密的除外。

第五节　矿山伤亡事故的统计与分析

一、伤亡事故的统计

《煤炭工业企业职工伤亡事故报告和统计规定》规定：

(1) 煤炭行业伤亡事故按国有重点煤矿、国有地方煤矿、国有煤矿开办的具有独立井口小井、乡镇集体煤矿分别列项统计。

国有煤矿井口下不分经营承包形式和用工制度，所发生的伤亡事故一律以井口的所有制性质统计；国有煤矿企业开办的具有独立井口的各类形式小井发生的事故单独列项由企业统一统计。

(2) 煤炭企业伤亡事故按企业分为煤炭生产、基本建设、地质勘探、火工及机械制造等事故。

煤炭生产事故：可分为原煤生产事故和非原煤生产事故两种。原煤生产事故包括正式移交生产矿井，企业所有井下生产(不分所有制形式)和技术管理人员(不分用工制度)在煤炭生产过程中发生的事故；生产矿井开拓延深发生的事故；生产矿井地面工业广场原煤生产系统指煤外运装车前和原煤材料第一次卸车后的生产服务系统，如矿井压风、通风、排水、选煤、供电、调度通信、矸石山、支架(柱)检修、矿灯房、自救器房等发生的事故；救援队处理矿

井隐患发生的事故。非原煤生产事故，指企业从事原煤生产以外工业生产过程中发生的事故。如企业直属基建、机厂、火工品生产、电厂、选煤厂等单位从事非原煤生产发生的事故；企业内煤质化验、环境保护、救援队抢救事故过程中发生的事故等。

基本建设事故：指正在施工的新建矿井、分期投产尚未移交部分发生的事故。

地质勘探事故：指煤炭系统省级以上煤田地质勘探企业在生产中发生的事故，煤炭生产企业所属的地质测量单位不在此项。

机械制造事故：指煤炭系统机械制造、仪器仪表生产发生的伤亡事故。

火工事故：指火工品生产发生的事故。

(3) 煤炭工业伤亡事故报表报告时间规定如下：

① 各省煤矿安全监察部门要在每月 3 日前(遇节假日后延，以下同)将上月伤亡事故调度数及 3 人以上事故明细电传国家矿山安全监察局。

② 国有煤炭企业、地(县)煤炭主管部门每月 3 日前将上月统计表报省(区)煤炭主管部门。

③ 省(区)煤炭主管部门每月 10 日前将汇总表报国家矿山安全监察局及有关部门。

④ 国有重点煤矿发生的伤亡事故，要在每月 5 日前将报表报国家矿山安全监察局及有关部门。

⑤ 12 月份报表代替年报，可推迟 5 日报出。

(4) 工伤后 1 个月内死亡的计入事故总死亡人数；上月报表报出后死亡的，只在死亡的月份报 1 次死亡，上月报的负伤事故不再修改，到年底一次性更正。

(5) 外单位承包矿井内的生产、基建、安装，发生死亡事故由发包单位按本企业伤亡事故根据本规定统计报告。基本建设施工企业比照煤炭生产企业发生的伤亡事故进行统计报告。

(6) 生产区域内的交通事故：生产矿井以更衣、洗澡为界，职工上班更衣后、下班洗澡前乘坐本单位交通车发生的事故计入原煤生产事故。乘坐交通部门车辆或其他交通原因造成的事故由交通部门统计。

(7) 下列事故不统计到本企业伤亡事故总数中，列表统计上报备案。

① 本企业支援或承包外单位工程发生伤亡事故由外单位统计报告。

② 企业外组织的安全检查、培训、科研、学习、参观等活动发生的伤亡事故。

③ 职工在生产岗位直接原因因突发疾病造成的伤亡事故。

④ 发生不可抗拒的自然灾害造成的伤亡事故。如冰雹、地震、龙卷风等。

二、伤亡事故的分析

(一) 伤亡事故的分析

《煤炭工业企业职工伤亡事故报告和统计规定》明确指出，企业及企业主管部门坚持月、季、年进行伤亡事故的分析，特别是每年 1 月份将上一年的伤亡事故作以下几个方面的综合分析。

(1) 按事故类型分析

① 顶板事故按采煤工作面、掘进工作面和巷道分析。采煤工作面按支护方式分为综采支架、单体液压支柱、摩擦支柱、木支柱、其他。掘进工作面和巷道按支护方式分为砌碹、锚喷、金属支架、混凝土支护、木支护、其他。

② 瓦斯事故按瓦斯(煤尘)爆炸(燃烧)、煤(岩)与瓦斯突出、中毒、窒息分析。瓦斯(煤尘)爆炸(燃烧)事故按地点和引爆(燃)火源分析。

③ 机电事故按触电、设施(设备)伤人分析。

④ 运输事故按提升运输、轨道运输、输送机运输等运输方式分析。

⑤ 爆破事故按违章爆破、触响瞎炮伤人分析。

⑥ 水灾事故按地质水、老空水、地面水、工业用水造成的事故分析。

⑦ 火灾事故按井下火灾和地面火灾分析,井下火灾又分为内因火灾和外因火灾。

⑧ 其他事故,即以上七类事故以外的事故。如捅溜煤眼、火药储运过程中的爆炸事故等。

(2) 按事故发生地点分析

按事故发生的地点分析分地面和井下两类。

其中,井下分采煤工作面、掘进工作面、大巷(平硐、阶段运输和回风巷)、采区上下山、井筒、其他等 6 种。

(3) 按伤亡人员受教育程度分析

分文盲、小学、中学、中专、大专及以上等 5 种。

(4) 按伤亡人员工种分析

分采煤、掘进、机电、运输、通风(含瓦斯检查)、救援、干部、巷修、其他等 9 种。

(5) 按事故原因分析

分三违(违章作业、违章指挥、违反劳动纪律)、工程质量、安全措施、安全设施不全或失效等 4 种。

(6) 按伤亡人员工龄分析

分 5 a 及以下、5 a 以上至 10 a、10 a 以上至 15 a、15 a 以上至 20 a、20 a 以上等 5 种。

(7) 按伤亡人员年龄分析

分 20 岁及以下、20 岁以上至 25 岁、25 岁以上至 30 岁、30 岁以上至 35 岁、35 岁以上至 45 岁、45 岁以上等 6 种。

(8) 按发生事故的时间分析

每年分 12 个月,每月分上、中、下旬,每日 24 h 分早、中、晚班分组分析。

(9) 按所有制形式分析

按国有重点煤矿、国有地方煤矿、国有煤矿开办的全民集体煤矿和乡镇集体煤矿 4 种分析。

具体分析时,对每起事故及伤亡人员只填每项分析中的一种,涉及几种的只填报其中主要的一种。

(二) 伤亡事故分析常用的计算公式

煤矿伤亡事故分析常用的公式,从三个方面进行表述。

(1) 某时期内,平均每千名职工因工伤事故造成的死亡率、伤亡率、重伤率、负伤率

其计算公式分别为:

$$千人死亡率=\frac{事故死亡人数}{平均职工人数}\times 10^3 \tag{8-1}$$

$$千人伤亡率=\frac{(死亡+重伤+轻伤)人数}{平均职工人数}\times 10^3 \tag{8-2}$$

$$千人重伤率=\frac{重伤人数}{平均职工人数}\times 10^3 \quad (8\text{-}3)$$

$$千人负伤率=\frac{(轻伤+重伤)人数}{平均职工人数}\times 10^3 \quad (8\text{-}4)$$

上述公式在应用中要注意两个问题：一是公式中死亡、重伤、轻伤人数指企业全部伤亡数；二是平均职工人数的概念不能与计算期内期末职工人数混淆，否则影响计算的准确性。

(2) 按产量、进尺计算死亡率

主要有百万吨死亡率、万米成巷死亡率，具体计算公式为：

$$百万吨死亡率=\frac{死亡人数}{原煤产量}\times 10^6 \quad (8\text{-}5)$$

计算百万吨死亡率时，死亡人数指煤炭生产死亡人数。计算的数值，一般四舍五入保留小数点后两位。

$$万米成巷死亡率=\frac{死亡人数}{成巷米数}\times 10^4 \quad (8\text{-}6)$$

式中，死亡人数指基本建设死亡人数；成巷米数以实进米数为准。

(3) 按伤害频率计算

按伤害频率计算，死亡率和伤亡率的计算公式为：

$$百万小时死亡率=\frac{死亡人数}{工作小时数}\times 10^6 \quad (8\text{-}7)$$

$$百万小时伤亡率=\frac{(死亡+重伤+轻伤)人数}{工作小时数}\times 10^6 \quad (8\text{-}8)$$

上述计算公式中的工作小时数指实际工作小时数，包括加班工作小时数。

百万吨死亡率、千人负伤率、千人重伤率是煤矿安全的主要考核指标，必须掌握其计算公式，并做到计算准确。

第六节　伤亡事故经济损失核算

伤亡事故发生后，不仅仅会造成人员伤亡，一般还伴有设备损坏。有的重大伤亡事故还可能导致停产。除了人员伤亡必需的医疗、护理费用，尚有一定数额的经济损失。因此，计算伤亡事故的经济损失是事故调查处理的一项重要工作，经济损失也是衡量事故严重程度的标志。

《企业职工伤亡事故经济损失统计标准》(GB 6721—1986)规定了企业职工伤亡事故经济损失的统计范围、计算方法和评价指标。

一、基本概念

(1) 伤亡事故经济损失，指企业职工在劳动生产过程中发生伤亡事故所引起的一切经济损失，包括直接经济损失和间接经济损失。

(2) 直接经济损失，指因事故造成人身伤亡及善后处理支出的费用和毁坏财产的价值。

(3) 间接经济损失，指因事故导致产值减少、资源破坏和受事故影响而造成其他损失的价值。

二、直接经济损失的统计范围

(1) 人身伤亡后所支出的费用，包括：① 医疗费用(含护理费用)；② 丧葬及抚恤费用；

③ 补助及救济费用；④ 歇工费用。

（2）善后处理费用，包括：① 处理事故的事务性费用；② 现场抢救费用；③ 清理现场费用；④ 事故罚款和赔偿费用。

（3）财产损失价值，包括：① 固定资产损失价值；② 流动资产损失价值。

三、间接经济损失的统计范围

间接经济损失的统计范围主要包括以下 6 个方面：

（1）停产、减产损失价值。

（2）工作损失价值。

（3）资源损失价值。

（4）处理环境污染的费用。

（5）补充新职工的培训费用。

（6）其他损失费用。

四、计算方法

（1）经济损失的计算公式为：

$$E = E_d + E_i \tag{8-9}$$

式中　E——经济损失，万元；

E_d——直接经济损失，万元；

E_i——间接经济损失，万元。

（2）工作损失价值的计算公式为：

$$V_w = D_L \frac{M}{SD} \tag{8-10}$$

式中　V_w——工作损失价值，万元；

D_L——一起事故的总损失工作日数，死亡一名职工按 6 000 个工作日计算，受伤职工视伤害情况按《企业职工伤亡事故分类标准》（GB 6441—1986）的附表确定，d；

M——企业上年税利（税金加利润），万元；

S——企业上年平均职工人数；

D——企业上年法定工作日数，d。

（3）固定资产损失价值包括：① 报废的固定资产，以固定资产净值减去残值计算；② 损坏的固定资产，以修复费用计算。

（4）流动资产损失价值包括：① 原材料、燃料、辅助材料等均按账面值减去残值计算；② 成品、半成品、在制品等均以企业实际成本减去残值计算。

（5）事故已处理结案而未能结算的医疗费、歇工工资等，采用测算方法计算。

（6）对分期支付的抚恤、补助等费用，按审定支出的费用，从开始支付日期累计到停发日期。

（7）停产、减产损失，按事故发生之日起到恢复正常生产水平止，计算其损失的价值。

五、经济损失程度分级

（1）一般损失事故，指经济损失小于 1 万元的事故。

（2）较大损失事故，指经济损失大于 1 万元（含 1 万元）但小于 10 万元的事故。

(3) 重大损失事故，指经济损失大于10万元（含10万元）但小于100万元的事故。

(4) 特大损失事故，指经济损失大于100万元（含100万元）的事故。

六、几种经济损失的测算法

(1) 医疗费的测算公式为：

$$M=M_b+\frac{M_b}{P}D_c \tag{8-11}$$

式中 M——被伤害职工的医疗费，万元；

M_b——事故结案日前的医疗费，万元；

P——事故发生之日至结案之日的天数，d；

D_c——延续医疗天数，指事故结案后还须继续医治的时间，由企业劳资、安全、工会等按医生诊断意见确定，d。

上述公式测算的是一名被伤害职工的医疗费，一次事故中多名被伤害职工的医疗费应累计计算。

(2) 歇工工资的测算公式为：

$$L=L_Q(D_a+D_K) \tag{8-12}$$

式中 L——被伤害职工的歇工工资，元；

L_Q——被伤害职工的日工资，元；

D_a——事故结案日前的歇工日，d；

D_k——延续歇工日，指事故结案后被伤害职工还须继续歇工的时间，由企业劳资、安全、工会等与有关单位酌情商定，d。

上述公式测算的是一名被伤害职工的歇工工资，一次事故中多名被伤害职工的歇工工资应累计计算。

(3) 补充新职工的培训费用包括：① 技术工人的培训费用每人按2 000元计算；② 技术人员的培训费用每人按1万元计算；③ 补充其他人员的培训费用，视补充人员情况，参照①、②酌定。

(4) 补助费、抚恤费的停发日期为：

① 被伤害职工供养未成年直系亲属抚恤费累计统计到16周岁（普通中学生在校生累计到18周岁）。

② 被伤害职工供养成年直系亲属补助费、抚恤费累计统计到我国人口平均寿命。

七、经济损失的评价指标

(1) 损失率的计算

① 千人经济损失率的计算公式为：

$$R_s=\frac{E}{S}\times 1\,000 \tag{8-13}$$

式中 R_s——千人经济损失率；

E——全年内经济损失，万元；

S——企业平均职工人数，人。

② 百万元产值经济损失率的计算公式为：

$$R_v=\frac{E}{V}\times 100 \tag{8-14}$$

式中　R_v——百万元产值经济损失率；

E——全年内经济损失，万元；

V——企业总产值，万元。

伤亡事故经济损失，必须按照国家标准规定，全面、认真、准确地计算。这样才能真实地反映事故的损失价值，确定事故的严重程度，以此严肃认真地分清事故原因和责任，吸取事故教训，恰如其分地处理事故。

（2）影响经济损失的因素

《煤炭工业企业职工伤亡事故报告和统计规定》规定，事故的经济损失包括影响产量（进尺）和直接经济损失。

① 导致工作面停止生产的事故影响产量（进尺）计算公式为：影响产量（进尺）＝停工小时数×日计划÷24。

没有导致停工的不计算影响产量（进尺）。

② 直接经济损失的计算包括：破坏的工程、设备价值（应予折旧），丧葬抚恤费（一次性计算），休工期间的工资及补助费（估算）。

复习思考题

1. 什么叫事故？事故有哪些特性？
2. 什么是责任事故和非责任事故？
3. 伤亡事故如何分类？如何分级？
4. 对事故报告的时限有何规定？
5. 事故报告的内容主要包含哪些？
6. 事故调查的目的与原则是什么？
7. 事故调查组有哪些权力和职责？

第九章　矿山事故应急救援装备

为保证矿山救灾过程中救援队员的自身安全和对遇险遇难人员实施人工呼吸急救等，矿山救援队必须配备一定数量的氧气呼吸器、压缩氧自救器、自动苏生器、氧气充填泵、氧气呼吸器校验仪及救援通信器材等仪器设备。本章对矿山事故应急救援装备的类型、工作原理、工作参数等进行介绍，并阐述近几年矿山抢险与救援的新设备。

第一节　氧气呼吸器

一、PB4 型正压氧气呼吸器

（一）PB4 型正压氧气呼吸器的结构

PB4 型正压氧气呼吸器结构及工作原理如图 9-1 所示。呼吸器整个工作系统主要由低压呼吸循环再生部分、正压自动调节部分和高中压联合供氧部分组成。

低压呼吸循环再生部分工作时，佩用呼吸器人员的呼吸气流方向：呼气时，呼气口 1→呼气阀 2→二氧化碳吸收罐 3→呼吸袋 19；吸气时，呼吸袋 19→冷却器 21→吸气阀 22→吸气口 1。正压自动调节部分由呼吸袋 19、支承板 6、弹簧 7、承压板 8、排气阀 5、自动补给阀 18 组成。高中压联合供氧部分由高压氧气瓶 11、氧气瓶开关 12、压力表 13、压力表开关 14、高压手动补给按钮 10、减压阀膛室 9、中压调节阀 15、安全阀 16、定量孔 17、自动补充阀 18 组成。

（二）PB4 型正压氧气呼吸器的工作原理

当氧气瓶处于关闭状态时，整个供氧源被关断，此时弹簧的压力作用将承压板下压造成呼吸袋被压瘪，摇杆阀已被承压板下压力打开。当工作人员佩用呼吸器时，打开氧气瓶开关，呼吸袋内瞬间充氧，弹簧被压缩，在呼吸袋内形成 350 Pa 压力，使摇杆阀自动关闭。在打开氧气瓶开关的同时，定量孔以 1.4 L/min 的流量向呼吸袋供氧，当工作人员劳动强度小，耗氧量小于 1.4 L/min 时，呼吸袋承压板上移压缩弹簧。当压力达到 800 Pa 时，排气阀开始排气。当工作人员劳动强度大，耗氧量大于 1.4 L/min 时，承压板自动下降，压力降至 350 Pa 时，摇杆阀又自动供氧。因此，保证呼吸压力始终大于大气压力，这就形成了正压呼吸系统。

（三）PB4 型正压氧气呼吸器的技术参数

（1）防护时间：4 h。

（2）标准呼吸量：30 L/min，20 次/min；极重呼吸量：50 L/min，25 次/min。

（3）自动补给量：＞160 L/min；手动补给量：＞80 L/min。

（4）呼吸正压范围：0～700 Pa。

（5）自动排气压力：700～800 Pa。

（6）定量供氧量：1.4 L/min±0.1 L/min；储氧量：596 L。

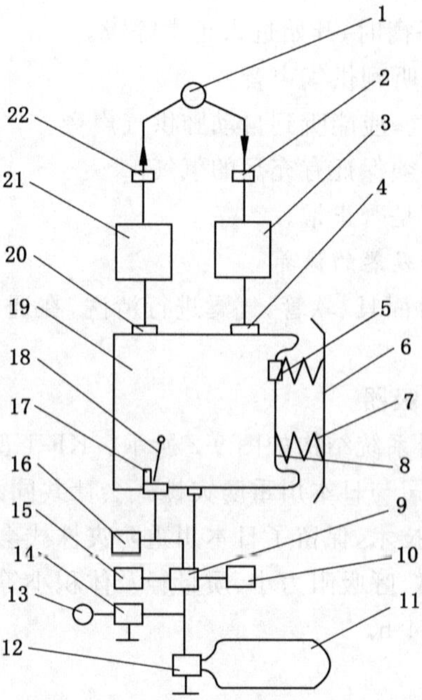

1—呼吸标准接口；2—呼气阀；3—二氧化碳吸收罐；4，20—O形接口；5—排气阀；6—支承板；7—弹簧；8—承压板；9—减压阀膛室；10—高压手动补给按钮；11—高压氧气瓶；12—氧气瓶开关；13—压力表；14—压力表开关；15—中压调节阀；16—安全阀；17—定量孔；18—自动补给阀；19—呼吸袋；21—冷却器；22—吸气阀。

图 9-1　PB4 型正压氧气呼吸器结构及工作原理

(7) 氧气瓶压力：20 MPa。

(8) 呼吸器出厂质量：17.8 kg。

(9) 二氧化碳吸收剂质量：1.76 kg。

(10) 外形尺寸：630 mm×401 mm×178 mm。

(四) PB4 型正压氧气呼吸器的检查项目

(1) 定量孔流量检查。

(2) 安全阀泄压检查。

(3) 自动肺摇杆阀门检查。

(4) 压力表检查。

(5) 呼吸阀检查。

(6) 手动补给检查。

(7) 排气阀检查。

(8) 吸收罐检查。

(9) 整机气密性检查。

(10) 排气压力检查。

(11) 自动肺开启检查。

(五) PB4 型正压氧气呼吸器的佩戴顺序

(1) 该呼吸器经过全面检查后即可进入待命使用状态。

(2) 使用时,必须首先佩戴好面具,然后打开氧气瓶开关,此时能听到自动肺开启供氧的声音,当与人体肺部压力平衡时,开始进入正常呼吸。

(3) 快速手动补给,应能听到供气声音。

(4) 快速进行一次深吸气,应能听到自动肺供气声音。

(5) 观察氧气压力表,必须保证有充足的氧气。

(6) 检查附件,包括哨子是否正常。

(六) PB4 型正压氧气呼吸器的保养

该呼吸器使用后,必须对面具、软管、气囊进行清洗,在通风的阴凉处晾干,然后再组装检查备用。

二、KF-1 型正压氧气呼吸器

KF-1 型正压氧气呼吸器系统结构如图 9-2 所示。KF-1 型正压氧气呼吸器由中国煤炭科工集团沈阳研究院有限公司与日本川重防灾株式会社共同开发。产品借鉴日本川重防灾株式会社的正压氧气呼吸器技术,保留了日本川重防灾株式会社的 OXY-GEM11 型正压氧气呼吸器供氧充足、运行可靠、呼吸阻力小、质量轻及体积小等特点,结合我国矿山救援队的实际需要将防护时间增加到 4 h。

(一) 供氧方式的确定

该呼吸器采用定量供氧、自动供氧和手动补给的联合供氧方式。减压器集成化程度高,结构及工艺先进,定量供氧量在 1.4 L/min 以上。

(二) 自动供氧需求阀的设计

自动供氧需求阀是 KF-1 型正压氧气呼吸器的核心部件。当佩戴人呼吸量达到 50 L/min 时,呼吸系统应处于正压状态。此时,需求阀应自动开启,使供氧充足。KF-1 型正压氧气呼吸器的自动供氧需求阀的结构如图 9-3 所示。该需求阀的开动弹簧对膜片的弹力,根据气囊内的最小压力足以克服吸气管路的阻力来设定。当气囊内的压力达到 95 Pa 时即可向右移动,将阀门关闭;当气囊内的压力一旦有小于 95 Pa 的趋势时,即可将阀门打开,由中压向气囊内供氧,以维持气囊内压力始终不低于 95 Pa。

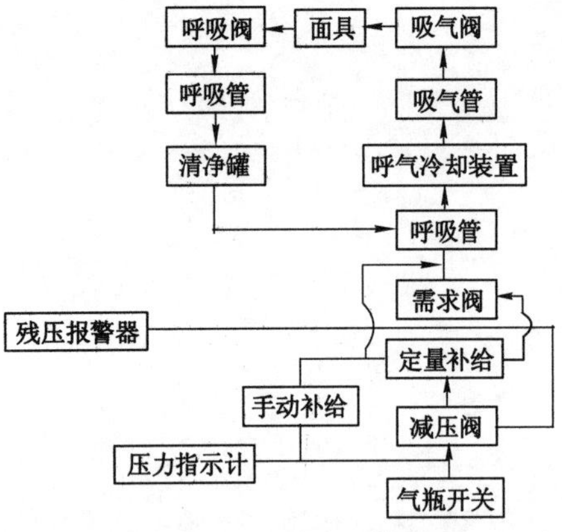

图 9-2 KF-1 型正压氧气呼吸器系统结构

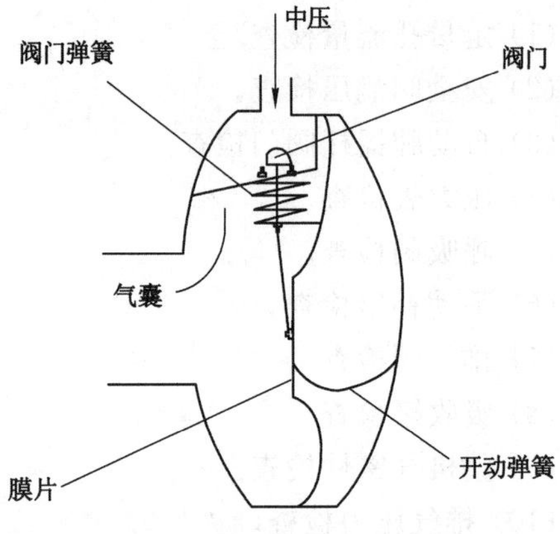

图 9-3 自动供氧需求阀的结构

（三）二氧化碳吸收剂充填量的计算

二氧化碳吸收剂采用氢氧化钙。按行业标准要求，氢氧化钙吸收率为30%以上。中等功量时，二氧化碳呼出量按1.2 L/min计算。4 h呼出量为288 L，质量为44/22.4×288=566 (g)，所需的氢氧化钙为566/30%=1 887 (g)，考虑使用时外界因素的影响，将氢氧化钙增加10%的余量，最终确定氢氧化钙总量为2.1 kg。清净罐通气两端装有金属过滤网和过滤垫，可以很好地将氢氧化钙粉末加以过滤，解决了充填氢氧化钙时需要筛选的问题。

（四）KF-1型正压氧气呼吸器的主要技术参数

(1) 防护时间：4 h。

(2) 标准呼吸量：30 L/min，20次/min。

(3) 极重呼吸量：50 L/min，25次/min。

(4) 自动补给量：>80 L/min。

(5) 手动补给量：>80 L/min。

(6) 呼吸正压范围：0～700 Pa。

(7) 自动排气压力：460 Pa。

(8) 定量供氧量：1.4 L/min±0.1 L/min。

(9) 储氧量：400 L。

(10) 氧气瓶压力：20 MPa。

(11) 呼吸器出厂质量：12 kg。

(12) 二氧化碳吸收剂质量：2.1 kg。

(13) 外形尺寸：550 mm×380 mm×160 mm。

为了确保产品的可靠性，在产品设计时对弹簧、气囊容积等都进行了精确的计算。

三、HYZ4型正压氧气呼吸器

该呼吸器主要用于矿山救援队在从事救援工作时对其呼吸器官的保护，也可供消防、石油、化工、冶金、交通等部门受过专门培训的人员在有毒有害气体环境中从事事故预防或事故处理工作时使用，还可用于短时间的应急潜水。

（一）HYZ4型正压氧气呼吸器的工作原理

该呼吸器为仓储式正压氧气呼吸器。当氧气瓶开关打开时，氧气连续流到呼吸仓内；当使用者吸气时，气体由呼吸仓流到冷却罐内，再经吸气软管、吸气阀进入面罩的口鼻罩被吸入；当使用者呼气时，呼出的气体经呼气阀、吸气软管进入清净罐，在罐内将二氧化碳吸收后，进入呼吸仓，便完成了整个呼吸循环。呼出气体进入呼吸仓后与来自氧气瓶的纯净氧气混合成丰富的含氧气体，以继续再次吸气、呼气，依次反复循环下去。该呼吸器的呼吸系统是一种密闭回路，与外界大气完全隔绝。由于加载弹簧的作用，系统内部始终保持略高于外界大气压力的正压状态，外界气体不会渗入。

（二）HYZ4型正压氧气呼吸器的技术参数

(1) 防护时间：4 h。

(2) 自动补给量：>100 L/min。

(3) 手动补给量：>80 L/min。

(4) 呼吸正压范围：0～588 Pa。

(5) 定量供氧量：1.4～1.7 L/min。

(6) 储氧量:440 L。

(7) 氧气瓶压力:20 MPa。

(8) 呼吸器出厂质量:14.5 kg。

(9) 二氧化碳吸收剂质量:2 kg。

(10) 外形尺寸:530 mm×403 mm×170 mm。

四、Biopak240 型正压氧气呼吸器

Biopak240 型正压氧气呼吸器是 20 世纪 90 年代从美国引进并推广使用的,其技术性能处于世界领先水平,主要适用于化工、船舶、石油、矿山、消防、建筑等部门,是矿山救援队员、抢险救灾人员、消防战士及有毒有害气体环境中各类工作人员配备的呼吸防护装备。其外观如图 9-4 所示。

图 9-4　Biopak240 型正压氧气呼吸器外观

(一) Biopak240 型正压氧气呼吸器的结构

Biopak240 型正压氧气呼吸器的结构如图 9-5 所示。它主要由高压系统、呼吸系统及二氧化碳过滤系统组成。高压系统由氧气瓶、氧气瓶开关、减压器及压力表等组成;呼吸系统由口具、鼻夹、呼吸软管、气囊、排气阀及呼吸阀等组成;过滤系统由清净罐及内装入定量的符合标准的二氧化碳吸收剂组成。平时,所有系统装置都装在上盖与下壳中,通过上盖上的观察窗可清楚地看到氧气瓶的压力值,下壳上有皮带环和背带,使用者可携带在矿工皮带上或跨在肩上。

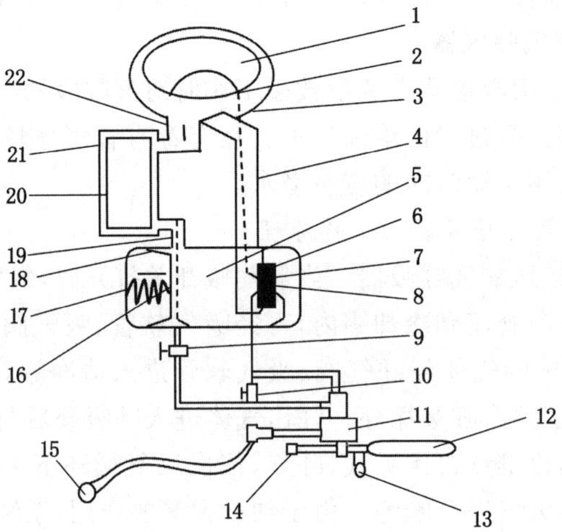

1—面罩;2—吸气阀;3—呼气阀;4—呼气软管;5—呼吸仓;6—清净罐;7—定量供氧装置;
8—自动补给阀;9—手动补给阀;10—警报器;11—减压阀;12—氧气瓶;13—氧气瓶压力表;14—氧气瓶开关;
15—肩挂压力表;16—排气阀;17—加载弹簧;18—膜片;19—连接软管;20—冷却芯;21—冷却罐;22—吸气软管。

图 9-5　Biopak240 型正压氧气呼吸器的结构

(二) Biopak240 型正压氧气呼吸器的主要技术特点

(1) 在使用过程中,整个呼吸系统的压力始终略高于外界环境气体压力,从而能有效地

防止外界有毒有害气体进入呼吸系统，保护救援队员。

(2) 先进技术及新型材料的应用，使整机质量较轻。

(3) 铜管作为高压氧气管路，安全系数高。

(4) 按人体工程学原理设计的背壳及新型舒适的快速着装方式，使整机质量合理地分布在背部，佩戴更为舒适、方便。

(5) 使用“兰冰”作为冷却剂，可重复使用，方便快捷。

(6) 氧气贮量多，持续防护时间更长。

(7) 能够在水下作业。

(8) 采用原装进口全面罩及防雾剂，呼吸舒适且保持长时间使用不起雾。

(9) 可使用国产二氧化碳吸收剂，大大降低了使用成本。

(10) 氧气瓶压力表与氧气瓶直接连接，可直接知道氧气瓶内的氧气贮量。无论氧气瓶开关开启与否，该压力表都显示氧气瓶内部压力，随时反映氧气瓶的充气情况。

(三) Biopak240 型正压氧气呼吸器的主要技术参数

(1) 有效防护时间：4 h。

(2) 定量供氧量：1.6～2.2 L/min。

(3) 自动补给供氧量：>80 L/min。

(4) 手动补给供氧量：>80 L/min。

(5) 自动补给阀开启压力：10～250 Pa。

(6) 吸气温度：<35 ℃。

(7) 报警压力：4～6 MPa。

(8) 报警声响声压级：>90 dB。

(9) 报警持续时间：30～90 s。

(10) 排气阀开启压力：400～700 Pa。

(11) 氧气瓶规格：容量≥2.4 L，压力≥20 MPa(碳纤维瓶)。

(12) 外形尺寸：630 mm×401 mm×178 mm。

(13) 质量：16.3 kg(包括面罩、冷却剂、氧气和二氧化碳吸收剂)。

(四) Biopak240 型正压氧气呼吸器的适用范围

在矿井或其他环境空气发生有毒气体污染及缺氧窒息性灾害时，现场人员及时佩戴该呼吸器，保护人员正常呼吸并逃离灾区。

Biopak240 型正压氧气呼吸器主要适用环境条件为：供矿山井下作业人员在发生火灾、瓦斯爆炸或瓦斯突出等自然灾害时，以及救援队员在呼吸器发生故障时，安全撤出灾区使用；供化工部门在对设备进行简单维护以及有毒有害气体逸出时使用；供石油开采作业时，天然气及其他毒性气体大量突出时使用；供高层建筑装备，在其发生火灾时人员佩戴逃生和等待救援时使用；供其他部门在有毒有害气体或缺氧环境中使用。

(五) Biopak240 型正压氧气呼吸器的佩戴方法

(1) 将呼吸器面朝上，顶端对着自己放置。

(2) 放长肩带，使自由端伸延 50～75 mm。

(3) 抓住呼吸器壳体中间，把肩带放在手臂外侧。

(4) 把呼吸器举过头顶，绕到后背并使肩带滑到肩膀上。

(5) 身体稍向前倾，背好呼吸器，两手向下拉住肩带调整端，身体直立，把肩带拉紧。

(6) 扣住扣环，并把腰带在臀部调整紧。

(7) 松开肩带，让质量落到臀部，而不是肩部。

(8) 连接胸带，但不要拉得太紧。

(9) 佩戴好面罩后将呼吸软管接上。

(10) 面罩佩戴连接好后，逆时针方向迅速打开氧气瓶开关，回旋 1/4 圈。当打开氧气瓶时，若听到警报器的瞬间鸣叫声，则说明开关已经打开，呼吸器进入工作状态。

五、负压氧气呼吸器

我国矿山曾长期使用 AHG-4、AHY-6 型负压氧气呼吸器。由于负压氧气呼吸器在使用过程中整个系统内的压力是正负交替的，呼气时系统内的压力高于外界的大气压，而吸气时系统内的压力又会低于外界的大气压，一旦口鼻具松动或脱落，容易造成人员受有害气体伤害，安全性较低。2015 年 7 月 10 日，负压氧气呼吸器被原国家安全生产监督管理总局列入《淘汰落后安全技术装备目录(2015 年第一批)》(安监总科技〔2015〕75 号)，明令禁止使用。

第二节　氧气呼吸器校验仪及氧气充填泵

一、AJH-3 型氧气呼吸器校验仪

(一) AJH-3 型氧气呼吸器检验仪的构造

AJH-3 型氧气呼吸器校验仪由上部测量单元和下部供气单元组成，如图 9-6 所示。

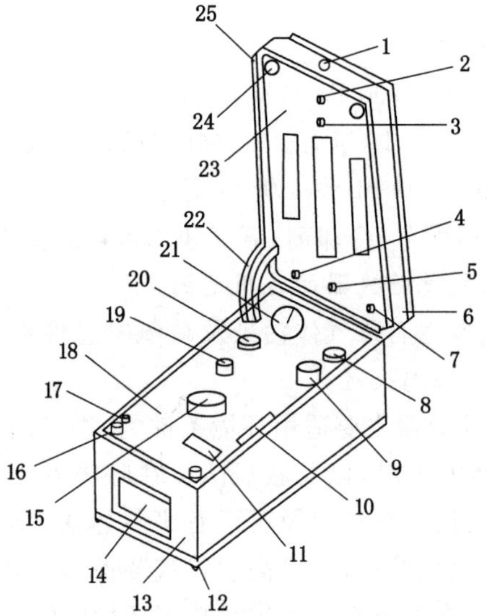

1—扣锁按钮；2—气压抵抗器接头；3—水柱压力计接头；4—大流量计接头；5—水柱压力计调零旋钮；6—上箱盖；7—小流量计接头；8—减压器调节旋钮；9—外接氧气瓶接头；10—手摇泵摇把；11—铭牌；12—垫脚；13—下箱体；14—提手；15—换向阀旋钮；16—弹力垫；17—手摇供氧接头；18—下护板；19—定量供气接头；20—流量阀调节旋钮；21—氧气压力表；22—支架；23—上护板；24—护板螺钉；25—垫圈。

图 9-6　AJH-3 型氧气呼吸器校验仪外形及构造

(1) 测量单元

在测量单元装有下列仪器：

① 2 L/min 的玻璃管转子流量计。

② 100 L/min 的玻璃管转子流量计。

③ －980～1 176 Pa 的液体压力计。

上述仪器分别用螺钉、支柱、卡环等固定在刻有长方形观察孔的上护板上，组成一个测量系统。这个系统再由位于保持板四角的螺钉将其仪器外壳的上箱盖连接在一起，组成了仪器的上部。

(2) 供气单元

在供气单元装有下列装置：

① 手摇供气系统

该系统由手摇泵、单向阀、换向阀和手摇供氧接头通过气管连接构成。这个系统由仪器外壳的底板及其下面的螺钉将其固定。为了操作方便，换向阀的旋钮、手摇泵的摇把及手摇供气接头露在仪器的下护板外面。

② 定量供气系统

该系统由外接氧气瓶接头、减压器、压力表、流量阀、定量供气接头，按照各部工作压力的大小，分别用不同的气管连接组成，由螺钉安装在仪器的下护板上。整个下护板由四角的螺钉及连接支柱固定在仪器外壳的底板上。仪器各接头均由带垫圈的管口帽加以保护，在接头附近，设有表示该接头名称的标示牌。仪器各调节旋钮也有表示各自名称的标示牌，牌上有箭头或符号指示调节方向。

仪器的上下部由合页连接，使用时按住扣锁按钮向上抬起仪器上部，支架即可使仪器的上部与下部水平面垂直。使用后合盖时，需要预先将支架向上向前抬起，以避开支架上的防止倒转结构。仪器在使用时，下部应水平放置。

(二) AJH-3 型氧气呼吸器校验仪的主要技术参数

(1) 压力检测参数：测量范围为－980～1 176 Pa，精度为 2.5 级。

(2) 流量检测参数：测量范围，大流量计为 100 L/min，小流量计为 2 L/min；精度为 2.5 级；测量比为 1∶10。

(3) 手摇泵供气流量：12 L/min(以 40 次/min 往复计)。

(4) 定量供气流量：0～60 L/min。

(5) 质量：8 kg(不包括附件及备件)。

(6) 外形尺寸：360 mm×210 mm×190 mm。

(三) AJH-3 型氧气呼吸器校验仪的使用方法

(1) 氧气呼吸器的检查方法

氧气呼吸器在整机状态下的 5 个主要性能指标，是矿山救援队指战员在日常战备维护和作战间隙中必须检查的项目。

① 在正压情况下氧气呼吸器的气密性检查。检查时，在氧气呼吸器的自动排气阀上先安装一个垫环，使自动排气阀在气囊内压力增高时不致开启；然后用口具接头 3 和两条带螺纹接头的橡皮单管 2、4 把氧气呼吸器的口具与校验仪的手摇供氧接头 1 和水柱压力计接头 5 连接好，并将气压抵抗器接头 6 打开，如图 9-7 所示；把换向阀旋钮 8 转到“＋”后，摇动手

摇泵将空气压入呼吸器系统内，到水柱压力计内水柱上升到 980 Pa 为止；同时，将换向阀旋钮 8 转到“0”，水柱平衡时即观察其下降速度。氧气呼吸器在 1 000 Pa 的压力下，保持 1 min，压力下降不得超过 30 Pa。向呼吸器系统输气时，整理气囊，使气体能顺利充满，以保证测量的准确性。

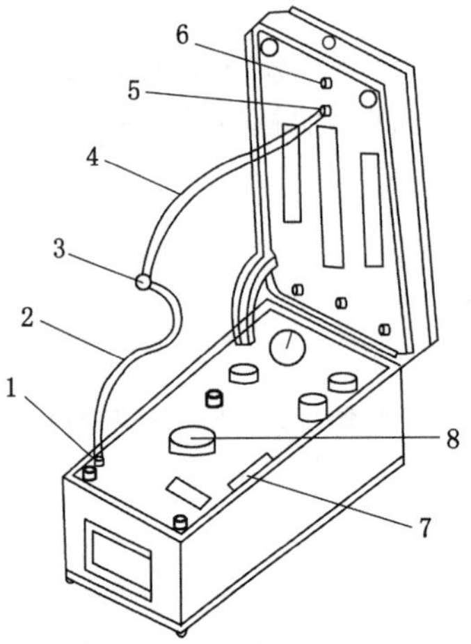

1—手摇供氧接头；2，4—单管；3—口具接头；5—水柱压力计接头；
6—气压抵抗器接头；7—手摇泵摇把；8—换向阀旋钮。

图 9-7　氧气呼吸器整机性能检查示意

② 在负压情况下氧气呼吸器的气密性检查。连接方法与正压情况下完全相同，如图 9-7 所示。将换向阀旋钮 8 转到“－”后，摇动手摇泵，把呼吸器系统内的空气抽出，直至水柱压力计中的水柱降到－784 Pa 为止，并将换向阀旋钮 8 转到“0”。观察水柱上升速度，每分钟不超过 29 Pa 为合格。

③ 自动排气阀的启闭动作压力检查。连接方法同上，如图 9-7 所示。把安装在自动排气阀上的垫环去掉，将换向阀旋钮 8 转到“＋”，用手摇泵向呼吸器系统输气，当气囊充满时将换向阀旋钮转到“0”，之后打开被检查呼吸器的氧气瓶开关，根据水柱液面的高度，确定自动排气阀的开启动作压力。当呼吸器在水平位置时，自动排气阀开启动作压力应在 196～294 Pa，否则需要调整自动排气阀。

④ 自动补给阀的启闭动作压力检查。连接方法同上，如图 9-7 所示。将换向阀旋钮 8 转到“－”后，打开被检查呼吸器的氧气瓶开关，一边利用手摇泵从呼吸器中向外抽气，一边观察水柱压力计的液面高度。当被检查的呼吸器在水平位置时，自动补给阀的开启动作压力应为－245～－147 Pa。此时，补给的氧气不断输入，手摇泵继续抽气，水柱液面高度应无显著变化。若自动补给阀开启时的负压不在上述范围内，需要调整自动补给阀。

⑤ 呼吸器定量供氧流量检查。呼吸器定量供氧流量检查，即测定通过被检呼吸器的供氧装置的节流孔所排出的氧气流量是否正常。连接方法如图 9-8 所示。拆下被检呼吸器的气囊，用 M20 接头 1、单管 2 和 M10 接头 3 将被检呼吸器的供气装置与校验仪的小流量计接头 4 连接。检查时，打开被检呼吸器的氧气瓶开关，根据小流量计浮子上升到平衡位置时的指示值，读出被检呼吸器定量供氧流量值。在中等劳动强度条件下使用氧气呼吸器时，一

般应根据佩戴者呼吸量将其氧气呼吸器的定量供氧流量调整到 1.1～1.3 L/min。

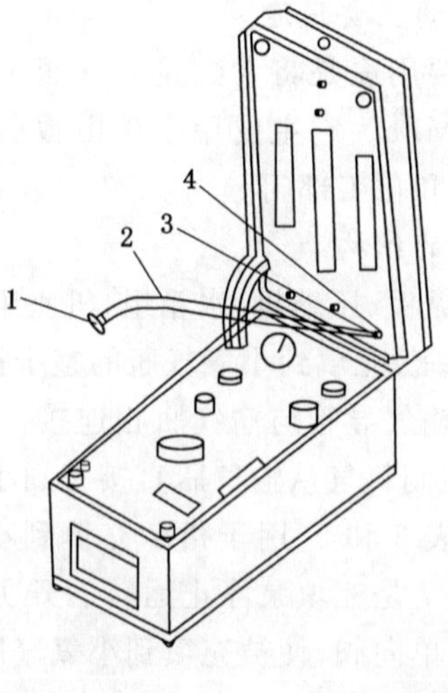

1—M20 接头；2—单管；3—M10 接头；4—小流量计接头。

图 9-8　氧气呼吸器定量供氧流量检查示意

(2) 氧气呼吸器主要部件的检查

在定期检修氧气呼吸器时，需要对其主要部件进行检查，检查项目如下：

① 呼吸器自动补给氧气流量的检查。

② 呼气阀在负压情况下的气密程度检查。

③ 吸气阀在正压情况下的气密程度检查。

④ 清净罐的气密程度检查。

⑤ 清净罐装药后的阻力检查。

(四) AJH-3 型氧气呼吸器校验仪的保管与维护

(1) 仪器应放在干燥通风的室内，存放的环境中不应有能引起仪器腐蚀的杂质。

(2) 仪器使用完毕后，应用附属管口帽将各接头密封好，用干布擦净表面，扣上机锁，并将全部校验工具、接头等整理好，放入工具袋。

(3) 水柱压力计注水时，应先将零位调节旋钮全部退出，以便使调零胶球中的气泡完全排出，然后用调零旋钮将液面大致调到零位。

(4) 使用水柱压力计时，应调水柱到零位。

(5) 仪器使用前，需检查其气密性。方法是：用 M10 接头和单管把仪器的手摇供氧接头和水柱压力计接头连接，然后用手摇泵输气加压，直到水柱压力计指示为 1 176 Pa 时，将换向阀旋钮转到“0”位；1 min 内水柱下降不超过 29 Pa 为合格。

(6) 使用仪器时，应无油脂操作，手、工具等应先用肥皂洗净。

(7) 水柱压力计和流量计的玻璃管，若有污迹应及时拆洗。

(8) 手摇泵的密封毡圈和换向阀的密封环等，不气密时应予更换。

(9) 流量阀下的过滤镍网及螺旋导管两端的过滤镍网，应定期拆洗或更换，以免异物堵塞。

二、AE102 型氧气充填泵

(一) AE102 型氧气充填泵的主要用途

AE102 型氧气充填泵的主要用途是将大贮量氧气瓶中的氧气抽出来充填到小氧气瓶内,使后者压力提高到 20～30 MPa。它主要用于矿山救援队充填氧气或其他非腐蚀性气体,也可应用在消防、航空、医疗和化工部门。

(二) AE102 型氧气充填泵的结构

AE102 型氧气充填泵由操纵板、压缩机、水箱组、机座组成。其中,操纵板(见图 9-9)上面固定了从大贮量氧气瓶(输气瓶)充填到小氧气瓶的整个操作系统的开关、管路、指示仪表和接头。输气开关 15、17,通过输气导管与输气瓶相连接。压力表 1、4,用来指示输气瓶内的氧气压力。集合开关 16,是控制氧气从输气瓶直接充到小氧气瓶用的。压力表 2,用来指示一级汽缸的排气压力。压力表 3 和 5,用于指示充填到小氧气瓶内的氧气压力。按钮 6 是充填泵启动运转的开关,按钮 7 是充填泵停止运转的开关。气水分离器的作用是排除冷凝水,在气水分离器上安置一个单向阀,使被充填到小氧气瓶内的氧气不倒流;另外,当小氧气瓶内的压力为 31～32 MPa 时,气水分离器上的安全阀自动开启,向外排气泄压,如系统中的压力继续上升到 33 MPa 时,可通过电接点压力表 5 的作用,自动切断电源而停止工作,起双重安全保护作用。放气开关 10、12,用于排除小氧气瓶开关 9、13 中的残余气体。压缩机由曲轴、连杆、十字头构成(见图 9-10)。曲轴与两个曲拐互成 180°,曲轴采用全封闭式的飞溅油润滑,在曲轴两端放置耐油橡胶密封环,防止机油从机体内部漏出。在十字头上部设置的波纹密封罩 11,可防止与高压氧气接触的零件受机体内油质玷污,同时可避免水-甘油润滑液渗入机体内而使机油乳化。此外,在曲轴箱上设置一个四孔挡板的注油螺钉及油塞,用于清洗和更换小水箱内的水-甘油润滑液。在水环上放置一个耐油橡胶密封环,用以防止水-甘油润滑液漏出。机座的右侧,内装有电气控制线路和电动机等,它是氧气充填泵的基础,电气线路如图 9-11 所示。其中,K_1 为用户外接电源的闸刀开关。在操作前,将机座右侧电源开关打开,电源指示灯显示,按下启动按钮 6(见图 9-9)时,泵就启动运转;当泵停止使用时,要切断电源。

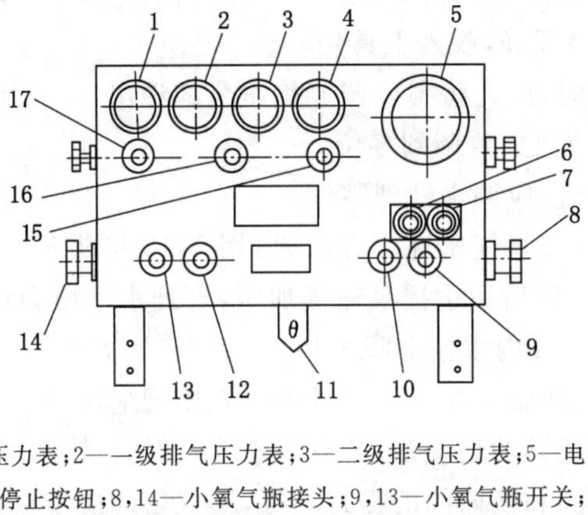

1,4—输气压力表;2——级排气压力表;3—二级排气压力表;5—电接点压力表;
6—启动按钮;7—停止按钮;8,14—小氧气瓶接头;9,13—小氧气瓶开关;10,12—放气开关;
11—气水分离器;15,17—输气开关;16—集合开关。

图 9-9　AE102 型氧气充填泵操纵板

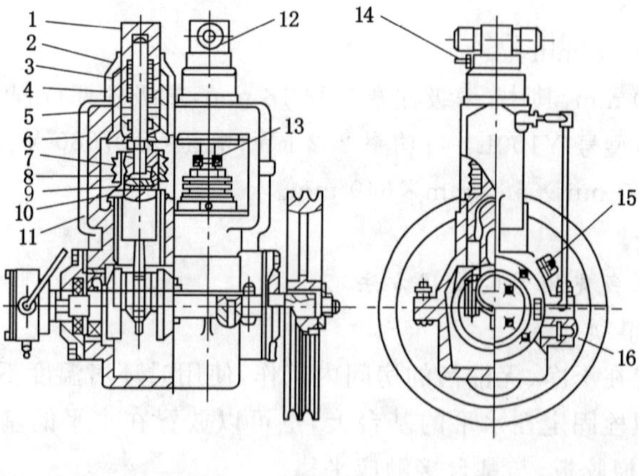

1—一级汽缸；2—导管套；3—水冷套；4—密封环；5—水泵；6—垫圈；
7—上凹球套；8—上凸球套；9—下凹球垫；10—下凸球垫；11—密封罩；
12—二级汽缸；13—防水套；14—出水接头；15—注油螺钉；16—油塞。

图 9-10　AE102 型氧气充填泵结构

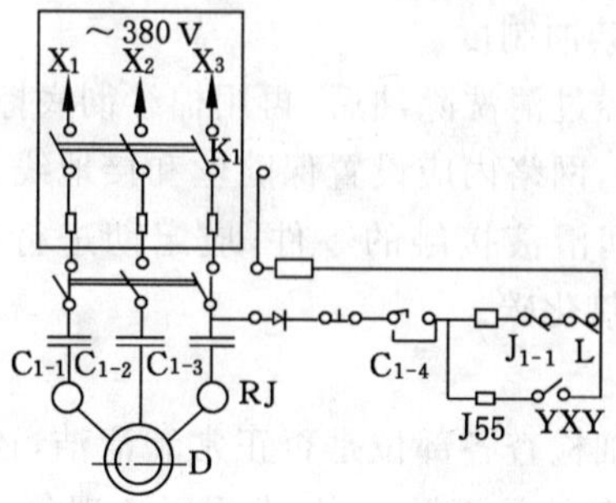

图 9-11　电气线路图

（三）AE102 型氧气充填泵的工作原理

在一、二级汽缸的两端，均装有吸气阀，作用是控制气流的方向，而吸、排气阀的质量对充气速度有明显的影响。当一级柱塞向下运动时，一级汽缸内的气体膨胀、压力降低，当一级汽缸内的压力低于输气瓶内的气体压力时，一级吸气阀自动开启，气体由输气瓶流入一级汽缸内。当一级柱塞向上运动时，汽缸内的气体被压缩、压力升高，当压力大于二级汽缸内的气体压力时（由于两曲拐互成 180°，此时二级柱塞向下运动），一级汽缸和二级汽缸的排气阀均打开，一级汽缸内气体便流入二级汽缸内；当二级汽缸内的柱塞向上运动时，二级汽缸内的气体被压缩、压力升高，当压力大于小氧气瓶内的气体压力时，二级排气阀打开，二级汽缸内气体便通过气水分离器上的单向阀流入小氧气瓶内，即完成一次充气。以后，柱塞每往复运动一次，即充气一次。

（四）AE102 型氧气充填泵的技术参数

（1）最大排气压力：20 MPa。

（2）吸入条件下的排气量：3 L/min。

（3）级数：2。

(4) 最大压缩比:8。

(5) 曲轴转速:440 r/min。

(6) 柱塞行程:30 mm,其中,一级柱塞行程 18 mm,二级柱塞行程 12 mm。

(7) 电动机参数:型号 Y100L1-4;功率 2.2 kW;电压:220/380 V。

(8) 外形尺寸:360 mm×565 mm×640 mm。

(9) 质量:116 kg。

(五) AE102 型氧气充填泵的使用方法

(1) 使用前注意事项

① 充填泵应安置在干净、无油污的房间内工作,使用时环境温度不低于 0 ℃。

② 充填泵可用螺栓固定在水平的基台上,也可以放置在水平的基台上;充填泵与基台之间应放置减振的厚橡胶板,与基台接触应平稳。

③ 严禁浸油物体与氧气和水-甘油润滑液相接触的零件接触。

④ 首次使用前,应将机油注入机体内,每次更换机油后必须除去机体外部的油渍,并擦洗干净,绝不允许机油从上下机体的接合处、密封环处及密封罩处往外渗漏。

⑤ 使用地点严禁吸烟,工作人员必须穿上没有油污的衣服,工作前,必须用肥皂仔细地把手洗净;应建立相应的禁烟、禁油制度。

⑥ 所有使用的工具,必须经过清洗除油后,再用棉纱彻底擦干净。

⑦ 电动机的接线必须良好,网络内应设置保险丝和接地线。

⑧ 凡是与氧气及水-甘油润滑液接触的零件,应定期进行清洗,充气前用压缩氧气吹净。清洗材料有乙醚、酒精、四氯化碳。

(2) 使用前的检查

① 在充填泵工作前,应仔细检查各部位是否正常和清洁,还应将管路系统中充满 30～32 MPa 的氧气,用肥皂水检查各处是否漏气,如发现不良现象必须及时排除。

② 检查曲轴旋转方向与皮带罩上箭头方向是否一致。

③ 单相阀检查,关上集合开关进行充气,观察各压力表的变化情况。如果一级排气压力与一级进气压力接近或相等,则说明一级汽缸的吸、排气阀失灵;如果二级排气压力与一级排气压力接近或相等,则说明二级汽缸的吸、排气阀失灵。

④ 安全阀可靠性检查,关上集合开关进行充气,当充气压力为 31～33 MPa 时,安全阀应自动开启排气。

(3) 充气过程

该过程即将氧气从输气瓶充填到小氧气瓶的操作过程。

① 分别接上输气瓶及小氧气瓶。

② 打开输气瓶开关、集合开关,使输气瓶内氧气自动地流入小氧气瓶,直到压力平衡时为止。

③ 关上集合开关,进行充气,直到小氧气瓶内的压力达到需要时为止。

④ 打开集合开关,关闭小氧气瓶开关,并打开放气开关,放出残余气体后,卸下小氧气瓶。

⑤ 再次进行充氧时,应按上述过程重复进行。

(4) 操作时注意事项

① 应接好冷却水箱的自来水,并确保其畅通无阻,以降低温度。

② 充气时，汽缸表面温度升高较快，可能达到 60 ℃，这是正常现象。

③ 确定电接点压力表自动停泵的控制压力应大于安全阀的排气压力，即在正常情况下，应由安全阀起作用；电接点压力表在特殊情况下起安全保护作用。

④ 每次充气前，将充填泵空转几分钟，观察各部位运行是否正常；运行正常后进行充气；如果出现噪声及其他不正常现象，应停泵修理，正常后方能使用。

⑤ 运行一定时间后，如果发现汽缸漏气，可将汽缸卸下，用专用扳手拧紧螺母，如压紧螺母已拧到头，可更换压紧螺母，并将汽缸再安装在充填泵上继续使用。

⑥ 充填泵工作完毕后，应切断电源，关闭输气瓶开关，并从气水分离器中放出冷凝水。

⑦ 必须选用额定压力为 30 MPa 的小氧气瓶进行充填。

第三节　自动苏生器

一、自动苏生器的工作原理及技术参数

自动苏生器是一种自动进行正负压人工呼吸的急救装置。它体积小、质量轻、便于携带、操作简单、性能可靠，既可用于呼吸麻痹、抑制人员的抢救，又可用于缺氧人员的单纯吸氧。对于胸外伤、一氧化碳等其他有毒气体中毒、溺水、触电等原因造成的呼吸抑制、窒息人员，通过该装置的负压引射功能可吸出伤者呼吸道内的分泌物、异物等，并通过肺动机构有规律地向伤者输氧和排出肺内气体而使伤者自动复苏。自动苏生器是智能化的急救产品，特别适用于有群体人员遇险的抢救场合。

（一）工作原理

我国矿山救援队常用的 ASZ-30 型自动苏生器工作原理如图 9-12 所示。氧气瓶 1 的高压氧气经氧气管 2、压力表 3，再经减压器 4 将压力减至 0.5 MPa，然后进入配气阀 5。在配气阀 5 上有 3 个气路开关，即 12、13、14。开关 12 通过引射器 6 和导管相连，其功能是在苏生前，借引射器造成高气流，先将伤员口中的泥、黏液、水等污物抽到吸引瓶 7 内。

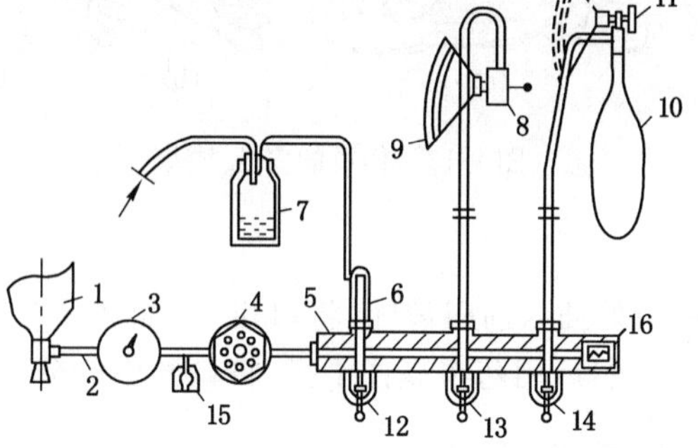

1—氧气瓶；2—氧气管；3—压力表；4—减压器；5—配气阀；6—引射器；7—吸引瓶；8—自动肺；9—面罩；10—储气囊；11—呼吸阀；12，13，14—开关；15—逆止阀；16—安全阀。

图 9-12　ASZ-30 型自动苏生器工作原理

开关 13 通过导气管和自动肺 8 连接，自动肺通过其中的引射器喷出氧气时吸入外界一定量的空气，两者混合后经过面罩 9 压入伤员肺内，引射器自动操纵阀门，将肺部气体抽出，呈现自动进行人工呼吸的动作。当伤员恢复自主呼吸能力之后，可停止自动人工呼吸而改

为自主呼吸下的供氧，即将面罩 9 通过呼吸阀 11 与储气囊 10 相接，储气囊通过导气管和开关 14 连接。储气囊 10 中的氧气经呼吸阀供给伤员呼吸用，呼出的气体由呼吸阀排出。

为了保证苏生抢救工作不中断，应在氧气瓶内氧气压力接近 3 MPa 时，改用备用氧气瓶或工业用大氧气瓶供氧，备用氧气瓶使用两端带有螺旋的导管接到逆止阀 15 上。此外，在配气阀上还备有安全阀 16，它能在减压后氧气压力超过规定数值时排出一部分氧气，以降低压力，使苏生工作可靠地进行。

（二）主要技术参数

（1）氧气瓶参数：工作压力为 20 MPa，容积为 1 L。

（2）自动肺参数：换气量调整范围为 1～25 L/min，充气压力为 1 960～2 450 Pa，抽气负压为－1 960～－1 470 Pa，耗氧量为 6 L/min 时的最小换气量为 15 L/min。

（3）自主呼吸供气量：不小于 15 L/min。

（4）吸痰最大负压值：不小于－4 410 Pa。

（5）仪器净质量：不大于 6.5 kg。

（6）外形尺寸：335 mm×245 mm×140 mm。

二、自动苏生器的使用与维护

（一）准备工作

（1）安置伤员

先将伤员安放在新鲜空气处，解开紧身上衣或脱掉湿衣，并适当用衣物覆盖身体，以保持体温。为使头尽量后仰，应当将伤员肩部垫高 100～150 mm，使其面部转向任一侧，以便使其呼吸道畅通，如图 9-13(a)所示。若是溺水者，应先将伤员俯卧，轻压背部，让水从气管和胃中倾出，如图 9-13(b)所示。

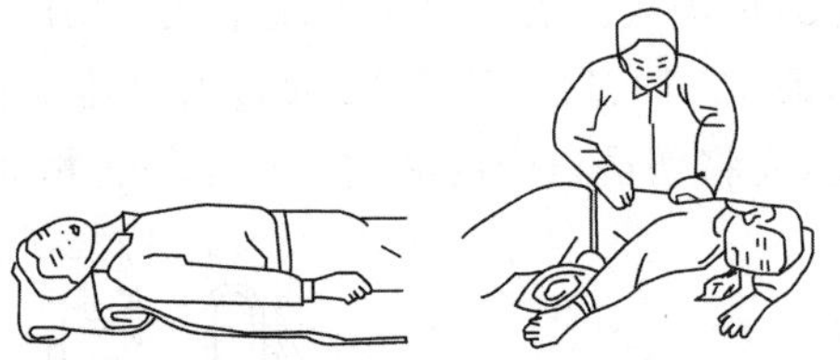

(a)　　(b)

图 9-13　伤员的安置方法

（2）清理口腔

先将开口器从伤员嘴角处插入前臼齿间，将口启开，如图 9-14(a)所示。用拉舌器将舌头拉出，如图 9-14(b)所示。然后用药布裹住手指，将口腔中的分泌物和异物清理掉。

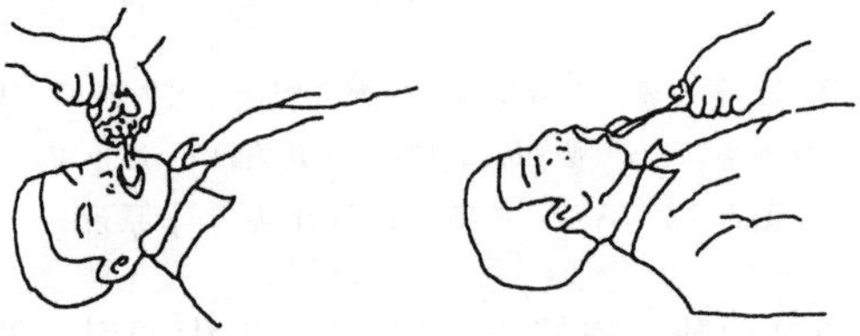

(a)　　(b)

图 9-14　伤员的口腔清理方法

(3) 清理喉腔

从鼻腔插入吸引管，打开气路，将吸引管往复移动，污物、黏液及水等异物被吸到吸引瓶，如图 9-15(a)所示。若瓶内积污过多，可拔掉连接管，半堵引射器喷孔，积污即可排掉，如图 9-15(b)所示。

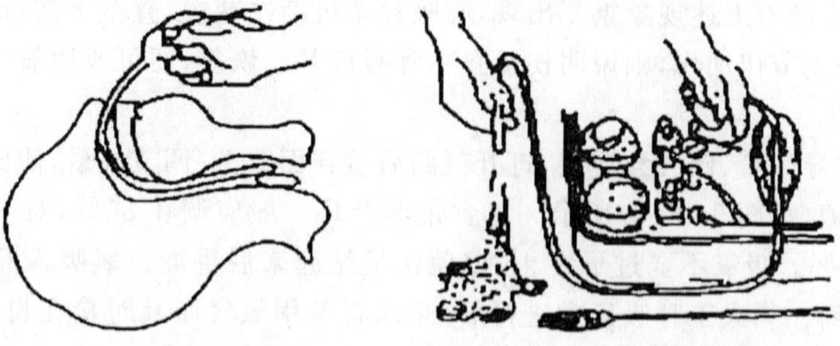

(a)　　(b)

图 9-15　伤员的喉腔清理方法

(4) 插口咽导气管

根据伤员情况，插入大小适宜的口咽导气管，以防舌头后坠使呼吸道梗阻；插好后，将舌头送回，防止伤员痉挛咬伤舌头。

上述苏生前的准备工作必须分秒必争，尽早开始人工呼吸。这个阶段的工作步骤是否全做，应根据伤员具体情况而定，以呼吸道畅通为原则。

(二) 操作方法及注意事项

(1) 人工呼吸

将自动肺与导气管、面罩连接，打开气路，听到“飒……”的气流声音，将面罩紧压在伤员面部，自动肺便自动地交替进行充气与抽气，自动肺上的杠杆即有节律地上下跳动。与此同时，用手指轻压伤员喉头中部的环状软骨，借以闭塞食道，防止气体充入胃内而导致人工呼吸失败，如图 9-16(a)所示。若人工呼吸正常，则伤员胸部有明显起伏动作。此时可停止压喉，用头带将面罩固定，如图 9-16(b)所示。自动肺不自动工作，是面罩不严密、漏气所导致的；自动肺动作过快，并发出疾速的“喋喋”声，是呼吸道不畅通引起的，此时若已插入口咽导气管，可将伤员下颌骨托起，使下牙床移至上牙床前，以利呼吸道畅通，如图 9-16(c)所示。若仍无效，应马上重新清理呼吸道，切勿耽误时间。

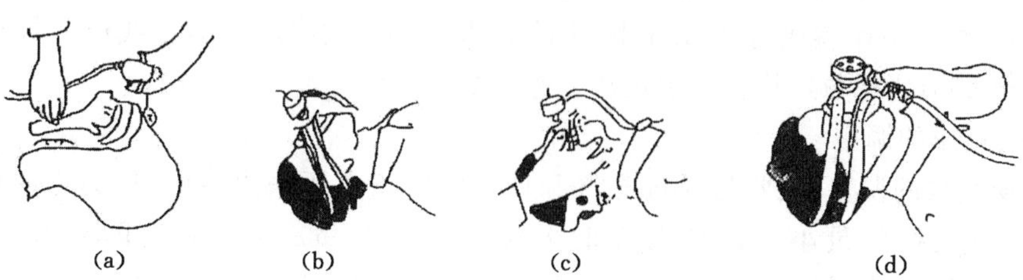

(a)　(b)　(c)　(d)

图 9-16　自动苏生器的人工呼吸方法

对腐蚀性气体中毒的伤员，不能进行人工呼吸，只准吸入氧气。对触电伤员，必须及时进行人工呼吸。在自动苏生器未到之前，应进行口对口人工呼吸。

(2) 调整呼吸频率

调整减压器和配气阀旋钮,使成年人呼吸频率达 12~16 次/min。当人工呼吸正常进行时,必须耐心等待,除确显死亡征象外,不可过早中断。实践证明,曾有苏生达数小时之后才奏效的。当苏生奏效后,伤员出现自主呼吸时,自动肺会出现瞬时紊乱动作,此时可将呼吸频率稍调慢点,随着上述现象重复出现,呼吸频率可渐次减慢,直至 8 次/min 以下。若自动肺仍频繁出现无节律动作,则说明伤员自主呼吸已基本恢复,便可改用氧吸入。

(3) 氧吸入

将呼吸阀与导气管、储气囊连接,打开气路后接在面罩上,调节气量,使储气囊不经常膨胀,也不经常空瘪,如图 9-16(d)所示。氧含量调节环一般应调在 80%,对一氧化碳中毒的伤员应调在 100%。吸氧不要过早终止,以免伤员站起来后昏厥。氧吸入时应取出口咽导气管,面罩要松缚。当人工呼吸正常进行后,必须将备用氧气瓶及时接在自动苏生器上,氧气即可直接输入。

(三) 日常检查及维护

(1) 日常检查项目

为了确保自动苏生器处于良好的工作状态,平时要有专人负责检查,检查项目有:

① 工具、附件及备用零件齐全完好。

② 氧气瓶的氧气压力不低于 18 MPa。

③ 各接头气密性好,各种旋钮调整灵活。

④ 自动肺、吸引装置以及自主呼吸阀工作正常。

⑤ 扣锁及背带安全可靠。

(2) 自动肺的检验

自动肺是自动苏生器的心脏,其主要检验项目如下。

① 换气量检验

调整减压器供气量,使校验囊动作频率为 12~16 次/min。

② 正负压校验

充气正压值应为 1 960~2 450 Pa,抽气负压值应为−1 960~−1 470 Pa。进行这项校验必须用专门装置,但也可用简易装置进行,如图 9-17 所示。该装置是一个直径为 80~90 mm 的连通器。连通管道直径不小于 60 mm,管道零线以上部分约为 360 mm。其中一筒顶端封闭,安一橡胶接头,以接自动肺;另一筒靠底端引一玻璃管,以观察水位,玻璃管中间为零线,零线上下距零线每 25 mm 标以短线,每 50 mm 标以长线,零线以上标至 300,零线以下标至 250,所标数值均代表水位压差毫米数。

(3) 正负压的调整

自动换气量的调整,主要是通过充气和抽气时的正负压来决定的,压力大时则换气量大,压力小时则换气量小。只要充气正压为 2 000~2 500 Pa、抽气负压为−2 000~−1 500 Pa,则换气量为 12~25 L/min。而正负压调整是通过自动肺的“调整弹簧”和“调整垫圈”来实现的,其中,调整垫圈如图 9-18 所示。调松调整弹簧,则正负压变小;反之,则正负压变大。增厚调整垫圈,则正压变大,负压变小;减薄调整垫圈,则效果相反。

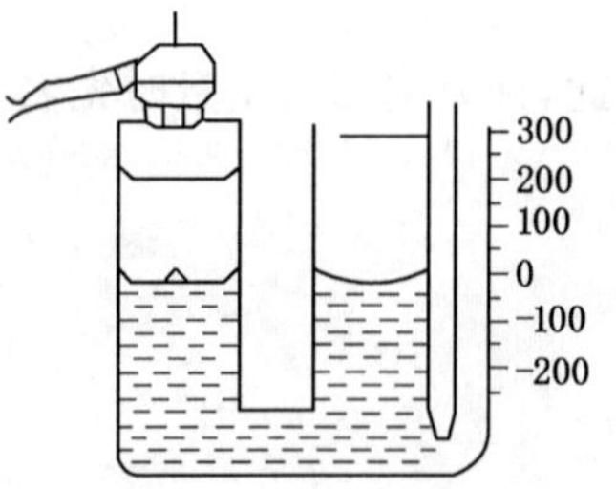

图 9-17　正负压校验简易装置

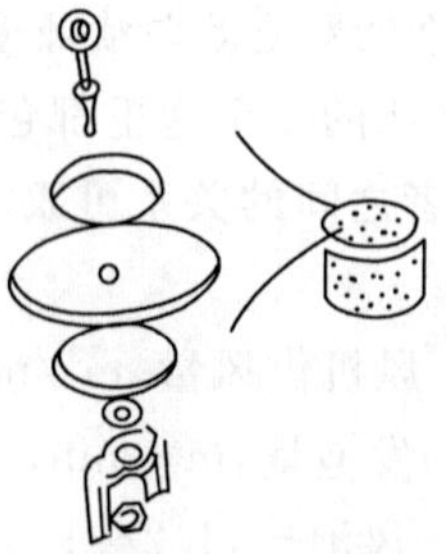

图 9-18　调整正负压的调整垫圈

第四节　矿井常用灭火设备

一、高倍数泡沫灭火机

(一) 发泡机的种类

高倍数泡沫发生装置简称发泡机。它是产生高倍数泡沫的主要设备,有许多种类。

(1) 按发泡机的驱动方式分类

按发泡机的驱动方式,可将发泡机分为以下 5 种:

① 电力驱动的发泡机。

② 水轮驱动的发泡机。

③ 内燃机驱动的发泡机。

④ 水力冲式的发泡机。

⑤ 水力引射式的发泡机。

(2) 按发泡机的特性、尺寸及发泡量分类

按发泡机的特性、尺寸及发泡量,可将发泡机分为大、中、小型三类。

① 大型发泡机

大型发泡机的体积和质量都较大,发泡量一般为 500～1 000 m^3/min,多设置在固定的地点或拖车上,属于大空间场所的专用设备,适用于快速扑灭大空间火灾。

② 中型发泡机

中型发泡机的结构简单,材质轻,便于搬用,机动性强,安装快,使用范围广,发泡量一般在 100 m^3/min 以上。目前,我国煤矿使用的多为这种类型。

③ 小型发泡机

小型发泡机具有体积小、质量轻、使用方便、机动灵活的特点,多为手持式,一般发泡量在 100 m^3/min 以下,适用于小空间场所的灭火。

(3) 按照使用条件要求分类

按照使用条件要求,可将发泡机分为防爆型与非防爆型两类。以防爆电机或水力驱动的发泡机均属于防爆型发泡机,以一般电动机或内燃机驱动的发泡机属于非防爆型发泡机。

总之,各种类型的发泡机都具有各自的技术特性与使用条件。在使用时,应根据具体条件和实际情况适当选用,以达到安全有效的灭火目的。

（二）发泡机发泡量与喷液量的计算

高倍数泡沫的每个泡里都包裹着一定量的空气，因此，计算泡沫发生量时先需要确定风机供风量，两者之间的关系可表示为：

$$Q_f/Q_p=K_0 \tag{9-1}$$

式中 Q_f——风机供风量，m^3/min；

Q_p——发泡量，m^3/min；

K_0——风泡比，1.2～1.3。

发泡机喷液量 Q_y，可表示为：

$$Q_y=Q_p q_0/r_0 \tag{9-2}$$

发泡剂耗量 Q_r 为：

$$Q_r=Q_y n_0 \tag{9-3}$$

发泡机供水量 Q_s 为：

$$Q_s=Q_y-Q_r \tag{9-4}$$

式中 q_0——泡沫含水量，kg/m^3；

r_0——泡沫液密度，接近 1 kg/L；

n_0——泡沫液浓度；

Q_y,Q_r,Q_s——发泡机喷液量、发泡剂耗量、发泡供水量，L/min。

假设风机供风量 Q_f 为 240 m^3/min，取风泡比为 1.2 时，求得发泡量：

$$Q_p=Q_f/K_0=\frac{240\ m^3/min}{1.2}=200\ L/min$$

试验证明，当发泡剂配方确定后，泡沫的含水量、发泡倍数、稳定性也就确定了。配方泡沫液浓度为 2.4%，要求含水量为 1.25 kg/m^3 时，用上述公式可求得发泡机喷液量和发泡剂耗量：

$$Q_y=200\ L/min\times 1.25=250\ L/min$$

$$Q_r=250\ L/min\times 0.024=6\ L/min$$

粉态泡沫剂在使用时需要配液，所以 Q_s 值应减去配制抽吸用泡沫液所需的水量，一般按粉与水之比为 1∶3 配制成泡沫液，则：

$$Q_s=Q_y-3Q_r=250\ L/min-3\times 6\ L/min=232\ L/min$$

二、DQ-500 型惰气发生装置

（一）DQ-500 型惰气发生装置的用途

该装置适用于煤矿井下、隧道、机库、地下商场等封闭场所，是扑灭有限空间大面积火灾、抑制瓦斯爆炸及高瓦斯矿井惰化的理想装备。

（二）DQ-500 型惰气发生装置的构造

该装置由供风装置、喷油室、风油比自控系统、燃烧室、喷水段、封闭门、烟道、供油系统、控制台及供水系统 10 部分组成，如图 9-19 所示。

（三）DQ-500 型惰气发生装置的工作原理

该装置以普通民用煤油为燃料，在自备电动风机供风的条件下，向特制的喷油室内适量喷油，通过启动点火引燃从喷油嘴喷出的均匀油雾，在带有水保护套的燃烧室内进行急剧氧化反应，燃烧除氧后在烟道内经喷水冷却降温得到符合灭火要求的惰性气体（主要成分是供

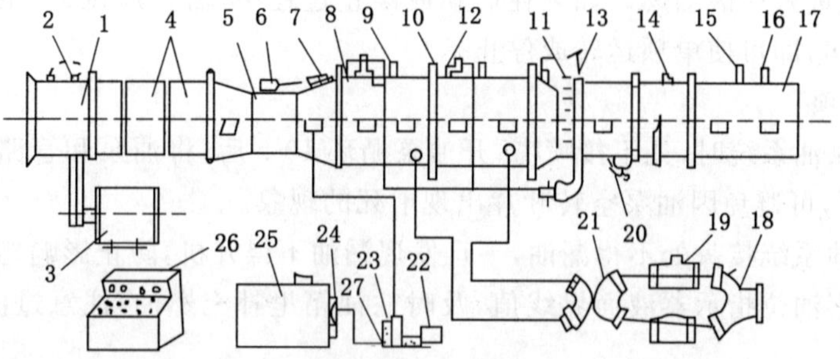

1—进风筒；2—自控传感器；3，22—电机；4—风机；5—正流段；6—点火线圈；7—点火器；8—燃烧室；9—安全阀；10—快卸环；11—喷嘴；12—压力传感器；13—水环；14—封闭门；15—温度传感器；16—取气管；17—烟道；18—分水器；19—滤水器；20—水漏；21—三通管；23—油泵；24—油门电机与开关；25—油箱；26—操作台；27—回油铜管。

图 9-19　DQ-500 型惰气发生装置安装示意

风中的 N_2 及氧化反应生成的 CO_2、微量的 CO 及剩余的少量 O_2）。

（四）DQ-500 型惰气发生装置的技术参数

（1）产生惰气量：400～500 m^3/min。

（2）耗油量：12～15 kg/min。

（3）耗水量：250～300 L/min。

（4）出气口温度：<90 ℃。

（5）整机全长：10.5 m。

（6）气体成分：O_2浓度≤3%，CO 浓度<0.4%，CO_2浓度>10%，N_2浓度>80%。

（7）质量：900 kg。

（五）DQ-500 型惰气发生装置的使用方法及注意事项

DQ-500 型惰气发生装置属非防爆型的灭火装置。因此，在井下使用时，一定要安装在进风侧，有电源、水源，巷道平直长度不小于 15 m，断面积大于 4 m^2，风量不小于 250 m^3/min，操作区的瓦斯浓度不得大于 0.5%，粉尘浓度应控制在规定的范围内。

（1）操作程序

① 在整机连接安装好后，先检查风机、水泵及油泵的转向，风油比自控系统的基础电压应符合出厂检验标准值。

② 开机时，油门角度处于最大位置，过 5 s 后，启动水泵供水。经过 70 s 水套充满水，待喷水环处有压力时，开始点火。2 s 后启动油泵供油燃烧，由于燃烧火焰及喷水的作用产生阻力，风量减少，经风油比自控系统，油门可随之关小（整个启动过程是由时间继电器控制的，按一下按钮即可完成启动全过程）。

③ 在整机启动后进入正常发气时，注意观察水压、油压和油门角度以及出气温度表的变化情况；在操作过程中，操作者注意观察油压表和油门角度指示值。从油门角度与油量及油压与油量的关系曲线得知，当油门角度为 20°～40°、油压为 2.4×10^6～3.9×10^6 Pa 时，油量近似相等。只要根据上述两表值之一，就可判断燃烧状态即风油比的变化情况。

④ 停机顺序。先停油泵、风机，延续 2 min 后，关水泵，并立即关闭烟道中的封闭门，以

防止停机后空气进入火区助燃。如果在启动或停止过程中,需要风机、水泵、油泵单项试运转,可按强制按钮,即可使单项运转或停止。

(2) 注意事项

① 在连接供油系统时,先不接喷嘴,开油泵循环 10 s 后,将油泵和管路充满油,再将出油管接到喷嘴上,可避免因油泵空转叶片出现卡死的现象。

② 所有供油系统接头处不得漏油,一旦发现漏油不得开机,防止影响燃烧和引起着火。

③ 注意观察油位指示器液面界线值,及时往油箱里补充燃油;注意过滤,确保油质,以防堵塞喷嘴。

④ 机器开动后,注意巡视,发现问题及时处理。

⑤ 不得随意扭动多圈调位器位置。

⑥ 安装点火器时,必须把引燃管安牢。

(六) DQ-500 型惰气发生装置的故障原因及排除办法

DQ-500 型惰气发生装置的故障原因及排除办法见表 9-1。

表 9-1 DQ-500 型惰气发生装置的故障原因及排除办法

症 状	原 因	排除办法
供水量不足,机体表面过热,出口温度过高	水泵反转 泵吸水口堵塞 管路破漏 喷嘴堵塞	调整转向 消除 更换 消除
供油压力变化	风油比自控系统基础电压变化 喷嘴堵塞,压力升高 油路漏油,压力降低	按使用说明书调整到规定值 消除 拧紧接头或更换新的
点不着火	电没接通或接触不良 点火电极积炭 点火线圈或导线受潮 油路中有气泡 点火油量过大将火花淹灭 回油孔垫与点火高压胶管孔垫没安装	检查接好 去除积炭 烘干或更换 油泵循环排除 减少油量 检查安装定量孔铜垫
氧含量偏高	供油量小 风油比自控系统基础电压偏低,供油量偏小	加大油量 基础电压调整到规定值

(七) DQ-500 型惰气发生装置的维护与保养

(1) 每次使用后,管路接头都要加盖封闭,以防脏物进入堵塞喷嘴。

(2) 在搬运装卸过程中,要注意保护快卸环及法兰盘,避免摔碰变形。

(3) 喷油室两端加堵盖封存,保护喷嘴和火焰稳定器。

(4) 使用后打开水套下面的放水口,将水套内的水放干以防锈蚀。

(5) 操作台和点火线圈在搬运过程中要轻放,避免碰撞和剧烈振动,并存放在干燥处。

油量与油门角度及风量的关系曲线如图 9-20 所示。

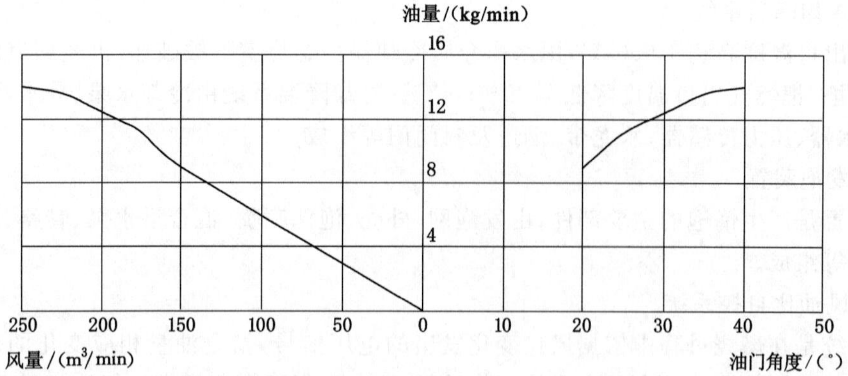

图 9-20　油量与油门角度及风量的关系曲线

三、DQP-200 型惰泡灭火装置

(一) DQP-200 型惰泡灭火装置的构造

该灭火装置采用积木式的设计结构，使之达到一机多用，从而大大提高消防设备的利用率，减少设备积压浪费。DQP-200 型惰泡灭火装置的结构示意如图 9-21 所示。

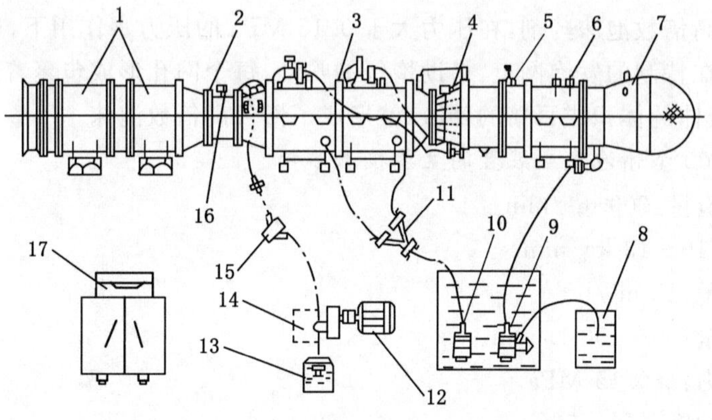

1—供风装置；2—喷油室；3—燃烧室；4—喷水装置；5—封闭门；6—取气管；
7—发泡装置；8—泡沫剂桶；9—泡沫泵；10—冷却水泵；11—分水器；12—油泵电机；
13—油桶；14—油泵；15—油门开关；16—风油比自控系统；17—操作台。

图 9-21　DQP-200 型惰泡灭火装置结构示意

(1) 供风装置

惰泡发生装置对供风的要求是很严格的，既要保证燃烧产生惰气量的要求，又要具备克服产生惰泡造成阻力，达到输送一定距离的能力。利用 12 kW 子午加速风机和 10 kW 轴流式内置通风机串联组成供风装置，大量试验数据表明，该供风装置既满足产生惰气和惰泡的风量要求，又能保证输送达到一定距离。在风机入口端设有风流整流装置，调整供风量适应完全燃烧，风量大于 300 m^3/min，风压为 3 920 Pa。

(2) 燃烧系统

该系统主要用来产生惰性气体，由喷油室、燃烧室、喷油嘴、点火线圈、启动喷嘴、油泵、油泵电机、油门开关、油滤、油路及压力表等组成。

(3) 冷却降温系统

燃气出口温度高达 1 600 ℃,用水作介质冷却保护燃烧室不被破坏,再经烟道内喷洒水幕阻截火焰,把燃气出口温度降低至 80～90 ℃。冷却降温系统由冷却水泵、分水器、环形喷水嘴、滤水器、压力传感器、水龙带、烟道及封闭门等组成。

(4) 发泡装置

该装置是产生惰泡的主要部件,由发泡网、外壳、泡沫喷嘴、混合潜水泵、管路、水柱计及泡沫剂桶等组成。

(5) 风油比自控系统

该系统是在燃烧过程中依据风量变化发出的电压信号,指令油量相应变化的自动执行机构。它通过调整油门开启角度来控制供油量的大小,保证燃烧所需油气比相对平衡,产生的惰气成分基本不变,符合灭火要求。它由风速传感器、油泵电机、油门开关、位置传感器、差动放大器及比较器等电气元件组成。

(6) 控制台

该部件是全套装置的总机关,所有的电器开关、设备仪器仪表均设置在控制台上。

(二) DQP-200 型惰泡发生装置的工作原理

首先利用燃油除氧原理,产生符合灭火要求的惰性气体,作为产生惰泡的惰气源;再利用耐高温浓烟型高倍数泡沫药剂,在压力大于 0.15 MPa 的压力水作用下,通过喷嘴将泡沫溶液均匀地喷洒在特制的发泡网上,借助惰气的吹动,每个网孔形成包裹着惰性气体的气液集合的泡体,原液体的体积成百倍的膨胀,就形成了惰气高倍数泡沫。

(三) DQP-200 型惰泡发生装置的主要技术参数

(1) 产生惰泡量:200 m^3/min。

(2) 耗油量:10～13 kg/min。

(3) 冷却水量:15 m^3/h。

(4) 发泡水量:90～150 L/min。

(5) 喷嘴压力:>0.15 MPa。

(6) 泡沫剂浓度:3%～5%。

(7) 泡沫发泡倍数:>500 倍。

(8) 泡沫稳定性(泡沫破 1/2 时间):>60 min。

(9) 输泡距离:>200 m。

(10) 惰泡里的惰气成分:O_2 浓度<3%,CO_2 浓度>10%,CO 浓度<0.5%,N_2 浓度>80%。

(四) 一机多用

该装置经重新组装后,可作为惰气发生装置、高倍数泡沫灭火机或局部通风机使用。

(1) 用作惰气发生装置

当矿井处理有瓦斯爆炸危险的火灾时,需要很快产生大量的惰性气体使火区迅速惰化,既阻止瓦斯爆炸,又将火扑灭。此时就需要组合成惰气发生装置,将图 9-21 所示惰泡灭火装置中的发泡装置 7 及泡沫泵 9 和泡沫剂桶 8 撤掉,即组成相当于 DQ-500 型惰气发生装置。其主要技术性能如下:

① 产生惰气量:500 m^3/min。

② 耗油量：10～13 kg/min。

③ 耗水量：250～300 L/min。

④ 水压：＞0.15 MPa。

⑤ 出口气温：80～90 ℃。

⑥ 气体成分：O_2浓度＜3%，CO_2浓度＞10%，CO 浓度＜0.4%，N_2浓度＞80%。

⑦ 总长度：10 m。

(2) 用作高倍数泡沫灭火机

当灭火现场只需要空气高倍数泡沫灭火时，可以将图 9-21 所示情泡发生装置中的燃烧系统去掉，把供风装置 1 的第一节风机和发泡装置 7 相互结合成一部分，泡沫泵 9 和泡沫剂桶 8 相互结合成另一部分，两部分组合成相当于 BGP200 型高倍数泡沫灭火机。其主要技术性能如下：

① 产生泡沫量：200 m^3/min。

② 耗水量：200～250 L/min。

③ 供水压力：＞0.15 MPa。

④ 泡沫剂浓度：3%～6%。

⑤ 泡沫发泡倍数：＞600 倍。

⑥ 泡沫稳定性(泡沫破 1/2 时间)：120 min。

⑦ 驱动压力：2 500 Pa。

⑧ 风量：＞240 m^3/min。

(3) 用作局部通风机

利用该灭火装置的供风装置中的一节(Ⅱ级)，功率为 12 kW 的子午加速风机，作为单独供风的局部通风机使用。

四、快速密闭

轻质膨胀型封闭材料是一种新型的聚氨酯材料，具有质量轻、气密性好、防渗水、隔潮、保温、防振等特点，适用于井下封闭窒息火区，如建造快速密闭。

(一) 手动喷涂设备

(1) 结构

手动喷涂设备具有不用电、携带方便、操作简单等优点，广泛应用于矿山救援队封闭火区、窒息区等。该设备由喷枪、计量泵、药桶、高压气瓶及减压阀 5 个部分组成。

(2) 基本原理

以聚醚树脂和多异氰酸酯为基料，辅以几种助剂和填料，分甲、乙两种组分，按一定比例混合，经高压气流强力搅拌，通过喷枪均匀地喷洒在目的物上，即可在极短时间内发生化学反应，几秒钟后即由液态变成固态发泡成型，连续喷涂即形成泡沫塑料涂层。

(3) 技术参数

① 供气压力：0.18～0.2 MPa。

② 供气量：70～100 L/min。

③ 计量泵转速：0.5～1.0 r/s。

④ 喷涂能力：1.2～2.1 kg/min。

⑤ 最大有效喷涂面积：400 mm×300 mm。

⑥ 起泡时间:2～8 s。

（二）电动喷涂设备

电动喷涂设备适用于在宽敞的场所进行大面积连续工作。

(1) 结构

电动喷涂设备由以下部分组成:

① 喷枪。

② 环形活塞泵。

③ 电机(防爆型和非防爆型)。

④ 控制盘,设有压力表及按钮(防爆设备上装有防爆开关)。

⑤ 加热器(防爆型和非防爆型)。

⑥ 药箱。

⑦ 药液过滤器(A、B组各分1个)。

⑧ 压气系统,可采用高压气瓶,也可采用小型空压机供气(防爆型和非防爆型)。

(2) 技术参数

① 喷涂量:1～2 kg/min。

② 喷涂速度:1～2 m^2/min。

③ 料桶容积:2×25 L。

④ 所需功率:电动 0.8 kW,电热 1 kW。

⑤ 供气压力:0.4～0.6 MPa。

⑥ 供气量:0.3～0.8 m^3/min。

⑦ 电源电压:380～660 V。

⑧ 质量:150 kg。

（三）喷涂工艺流程及操作方法

(1) 工艺流程

快速密闭工艺流程如图 9-22 所示。

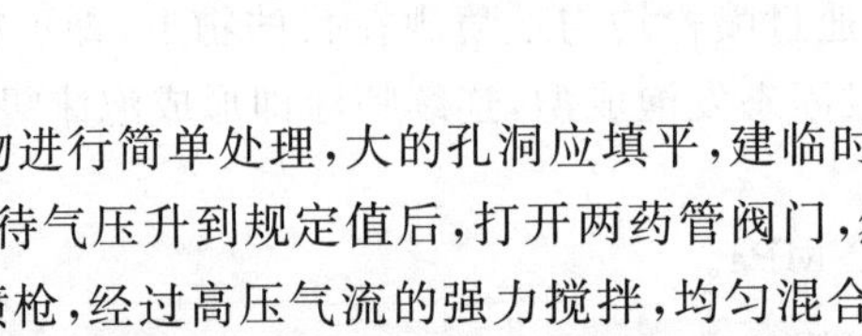

图 9-22　快速密闭工艺流程

(2) 操作方法

喷涂前,要对喷涂物进行简单处理,大的孔洞应填平,建临时密闭需要打好骨架和衬底。喷涂时,先打开供气阀,待气压升到规定值后,打开两药管阀门,然后启动喷涂机计量泵按钮将A、B两药分别送入喷枪,经过高压气流的强力搅拌,均匀混合后,由喷枪口喷射到物体的表面,立即发生化学反应,几秒内硬化成型,连续喷涂可迅速形成泡沫塑料涂层。

(3) 注意事项

① 喷涂时,持枪人不得将枪头对准其他人,以防发生意外。

② 喷涂管路系统不得漏气或漏药，以免影响配比。

③ A、B药桶要严格区分，不能混装或倒错药剂。

④ 手动设备摇泵速度要与喷枪移动速度配合，否则喷涂层厚薄不均，影响密闭质量。

⑤ 喷涂药剂时，释放出的有害气体对眼睛、呼吸气管有刺激作用，要戴口罩和眼镜。

⑥ 不要将药液弄到有伤口的地方，以免引起发炎。不小心洒到伤口上时，要用水清洗。

(4) 用后处理

喷涂完毕后，把泵关掉，但不关空气，立即拆枪，把枪的零件浸泡在丙酮或香蕉水内进行清洗，然后拆掉料管，否则会引起残余物料在枪内发泡，会增加清洗麻烦。停机时间在24 h内，对料桶剩余原液应进行封闭，以免空气进入而变质结皮。停机时间过长，应将设备加以清洗，将余料用完后，加入50％二氯甲烷和邻苯二甲酸二辛酯(DOP)混合液；A，B料桶各打循环5 min，放掉清洗液，再加入纯DOP打循环5 min，停机即可。

两只过滤网用溶剂洗净、吹干，调压阀应松开，以保持良好稳定性能。

(四) 常见故障及排除方法

(1) 两组分混合后不发泡

可能原因：配比失调太大，气温太低。

处理方法：检查计量泵；对两组分和空气进行适当加热，管路保温。

(2) 发泡过软

可能原因：A药太多，PAPI不足；气温太低；催化剂太少。

处理方法：检查设备，增加PAPI用量；药剂空气加热；适量增加催化剂。

(3) 泡沫发脆

可能原因：两组分流量配比不准，PAPI过多。

处理方法：检查设备，达到配比要求；减少PAPI用量。

(4) 泡沫脱落

可能原因：A、B组分配比不准，衬底有灰尘或大量水。

处理方法：检查设备，清洗表面。

(5) 泡孔大

可能原因：没加发泡灵；水太多；PAPI纯度低；压气量太小，物料混合不好。

处理方法：加入发泡灵；调整水用量；增加PAPI用量；增加压气量。

第五节　常用气体检测仪器

一、矿井瓦斯检测仪

矿井瓦斯检测仪种类很多，主要分为便携式和固定式两大类。按其工作原理，可分为光干涉式、热催化式、热导式、红外线式、气敏半导体式、声速差式及离子化式等类型。光学瓦斯检测仪是煤矿井下用来测定瓦斯和二氧化碳气体浓度的便携式仪器。其特点是携带方便、操作简单、安全可靠，并且有足够的精度。但由于其采用光学系统，因此构造复杂，维修不便。光学瓦斯检测仪的测定范围和精度有两种：① 0～10.0％，精度0.01％；② 0～100％，精度0.1％。

（一）AQG-1 型光学瓦斯检测仪的构造

瓦斯检测仪有很多种类，其外形和内部构造基本相同。AQG-1 型光学瓦斯检测仪的外观和内部构造如图 9-23 所示。

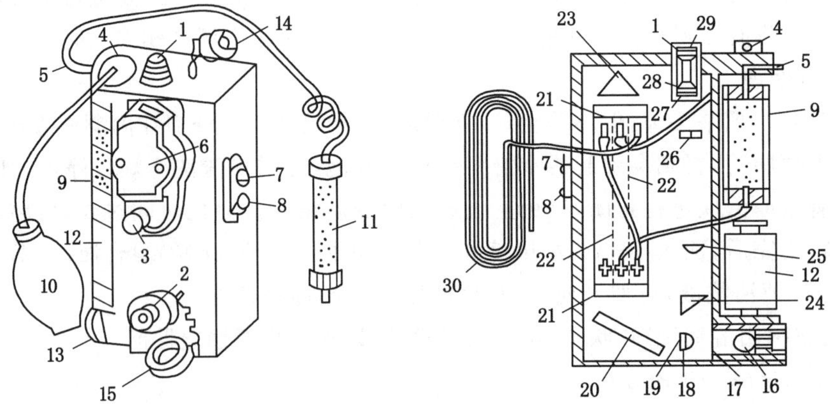

1—目镜；2—主调螺旋；3—微调螺旋；4—吸气孔；5—进气管；6—微读数观察窗；7—微读数电源按钮；8—光源按钮；9—水分吸收管；10—吸气橡皮球；11—二氧化碳吸收管；12—电池；13—光源盖；14—目镜盖；15—主调螺旋盖；16—灯泡；17—光栅；18—聚光镜；19—光屏；20—平行平面镜；21—平面玻璃；22—气室；23—反射棱镜；24—折射棱镜；25—物镜；26—测微玻璃；27—分划板；28—场镜；29—目镜保护盖；30—毛细管。

图 9-23　AQG-1 型光学瓦斯检测仪的外观和内部构造

AQG-1 型光学瓦斯检测仪由气路、光路和电路 3 个系统组成。

(1) 气路系统

气路系统由进气管、二氧化碳吸收管、水分吸收管、气室、吸气孔、吸气橡皮球及毛细管等组成。其中，主要部件的作用如下。

① 二氧化碳吸收管：装有颗粒直径为 2～5 mm 的碱石灰，当测定瓦斯浓度时，用于吸收混合气体中的二氧化碳。

② 水分吸收管：装有氯化钙或硅胶，用于吸收混合气体中的水分。

③ 气室：用于分别存储新鲜空气和含有瓦斯或瓦斯与二氧化碳的混合气体。A 为空气室，B 为瓦斯室。

④ 毛细管：毛细管的一端与大气相通，另一端与空气室相连。其作用是保持空气室内空气的温度和绝对压力与被测地点相同。

(2) 光路系统

光路系统及其组成如图 9-24 所示。

(3) 电路系统

电路系统由电池、灯泡、光源盖、微读数电源按钮及光源按钮等组成。它可实现光路系统的电能供给和电路控制功能。

（二）AQG-1 型光学瓦斯检测仪的原理

AQG-1 型光学瓦斯检测仪由光源发出的光，经聚光镜，到达平面镜的 O 点后分为两束

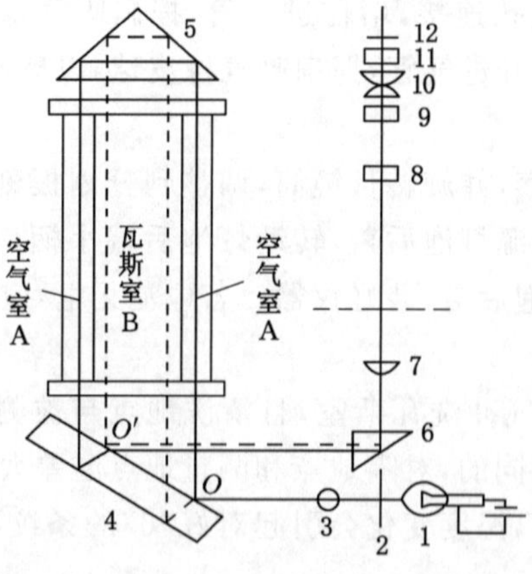

1—光源；2—光栅；3—透镜；4—平行平面镜；5—大三棱镜；6—三棱镜；
7—物镜；8—测微玻璃；9—分划板；10—场镜；11—目镜；12—目镜保护玻璃。

图 9-24　AQG-1 型光学瓦斯检测仪光路系统

光。一束光在平面镜 O 点反射穿过右空气室，经反光大三棱镜两次反射后穿过左空气室，然后回到平面镜，折射入平面镜，经其底面反射到镜面，再折射，于 O' 点穿出平面镜。另一束光被折射入平面镜，在底面反射，经镜面折射穿过瓦斯室 B，经反光大三棱镜，仍然通过瓦斯室 B 也回到平面镜的 O' 点，反射后与第一束光一同进入反射三棱镜，再经 90°反射进入望远镜。这两束光由于光程不同，在望远镜的焦面上就产生了白色光特有的干涉条纹——光谱。通过望远镜可清晰地看到由两条黑条纹和若干条彩色条纹组成的光谱。如果以空气室和瓦斯室均充入密度相同的新鲜空气时产生的干涉条纹为基准，当用含有瓦斯的空气置换瓦斯室的空气后，两气室内的气体成分和密度不同，折射率也不同，光谱发生位移。若保持气室的温度和压力相同，则光谱的位移就与瓦斯浓度成正比。因此，从望远镜系统的刻度尺上读出光谱位移，以此位移来表示瓦斯浓度。

当待测地点的气体压力和温度变化时，瓦斯室内气体的压力和温度随之变化，气体折射率也会变化，从而产生附加的干涉条纹位移。仪器空气室安设了毛细管，其作用是消除环境条件变化的干扰，使测得的瓦斯浓度不受影响。

（三）AQG-1 型光学瓦斯检测仪使用前的准备工作

使用 AQG-1 型光学瓦斯检测仪前，应先检查其是否完好。

(1) 检查药品性能

检查水分吸收管中氯化钙或硅胶和外接二氧化碳吸收管中碱石灰是否失效。药品变质或失效会降低吸收能力，影响测定准确性。如果药品失效，应更换新品。新品的颗粒直径应为 3～5 mm，过大或过小都会影响测定结果。药品颗粒过大，不能充分吸收通过气体中的水分或二氧化碳，会使测定结果偏大；颗粒过小导致粉末过多，易于堵塞气路，甚至将药品粉末吸入气室内。吸收管内的 3 块隔片就是为了气体和药品表面充分接触而设置的。

(2) 检查气路系统

首先，检查吸气橡皮球是否漏气，其方法是一手捏扁吸气橡皮球，另一手捏住吸气橡皮球的胶管，然后放松吸气橡皮球，若不胀起，则表明不漏气。其次，检查仪器是否漏气，将吸气橡皮球胶管同检测仪吸气孔连接，堵住进气管，捏扁吸气橡皮球，松手后球不胀起为好。最后，检查气路是否畅通，放开进气管，捏扁吸气橡皮球，以球鼓起自如为好。

(3) 检查光路系统

按光源按钮，由目镜观察，并旋转目镜筒，调整到分划板刻度清晰时，再看干涉条纹，如不清晰，取下光源盖，拧松光源灯泡后盖，转动灯泡后端小柄，并同时观察目镜内条纹，直至条纹清晰为止，拧紧光源灯泡后盖，装好仪器。若电池无电，应及时更换新电池。

(4) 清洗气室

使用前，必须用新鲜空气冲洗瓦斯室，且清洗地点与被测地区的温差不应超过 10 ℃。不同温度的气体折射率是不同的，对零地点和测量地点温差太大，会引起测量误差；另外，该仪器对温度的变化比较敏感，温度变化会引起对好“0”的条纹移动。因此，清洗气室一般在井底车场进行。

(5) 校正仪器

AQG-1 型光学瓦斯检测仪的校正办法是将光谱的第一条黑色条纹对在“0”上，如果第 5 条条纹在“7%”的数值上，则表明条纹宽窄适当，可以使用。否则，应调整光学系统。

(四) AQG-1 型光学瓦斯检测仪测定瓦斯浓度

用光学瓦斯检测仪测定瓦斯浓度时，应按下述步骤进行操作。

(1) 对零

在与待测地点温度、气压相近的进风巷道中，捏放吸气橡皮球 7 次，清洗瓦斯室。温度和气压相近，是为了防止温度和空气压力不同引起测定时出现零点漂移现象。然后，按下微读数电源按钮，观看微读数观测窗，旋转微调手轮，使微读数盘的零位刻度和指标线重合；再按下光源按钮，观看目镜，旋下主调螺旋盖，转动主调手轮，在干涉条纹中选定一条黑基线与分划板的零位相重合，并记住这条黑基线，盖好主调螺旋盖，再复查对零的黑基线是否移动。

(2) 测定瓦斯浓度

在测定地点将仪器进气管送到待测位置，如果测点过高或人不能进入，可接长胶皮管，系在伸缩杆上，送到待测位置。捏放吸气橡皮球 5～10 次，将待测气体吸入瓦斯室。按下光源按钮，从目镜中观察黑基线的位置，当黑基线处在两个整数之间时，转动微调手轮，使黑基线退到与小的整数重合，读出此整数，再从微读数盘上读出小数位，两者之和即测定的瓦斯浓度。例如，从整数位读出整数值为 1，微读数读出 0.36，则测定的瓦斯浓度为 1.36%。同一地点最少测 3 次，取平均值。

(五) AQG-1 型光学瓦斯检测仪测定二氧化碳浓度

用该仪器测定二氧化碳浓度时，吸收剂不用碱石灰，只用硅胶或氯化钙吸收水蒸气。其实际浓度应为所读得的数据乘以 0.955。这是由于该仪器出厂时的校正适合于瓦斯浓度的测定，因此，用于测定其他气体浓度时，仪器所示读数并不是被测气体的实际浓度，必须进行换算。在空气中测定其他气体浓度时，换算系数为：

$$换算系数=\frac{瓦斯折射率-空气折射率}{测定气体折射率-空气折射率} \tag{9-5}$$

不同气体折射率数值见表 9-2。

表 9-2　不同气体的折射率数值

气体种类	光源种类	折射率	仪器采用值
新鲜空气	白光	1.000 292 6	1.000 292
二氧化碳	白光	1.000 447～1.004 50	1.000 447
瓦斯	白光	1.000 443	1.000 440

测定二氧化碳浓度时，换算系数为：

$$换算系数=\frac{1.000\ 440-1.000\ 292}{1.000\ 447-1.000\ 292}=0.955$$

在有瓦斯的地方测定二氧化碳浓度，或者在测定瓦斯浓度的同时又测定二氧化碳浓度，就必须测定瓦斯和二氧化碳的混合浓度，再用碱石灰吸收二氧化碳来测定瓦斯浓度，把两次测得的结果相减，所得的差值乘以 0.955，即二氧化碳的实际浓度。例如，测得瓦斯和二氧化碳的混合浓度为 4%，瓦斯浓度为 3%，则二氧化碳浓度为：

$$w(CO_2)=(4\%-3\%)\times 0.955=0.955\%$$

（六）AQG-1 型光学瓦斯检测仪所测读数比实际浓度偏低的原因

(1) 气室上所装盘形管和橡皮堵头以及与空气室连接的各个接头有破裂漏气情况，使空气室的空气不新鲜，折射率增大，从而使瓦斯室与空气室的气体折射率的差减小，故读数偏低。

(2) 瓦斯的进出口和吸气橡皮球漏气，接头不紧，使吸气能力降低，并在吸气时附近的气体渗入瓦斯室，冲淡了要测定的气体，从而导致读数偏低。

(3) 在准备工作地点调整零位时，空气不新鲜，或空气室与瓦斯室之间相互串气。

另外，空气中氧气浓度的变化对瓦斯测定的结果影响很大，当氧气含量降低时，读数产生正值偏差，在严重缺氧的密闭火区检测瓦斯时，测值往往偏高。

冀中能源峰峰集团有限公司矿山救援队根据试验检测所得的规律，制成了一个查差值的标尺。标尺的使用方法是：先用氧气检定管测出待测气体中的氧气浓度，然后在氧气浓度轴上查出该数字，Y 轴上的对应点数值即差值。将仪器的读数减去差值，便是瓦斯的实际浓度。例如，用氧气检定管测得的氧气浓度为 15.4%，仪器读数为 2.10%，在氧气浓度轴上 15.4 处对应 Y 轴的差值为 0.85%。因此，瓦斯的实际浓度为 2.10%～0.85%=1.25%。

（七）光学瓦斯检测仪的使用和保养

光学瓦斯检测仪的使用和保养应注意的问题如下。

(1) 携带和使用检测仪时，应轻拿轻放，防止与其他物体碰撞，以免仪器受较大振动，损坏仪器内部的光学镜片和其他部件。

(2) 若仪器干涉条纹观察不清，往往是由于测定时空气湿度过大，水分吸收管不能将水分全部吸收，在光学玻璃上结成雾粒，或者有灰尘附在光学玻璃上。当光学系统确有问题时，若调整光源灯泡也不能解决，就要拆开进行擦拭，或调整光学系统。

(3) 如果空气中含有一氧化碳或硫化氢，则会使瓦斯测定结果偏高。为消除这一影响，应再加一个辅助吸收管，管内装颗粒活性炭可消除硫化氢，装 40%氧化铜和 60%二氧化锰混合物可消除一氧化碳。

(4) 在密闭区和火区等严重缺氧地点，气体成分变化大，仪器测定的结果将比实际浓度大得多，此时最好采取气样，用气体分析方法测定瓦斯浓度。

(5) 高原地区空气密度小、气压低，使用时应对仪器进行相应的调整，或根据测定地点的温度和大气压力计算校正系数，进行测定结果的校正。

(6) 应定期对仪器进行检查、校正，发现问题及时维修。仪器不用时，应放在干燥地点，取出电池，防止腐蚀。

(八) 光学瓦斯检测仪防止零点漂移的方法

用光学瓦斯检测仪测定瓦斯时，发生零点漂移会使测定结果不准确。其主要原因和解决办法如下。

(1) 仪器空气室内空气不新鲜。解决办法是用新鲜空气清洗空气室，不得连班使用同一台光学瓦斯检测仪，否则毛细管里的空气不新鲜，起不到毛细管的作用。

(2) 对零地点与测定地点的温度和气压不同。解决办法是尽量在靠近测定地点、标高相差不大、温度相近的进风巷道内对零。

(3) 瓦斯室气路不畅通。解决办法是经常检查气路，如发现堵塞及时修理。

(九) 光学瓦斯检测仪的校正系数

当温度和气压变化较大时，应校正已测得的瓦斯或二氧化碳浓度。

光学瓦斯检测仪是在温度为 20 ℃、1 个标准大气压力条件下标定分划板刻度的。当被测地点空气温度和大气压力与标定刻度时的温度和大气压力相差较大时(温度超过 20 ℃±2 ℃，大气压力超过 101 325±100 Pa)，应该进行校正。校正的方法是将已测得的瓦斯或二氧化碳浓度乘以校正乘数 K。

校正系数 K 为：

$$K=345.8T/p \tag{9-6}$$

式中 T——测定地点的绝对温度，K；

p——测定地点的大气压力，Pa。

例如，测定地点的温度为 27 ℃、大气压力为 86 645 Pa，测得瓦斯浓度读数为 2.0%，按照公式计算得 $K=1.2$，校正后瓦斯浓度为 2.4%。

二、多功能气体测定仪

(一) JCB-C68A 型多功能甲烷检测报警仪

JCB-C68A 型多功能甲烷检测报警仪外观示意如图 9-25 所示。

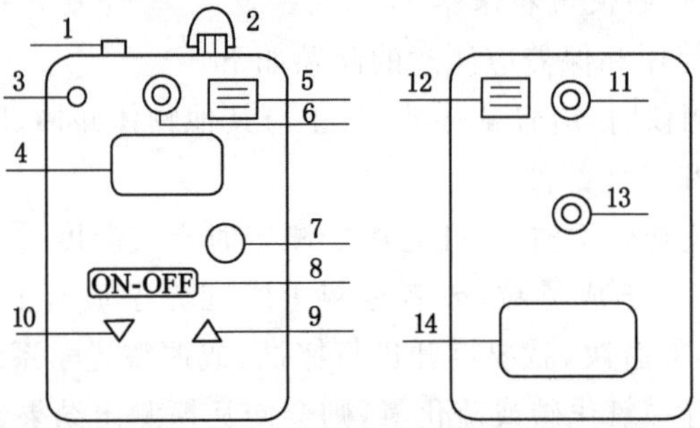

1—温度传感器；2—提环(调校气孔)；3—声报警孔；4—显示窗；5—进气孔；6—光报警面；7—菜单键；8—开关键；9—调校键；10—位移键；11—紧定螺钉；12—出气孔；13—闭锁螺钉；14—铭牌。

图 9-25 JCB-C68A 型多功能甲烷检测报警仪外观示意

（1）主要功能

① 集甲烷检测、温度测量、时钟显示、性能检测于一体。其测量范围：甲烷为0～4%，温度为−10～45 ℃。

② 甲烷检测采用内外两段无极补偿放大器，分段校准，提高了测量精度。

③ 温度测量采用数字温度传感器，不需要标定，直接输出数字量，响应快、精度高。

④ 全自动智能识别、控制充放电，电池充满电后，自动切换到小电流充电，欠压自动关机，无过充、过放电现象。

⑤ 可靠的数据保护系统，任何状态下不丢失数据，并能使单片机可靠自动复位。

（2）调校

① 电压校准

该仪器初次使用时，先校准电压。

低压端校准：把机芯接入稳压电源（电压调至3.1 V±0.02 V），显示窗4显示UX.XX状态，同时按下调校键9和位移键10，3 s后，某位数字显示闪动，同时松开键10和9；然后分别点按键10和9，将电压调整至3.1 V；再点按菜单键7，低端电压校准完成。

高压端校准：将稳压电源电压调至4.2 V±0.05 V，其他步骤同上。

② 调零

在开机状态下，仪器显示窗4显示HX.XX状态时，同时按下位移键10和调校键9，3 s后，显示H0.00闪动，再同时松开键10和9，20 s后，点按菜单键7，稳定显示H0.00，调零结束。

③ 甲烷调校

甲烷调校时，必须先校准一段，再校准二段。

一段调校：调零后，仪器显示窗4显示H0.00，先按位移键10，再按菜单键7；3 s后，显示H0.00闪动，同时松开键10和7，通入标准气样（含1%～1.5%甲烷），15 s后，待显示值稳定，点按位移键10，某位数字显示闪动，去掉气样；点按位移键10和调校键9，将显示值调整至标准气样值，再点按菜单键7，HX.XX显示稳定，一段调校完成。

二段调校：一段调校完成后，在仪器显示窗显示H0.00状态下，先按下调校键9，再按菜单键7，3 s后，显示H0.XX闪动，再同时松开键7和9，通入标准气样（含2.4%～3.1%甲烷），其他步骤同上。

两段调校完成后，按开关键8关机，甲烷调校结束。再次点按开关键开机，仪器即进入正常工作状态。

④ 时间校准

在开机状态下，点按菜单键7，在仪器显示窗显示XX.XX状态下，同时按下位移键10和调校键9，3 s后，某位数字显示闪动，同时松开键10和9；然后分别点按键10和9，将时间调整至标准时间；再点按菜单键7，XX.XX显示稳定，时间校准完成。

（3）充电

① 检查充电机所有充电槽内应清洁无污，触头灵活可靠，接触良好。合上充电机电源开关，电源指示灯亮。

② 将待充电的仪器直接插入槽内。

③ 充电12 h或电池电压充至标定值时，充电指示灯自动熄灭，表示大电流充电结束，

自动进入小电流充电状态。充满电的仪器可放入充电槽内待用。

④ 在充电的仪器充电 2 h 自动调零后，即能开机工作；充满电的仪器开机工作 2 h 后，才能再充电。

⑤ 仪器工作 2 h 以上，均可随时充电，并能自动识别。充电时间为 4～12 h，即使充电电源停电，也能自动减去停电时间，累计充电时间。

（4）注意事项

① 温度测量不需要标校。

② 开关机时，必须在 2 s 内连续点按两下开关键 8。

③ 点按菜单键 7，自动依次显示 CXX. X→XX. XX→UX. XX→HX. XX，最后稳定在 HX. XX 状态；也可手动依次点按键 7，显示不同检测状态。

④ 光报警时限 2 min，自动停止，仅显示数值。

⑤ 充电 2 h，充电指示灯熄 2 min，表示进入自动调整状态。2 min 后，充电指示灯亮，表示重新进入脉冲充电状态。

⑥ 检测甲烷浓度超过 1%时，自动声光报警，同时显示 3 s 的实时时刻。

⑦ 调校前松开后盖的闭锁螺钉 13，调试完毕后，再紧定闭锁螺钉。

⑧ 符号表示意义：

HX. XX/表示甲烷状态；

CXX. X/表示温度状态；

XX. XX/表示时钟状态；

UX. XX/表示电压状态；

———/表示欠压状态；

ON/OFF/表示开关状态。

（二）AY-1B 型氧气检测仪

井下检测氧气的便携式仪器种类很多，主要有 AY-1B 型、JJY-1 型（可测 O_2、CH_4 两种气体）氧气检测仪等。其中，AY-1B 型氧气检测仪使用广泛，用来检测采掘工作面、采空区、瓦斯抽采管路以及瓦斯、煤尘爆炸或火灾等事故灾区中的氧气浓度。仪器为本质安全型的，具有功率小、结构简单、测量线形好等特点。

AY-1B 型氧气检测仪采用的是电化学"隔膜式伽伐尼电池"原理。氧气传感件（隔膜式伽伐尼电池）分别由铂、铅两种不同金属作阴极和阳极，碱性溶液作电解液，通过聚四氯乙烯薄膜将其封闭构成。当氧气透过隔膜在电极上发生电化学反应时，在两个电极间将形成同氧气浓度成比例的电流，通过测定电极间的电流即可实现对氧气浓度的测定。图 9-26 所示为 AY-1B 型氧气检测仪的外部结构。

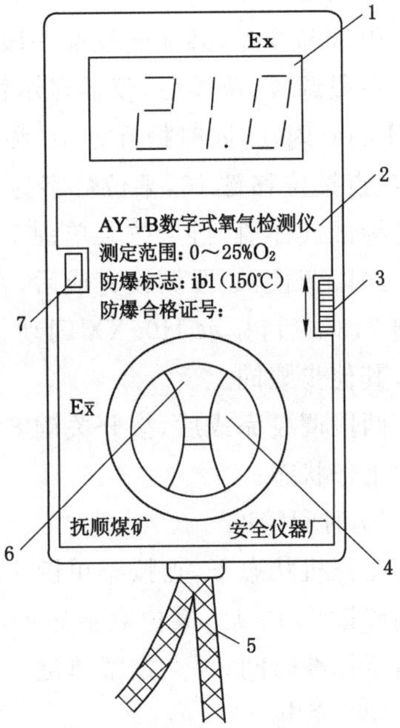

1—氧气浓度显示器；2—仪器铭牌；
3—示值校准电位器旋钮；4—氧气扩散孔；
5—提手；6—密封盖；7—开关。

图 9-26　AY-1B 型氧气检测仪的外部结构

三、检测管快速测定器

矿山井下空气中CO、NO_2、H_2S、SO_2、NH_3和H_2等有害气体的浓度测定，普遍采用比长式气体检测管。它是根据待测气体同检测管中的指示粉发生化学反应后指示粉的变色长度来确定待测气体浓度的。下面以比长式CO检测管为例说明其检测原理及检测方法。如图9-27所示，比长式CO检测管是一支直径为4～6 mm、长度为150 mm的玻璃管，以活性硅胶为载体，吸附化学试剂碘酸钾和发烟硫酸充填于管中，当CO气体通过时，与指示粉起反应，在玻璃管壁上形成一个棕色环，棕色环随着气体通过向前移动，移动的长度与气样中所含CO浓度成正比。因此，可根据玻璃管上的刻度直接读出CO的浓度值。

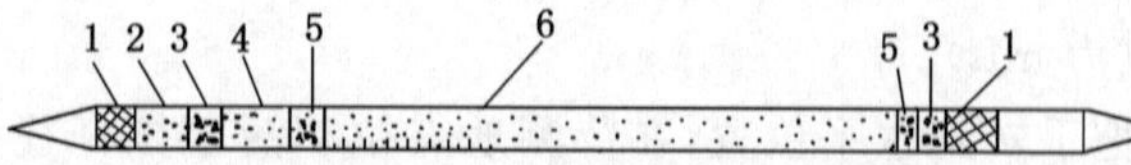

1　堵塞物；2　活性炭；3　硅胶；4—消除剂；5—玻璃粉；6—指示粉。

图9-27　比长式CO检测管结构示意

其他有害气体的比长式检测管结构及工作原理与CO的基本相同，只是检测管内装的指示粉各不相同，颜色变化各有差异。表9-3列举了我国矿山用比长式气体检测管的主要性能。

表9-3　我国矿山用比长式气体检测管的主要性能

检测气体名称	型号	测量范围(体积比)	最小分辨率	最小检测浓度	颜色变化
CO	Ⅰ	$(5\sim50)\times10^{-6}$	5×10^{-6}	5×10^{-6}	白色→棕褐色
	Ⅱ	$(10\sim500)\times10^{-6}$	20×10^{-6}	10×10^{-6}	
	Ⅲ	$(100\sim5\ 000)\times10^{-6}$	200×10^{-6}	100×10^{-6}	
CO_2	Ⅰ	0.2%～0.3%	0.2%	0.1%	蓝色→白色
	Ⅱ	1%～15%	1%	0.5%	
H_2S		$(3\sim100)\times10^{-6}$	5×10^{-6}	3×10^{-6}	白色→棕色
SO_2		$(2.5\sim100)\times10^{-6}$	5×10^{-6}	2.5×10^{-6}	紫色→土黄色
NO_2		$(1\sim50)\times10^{-6}$	2.5×10^{-6}	1×10^{-6}	白色→黄绿色
NH_3		$(20\sim200)\times10^{-6}$	20×10^{-6}	20×10^{-6}	橘黄色→蓝色
O_2		1%～21%	1%	0.5%	白色→茶色
H_2		0.5%～3.0%	0.5%	0.3%	白色→淡红色

与比长式气体检测管配套使用的还有圆筒形压入式手动采样器。其结构示意如图9-28所示。

该采样器由变换阀和活塞筒等部分组成。活塞筒6用来抽取气样，变换阀4可以改变气样的流动方向或切断气流。当阀门把手3处于垂直位置时，活塞筒与接头胶管2相通；当阀门把手处于水平位置时，活塞筒与气嘴1相通；当阀门把手处于45°位置时，变换阀将活塞筒与外界气体隔断。在活塞拉杆7上刻有标尺，可以表示出手柄拉动到某一位置时吸入活

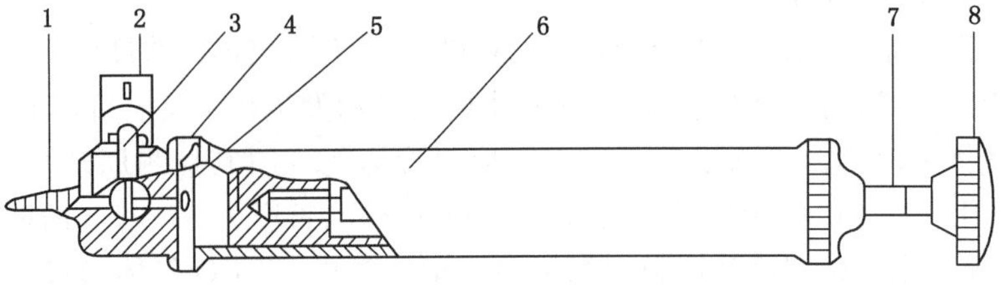

1—气嘴；2—接头胶管；3—阀门把手；4—变换阀；5—垫圈；6—活塞筒；7—活塞拉杆；8—手柄。

图 9-28　圆筒形压入式手动采样器结构示意

塞筒的气样体积(单位为 mL)。

使用时先将阀门把手转到水平位置，在待测地点拉动活塞拉杆往复送气 2～3 次，使待测气体充满活塞筒，再将阀门把手扳至 45°位置；将检测管两端用小砂轮片打开，按检测管上的箭头指向插入接头胶管；将阀门把手扳至垂直位置，按检测管上规定的送气时间(一般为 100 s)将气样均匀地送入检测管，然后拔出检测管读数。

如果被测环境空气中有害气体的浓度很低，用低浓度检测管也不易测出，可以采用增加送气次数的方法进行测定。测得的浓度值除以送气次数，即被测对象的实际浓度。

若被测环境空气中有害气体浓度大于检测管的检测上限，则在优先考虑测定人员的防毒措施后，可先将待测气体稀释后再进行测定，但测定结果要根据稀释情况进行换算。

四、BMK-1 型便携式矿用气体可爆性测定仪

(一) BMK-1 型便携式矿用气体可爆性测定仪的用途

BMK-1 型便携式矿用气体可爆性测定仪是矿山井下使用的隔爆兼本安型携带式仪器。矿山救援队员携带该仪器进入灾区，可监测作业环境中是否存在爆炸危险。在仪器显示屏上直接显示“爆炸三角形”，达到或接近报警界限时，能发出声、光信号。

(二) BMK-1 型便携式矿用气体可爆性测定仪的结构

该仪器由可充电电池组、气泵、检测元件、键盘、单片机及液晶显示屏 6 部分组成。其外观如图 9-29 所示。

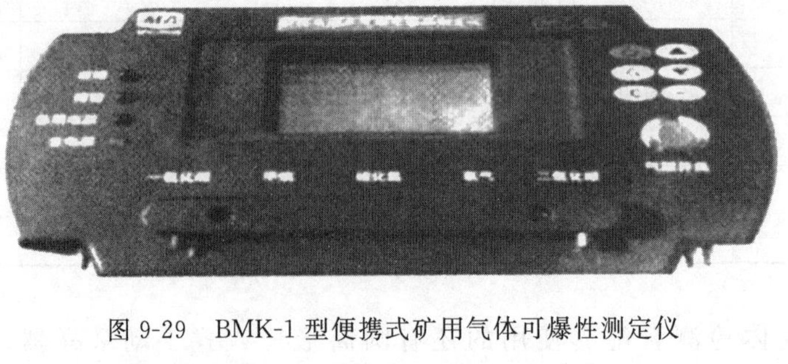

图 9-29　BMK-1 型便携式矿用气体可爆性测定仪

仪器面板共有以下 5 个按键：

(1) 复位键：整机复位，初始化。

(2) 采样键：采样检测。

(3) 显示键：显示检查结果及爆炸三角形。

(4) 清洗键:用当前环境的气体清洗传感器。

(5) 上挡键:复用控制键,本键与上面 3 个键联用有 3 个功能,即按住上挡键不松分别按下面各键,各自具有的功能如下。

采样键:用 CH_4 标准气样校准仪器;

显示键:校准 O_2 或 CH_4 的零点;

清洗键:进入自动循环检测操作。

(三) BMK-1 型便携式矿用气体可爆性测定仪的工作原理

采用该仪器检测时,由气泵抽取气样,通过 O_2 检测元件和 CH_4 检测元件产生电信号,电信号经放大后由模拟开关进行选通,模拟信号经 A/D 转换转换成数字信号送到单片机进行处理,消除非线性因素后进行温度补偿,以校正值在液晶显示屏上显示出 O_2、CH_4 及 CO_2 浓度,由键盘控制操作可显示爆炸三角形及坐标点位置,并在接近或达到爆炸界限时发出声、光报警信号。

(四) BMK-1 型便携式矿用气体可爆性测定仪的技术参数

(1) 可测气体量程:

O_2:3%～21%;

CH_4:0.5%～50%;

CO_2:0～10%(计算值)。

(2) 响应时间:≤45 s。

(3) 电源:8 节可充电镍氢电池,其中,2 节 24 V 为气泵电源,6 节 7.2 V 为其他部分供电,一次充电可连续工作 8 h。

(4) 使用环境:

温度:−5～40 ℃;

湿度:<98%;

压力:85～110 kPa。

(5) 气泵抽气量:≥100 mL/min。

(6) 氧气传感器寿命:大于 28 个月。

(7) 液晶显示屏显示尺寸:46 mm×63 mm。

(8) 爆炸三角形:CH_4,0～50%;O_2,0～20.9%。

(9) 质量:2.2 kg。

(10) 外形尺寸:56 mm×191 mm×161 mm。

(五) BMK-1 型便携式矿用气体可爆性测定仪的操作方法

(1) 接通仪器整机电源,预热 15 min 后便可使用。

(2) 按复位键,使仪器初始化,液晶显示屏上显示“准备”二字。

(3) 按清洗键,气泵开始工作,用被测的气样清洗并替代传感器中原来的气样,30 s 后自动停泵。

(4) 按采样键,气泵开始工作,液晶显示屏上显示“正在采样”,经过 30 s 采样后,气泵由单片机控制自动停止,再过 15 s 液晶显示屏上显示出分析结果并判定爆炸性,如果有爆炸性或接近爆炸区则在显示屏下部位显示“爆炸”二字,并发出声、光报警信号。显示结果 30 s 后自动返回初始状态,显示屏上显示“准备”二字。

(5) 需要显示爆炸三角形时,按显示键,液晶显示屏上先显示检测结果及爆炸性,30 s后自动显示爆炸三角形、爆炸性和坐标点,再过 30 s 后自动返回初始状态,显示屏上显示“准备”二字。

(6) 重复第三步,进行下一次检测。

(7) 需要进入自动循环检测操作时,按住上挡键,再按清洗键直至显示出“正在采样”为止,自动循环按下面的顺序进行操作:采样,计算浓度、判爆→显示结果→显示爆炸三角形。

退出自动循环检测操作有以下两种方法:

① 在显示爆炸三角形时按住清洗键,直至显示出“准备”字样时,及时松手。

② 在显示结果或显示爆炸三角形时,按复位键即可退出。

(8) 检测结束时,关闭仪器电源。

(六) BMK-1 型便携式矿用气体可爆性测定仪的充电

关闭电源后,将仪器放在充电器上,打开充电器电源开关,“充电”指示灯亮,自动进行充电,充足电后,“充满”指示灯亮。整个过程需要 12～14 h。充电结束后,应及时关闭充电器电源,取下仪器,避免长时间过充而影响电池寿命。

(七) BMK-1 型便携式矿用气体可爆性测定仪的使用注意事项

(1) 仪器长期不用时,氧气传感器会永久失效,因此,每月至少通电 1 d,以免损坏氧气传感器。

(2) 必须在井上安全场所进行充电。

(3) 在井下不得打开仪器。

(4) 检修时,不得改变电路中元器件的规格型号及电气参数。

(5) 使用时避免直接淋水。

(八) BMK-1 型便携式矿用气体可爆性测定仪的故障及维修

(1) 液晶显示屏变暗或无字

可能原因:电源供电不足。

处理方法:重新充电。

(2) CH_4显示值与标准气误差太大

可能原因:仪器内部漏气或元件失效;校 CH_4(零点或标样)没能在标准温度下进行,不能自动进行温度补偿。

处理方法:更换元件,重新校正。

(3) O_2检测值在大气中显示低于 20%

可能原因:氧气传感器灵敏度下降。

处理方法:重新校 O_2的零点及氧气传感器灵敏度。

(4) O_2 检测值总是零或某一固定数

可能原因:氧气传感器失效。

处理方法:更换氧气传感器,重新标定。

五、气相色谱仪

气相色谱仪的型号很多,功能技术指标相差很大,但构成仪器的基本部分是相同的。图 9-30 所示为气相色谱仪基本结构示意。

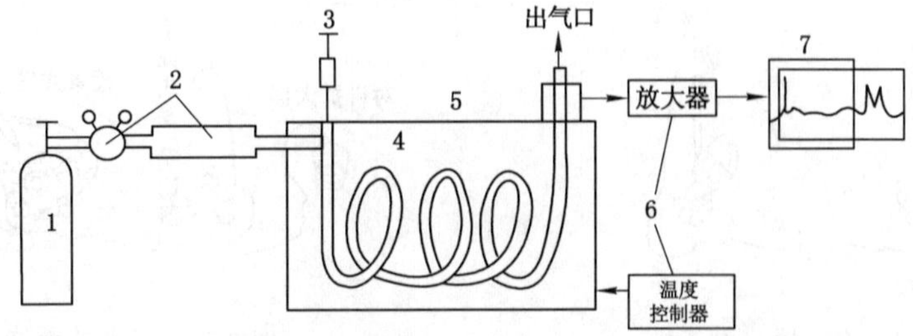

1—储气瓶；2—压力指示与流量控制仪；3—样品输入端；4—色谱柱；5—柱箱；
6—电气设备(放大器、温度控制器)；7—记录仪。

图 9-30　气相色谱仪基本结构示意

它主要由主机、电气部分和数据处理部分组成，如储气瓶、压力指示和流量控制仪、色谱柱、检测器、电气设备(放大器、温度控制器)、记录仪等。检测原理是混合气体在载气(流动相)带动下，经色谱柱完成混合气体的分离，然后送给检测器；而检测器将分离的每种待测气体转化为电信号，由记录仪记录色谱峰或计算机采样进行数据处理。根据色谱峰位置和峰面积(峰高)或计算机采集信息先后顺序和大小进行定性和定量分析。

色谱柱和检测器是色谱仪关键部件。根据不同的混合气体，选用不同的色谱柱。如分析 CO、CO_2、CH_4 混合气体，选用直径为 3～5 mm、长度为 0.5～0.7 mm 的螺旋不锈钢管柱，柱内装 TDX-01 或 TDX-02 吸附剂。目前，应用较多的检测器主要有：① 热导检测器，它用于常量分析，如分析大气中的氧气和氮气等。② 氢火焰检测器，它主要用于对可燃气体进行微量分析，如分析井下的一氧化碳、碳氢类气体等。而一氧化碳和二氧化碳必须由镍触媒作催化剂，在 350～380 ℃条件下转化为甲烷，才能用氢火焰检测器检测。③ 电子捕获检测器，它主要用于分析电负性物质，如氧气和含卤素化合物。

色谱分析操作条件对仪器的工作性能影响较大，操作也较复杂，技术要求较高。因此，色谱仪多用在实验室。它的特点是分析精度高、定性准确、分析速度快、一次进样可以同时完成数种气体的分析，是目前矿山气体分析的理想设备。

第六节　矿山救援通信设备

一、PXS-1 型声能电话机

PXS-1 型声能电话机是矿山救援队在抢险救灾过程中不可缺少的通信设备，也可作为巷道与工作面之间的日常移动便携式通信设备。如果将 4～5 个电话机并联使用，可起到电话网的作用。该声能电话机为矿用本质安全型的。

(一) PXS-1 型声能电话机的结构特点

PXS-1 型声能手握式电话机由发话器、受话器、发电机组成；氧气呼吸器面罩内装有发话器、受话器。手握式和全面罩式电话机相连使用，通话时便于多人收听，可配备扩大器、对讲扩大器。该声能电话机分两种安装形式：在抢险救灾时，可选用发话器、受话器全部装在面罩中，扩大器固定在腰间的安装形式(见图 9-31)；日常工作联络或指挥所用时，可选用手握式电话机(见图 9-32)。

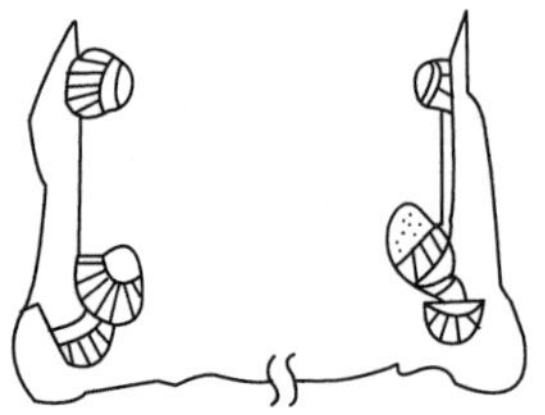

图 9-31　全面罩式电话机

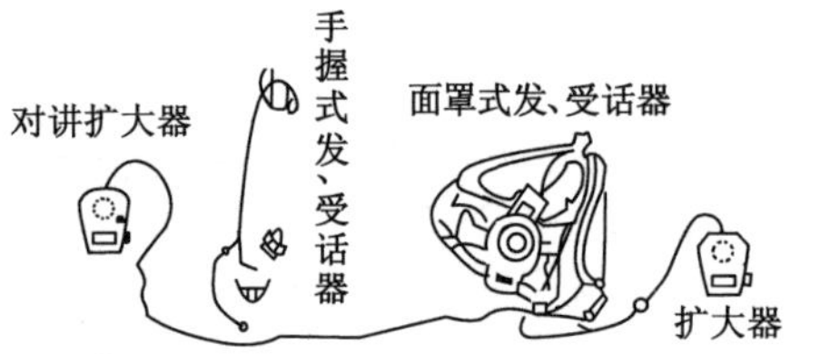

图 9-32　手握式电话机

PXS-1 型声能电话机的扩大器、对讲扩大器的电源选用 6F22 型层叠 9 V 电池，能在有煤尘和瓦斯爆炸危险的矿山井下安全使用。同时，该机体积小、质量轻，具有携带方便、使用可靠、坚固耐用、操作简单等特点，并具有防尘、防潮等功能，是矿山井下救援和日常工作中必不可少的通信设备。

（二）PXS-1 型声能电话机的主要技术参数

（1）工作环境温度：－10～70 ℃。

（2）工作环境相对湿度：＜98%。

（3）适应大气压力：80～110 kPa。

（4）有效通话距离：2～4 km。

（5）工作频率：300～3 400 Hz。

（6）声频发电机信号：频率 0.6～1.5 kHz，电压 1.5 V，电流 20 mA。

（7）最大音频工作电压：接收状态和发送状态时分别为 600 μV、100 μV；呼叫状态时为 1.5 V、10.5 mA。

（8）分布电感：0.4 μH。

（9）分布电容：0.04 μF。

（10）扩大器及对讲扩大器的最高开路电压 9 V，最大短路电流 600 mA，工作电压 9 V，工作电流 50 mA。

（三）PXS-1 型声能电话机的工作原理

通话时，发话器中与平衡电枢连接的金属膜片发出振动，产生输出电压，这个信号在接话端的受话器中由模拟转能器转换成音频发出，同时音频信号进入扩大器中放大，使周围人员也能听到声音。此外，还增加了呼叫系统（声频发电机），用手轻轻拨动时，可发出 0.6～1.5 kHz 的调制信号。

（四）PXS-1 型声能电话机的操作程序

（1）将装有发话器、受话器的面罩戴在头上，将扩大器固定在腰间，面罩接在输电线一端，面罩另一个接插件接在扩大器上，便可通话和接收；打开扩大器，外界人员都能听到声音。

（2）使用手握式发受话器呼叫对方时，用手轻轻转动声频发电机即可。

（3）多个电话机可以并联在同一电路上使用。

（五）PXS-1 型声能电话机的使用注意事项

（1）电话机引出线必须连接牢固，两线间不得有短路现象。

（2）声频发电机出厂后已调整好，请勿随意拆卸。

(3) 在更换扩大器电池时，只能使用 6F22 型 9 V 方块电池，不得随意使用其他型号的电池，以免影响电话机寿命和本质安全性能。

(4) 使用时，尽量避免用重物碰打或随地乱抛。

(5) 电话机不用时，应按技术条件要求妥善保存，严禁存放在有腐蚀性气体或过湿地点。

(6) 检修时，不得改变全产品电气元件规格、型号、电气参数。

(7) 不得配接说明书规定以外的电气设备。

二、KTW2 型矿用救灾无线电通信装置

KTW2 型矿用救灾无线电通信装置由中煤科工集团常州研究院有限公司研制，采用有线与无线相结合的组网方式，是救援专用无线电通信装备。它主要用于矿山救援队，也可用于井口运输、机巷检修、监控设备调试时联络。

(一) KTW2 型矿用救灾无线电通信装置的系统构成及工作原理

KTW2 型矿用救灾无线电通信装置由地面指挥机、井下指挥机、中转机、便携机及相关电缆组成，如图 9-33 所示。

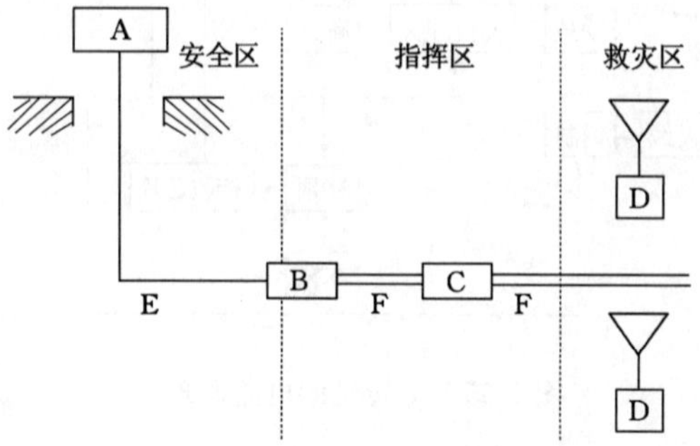

A—地面指挥机；B—井下指挥机；C—中转机；D—便携机；E—借用电话线；F—双芯通信线。

图 9-33　KTW2 型矿用救灾无线电通信装置系统构成

地面指挥机借助抢险救灾区域附近的电话线连接到指挥区的井下指挥机上，然后进入中转机。进行救灾指挥时，可以按下指挥按钮，然后用送话机送话，语音与控制信号进入井下指挥机与中转机。控制信号启动中转机以频率 f_1 发射，所有便携机以频率 f_1 接收。便携机欲与指挥机通话，按下讲话按钮，便携机以频率 f_1 发射，中转机接收该信号解调出语音由电话线进入指挥机。该系统采用单频单工方式。

系统可以实现：本系统内的救援队员的便携机之间的相互通信，井下指挥机与救援队员的便携机间相互通信，井上指挥机与救援队员便携机和井下指挥机间相互通信。

(二) KTW2 型矿用救灾无线电通信装置系统设备的结构及关键技术

(1) 便携机

便携机由背心天线 A、收发信机模块 B、键控语音提放模块 C、DC/DC 变换模块 D、电池 E 组成，如图 9-34 所示。

(2) 中转机

中转机的电路原理如图 9-35 所示。无线电信号进入高放、混频、接收芯片，至音频/控

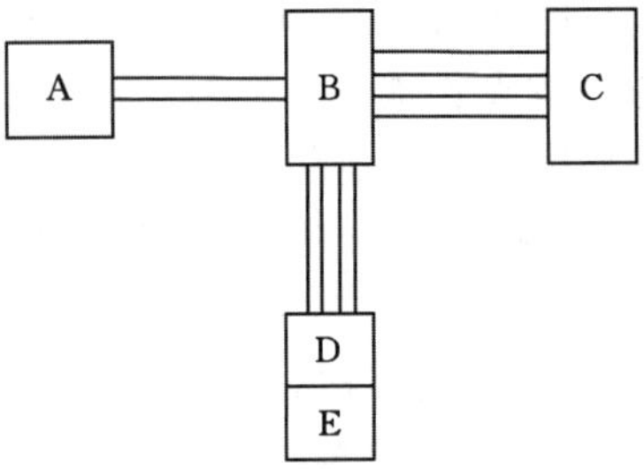

图 9-34　便携机系统设备结构

制线，送给地面指挥机，由井下指挥机实现下对上的通信。相反，来自地面指挥机的控制信号与音频沿电话线进入中转机后，由音频/控制分离，使控制信号作用于转换开关，使常收变为发送，将来自指挥机的音频送至发射机的调制机，实现上对下的通信。地面指挥机与井下指挥机电路基本相同，防爆形式外观不同。

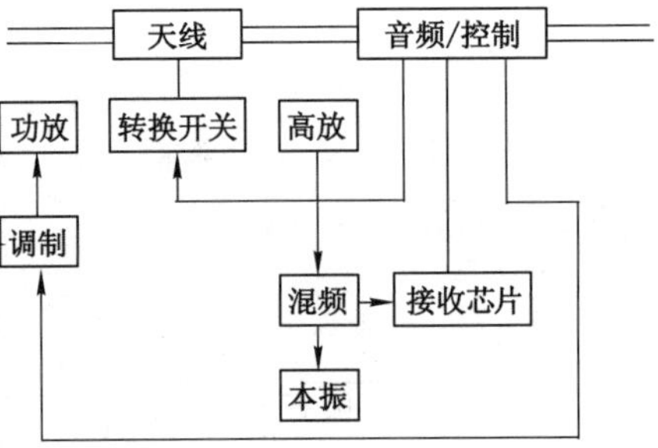

图 9-35　中转机的电路原理

(3) 关键技术处理

① 便携机内设单片 CPU，该 CPU 接收 TALK 按键信号，同时接收来自常收导频信号。有导频信号，意味着有人在工作，其余处于常收状态。此时，如另一个用户按下 TALK，便携机不处于发射状态，解决了一人讲话、多人接收问题，以免两人同时按下 TALK 而出现同频干扰。

② CPU 控制收发信板与送收话放大模块相互闭锁。该设计采用四芯线，即音频输入/输出和控制线。CPU 根据 TALK 与导频信号来决定音频是输入还是输出。

③ 收发频率可以根据用户要求而改变。因此，主控频率采用频率合成器输出，而调制采用 PLL 技术，调制音频加到 PLL 低通滤波器，由压控输出给功放级，经中介回路至天线。选择 PLL 调制的理由是便携机工作的频率为中低频(0.5～3.5 MHz)，没有合适的变容二极管。

(三) KTW2 型矿用救灾无线电通信装置的主要技术参数

(1) 系统技术指标

① 通信服务区域：井下指挥机与便携机 1 km，便携机与便携机 50 m，井下指挥机与地面指挥机 10 km。

② 允许安装数量：井上指挥机 1 台，井下指挥机根据需要设定，中转机 1 台，便携机

5 台。

③ 传输音频信号：允许全程衰耗 10 dB，馈入最大音频信号 1 Vrms，最小输入音频幅度 0.01 Vrms。

(2) 主要设备技术指标

主要设备技术指标见表 9-4。

表 9-4　主要设备技术指标

便携机	中转机	井下指挥机
发射机 频率 3.58 MHz±1.0 kHz 发射功率≥100 MW 接收机 灵敏度≥10 dB·μV 音频输出≥500 mV/8 Ω 失真度≤10% 电池 NiMH 12.5 V/1.2 Ah 工作电流≤350 mA	发射机 发射功率≥200 MW 调制灵敏度 70 mV 接收机 频率 3.58 MHz±1.0 kHz 灵敏度≥15 dB·μV 输出音频幅度 1.0 Vrms 电池 NiMH 12.5 V/1.2 Ah 工作电流≤400 mA	最高允许馈出电压 13.5 V 输出音频幅度 1.0 Vrms 音频输出功率 500 mV/8 Ω 失真度≤10% 电池 NiMH 12.5 V/0.5 Ah 工作电流≤350 mA

第七节　矿山应急救援新装备

一、DKL 生命探测仪

（一）DKL 生命探测仪的主要组成部件

DKL 生命探测仪是美国 DKL 公司结合世界上最先进的生化、介电质、超低频传导及 DNA 技术研发而成的，其外观如图 9-36 所示，主要组成部件有伸缩天线、天线底部、激光开关、天线总成、本体、保留开关、选择按钮、计算机开关、计算机指示灯、充电连接、激光及扳机按钮。

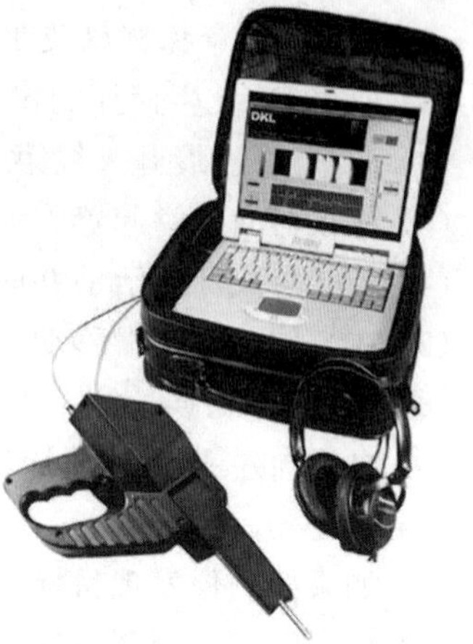

图 9-36　DKL 生命探测仪外观

（二）DKL 生命探测仪的工作原理

DKL 生命探测仪通过感应人体所发出超低频电波产生的电场来找到活人的位置。其天线是世界上最先进的探地雷达天线，能够非常敏锐地捕捉到非常微弱的运动。人心脏的每次跳动都会产生一个微弱的电场信号，这些信号构成在人体周围 360°扩展的超低频非均匀电场。人体每一部分都对该电场产生影响，但心脏周围的电场行为是主要的电场产生地。DKL 生命探测仪配备特殊电波过滤器，该过滤器可将其他异于人类的动物，如狗、猫、牛、马、猪等的不同于人类的频率加以过滤去除，使生命探测仪只会感应到人类所发出的频率产生的电场。

（三）DKL 生命探测仪的特点和用途

DKL 生命探测仪具有体积小、手持式设计、携带方便、操作维护简单、故障率极低等特点，是目前世界上最先进的搜救仪器。它广泛用于军事、海事、消防、应急救援等领域。救援人员在进入搜救现场时，可利用该生命探测仪确认其内部是否有人存活，降低搜救人员搜救时的危险程度，可以探测出任何遮挡物背后的生存者，并只探测存活的人而不受其他动物的干扰。它能穿越钢板、水泥、复合材料、树丛等各种障碍物，使侦测距离在开放空间可达 500 m，水面上达 1 km 以上。

（四）DKL 生命探测仪的工作范围

(1) 有效距离

DKL 生命探测仪配备两种不同侦测杆，长距离侦测杆侦测距离可达 500 m，短距离侦测杆侦测距离为 20 m。DKL 生命探测仪在碰到钢筋混凝土墙、钢板、岩石等障碍物时，侦测距离会减小，激光可增加 10%侦测距离。

(2) 垂直角度

① 没有障碍物时：上下各 60°，总计 120°。

② 有障碍物时：上下各 40°～50°，总计 80°～100°。

③ 水平侦测角度：左右各 2°，总计 4°。

(3) 操作时间

正常情况下能够维持 12 h，若连续使用激光点辅助操作为 2 h。

（五）DKL 生命探测仪的主要技术参数

(1) 几何尺寸：330 mm×190 mm×89 mm。

(2) 质量：0.91 kg。

(3) 电源：9 V 直流充电电池，充电时间为 14～16 h。

（六）DKL 生命探测仪使用前的准备及扫描侦测

(1) 取出 DKL 生命探测仪，将选择按钮设定到“1”的位置，打开激光开关。

(2) 调整天线，展开天线第一部分，握住 DKL 生命探测仪，手臂垂下以做“清除”动作。

(3) 将仪器向上举起置胸前中间位置并指向前方。

(4) 天线总成保持活动并向下倾斜 1°～2°，伸展小臂到舒适位置，手肘略弯曲。

(5) 在身体前方平滑移动一直线，让天线总成保持同一方向，移动探测仪不得产生弧形或摇摆，防止发生错误侦测。

(6) 自右向左平稳移动探测仪，直到左肩前方，再移动到右肩前方，最后移动到原始起点。

(7) 如果探测仪发现目标，天线最前端就会指向这个位置。

(8) 如果没有探测到目标，可重复探测 3 次，每次必须恢复探测仪至清除动作再试。

(9) 移动探测仪应保持适当速度，速度太慢无法产生足够动能造成极化作用，速度太快探测杆摆动会导致侦测失败。

(10) 当探测目标内有多人存在时，探测仪可以指向这个方向，但不能侦测到具体人数。

（七）DKL 生命探测仪的保养注意事项

(1) 保持清洁，不得随意变动任何部分。

(2) 按规定对电池充电，超时充电会影响电池寿命。

(3) 不使用时将天线收回。

二、矿井搜救机器人

灾难应急搜索和救援机器人简称搜救机器人，是自然灾害、事故等突发事件发生时，代替搜救人员进入现场执行搜救探测任务的移动机器人。该类机器人可以远程操控或采用自主的方式深入复杂、危险、不确定的灾害现场，探测未知环境信息，搜索和营救被困者。搜救机器人是机器人技术朝实用化发展的一个重要分支和新的研究领域，具有重要的社会价值。其主要任务是灾害现场的清理、事故现场侦查、事故通信等。

我国首次自主研发、拥有多项专利、具有世界领先水平的矿井搜救机器人于 2010 年 10 月在北京通过国家级鉴定，如图 9-37 所示。该项目由唐山开诚电控设备集团有限公司联合哈尔滨工业大学、开滦集团矿山救援大队、徐矿集团救援大队合作完成。

(a)　　(b)

图 9-37　矿用搜救机器人

矿井搜救机器人具有防爆、越障、涉水、自定位、采集识别和传输各种数据的功能；能进入事故现场采集影像、数据信息，为及时抢险救人提供决策依据；同时具有为井下遇险矿工投放小包食品、药物和通信装置等辅助功能，能有效地减少遇险矿工的伤亡人数。

矿井搜救机器人利用传感器通过探测井下遇险矿工的呻吟声、体温变化及心脏跳动频率的信息找到他们的位置。同时，矿井搜救机器人的视频探测器具有信息直观、能实现计算机辅助控制等特点，可将现场环境的图像返回救灾中心，为进一步控制机器人的运动方向，制定下一步救灾方案提供决策依据。矿井搜救机器人还能进入井下区域，监测事故现场温度、瓦斯以及其他有害气体浓度等参数的变化情况，防止发生二次事故。

三、YRH250 型红外热像仪

(一) YRH250 型红外热像仪的主要特点

YRH250 型红外热像仪是集红外光电子技术、图像处理技术、微型计算机技术及矿山防爆技术等于一体的高性能矿用安全检测仪器，如图 9-38 所示。该仪器具有结构简单、操作方便、快速检测、准确测温、双屏显示、高低温捕捉、自动关机、激光定位、USB 下载功能、智能化的电源系统等特点。

图 9-38　YRH250 型红外热像仪

(二) YRH250 型红外热像仪的主要按键及作用

(1) “A”键(自动调节键)：在非菜单模式下，对准某一目标物体，按下此键，热像仪会根据该目标物体的温度范围自动调节图像中值和色温范围，可反复多次，使图像达到最佳的观察状态。

（2）“C”键（取消键）：在菜单模式下，按下“C”键可返回上一级子菜单，直接返回到非菜单模式。在分析模式下，按下“C”键取消当前选中的分析，并返回到“NULL”模式。

（3）“S”键（冻结/激活键）：冻结或激活图像，在读取图像的模式下，按下此键可返回热像仪的实测状态。按住此键 2～3 s 可保存当前图像。

（4）“菜单/确定”键：主要用于弹出菜单系统、在菜单模式下进入子菜单和确定所选功能。在开机后正常工作模式下，按下此键热像仪处于菜单模式；在菜单模式下，通过按上、下方向键，以及“菜单/确定”键可选择主菜单上不同的选项；此时，通过按上、下方向键可选择扩展菜单中的选项，按下“菜单/确定”键确定进入此选项。

（三）YRH250 型红外热像仪的主要技术参数

（1）图像显示：液晶显示屏。

（2）测温范围：0～250 ℃；精度：±2 ℃或者温度读数的±2%。

（3）图像存储：内置存储器（128 MB）（1 000 幅图像）。

（4）供电系统：本安型锂离子可充电电池，连续工作约 2.5 h，智能充电器。

（5）工作环境温度：－20～50 ℃。

（6）工作环境湿度：≤ 95%（非冷凝）。

（7）储存环境温度：－40～70 ℃。

（四）YRH250 型红外热像仪的适用范围

（1）检查矿山井下隐性火区、火源的分布位置。

（2）检查顶板冒落和采区透水。

（3）排查采掘工作面盲炮。

（4）检查采煤机组、液压支架、水泵、局部通风机、防爆电机及动力设备的温升情况。

（5）排查中央及采区变电所、变压器的接头、开关等事故隐患。

（6）矿难救援。利用红外线烟雾穿透性能强的特点，即使在浓密的烟雾中也能提供清晰的视野，能协助救援人员在浓烟、黑暗等环境下进行救援工作，迅速发现生还者；同时，能有效地提高救援人员在救援行动中的自身安全性，是矿难救援的有力工具。

（7）分析矿难的起因和过程。

（8）检测地面矸石山发火，变电所的接头、线排、开关及变压器的温升情况。

（五）YRH250 型红外热像仪的操作方法

（1）观测和调整红外图像

① 打开仪器。按住开关键 3 s，电源指示灯亮起，仪器开始启动，等待仪器初始化和数据加载的完成。仪器在开启状态下，按住开关键约 3 s，仪器自动关闭。

② 取下镜头盖，将镜头对准要观测的物体。

③ 旋转镜头将焦距调至满意位置。

④ 按“A”键自动调整红外热像图。

（2）进行测温分析

① 仪器开启中，按下“菜单/确定”键，弹出操作菜单。

② 使用上、下方向键进入“分析”，并按下“菜单/确定”键。

③ 使用上、下方向键选中“点一”。

④ 再次按下“菜单/确定”键。

⑤ 移动热像仪，或使用方向键移动光标的位置，使其对准想要测温的物体位置。

⑥ 屏幕右上角的读数即被测物体的温度。

(3) 存储红外图像

① 仪器开启中，按下“菜单/确定”键，弹出操作菜单。

② 使用上、下方向键进入“文件”。

③ 选择“保存”，按下“菜单/确定”键，或者按住“S”冻结键 2～3 s，仪器显示屏上出现存储提示框，该图像将被存储在内置的存储器里。

(4) 回放红外热像图

① 仪器开启中，按下“菜单/确定”键，弹出操作菜单。

② 使用上、下方向键进入“文件”。

③ 使用上、下方向键选中“打开”，按下“菜单/确定”键进入“图像打开”模式，使用上、下方向键选择一幅红外图，按下“菜单/确定”键打开该幅图像。

④ 在弹出式文件菜单中，如未发现想打开的图像，请使用上、下方向键直到出现目录选择单，选择正确的目录，然后按下“菜单/确定”键，选择想打开的图像，再次按下“菜单/确定”键，即可打开该幅图像。

(六) YRH250 型红外热像仪的使用注意事项

(1) 严禁将仪器对着人眼打开激光，以免造成眼部烧伤。

(2) 操作过程中仪器内部发出声响属正常现象。

(3) 爱护仪器，轻拿轻放，严禁磕碰，严防潮湿。

(4) 严禁将仪器对准太阳或长时间对准强烈热辐射源，防止对主机探测器件造成损坏。

(5) 仪器应由专人保管，并由专业人员定期进行维护保养。

四、剪切扩展两用钳

(一) 剪切扩展两用钳的主要部件及作用

矿用液压剪切扩展两用钳如图 9-39 所示。

(1) 液压泵

液压泵是一种动力装置，通过软管与剪切装置连接，向剪切装置输送液压油(动力源)。

(2) 软管

软管通过快速接头与液压泵和剪切装置连接，输送液压油到剪切钳。

(3) 操作手柄

操作手柄是用来确定刀口运动方向的。当其处于中间位置时，没有压力；向右旋转操作手柄打开钳子；向左旋转操作手柄关闭钳子；松开操作手柄，它会自动回到中间位置，刀口停止运动。

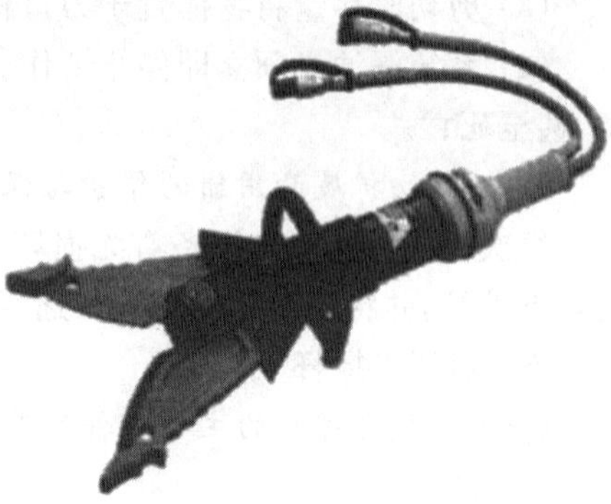

图 9-39　矿用液压剪切扩展两用钳

(二) 剪切扩展两用钳的用途

在液压泵高压油作用下，集剪切、扩张、拉动等功能于一体，主要用于营救被困人员。

（三）剪切扩展两用钳的主要技术参数

（1）最大工作压力：72 MPa。

（2）最大扩张力：200 kN。

（3）最大剪切力：380 kN。

（4）最大挤压力：74.5 kN。

（5）最长剪切刀口：360 mm。

（6）最大拉伸距离：410 mm。

（四）剪切扩展两用钳使用前的检查

（1）检查设备是否完好无损，如有损坏应停止使用。

（2）检查操作手柄是否在中间位置。

（3）检查快速接头是否干净，有无损坏。

（4）检查接头连接是否正确，用手的力量是否能拉开。

（5）不能使用已损坏的接头。

（6）卸压阀或转换开关处于操作位置时，不得将快速接头连接到泵上。

（7）在工作中应检查有无漏油现象。

（五）剪切扩展两用钳的使用方法

（1）开始工作

将设备各部件连接好后，一人操作液压泵，另一人用左手握住剪切钳子提环，右手握住操作手柄，并向需要的方向转动，即可移动或剪断物体。

（2）停止工作

关闭刀口并使其稍微张开，断开软管并盖好防尘盖。

（六）剪切扩展两用钳的使用注意事项

（1）设备在使用或处于高压状态下，不得连接和断开液压接头。

（2）无关人员应离开操作现场。

（3）剪切时尽量将物体置于刀口根部。

（4）系统漏油必须立即停止工作。在有压力情况下，漏出的油会渗透皮肤，致使血液中毒，甚至死亡。

（七）剪切扩展两用钳的维护与保养

每次使用后应检查设备有无损坏，及时清洗各部件，发现损坏及时更换。定期对设备进行检查维护，并将设备存放于干燥通风良好的地方。

五、液压支撑杆

（一）液压支撑杆的主要部件及其作用

（1）液压泵

液压泵是一种动力装置，通过软管与支撑杆连接，向支撑杆缸体输送液压油（动力源）。

（2）软管

软管的作用是，通过快速接头将液压泵与支撑装置连接，并输送液压油到支撑杆缸体内。

（3）操作手柄

操作手柄用来确定支撑杆活塞伸缩运动方向。当其处于中间位置时，缸体内没有压力；

向右旋转操作手柄伸缩杆伸出；向左旋转操作手柄伸缩杆缩回；松开操作手柄，它会自动回到中间位置，活塞停止运动。

（二）液压支撑杆的工作原理

液压支撑杆由液压泵提供高压动力源，通过缸体驱动伸缩杆运动，具有强大支撑力。

（三）液压支撑杆的用途

液压支撑杆是一种强力支护，能撑开物体，是用于保证救援人员安全，营救受困人员的救援装备。

（四）液压支撑杆的主要技术参数

(1) 最大支撑力：160 kN。

(2) 最大长度：952～962 mm。

(3) 最小长度：612 mm。

(4) 最大工作压力：72 MPa。

（五）液压支撑杆使用前的检查

(1) 检查设备是否完好无损，如有损坏应停止使用。

(2) 检查操作手柄是否在中间位置。

(3) 检查快速接头是否干净，有无损坏。

(4) 检查接头连接是否正确，用手的力量是否能拉开。

(5) 不能使用已损坏的接头。

(6) 卸压阀或转换开关处于操作位置时，不得将快速接头连接到泵上。

(7) 在工作中应检查有无漏油现象。

（六）液压支撑杆的使用方法

(1) 开始工作

将设备各部件连接好后，一人操作液压泵，另一人用左手握住支撑杆，右手握住操作手柄，并向右转动操作手柄，即可支护或将物体移动。

(2) 停止工作

松开操作手柄，它会自动回到中间位置，活塞停止运动。

(3) 拆除装备

操作液压泵并向左旋转操作手柄，使伸缩杆缩回，并注意观察被支撑物体的变化情况，断开软管并盖好防尘盖。

（七）液压支撑杆的维护与保养

每次使用后应检查设备有无损坏，及时清洗各部件，发现损坏及时更换。定期对设备进行检查维护，并将设备存放于干燥通风良好的地方。

六、矿山多用液压起重器

（一）矿山多用液压起重器的结构和特点

矿山多用液压起重器选用高强度铝镁合金和进口锰材料，具有最初起重高度低，而且能在空间任意角度起重，使用方便、灵活、安全、可靠等特点。其外观如图 9-40 所示。

矿山多用液压起重器为卧式结构，为适应各种用途制成分离式和组合式两类。

(1) 分离式矿山多用液压起重器

该型号起重器由手压泵、高压橡胶软管、快换自封接头及起重机构 4 部分组成，而且起

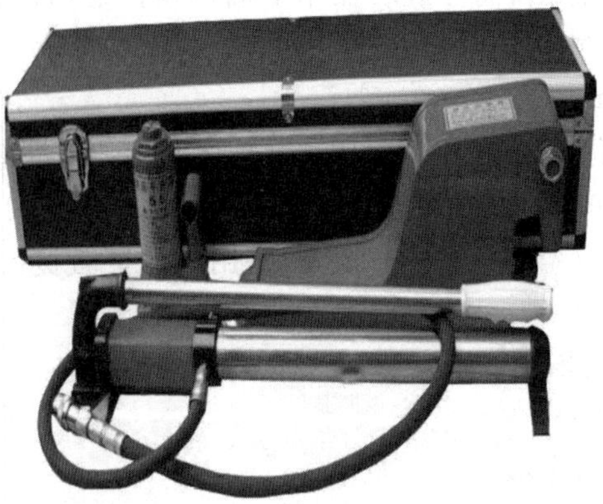

图 9-40　矿山多用液压起重器外观

重机构上带截止阀。高压橡胶软管两端带快换接头套,这样可将整个起重器迅速连成一体,装卸方便,便于携带,易于保存。一台泵可配多种形式的起重机构。

起重机构共有 4 种形式:Q——钳式;Y——鸭嘴式;B——臂式;L——立式。

手压泵可在远离负荷 3～5 m 处操作,大大提高了工作的安全性。

各种起重机构均借助手压泵中止回阀或截止阀锁在任一工作高度上,确保工作安全、可靠,起重最大高度除由油缸活塞极限行程控制外,还由其他限位机构控制。

(2) 组合式矿山多用液压起重器

这类起重器由泵和起重机构紧密地合为一体,无连接管路,有钳式及鸭嘴式等不同结构,主要用在生产中完成起重、安装工作。

(二) 矿山多用液压起重器的工作原理

矿山多用液压起重器是依靠手压泵产生的高压油,推动起重机构油缸中的活塞,使起重机构动臂上升,将重物升起的。扳动手压泵手柄后,液压油从油箱被吸入泵内,再从泵中压入起重机构的油缸,动臂迅速抬起。当重物超过最大载荷时,限压阀开启,高压油溢回油箱,此时重物靠止回阀可锁在正提升的任意高度上,也可借助截止阀锁在任一高度上。利用截止阀,可以实现一个油泵相继供几种起重机构工作而扩大起重器功能的目的。

(三) 矿山多用液压起重器的用途

矿山多用液压起重器适用于矿山处理冒顶塌方事故及抢救遇险人员,也适用于隧道、建筑、桥梁工程以及工厂、码头的起重工作。

(四) 矿山多用液压起重器主要部件的技术参数

SYB3-500B 型手压泵技术参数见表 9-5。

表 9-5　SYB3-500B 型手压泵技术参数

额定压力/MPa	排量/(cm^3/次)	质量/kg	几何尺寸/mm
50	3	3.2	410×95×125

分离式起重机构技术参数见表 9-6。

表 9-6　分离式起重机构技术参数

起重机构形式	额定起重量/t	最大起升高度/mm	最小起升高度/mm	质量/kg	几何尺寸/mm
臂式	2	180	225	8.5	340×100×160
立式	2	250	170	1.5	135×55×170
钳式	0.5	80	14	4.5	526×90×140
鸭嘴式	2	180	20	10.0	460×126×520

（五）矿山多用液压起重器的使用方法

(1) 分离式矿山多用液压起重器的使用方法

① 油箱注油

首先旋下回油阀手柄，再旋下进排气阀，从进排气阀所在螺孔注入 20# 机油，注油量为油箱容积的 4/5。工作中若发现进排气阀溢油，则说明油箱中油量过多，应酌量减少油量。

② 手压泵打油排气

取下快换接头套上防尘盖，顶开接头套中单向阀，拧紧回油手柄，把手柄从锁柄卡圈中拉出拉长并上下按动，活塞开始打油，至软管中充满油液，气体完全排出为止。

③ 连接起重机构

取下接头体上的防尘帽，向后旋转保险螺母，直至与弹簧卡圈接触，向后滑动滑套，并将接头套插入接头体，滑套复位，用力拉动无滑脱现象，再把保险螺母向前旋进两圈。

④ 系统排气

待起重器连接好后，使手压泵位置处于较高点，起重器动臂上升 15 cm(空载)，松开回油手柄，动臂下降，如此动作 10 次使管路系统中气体充分排出，即可起重。当起升质量较大，油泵工作压力较高时，必须松开紧固螺钉，把伸缩支座拉出，以增加泵体的稳定性。油泵工作完成再把伸缩支座推进，然后锁紧螺钉，这样伸缩支座可用作携带油泵的手柄。油泵油箱上设有进排气阀，工作时必须将其打开，油泵才能正常工作，平时关闭。

(2) 组合式钳式起重器的使用方法

旋下堵头，起重器直立，从堵头所在螺孔注入 20# 机油，注油量约为油箱容积的 2/3，并拧紧堵头和回油手柄，手柄拉出并上下按动，钳口即能张开。旋开手柄，钳口会自动复位。因有前后两个通气阀，而油泵吸油管长度大于油箱长度的 1/2，所以钳口向下、平置都能工作。钳口朝上，打开上边的通气阀；钳口朝下，打开下边的通气阀。

（六）矿山多用液压起重器的使用注意事项

(1) 起升重物时，地基必须坚实，否则垫以石块和木板。

(2) 只有回油手柄旋紧，才能打压起重。

(3) 有载荷时欲使起重器动臂复位，则回油手柄不能松得过快。

（七）矿山多用液压起重器的维护与保养

(1) 分离式矿山多用液压起重器存放不用时，快换接头及接头套都必须加盖防尘套，高压橡胶软管内必须充满油液。

(2) 每月要对矿山多用液压起重器进行组装，并在全行程内空载往复动作 10 次。

(3) 每过半年要重新更换清洁新油，油泵及截止阀内钢珠拆出检查，发现锈斑，必须更换。

七、BG-Ⅱ型石膏喷注机

（一）BG-Ⅱ型石膏喷注机的构造

BG-Ⅱ型石膏喷注机由自抽卧式泵、上料及搅拌系统、传动系统、机座及运输架、供水系统组成。

（二）BG-Ⅱ型石膏喷注机的用途

BG-Ⅱ型石膏喷注机用于将石膏和水按一定比例调成混合物，并把它喷注到预定地点，营建石膏密闭。它适用于建造矿山井下各类巷道的封闭，可与惰气发生装置配套使用，并可用于黄泥注浆、粉煤灰充填、巷道喷涂等。使用石膏喷注机可提高安全性和可靠性，并减轻劳动强度，提高密闭质量。

（三）BG-Ⅱ型石膏喷注机的技术参数

(1) 流量：8 m^3/h（混合物流量）。

(2) 压力：1.05 MPa。

(3) 最大水平喷注距离：150 m。

(4) 最大垂直喷注高度：20 m。

(5) 电动机功率：7.5 kW。

(6) 供水压力：0.2～0.4 MPa。

(7) 最大耗水量：6～7 m^3/h。

(8) 水和石膏容积比：(0.6～0.7)∶1。

(9) 机组质量：290 kg。

（四）BG-Ⅱ型石膏喷注机的使用方法

(1) 安装要求

石膏喷注机必须安装在进风巷道内，待建密闭前应有 30～150 m 平坦区域，巷道断面积不得小于 4 m^2，一切与建造密闭无关的物品必须从安装场所搬走，尽量使喷注机靠近待建密闭。

(2) 启动前准备

① 用手扳动靠背轮，看有无异物卡泵或其他异常现象。

② 接通水源。供水管采用直径为 50 mm，耐压 1.5 MPa 的消防水带。

③ 接通 380 V 或 660 V 电源，电源开关必须在石膏喷注机附近。

④ 接输送管。输送管可采用耐压 1.5 MPa 的消防水带。

⑤ 点动电机，确定电机转向。该转向必须与指示箭头方向一致。

(3) 启动及启动后的操作

① 在未启动电机前给机组加水，调整球阀开关使水的流量能够在 45 s 内注满料斗。

② 启动电机把料斗中的水泵完，马上按调整好的流量向机组供水，并将粉状石膏倒入料斗，此时应得到浓度均匀的糊糊状混合物，如太浓或太稀应调整流量，供水压力最好为 0.3 MPa，压力表指针稳定。

③ 获得应有的浓度后，将混合物灌注到板闭内，在操作过程中要检查输送软管，用脚踩时很硬但有压凹。

④ 密闭快灌满时应停止向料斗中投入石膏，并开大供水阀，向机组供入足量的清水，密

闭灌满后，将输送软管末端取出，待末端流出清水后方可停机。

（五）BG-Ⅱ型石膏喷注机的使用注意事项

(1) 机组安装要平稳，不得倾斜。

(2) 在无供水情况下，严禁启动电机，以免磨损橡胶套。

(3) 机组使用的石膏为矿用石膏，用前需要检查其性能，要求其流动性好，初凝时间要达到 6～15 min。

(4) 机组运行中应经常注意供水压力是否正常和稳定，压力下降或升高应及时与密闭灌浆堵漏工联系；检查石膏浆的浓度，并及时调节阀门的大小，以达到正常浓度。

(5) 专人巡回检查输送软管及接头，不得有漏浆、挤压或扭折。

(6) 司机和加料工应注意石膏中的杂质，一旦发现应及时取出。

(7) 发现异常情况，应先停止加石膏，并将注入管从板闭内取出，打开供水阀，向机组供入足量的清水，待输送软管末端流出清水后方可停机检查。

(8) 所有石膏喷注人员都应佩戴氧气呼吸器，戴防尘面具和护目镜。

（六）BG-Ⅱ型石膏喷注机的维护与保养

(1) 机组每次使用完毕后，必须拆卸料斗、搅拌器、橡胶管、吸入管和连接轴，清洗其中的残留石膏，并用水清洗干净。

(2) 擦干所有零部件上的水滴，重新装复，在装复时“一字头”内的柱销、衬套、螺杆需涂上黄油，将橡胶套装到螺杆上时，可将螺杆顺时针方向转动。

(3) 机组每次使用时都要检查电机的绝缘情况。

(4) 检查输送软管内有无残余石膏，如有残余石膏，应将石膏踩碎再用压力水冲洗。

(5) 定期向轴承、盘根内加入润滑油。

（七）BG-Ⅱ型石膏喷注机使用中的故障及其排除方法

(1) 输送软管特别硬，无混合物流出时，表明有故障。此时应停止加石膏，并开大供水阀，向机组供入足量的清水，如仍然无混合物流出，应从喷出管上卸下输送软管，待机组泵出清水后，将堵塞的一段输送软管接到泵上，借助水的压力冲出堵塞物，堵塞的软管在接到泵上之前需用脚踩软。如软管中的堵塞物仍然冲不出来，应立即调换软管，继续作业。若无软管更换，应用水清洗机组中的石膏，待机组泵出清水后停机，堵塞的软管软化后用压力水冲洗。

(2) 当机组被堵塞时，应卸掉输送软管，拆掉料斗及搅拌器，清洗吸入口中的石膏，然后进行短时间供电，如机组仍然被堵塞应切断电源、水源，用工具卸下卡住的螺杆，将机组内的石膏清除干净，更换已损零件重新装复。

(3) 其他故障及其排除方法见表 9-7。

表 9-7　其他故障及其排除方法

序号	故　障	原　因	排除方法
1	流量急剧下降	橡胶垫磨损间隙增大	更换橡胶套
2	轴封处大量泄漏	填料磨损	压紧或更换填料
3	有较大振动	泵与电机轴心不在同一直线上	检查同心
4	噪声较大	吸入管吸入了空气	注意连续均匀加料

复习思考题

1. 矿山抢险与救援过程中常用的氧气呼吸器有哪些类型?

2. 简述自动苏生器的工作原理。

3. 矿井常用的灭火装备有哪些?

4. 举例说明矿山应急救援新装备有哪些?

5. 氧气充填泵在使用过程中应当注意哪些问题?

6. 自动苏生器使用前应当做好哪些准备工作?

7. 简述KTW2型矿用救灾无线通信装置系统构成及工作原理。

8. 简述比长式气体检测管的检测原理及检测方法。

9. 将负压氧气呼吸器等列入淘汰落后安全技术装备目录,体现了党和国家在安全生产方面的什么样的管理理念?

附　录

附录一　矿山救援大队质量标准化标准及评定办法

附表1　矿山救援大队质量标准化标准及评定办法

检查项目	检查小项与质量标准	评分办法
一、指挥员及组织机构	1. 矿山救援大队设大队长1人，副大队长2人，总工程师1人，副总工程师1人。 2. 矿山救援大队指挥员应由熟悉矿山救援业务及其相关知识，能够佩用氧气呼吸器，并经国家矿山救援培训中心培训，取得合格证的人员担任。 3. 救援大队指挥员年龄不应超过55岁。 4. 组织机构健全：设立相应的管理及办事机构，如战训科、后勤科、培训科等	该大项共10分。 全部合格得10分。 领导班子人员缺1人扣1分；发现1人未取得国家矿山救援技术培训中心的培训合格证扣1分；发现1人年龄超过规定扣1分；无相应的机构，扣2分
二、救援培训	1. 制定救援大队指战员年度培训计划。 2. 救援中队指挥员按时参加救援培训。 3. 按规定对新队员进行入队前的基础培训。 4. 组织救援队员进行年度再培训和知识更新教育	该大项共10分。 查资料和记录，全部合格得10分。 无培训计划扣4分；未组织救援指挥员参加培训(培训率低于70%)，扣2分；未组织新队员入队前的基础培训，扣2分；未组织救援队员进行再培训和知识更新教育，扣2分
三、技术装备与设施	1. 救援大队按规定配备救援仪器、装备、交通运输工具、办公及信息通信设备。 2. 救援大队应具有符合标准的培训、技能训练、体能训练、战备值班等设施和场所	该大项共10分。 全部合格得10分。 大队技术装备缺一件扣1分，设施缺一项扣2分
四、综合管理	1. 大队领导及业务科室责任制和执行情况。 2. 战备值班管理：有战备值班的各项制度，并严格落实。 3. 业务技术管理：有业务技术管理的办法，定期或不定期开展业务技术训练、考核、知识竞赛、业务比武活动。 4. 救援工作管理：有安全技术工作、事故处理、有偿服务的规定及其执行情况的记录或资料。 5. 质量达标管理：有救援中队达标验收制度，并定期组织开展达标活动	该大项共10分。 全部合格得10分。 缺少一项内容扣2分，有一项制度落实不到位扣1分
五、所属救援中队的综合素质	按“救援中队质量标准化达标标准及评定办法”进行考核	该大项共60分。 所属救援中队的平均分数乘60%，即该项的实得分数

附录二　矿山救援中队质量标准化达标标准及评定办法

附表 2　矿山救援中队质量标准化达标标准及评定办法

检查项目	检查小项与质量标准	评分办法
一、救援人员	1. 救援中队设中队长 1 人，副中队长 2 人，工程技术人员 1 人。救援小队由不少于 9 人组成，设有正、副小队长。 2. 救援中队指挥员应由熟悉矿山救援业务及其相关知识，能够佩用氧气呼吸器，按国家有关规定进行培训，并取得合格证的人员担任。 3. 中队指挥员年龄不应超过 45 岁，救援队员年龄不应超过 40 岁。矿山救援队队员中，35 岁以下的队员至少要保持 2/3 以上。确因工作需要，救援队允许保留一些能发挥特殊作用，身体健康，有技术专长及丰富经验的超龄人员，其数量不得超过救援队员总数的 1/5。 4. 救援队指战员每年进行一次身体检查，对身体不合格人员必须立即调整	该大项共 5 分。 查阅资料和现场抽查相结合，全部符合要求得 5 分。 班子不健全或缺少工程技术人员，扣 0.5 分；每发现一个小队人员少于 9 人扣 2 分；有一名救援中队指挥员未取得培训合格证或超过年龄规定，扣 0.5 分；超龄队员超过 1/5，扣 1 分；未按规定进行体检，扣 1 分；对不符合条件的人员不及时调整，发现一人扣 0.5 分
二、救援培训	1. 新队员入队前经过救援工作基础培训，在职救援队员每年经过救援大队组织的重复培训。 2. 小队长经过省级组织的救援培训	该大项共 5 分。 查阅资料与现场抽查核实相结合，全部合格得 5 分。 每发现一名小队长不符合标准扣 0.5 分，每发现一名救援队员不符合标准扣 0.1 分
三、救援装备及其维护保养与救援队的设施	1. 救援装备 按照《煤矿安全规程》《矿山救护规程》的规定，给救援中、小队和救援队员配备必要的技术装备	该小项共 5 分。 中、小队装备仪器、设备，每缺少一件扣 0.2 分；值班人员的个人装备缺少一件扣 0.2 分
	2. 技术装备的维护保养 (1) 4 h 氧气呼吸器：按各类氧气呼吸器说明书规定标准，检查在用的氧气呼吸器性能。 (2) 自动苏生器：自动肺工作范围在 12～16 次/min，氧气瓶压力在 15 MPa 以上，附件、工具齐全，各系统好用，不漏气。 (3) 氧气呼吸器校验仪：按说明书检查其性能。 (4) 瓦斯检定器：气密、光谱清晰、性能良好、附件全、吸收剂符合要求。 (5) 一氧化碳检定器：气密、推拉灵活、附件全、检定管在有效期内的不少于 30 支。	该小项共 5 分。 全面检查，发现有一台、件、处不合格扣 0.1 分。气密性检查方法：打开氧气瓶，关闭分配阀开关，再关闭氧气瓶，观看氧气压力下降值，大于 0.5 MPa/min 为不合格

附表 2(续)

检查项目	检查小项与质量标准	评分办法
三、救援装备及其维护保养与救援队的设施	(6) 氧气测定仪:数值准确、灵敏度高。 (7) 灾区电话:使用方便、通话清晰。 (8) 氧气充填泵:专人管理、工具齐全,按规程操作,氧气压力达到 20 MPa 时,不漏气、不漏水,运转正常。 (9) 矿山救援车:灯亮、信号响、方向灵活、制动好、能在规定时间出车;电、水、油要足;不漏水、不漏油,传动正常;车体内外清洁,工具、附件完整齐全。值班车和室内的装备要摆放整齐,挂牌管理,无脏乱物品。大型装备要有保养制度,放在固定地点,指定专人保管,保证战时好用。 (10) 小队装备、工具:须有专人保养,达到全、亮、准、尖、利、稳的规定要求	
	3. 救援队的设施 矿山救援中队应有值班室、办公室、学习室、会议室、装备室、修理室、氧气充填室、矿灯充电室、战备器材库、汽车库、演习训练设施、运动场地、宿舍、浴室、食堂等	该小项共 5 分。 发现有一项不符合标准,扣 0.2 分;缺少一项扣 0.5 分
四、业务技术工作	1. 业务知识 按《煤矿安全规程》《矿山救护规程》等有关内容出题,被检小队队员参加笔试	该小项共 5 分。 每有一人不及格扣 1 分
	2. 战术运用 在服务矿井采掘工作面平面图上假设一次事故(火灾、瓦斯、煤尘事故),根据《煤矿安全规程》制定作战方案,15 min 完成	该小项共 5 分。 被检中队指挥人员参加考核,每有一人不正确扣 1 分
	3. 仪器操作 以小队为单位,每个队员随机确定 6 种仪器进行考核。仪器部件名称以说明书为准,应知与应会分数各占 50%;应知部分每台仪器至少提两个问题,按回答正确与否的程度进行评分,以仪器说明书的有关内容为标准答案。 (1) 4 h 氧气呼吸器 应知:仪器的构造、性能、各部件名称、作用和氧气循环系统。 应会:正确进行席位操作,按规定时间完成。 (2) 更换氧气瓶 自换氧气瓶 60 s 完成。互换氧气瓶 40 s 完成。 (3) 1 h(2 h)氧气呼吸器 应知:仪器的构造、性能、各部件名称、作用和氧气循环系统。 应会:能熟练地将 4 h 氧气呼吸器更换成 1 h 或 2 h 氧气呼吸器,30 s 完成。 (4) 自动苏生器 应知:仪器的构造、性能、使用范围、主要部件名称和作用。 应会:正确进行苏生器准备,准备时间不超过 60 s。	该小项共 5 分。 (1) 4 h 氧气呼吸器 操作错误或超过时间,扣 1 分。 (2) 更换氧气瓶 自换氧气瓶超过 60 s 扣 0.5 分,互换氧气瓶超过 40 s 扣 0.5 分。 (3) 1 h(2 h)氧气呼吸器 将 4 h 氧气呼吸器更换成 1 h 或 2 h 氧气呼吸器,超过 30 s 扣 1 分。 (4) 自动苏生器 苏生器准备时间超过 60 s 扣 1 分。

附表 2(续)

检查项目	检查小项与质量标准	评分办法
四、业务技术工作	(5) 氧气呼吸器校验仪 应知：仪器的构造、性能、各部件名称、作用，检查氧气呼吸器的各项性能指标。 应会：对氧气呼吸器能正确进行检查。 (6) 瓦斯检定器 应知：仪器的构造、性能、各部件名称、作用，吸收剂名称。 应会：正确检查瓦斯和二氧化碳。 (7) 一氧化碳检定器 应知：仪器的构造、性能、各部件名称、作用。 应会：对一氧化碳三量(常量、微量、浓量)进行检查，会读数，会换算结果。 (8) 氧气测定仪 应知：仪器的构造、性能、各部件名称及作用。 应会：正确检查氧气在空气中的含量。 (9) 自救器 应知：过滤式、隔离式自救器的构造、原理、作用性能、使用条件、注意事项。 应会：能自己或给他人正确佩用。 (10) 灾区电话 应知：灾区电话的构造、性能、各部件名称及作用。 应会：正确使用电话通信。 (11) 矿用多功能起重器 应知：器械的构造、性能、各部件名称、作用、使用条件及范围。 应会：在其他队员的配合下，正确操作器械，进行维护和保养。 (12) 便携式爆炸三角形测定仪 应知：仪器的用途、主要技术参数、工作原理。 应会：会熟练使用，精确测定	(5) 氧气呼吸器校验仪 对仪器连接不熟练，检查不正确每人次扣 0.2 分。 (6) 瓦斯检定器 检查瓦斯和二氧化碳操作不正确每人次扣 0.2 分，不会检查瓦斯或二氧化碳每人次扣 0.3 分。 (7) 一氧化碳检定器 对一氧化碳常量、微量、浓量检查不正确，每人次扣 0.3 分；读数不正确，不会换算或换算结果不正确，均按检查不正确处理。 (8) 氧气测定仪 不能正确检查氧气在空气中的含量，每人次扣 0.3 分。 (9) 自救器 不能正确佩用，每人次扣 0.3 分。 (10) 灾区电话 不能正确使用电话通信，每人次扣 0.3 分。 (11) 矿用多功能起重器 不能正确、熟练地使用，每人次扣 0.5 分 (12) 便携式爆炸三角形测定仪 不会熟练使用，结果不正确，扣 1 分
五、救援准备	1. 闻警集合 (1) 值班小队不少于 6 人，集体住宿，24 h 值班。 (2) 接到事故电话通知时，应打预备铃。 (3) 60 s 出动。不需要乘车时，不得超过 120 s。 (4) 电话值班员必须按规定接听和记录事故电话内容：事故矿井名称、事故地点、事故类别、遇险人数、通知人姓名及单位；出动小队及人数、记录人、出动时间，并立即发出事故警报。 (5) 值班队员听到事故警报，立即跑步集合，面向汽车列队，小队长清点人数，电话值班员向指挥员简要报告事故情况，指挥员简要宣布任务后上车。 (6) 值班队出动后，待机队立即转为值班队	该小项共 2 分。 (1) 少于 6 人或不能 24 h 值班，该项无分。 (2) 不打预备铃扣 0.2 分。 (3) 出动时间超过规定，扣 1 分。 (4) 事故电话内容错误、记录不全或缺项，每处扣 0.1 分。 (5) 未按规定上车，每项内容不合格扣 0.2 分

附表 2(续)

检查项目	检查小项与质量标准	评分办法
五、救援准备	2. 下井准备 (1) 按《矿山救护规程》的规定，根据事故类别要求带全最低限度装备。 (2) 指战员穿统一的战斗服、带个人装备下车(背包除外)。 (3) 领取和布置任务明确。 (4) 正确地进行氧气呼吸器战前检查，120 s 完成	该小项共 3 分。 (1) 小队和个人装备每缺少一件扣 0.5 分。 (2) 每有一人不穿战斗服，扣 0.5 分。 (3) 下井准备顺序颠倒、漏项、漏报或报告内容错误，每处扣 0.3 分。 (4) 战前检查超过规定时间扣 0.5 分，每有一人战前检查不正确扣 0.3 分
六、伤员急救包扎	1. 急救知识 能够对伤员受何种伤害，伤害部位、伤害程度进行正确的分析判断，并熟练掌握对各种伤员急救的处置技术和方法	该项共 10 分，每小项 5 分。 (1) 伤员和操作小队不按要求着装或佩戴装备，每少一件扣 0.5 分。 (2) 超过时间扣 0.2 分。 (3) 准备工作： ① 对伤员伤情了解错误(左右腿错)，扣 0.5 分。 ② 伤员矿工帽、矿灯、高筒胶鞋未脱下，每一件扣 0.2 分。 ③ 裤腿未理顺、顺腿向上打折，扣 0.2 分。 (4) 止血固定： ① 止血带未扎紧，扣 0.2 分。 ② 止血带开扣，扣 1 分。 ③ 止血垫位置放错，扣 0.5 分。 ④ 未放止血垫，扣 1 分。 ⑤ 夹板和衬垫放错位置或未加衬垫，每处扣 0.2 分。 ⑥ 绷带布置不均匀，缠绕时未展开，每处扣 0.2 分。 ⑦ 绷带圈数不足四圈、打结不紧、松紧度超过规定，每处扣 0.2 分。 ⑧ 夹板不齐，超过规定，扣 0.3 分。 ⑨ 未给伤员盖保温毯扣 0.3 分
	2. 伤员急救包扎模拟训练 (1) 对一名模拟小腿开放性骨折伤员进行急救，7 min 完成。 (2) 模拟伤员要穿工作服、高筒胶鞋、戴矿工帽，佩戴好矿灯，在规定地点仰卧好。 (3) 操作小队着战斗服、佩戴氧气呼吸器。 (4) 操作队员携带夹板两块、保温毯、急救箱，箱内要有止血带、止血垫、绷带、衬垫等，在距伤员 10 m 处待命。 (5) 模拟伤员仰卧好，检查人员发出“开始”命令，并开始起表，操作人员进入伤员地点，对伤员进行急救。 (6) 准备工作： ① 检查伤员伤情，由检查人员在伤员胸前放一伤势情况纸条，操作人员详细阅读，明确伤情。 ② 将伤员矿工帽摘下，将灯带解开，摘下矿灯，将伤腿上的高筒胶鞋脱下，理顺伤腿裤腿，对伤员要轻抬轻放。 (7) 止血固定： ① 用止血带和止血垫在伤员小腿上部止血，止血带要扎紧系好，止血垫要垫在小腿内侧动脉血管处。 ② 在小腿伤处内外两侧加衬垫，再在衬垫外边放置两块夹板，然后用四段绷带将伤腿固定。 ③ 四段绷带布置要均匀，缠绕时绷带要展开，两端绷带边距夹板端头不得大于 50 mm，中间三处间隔距离之差不得大于 100 mm。 ④ 每处绷带必须缠绕四圈以上。第一圈绷带要留打结头，打结要牢固。绷带松紧度要适当。 ⑤ 两侧夹板要平行一致，两端头相差不得大于 50 mm，最后一个绷带结打好后，操作队员将保温毯盖在伤员身上，举手示意完成，并喊“好”	

附表 2(续)

检查项目	检查小项与质量标准	评分办法
七、一般技术操作	1. 一般要求 (1) 佩用氧气呼吸器在模拟灾区工作时,在每次工作的开始和结束都应正确使用规定的音响信号。暂不使用的装备、工具可放置在基地,工作结束后必须带回。 (2) 在灾区工作时,氧气呼吸器发生故障应立即处理。当处理不了时,全小队退出灾区,处理后再进入灾区。操作中出现工伤事故,不能坚持工作时,全小队退出灾区,安置伤员后,再进入灾区继续操作;少于6人时,不得继续操作。 (3) 挂风障、建造木板密闭墙、建造砖密闭墙、安装局部通风机和接风筒、安装高倍数泡沫灭火机等项目连续操作,中间允许佩用氧气呼吸器休息两次,每次不超过 10 min	
	2. 挂风障 (1) 用四根方木架一带底梁的梯形框架,在框架中间用方木打一立柱。架腿、立柱必须置于底梁座上。 (2) 风障四周用压条压严,钉在骨架上。中间立柱处,竖压一根压条,每根压条不少于 3 个钉子。 (3) 同一根压条上的钉子分布大致均匀,底压条上相邻两钉的间距不得小于 1 m,其余各根压条上相邻两钉的间距不得小于 0.5 m。 (4) 结构牢固,四周严密。 (5) 4 min 完成	该小项共 2 分。 (1) 不按规定结构操作扣 0.5 分。 (2) 少一根立柱或结构不牢,该项无分。 (3) 每少一根压条扣 0.5 分。 (4) 每少一个钉子或钉子未钉在骨架上,每处扣 0.1 分。 (5) 钉子距压条端大于 100 mm,每处扣 0.1 分。 (6) 压条搭接或压条接头处间隙大于 50 mm,每处扣 0.1 分。 (7) 障面孔隙大于 2 000 mm^2,每处扣 0.3 分。 (8) 障面不平整,折叠宽度大于 15 mm,每处扣 0.3 分。 (9) 同一根压条上,相邻两个钉子间距不符合要求,每处扣 0.2 分。 (10) 超过时间扣 0.5 分
	3. 建造木板密闭墙 (1) 骨架结构 ① 先用 3 根方木设一梯形框架。 ② 再用 1 根方木,紧靠巷道底板,钉在框架两腿上。 ③ 在框架顶梁和紧靠底板的横木上钉上 4 根立柱,立柱排列必须均匀,间距为 380～460 mm。 (2) 钉板要求 ① 木板采用搭接方式,下板压上板,压茬不少于 20 mm,两帮镶小板,在最上部大板上钉托泥板。 ② 每块大板不得少于 8 个钉子,钉子必须穿过两块大板钉在立柱上。每块小板不得少于 1 个钉子,每个钉子要穿透两块小板钉在大板上。 ③ 小板不准横纹钉,不得钉劈,压茬不少于 20 mm。 ④ 托泥板宽度为 30～60 mm,与顶板间距为 30～50 mm,两头与小板间距不大于 50 mm,托泥板不少于 3 个钉子。 ⑤ 大板要平直,以巷道为准,大板两端距顶板距离差不大于 50 mm。 ⑥ 板闭四周严密,缝隙不准超过宽 5 mm,长 200 mm。 ⑦ 结构牢固。 (3) 10 min 完成	该小项共 3.5 分。 (1) 骨架不牢、缺立柱、缺大板,该项无分。 (2) 立柱排列不均匀,扣 1 分。 (3) 大板压茬小于 20 mm,大板水平超过 50 mm,每处扣 0.3 分。 (4) 缺小板、小板横纹钉、小板钉劈、小板压茬小于 20 mm,每处扣 0.3 分。 (5) 大板钉子未钉在立柱上,小板未置于大板上,少钉、跑钉或弯钉、钉子未钉在大板上,每处扣 0.3 分。 (6) 未钉托泥板,扣 0.5 分。 (7) 托泥板与顶板或小板的间距超过规定,每处扣 0.2 分;少 1 个钉子扣 0.3 分。 (8) 板闭四周缝隙宽度超过 5 mm,且长度超过 200 mm,每处扣 0.3 分。 (9) 超过时间扣 0.3 分

附表 2(续)

检查项目	检查小项与质量标准	评分办法
七、一般技术操作	4. 建造砖密闭墙 (1) 密闭墙牢固、面平、浆饱、不漏风、不透光、结构合理,25 min 完成。 (2) 墙厚一砖半,结构为一横一竖,按普通密闭施工,不考虑水沟和管路。 (3) 前倾、后仰不大于 100 mm。 (4) 砖墙完成后,除两帮和顶可抹不大于 100 mm 宽的泥浆外,墙面应整洁,砖缝线条应清晰,符合要求	该小项共 5 分。 (1) 墙体不牢,结构不合理,墙面漏风或透亮,该项无分。 (2) 墙面平整以砖墙最上和最下两层砖所构成平面为基准面,砖墙内任何砖块凹凸应不超过基准面 20 mm,否则每发现一处扣 0.1 分。 (3) 前倾后仰大于 100 mm 扣 0.5 分。 (4) 砖缝应符合要求。每有一处大缝、窄缝、对缝扣 0.2 分;墙面泥浆抹面,扣 1 分。 (5) 接顶不实,该项无分。使用可燃性材料扣 0.5 分。 (6) 超过时间扣 0.5 分
	5. 安装局部通风机和接风筒 (1) 安装和接线正确。 (2) 风筒接口严密不漏风。 (3) 现场做接线头,局部通风机动力线接在防爆开关上,操作人员不限,使用挡板密封圈。 (4) 5 节风筒,每节长度为 10 m,直径为 400 mm;采用双反压边接头,吊环向上一致。 (5) 8 min 完成	该小项共 1.5 分。 (1) 安装与接线不正确,每处扣 1 分。 (2) 接头漏风,每处扣 0.2 分。 (3) 事先做好线头,不使用挡板、密封圈,该项无分。 (4) 不采用双反压边接头,扣 0.5 分;吊环错距大于 20 mm,每处扣 0.2 分。 (5) 未接地线或接错,该项无分。 (6) 超过时间扣 0.5 分
	6. 安装高倍数泡沫灭火机 (1) 在安装地点备好一台 QC83-80 型防爆磁力启动器、3 个防爆插座开关、连好线的四通接线盒、带电源的三相闸刀及水源。 (2) 小队把模拟巷道仓库内的高倍数泡沫灭火机、潜水泵、配制好的药剂、水龙带等器材运至安装地点,进行安装。防爆四通接线盒的输入电缆要接在磁力启动器上,磁力启动器的输入电缆接在三相闸刀电源上,两处接线头必须现场做。风机、潜水泵与四通接线盒之间均采用事先接好的防爆插销、插座开关连接和控制,接线、安装应符合防爆要求。 (3) 安装完成后,送电开机,发泡灭火。 (4) 15 min 完成	该小项共 1.5 分。 (1) 不能发泡,地线接错,接线未接完或磁力启动器盖子上的螺钉未上完就送电开机、接线电缆没有密封圈、风机安装颠倒,未将火扑灭,发现上述情形之一者,该项无分。 (2) 接线不正确,每处扣 0.3 分。 (3) 螺钉未上紧,每处扣 0.5 分。 (4) 螺钉垫圈、压线金属片,每缺一件扣 0.3 分。 (5) 发泡不满网的 2/3 扣 0.5 分。 (6) BGP200 型高倍数泡沫灭火机单机运转或风机反转,各扣 1 分。 (7) 超过时间扣 0.5 分
	7. 安装惰性气体发生装置或惰泡发生装置 正确进行安装,熟练使用,会排除故障,30 min 安装完毕,发泡灭火	该小项共 1.5 分。 不能产生惰性气体或不发泡,该项无分;超过时间扣 0.5 分。尚未配备的,该项无分

附表 2(续)

检查项目	检查小项与质量标准	评分办法
八、综合体质	1. 引体向上(0.5 分):正手握杠,连续 8 次。 2. 举重(0.5 分):杠铃质量 30 kg,连续举 10 次。 3. 跳高(0.5 分):1.1 m。 4. 跳远(0.5 分):3.5 m。 5. 爬绳(0.5 分):爬高 3.5 m。 6. 哑铃(0.5 分):8 kg(两个)上、中、下各 20 次。 7. 负重蹲起(0.5 分):负重为 40 kg 杠铃,连续蹲起 15 次。 8. 跑步(0.5 分):2 000 m,10 min 完成。 9. 激烈行动(2 分):佩戴氧气呼吸器,按火灾事故携带装备,8 min 行走 1 000 m;每人在 150 s 拉检力器 100 次(携带装备行走 1 000 m 与拉检力器要连续进行,不得间隔)。激烈行动时,可只携带个人装备,每人加带 10 kg 沙袋。 10. 耐力锻炼(2 分):佩戴氧气呼吸器负重 15 kg,4 h 行走 10 000 m。 11. 高温浓烟训练(2 分):在演习巷道内,在 50 ℃的浓烟中,30 min 每人拉检力器 50 次	该小项共 10 分。 (1) 前 8 项,有一人一项达不到标准或完不成扣个人 0.2 分。 (2) 第 9 项、第 10 项完不成任务,每人扣 0.5 分。 (3) 拉检力器达不到标准,扣 1 分。 (4) 第 11 项查训练记录,不按规定进行训练,该项无分;发现有一人次未按规定完成,扣 0.2 分
九、军事化风纪、礼节、队容	1. 风纪、礼节 全队人员按规定着装,正常佩戴标志(肩章、臂章、领花、帽徽),着装整齐一致,帽子要戴端正,不得留胡须	该小项共 2 分。 不符合以上规定,有一人次扣 0.5 分
	2. 队容 (1) 基本规定 ① 队列操练由一个小队完成,着装统一整齐。 ② 队列操练由领队指挥员在场外整理队伍,跑步进入场地内开始至各项操练完毕。 ③ 项目操练按照排列顺序依次进行,不得颠倒。 ④ 除领取与布置任务、整理服装外,其余各单项均操练两次。 ⑤ 行进间队列操练时,行进距离不小于 10 m。 ⑥ 操练完毕,领队指挥员向首长请示后,将小队纵队跑步带出场地结束。 ⑦ 指挥员要做到: a. 姿态端正,精神振作,动作准确熟练。 b. 口令准确、清楚、响亮。 c. 位置合适。 (2) 领取与布置任务 ① 领队指挥员整好队伍后,应跑步到首长处报告及领取任务,再返回向队列人员简要布置任务。 ② 报告前和领取任务后向首长行举手礼。 ③ 领队指挥员在报告和向队列人员布置任务时,队列人员应成立正姿势,不许做其他动作。 ④ 在各项操练过程中,不许再分项布置任务和作口令、动作提示。领队指挥员报告词:"报告! ××救援队操练队列集合完毕,请首长指示! 报告人:队长××!"首长指示词:"请操练!"接受指示后回答:"是!"后返回队列前,向队列人员简要布置操练的项目。 (3) 解散 队列人员听到口令后迅速离开原位散开	该小项共 8 分,其中整齐 2 分,操练 6 分。 (1) 基本规定 ① 指挥员位置不合适扣 1 分。 ② 队列操练项目,每缺一项扣 0.5 分,各单项少做一次扣 0.2 分。 ③ 项目顺序颠倒,每次扣 0.2 分。 ④ 行进距离小于 10 m,扣 0.5 分。 (2) 领取与布置任务 ① 指挥员在操练过程中有口令和动作提示,扣 0.5 分。 ② 队列人员有一人次不正确,扣 0.2 分。 ③ 报告词有漏项或报告词出现错误,每处扣 0.2 分。 (3) 解散 每有一人次不按要求散开,扣 0.2 分

附表 2(续)

检查项目	检查小项与质量标准	评分办法
十、综合管理	1. 值班室管理 电话值班室应装备普通电话机,专用录音电话机,事故记录图板,矿井位置交通显示图板,当月工作与学习日程图表,作息时间表,计时钟表,紧急出动警报装置,事故通知记录簿以及供值班人员住宿的床铺、卧具	该小项共2分。 每缺一种扣0.5分;不完好,每件扣0.2分
	2. 规章制度 按《矿山救护规程》的要求,必须建立下列制度:值班工作制度、待机工作制度、交接班制度、技术装备维修保养制度、学习和训练制度、考勤制度、战后总结讲评制度、下井预防性检查制度、内务卫生管理制度、材料装备库房管理制度、车辆管理使用制度与财务管理制度、会议制度、评比检查制度和奖惩制度	该小项共2分。 每缺少一种制度扣0.5分,有一项制度不执行扣0.2分
	3. 各种记录 应建立下列几种记录簿:矿山救援工作日志、技术装备检查维护登记簿、学习训练情况和考核登记簿、事故处理登记簿、会议记录簿、安全技术工作登记簿,由值班队长认真、及时填写各种记录。	该小项共2分。 缺一种记录簿或登记不全,每发现一处扣0.3分
	4. 计划管理 按《矿山救护规程》的要求,计划管理应根据本队实际情况,做到年有计划,季有安排,月有工作学习日程表。计划内容:队伍建设、教育与训练、技术装备管理、矿井预防性检查、内务管理、战备管理、劳动工资及财务、设备维修等	该小项共1分。 ① 查上年度中队年终总结,无年终总结,该项无分。 ② 查当年的季、月工作计划和安排及中队的季度、月份小结,每发现少一项扣0.5分
	5. 内务管理 (1) 有计划地绿化,美化环境。 (2) 室内保持窗明壁净、地板卫生无痰迹、物品陈设整齐、床下无脏乱杂物。 (3) 室外无杂草、无积水,不随地吐痰,无纸屑、果皮、烟头。 (4) 宿舍、值班室做到物品悬挂一条线、床上卧具叠放一条线,洗刷用品放置一条线	该小项共2分。 不符合要求,每一项扣0.5分
	6. 竞赛评比 有组织、有领导、有措施、有评比办法,工作扎实,有记录、有总结。每年至少开展一次竞赛评比活动	该小项共1分。 查资料,无记录,无总结,不得分

参考文献

[1]《安全生产新做法与新经验丛书》编委会.企业应急救援与应急处置管理新做法与新经验[M].北京:中国劳动社会保障出版社,2013.

[2]《煤矿井下避灾抢险与自救互救培训丛书》编委会.煤矿井下自救与互救图解手册[M].北京:中国劳动社会保障出版社,2011.

[3]《应急救援系列丛书》编委会.煤矿应急救援必读[M].北京:中国石化出版社,2008.

[4]《应急救援系列丛书》编委会.应急救援法规标准与释读[M].北京:中国石化出版社,2008.

[5]《应急救援系列丛书》编委会.应急救援基础知识[M].北京:中国石化出版社,2008.

[6]《应急救援系列丛书》编委会.应急救援装备选择与使用[M].北京:中国石化出版社,2008.

[7] 北京市达飞安全科技开发有限公司.事故应急救援预案范例精选[M].北京:煤炭工业出版社,2007.

[8] 陈雄.矿山事故应急救援[M].重庆:重庆大学出版社,2016.

[9] 崔政斌,石方惠,周礼庆.危险化学品企业应急救援[M].北京:化学工业出版社,2018.

[10] 杜波,谭绍先,姚红林.煤矿金属非金属矿山应急救援[M].徐州:中国矿业大学出版社,2012.

[11] 樊国安.灭火抢险救援基础与应用[M].郑州:中原农民出版社,2006.

[12] 范茂魁,陈晓林,和丽秋.事故灾难应急救援指挥[M].北京:气象出版社,2017.

[13] 范升彦,滕飞霞.应急预案与演练[M].北京:应急管理出版社,2019.

[14] 广东省安全生产应急救援指挥中心.企业安全生产应急预案管理[M].北京:清华大学出版社,2013.

[15] 郭德勇,杜波,王宏伟.中国煤矿应急救援基础研究[M].北京:煤炭工业出版社,2014.

[16] 郭德勇,杜波.矿山应急救援技术与装备研究[M].北京:煤炭工业出版社,2016.

[17] 郭其云,于力.应急救援管理概论[M].北京:地震出版社,2017.

[18] 国家安全生产监督管理总局,国家煤矿安全监察局.煤矿安全规程[M].北京:煤炭工业出版社,2016.

[19] 国家安全生产监督管理总局矿山救援指挥中心,中国煤炭工业劳动保护科学技术学会矿山救护专业委员会.矿山事故应急救援战例及分析[M].北京:煤炭工业出版社,2006.

[20] 国家安全生产应急救援指挥中心.煤矿企业应急预案编制指南[M].北京:煤炭工业出版社,2008.

[21] 国家安全生产应急救援指挥中心.矿山事故应急救援典型案例及处置要点[M].北京:

煤炭工业出版社,2018.
[22] 国家煤矿安全监察局科技装备司.煤矿事故调查处理法律法规及重要文件汇编[M].北京:煤炭工业出版社,2010.
[23] 郝传波,刘永立.煤矿事故应急救援典型案例分析[M].北京:煤炭工业出版社,2016.
[24] 贺美宣.煤矿应急预案编制演练与响应[M].北京:煤炭工业出版社,2018.
[25] 纪晓峰.煤矿事故应急救援管理[M].北京:煤炭工业出版社,2014.
[26] 蒋军成.事故调查与分析技术[M].2版.北京:化学工业出版社,2009.
[27] 康青春,杨永强,卢立红,等.灭火与抢险救援技术[M].北京:化学工业出版社,2015.
[28] 李建华,黄郑华.灾害事故抢险救援方法与技术[M].北京:中国劳动社会保障出版社,2005.
[29] 李松涛.避险与自救实用手册[M].济南:山东大学出版社,2007.
[30] 辽宁省政府应急管理办公室,辽宁省紧急救援救助中心.应急救援实用手册[M].沈阳:辽宁教育出版社,2012.
[31] 林柏泉.矿井瓦斯防治技术优选:通风和应急救援[M].徐州:中国矿业大学出版社,2008.
[32] 刘双跃.事故调查与分析技术[M].北京:冶金工业出版社,2014.
[33] 吕淑然,车广杰.安全生产事故调查与案例分析[M].2版.北京:化学工业出版社,2020.
[34] 苗金明.事故应急救援与处置[M].北京:清华大学出版社,2012.
[35] 史宗保.煤矿事故调查技术与案例分析[M].北京:煤炭工业出版社,2009.
[36] 宋晓艳,邸治乾,李忠辉.矿井灾害应急救援与处理[M].徐州:中国矿业大学出版社,2013.
[37] 孙莉莎,贾丽.生产安全事故应急救援与自救[M].北京:中国劳动社会保障出版社,2018.
[38] 王明晓.矿山工人自救互救[M].北京:煤炭工业出版社,2012.
[39] 王起全.事故应急与救援导论[M].上海:上海交通大学出版社,2015.
[40] 王志坚.矿山应急救援指南[M].北京:煤炭工业出版社,2014.
[41] 文虎.煤矿事故应急救援[M].徐州:中国矿业大学出版社,2014.
[42] 吴永平.煤矿应急救援组织指挥实务[M].北京:煤炭工业出版社,2014.
[43] 吴宗之,刘茂.重大事故应急救援系统及预案导论[M].北京:冶金工业出版社,2003.
[44] 武警交通指挥部司令部.应急救援实用知识手册[M].北京:人民交通出版社,2017.
[45] 武警水电第三总队.应急抢险救援实践与探索[M].成都:西南交通大学出版社,2011.
[46] 谢财良,王林.生产安全事故调查处理的理论与实践[M].长沙:中南大学出版社,2016.
[47] 许满贵,成连华.煤矿灾害事故典型案例分析[M].徐州:中国矿业大学出版社,2014.
[48] 易俊,黄文祥.矿山事故应急救援技术[M].北京:煤炭工业出版社,2018.
[49] 袁河津.煤矿自救互救知识[M].北京:中国劳动社会保障出版社,2011.
[50] 岳茂兴,王立祥.灾害事故卫生应急救援与处置专家共识[M].北京:中华医学电子音像出版社,2018.

[51] 张嘉勇，邱利，张爱霞. 煤矿灾害事故评价方法[M]. 北京：冶金工业出版社，2018.
[52] 张利荣. 抢险救援探索与实践[M]. 南昌：江西人民出版社，2017.
[53] 张玲，付国庆，荣爽，等. 灾害预防与应急救援[M]. 武汉：武汉大学出版社，2017.
[54] 赵青云. 矿山应急救援实用技术[M]. 北京：煤炭工业出版社，2015.
[55] 赵文华，祁越. 应急救援学[M]. 北京：国防大学出版社，2015.
[56] 赵正宏. 应急救援法律法规[M]. 北京：中国石化出版社，2019.
[57] 赵正宏. 应急救援预案编制与演练[M]. 北京：中国石化出版社，2019.
[58] 赵正宏. 应急救援装备[M]. 北京：中国石化出版社，2019.
[59] 中国地震应急搜救中心. 应急救援现场通讯装备使用手册[M]. 修订版. 北京：地震出版社，2016.
[60] 朱江，曹波，胡役兰. 应急救援装备实用技术[M]. 天津：天津科学技术出版社，2015.
[61] 朱艳艳. 矿井灾害应急救援技术[M]. 北京：煤炭工业出版社，2017.